全国高职高专机械设计制造类工学结合"十三五"规划系列教材

U0783671

工 程 制 图

主　编	刘永东	赵　欣	何正轩
副主编	刘珌卿	胡志荣	刘红芳
	沈　丽	栗永非	谢小江
主　审	顾吉仁		

华中科技大学出版社

中国·武汉

内 容 简 介

本书共分 13 个项目 60 个学习任务,内容包括工程制图的基本知识,点、直线、平面的投影,立体的投影,组合体,轴测图,机件常用的表达方法,标准件和常用件,零件图,装配图,电气线路图与焊接图,化工设备图,房屋建筑图,计算机绘图。全书以培养学生读图和绘图能力为主,将精选的制图内容与计算机绘图软件相结合,力求适时、精练、实用。

本书可作为高等职业技术院校、高等专科院校非机械类专业教材,也可供有关的工程技术人员参考。

图书在版编目(CIP)数据

工程制图/刘永东,赵欣,何正轩主编. —武汉:华中科技大学出版社,2018.7(2025.2 重印)
全国高职高专机械设计制造类工学结合"十三五"规划系列教材
ISBN 978-7-5680-3712-9

Ⅰ.①工… Ⅱ.①刘… ②赵… ③何… Ⅲ.①工程制图-高等职业教育-教材 Ⅳ.①TB23

中国版本图书馆 CIP 数据核字(2018)第 157402 号

工程制图
Gongcheng Zhitu

刘永东　赵　欣　何正轩　主编

策划编辑：汪　富
责任编辑：邓　薇
封面设计：原色设计
责任校对：李　琴
责任监印：周治超
出版发行：华中科技大学出版社(中国·武汉)　　电话：(027)81321913
　　　　　武汉市东湖新技术开发区华工科技园　　邮编：430223
录　　排：武汉三月禾文化传播有限公司
印　　刷：武汉邮科印务有限公司
开　　本：787mm×1092mm　1/16
印　　张：18.75
字　　数：473 千字
版　　次：2025 年 2 月第 1 版第 8 次印刷
定　　价：49.80 元

前　言

本书是根据国家教育部最新制定的课程教学的基本要求,结合从事高等职业教育多年的教学实践,从"适度、够用"的要求出发,为适应机械类和非机械类专业的制图教学要求编写而成的。

为了适应高等职业教育的发展,更好地突出职业教育特色,满足高等职业教育培养高级技术应用型人才的需要,在编写本书过程中,以掌握基本概念、注重技能培养和提高综合素质为主导思想,全面贯彻"理论够用、培养技能、重在应用"的编写原则,以充分反映高等职业教育的特色。

因此,本书除了从文字上叙述现代科学技术和新知识、新内容外,还陆续推出配套的教师教学辅导系统和学生学习辅导系统的电子资料,以适应现代化教学方法与手段的需要。

本书的编写力求打破固有的体系,从学生的实际出发,从社会的需求出发。全书共分十三个项目。主要内容有工程制图的基本知识,点、直线、平面的投影,立体的投影,组合体,轴测图,机件常用的表达方法,标准件和常用件,零件图,装配图,电气线路图与焊接图,化工设备图,房屋建筑图,计算机绘图。

本教材特色如下:

(1)以培养技术应用型专门人才为目标,注重学生技能的训练和综合分析能力的培养,尽量做到文字简洁,通俗易懂,重点突出,少讲理论,多练绘图,所选图形简单易懂,注重实际。

(2)采用我国最新颁布的制图标准,使学生养成严格遵守国家制图标准、正确使用绘图工具和仪器的好习惯。

(3)编有《工程制图习题集》与本书配套使用。

(4)理论浅显易懂,实用性强,可作为高职高专院校机械专业和相关专业的教材,也可作为理论要求较低的高等工科学校、函授、业余大学等相关专业的教材,还可作为有关工程技术人员的参考书。

全书共分为十三个项目,项目一由仙桃职业学院何正轩编写,项目二、项目四由广州番禺职业技术学院赵欣编写,项目三、项目五由江西新能源科技职业学院胡志荣编写,项目六、项目七、项目八、项目九、项目十二、项目十三由江西新能源科技职业学院刘永东编写,项目十、项目十一由江西新能源科技职业学院刘珌卿编写。参与本书编写的还有湖北职业技术学院刘红芳、新乡职业技术学院沈丽和栗永非、吉安职业技术学院谢小江等老师。本书由顾吉仁担任主审。在此对以上老师表示衷心的感谢。

由于编者的水平有限,书中难免有疏漏和不妥之处,敬请广大读者予以批评指正,提出修改意见。

编　者

2018 年 3 月

目　　录

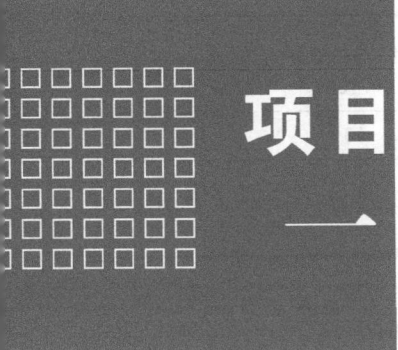

项目一

工程制图的基本知识

工程图纸是指导工程制造的重要技术文件之一，是工程界通用的技术语言，必须由统一的国家标准规定。这些规定是绘制和阅读机械图纸的准则和依据，必须严格遵守并执行。我国的国家标准简称"国标"，代号为 GB(GB/T 为推荐性国家标准)，其后的数字为标准编号和颁布年份。本项目将介绍国家标准中关于图幅、格式、比例、字体、图线的基本规定，尺寸标注的方法，常用绘图工具的使用，以及一般的等分、圆弧连接和椭圆绘制的基本方法等内容。

任务一　制图的基本规定

【任务目标】

(1) 掌握制图国家标准中关于图幅、格式、比例、字体、图线的规定。

(2) 了解尺寸的标注规则。

(3) 掌握尺寸的标注方法。

【任务要求】

能 力 目 标	知 识 要 点	相 关 知 识
了解相关知识	制图国家标准	图幅、格式、比例、字体的基本规定
熟练掌握知识点	(1) 图线的画法及应用 (2) 尺寸的标注规则	(1) 图线的画法及应用 (2) 尺寸的标注方法

（一）图纸幅面、图框格式

1. 图纸幅面

图纸宽度(B，短边)与长度(L，长边)组成的图面称为图纸幅面。国标规定的基本幅面有 A0，A1，A2，A3，A4。绘图时优先采用表 1-1 中国标规定的基本幅面，必要时可以采用加长幅面，加长幅面由基本幅面短边整数倍增加而得到，如图 1-1 所示。

表 1-1　图纸的基本幅面　　　　　　　　　　　　　　　（单位:mm）

幅 面 代 号	A0	A1	A2	A3	A4
（短边×长边）$B \times L$	841×1189	594×841	420×594	297×420	210×297
（无装订边的留边宽度）e	20			10	
（有装订边的留边宽度）c	10			5	
（装订边的留边宽度）a	25				

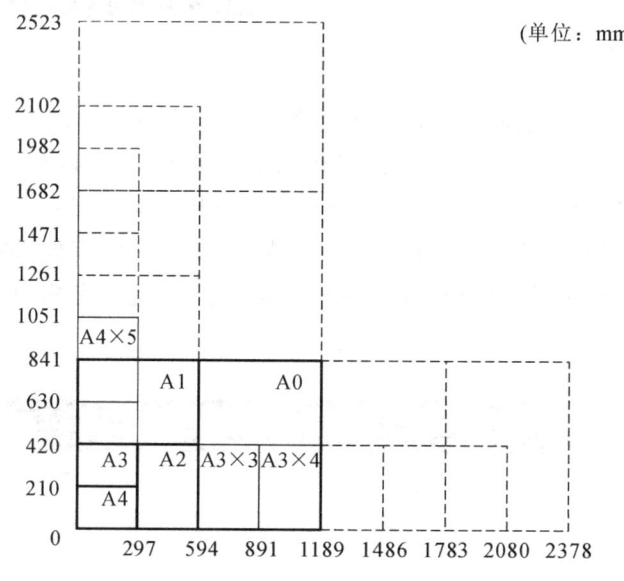

图 1-1　图纸的幅面格式

2. 图框格式

图框是图纸上限定绘图区域的线框。图框用粗实线绘制,包括留装订边(见图 1-2)和不留装订边(见图 1-3)两种格式,但是同一产品的图样只能采用一种格式,并且优先采用不留装订边的格式。

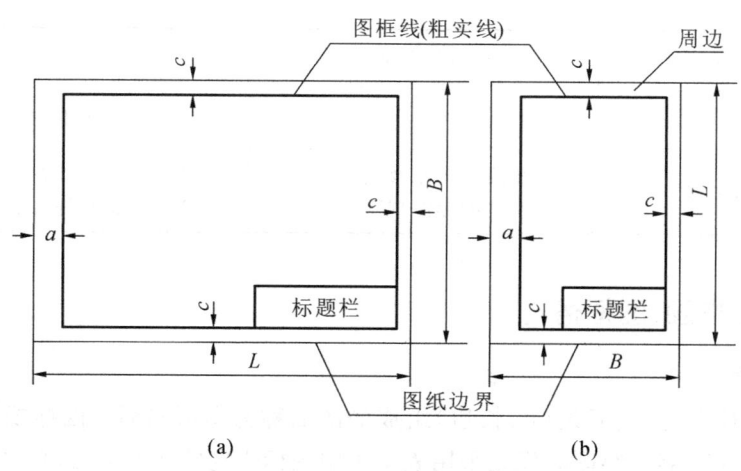

图 1-2　留装订边的图框格式

（a）X 型图纸　（b）Y 型图纸

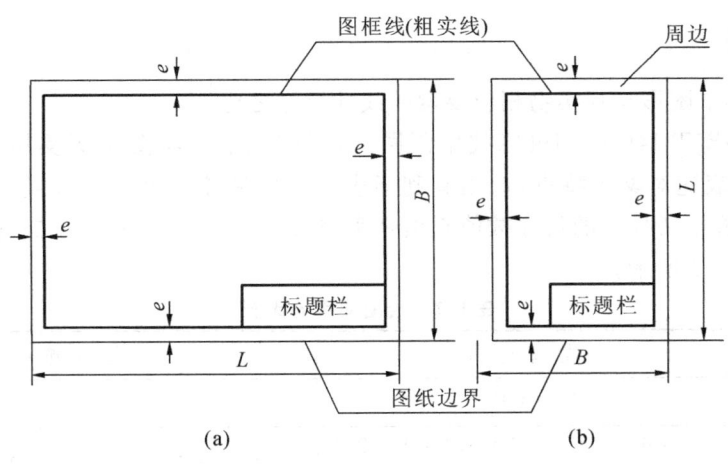

图 1-3 不留装订边的图框格式

(a) X 型图纸　(b) Y 型图纸

3. 标题栏及其方位

每张图纸上都必须画出标题栏,其格式和尺寸按国家标准 GB/T 10609.1—2008《技术制图　标题栏》的规定,位于图纸右下角,标题栏中的文字方向为看图方向。为适应生产的需要,国家标准中技术制图的标题栏、明细栏包含内容较广,所占幅面较大,其标题栏建议采用如图 1-4 所示的尺寸与格式。学生制图中常采用简化的标题栏、明细栏,标题栏建议采用如图 1-5 所示的尺寸与格式。

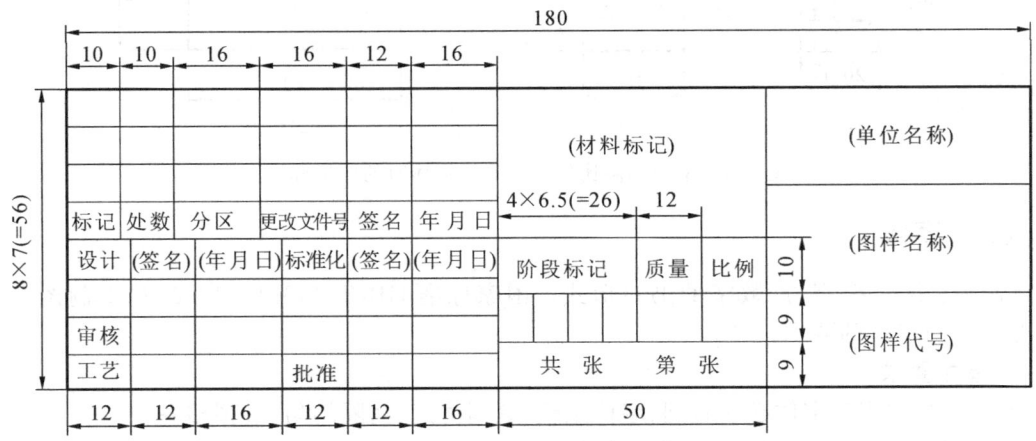

图 1-4　标题栏尺寸与格式

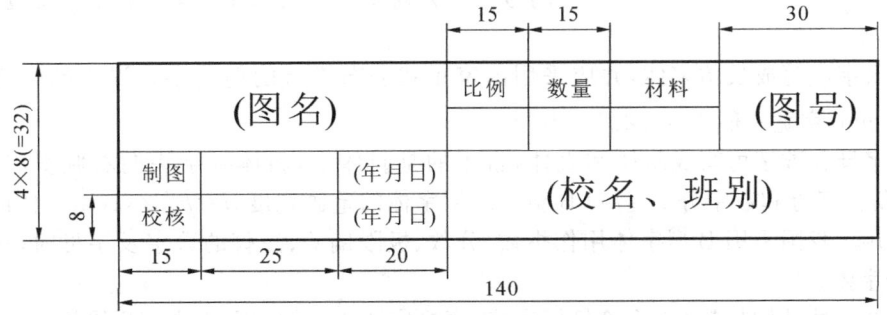

图 1-5　学生用标题栏尺寸与格式

3

（二）比例

比例是图样中图形与其实物相应要素的线性尺寸之比。

国家标准 GB/T 14690—1993《技术制图　比例》规定了绘图比例及其标注方法，如表 1-2 所示。根据表达对象的特点，选用有利于表达图形最佳效果的放大或缩小比例。但需要注意的是，图样中所标注的尺寸数值必须是实物的实际尺寸大小，与绘制图形时所采用的比例无关，如图 1-6 所示。

表 1-2　绘图使用的比例

种　　类	优 先 选 择	允 许 选 择
原值比例	1：1	—
放大比例	5：1　2：1　5×10^n：1　2×10^n：1　1×10^n：1	4：1　2.5：1　4×10^n：1　2.5×10^n：1
缩小比例	1：2　1：5　1：10　1：2×10^n　1：5×10^n　1：1×10^n	1：1.5　1：2.5　1：3　1：4　1：6　1：1.5×10^n　1：2.5×10^n　1：3×10^n　1：4×10^n　1：6×10^n

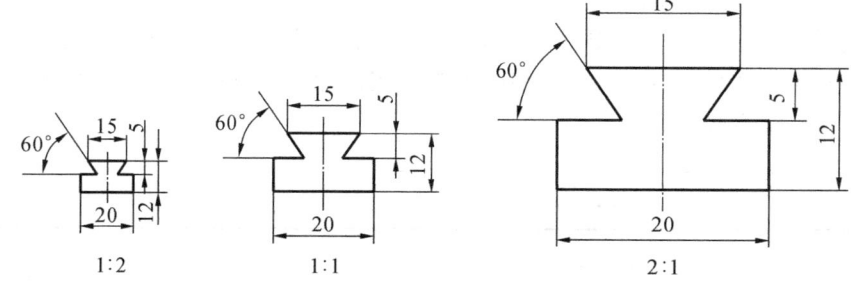

图 1-6　采用不同比例绘制同一物体时的图形标注

（三）字体

字体是指汉字、字母、数字的书写形式。国家标准 GB/T 14691—1993《技术制图　字体》规定了对字体的要求。

1. 基本要求

（1）图样中书写字体必须做到：字体工整、笔画清楚、间隔均匀、排列整齐。

（2）字体高度 h 的公称尺寸系列为 1.8 mm，2.5 mm，3.5 mm，5 mm，7 mm，10 mm，14 mm，20 mm，字体的高度代表字体的号数。如需要书写更大的字，其字体高度应按 $\sqrt{2}$：1 的比例递增。

（3）汉字应写成长仿宋体，并应采用国家正式公布推行的简化字。汉字的高度 h 不应小于 3.5 mm，字宽一般为 $h/\sqrt{2}$。

（4）字母和数字可写成斜体和直体，常用的是斜体字，斜体字字头向右倾斜，与水平方向呈 75°角。字母和数字分 A 型和 B 型。A 型字体的笔画宽度 $d=h/14$，B 型字体的笔画宽度 $d=h/10$。我国采用 B 型字体用作指数、分数、极限偏差、注脚的数字及字母时，一般应采用小一号字体。

（5）书写时，用 H 或 2H 铅笔打好底格，底格宜浅不宜深；用 H 或 HB 铅笔写字，将铅笔削成圆锥形，笔尖不要太尖或太秃。

2. 字体示例

字体示例如图 1-7 所示。

字体端正笔画清楚间隔均匀排列整齐
横平竖直注意起落结构均匀填满方格

ABCDEFGHIJKLMN *OPQRSTUVWXYZ*

Abcdefghijklmn　opqrstuvwxyz

I II III IV V VI VII VIII IX X

1234567890　　*1234567890*

图 1-7　字体示例

(四) 图线

绘制工程图样时,图样中所采用各种形式的线,称为图线。

国家标准 GB/T 4457.4—2002《机械制图　图样画法　图线》规定了九种图线,经常使用的线型如表 1-3 所示。各种形式图线的主要用途,如图 1-8 所示。在机械图样中采用比例为 2∶1 的粗、细两种线宽。图线的宽度 d 应按图样的类型和大小,在下列数系中选取: 0.13 mm、0.18 mm、0.25 mm、0.35 mm、0.5 mm、0.7 mm、1.0 mm、1.4 mm、2 mm。在同一图样中,同类图线的宽度应一致。在制图练习中,粗实线的宽度通常采用 0.7 mm,与之对应的细实线的宽度为 0.35 mm。

表 1-3　图线线型及应用

代码 No.	图线名称	线　　型	线宽	一般应用
01.1	细实线	——————	$d/2$	过渡线、尺寸线、尺寸界线、指引线和基准线、剖面线、重合断面的轮廓线、螺纹牙底线、齿轮齿根线等
	波浪线	〰〰〰	$d/2$	断裂处边界线、视图与剖视图的分界线
	双折线	——／\/———	$d/2$	断裂处边界线、视图与剖视图的分界线
01.2	粗实线	——————	d	可见轮廓线、相贯线、剖切符号用线、螺纹牙顶线、螺纹长度终止线、齿顶圆(线)和模样分型线等
02.1	细虚线	- - - - - -	$d/2$	不可见轮廓线、不可见棱边线
04.1	细点画线	—·—·—·	$d/2$	轴线、对称中心线、分度圆(线)、孔系分布的中心线、剖切线
04.2	粗点画线	—·—·—·	d	限定范围表示线
05.1	细双点画线	—··—··—	$d/2$	相邻辅助零件的轮廓线、可动零件极限位置的轮廓线、轨迹线、中断线、剖切面前的结构轮廓线等

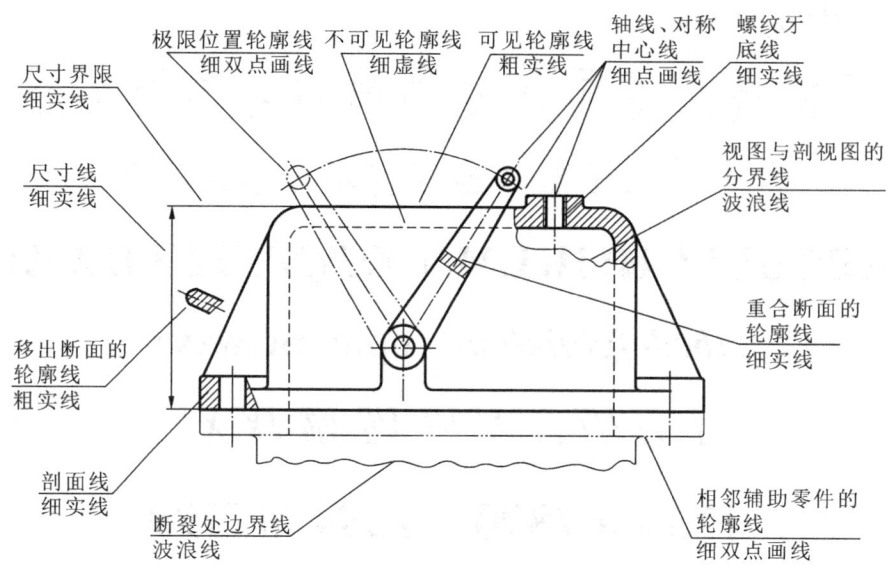

图 1-8　图线及其应用

绘制工程图样时,要注意以下几点(见图 1-9)。

(1) 同一图样中同类图线的宽度应一致。细虚线、细点画线及细双点画线的线段长度和间隔应各自大致相等。

(2) 除非另有规定,两条平行线(包括剖面线)之间的距离应不小于 0.7 mm。

(3) 绘制圆的对称中心线时,圆心应为线段的交点。点画线和双点画线的首末两端应是线段而不是短画。

(4) 在较小的图形上绘制细点画线、细双点画线有困难时,可用细实线代替。

(5) 轴线、对称中心线、双折线和作为中断线的细双点画线,应超出轮廓线 2～5 mm。

(6) 细点画线、细虚线和其他图线相交时,都应在线段处相交,不应在空隙或短画处相交。

(7) 当细虚线处于粗实线的延长线上时,粗实线应画到分界点处,而细虚线在连接处留有空隙。当细虚线圆弧与细虚线直线相切时,细虚线圆弧的线段应画到切点处。

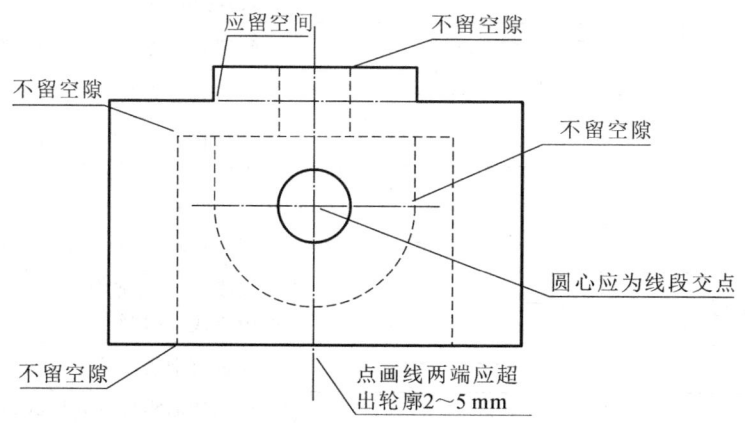

图 1-9　图线画法注意事项

（五）尺寸标注

国家标准 GB/T 4458.4—2003《机械制图　尺寸注法》规定了尺寸标注的基本规则、形式和组成等。图样上的图形只能表示机件的结构形状,机件的大小是由图上所标注的尺寸来确定的。

1. 基本规则

（1）机件的真实大小应以图样上所标注的尺寸为依据,与绘图比例及绘图准确度无关。

（2）图样中的尺寸,规定以 mm 为单位,因此图上不需要注出单位的代号或名称,如果采用其他单位则必须注明。

（3）图样中所标注的尺寸,为该图样所示机件最后完工尺寸。

（4）机件的每一个尺寸,一般只标注一次,并应标注在反映该结构最清晰的图形上。

2. 尺寸的组成

一个完整的尺寸一般应由尺寸数字、尺寸界线、尺寸线及尺寸线终端组成,如图 1-10 所示。

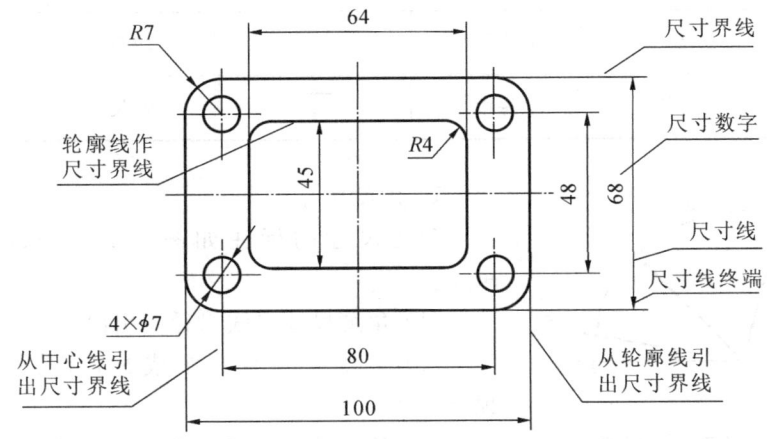

图 1-10　尺寸组成及标注

（1）尺寸数字:表示尺寸的大小。线性尺寸数字的方向:水平方向字头朝上,竖直方向字头朝左,倾斜方向字头保持朝上的趋势,并尽量避免在 30°范围内标注尺寸,无法避免时引出标注,如图 1-11 所示。尺寸数字不允许被任何图线通过,否则必须将该图线断开。

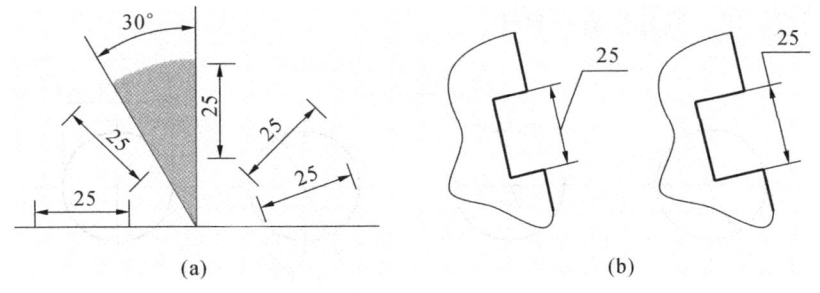

图 1-11　尺寸数字标注方法
（a）线性尺寸　（b）引出标注

（2）尺寸界线:表示尺寸的度量范围,一般用细实线绘出,也可利用轴线、中心线和轮廓线作尺寸界线。

（3）尺寸线：表示所注尺寸的度量方向，必须用细实线单独画出，不能用其他图线代替，也不得与其他图线重合或画在其他图线的延长线上。

（4）尺寸线终端：尺寸线终端有箭头、斜线两种形式。机械图样中一般采用箭头作为尺寸线的终端，建筑图样主要用斜线作为其终端。在同一张图样上，箭头大小要一致，箭头一般从内指向外。但当尺寸线内侧没有足够的位置画箭头时，允许将箭头画在尺寸线外侧。当尺寸线内外均无足够位置画箭头时，可在尺寸线与尺寸界线的相交处用圆点或细斜线代替，圆点的直径为粗实线的宽度 d。

3. 常见的尺寸标注

根据国家标准规定，标注尺寸时，要尽可能地使用符号和缩写词，如表 1-4 所示。

表 1-4　常用的符号和缩写词

名　　称	符号和缩写词	名　　称	符号和缩写词	名　　称	符号和缩写词
直径	ϕ	厚度	t	沉孔或锪平	⊔
半径	R	正方形	□	埋头孔	∨
球直径	$S\phi$	45°倒角	C	均布	EQS
球半径	SR	深度	▼	弧长	⌒

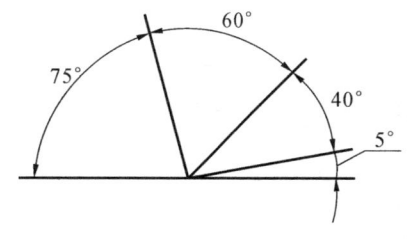

图 1-12　角度尺寸标注

1）角度尺寸

角度尺寸的标注如图 1-12 所示，应注意以下事项。

（1）角度尺寸界线沿径向引出。

（2）角度尺寸线应画成圆弧，其圆心是该角的顶点。

（3）角度尺寸数字一律水平书写。

2）圆的直径

圆的直径尺寸标注如图 1-13 所示，应注意以下事项。

（1）直径尺寸数字前加注符号"ϕ"。

（2）尺寸线通过圆心，尺寸线终端画成箭头。

（3）整圆或大于半圆标注直径尺寸。

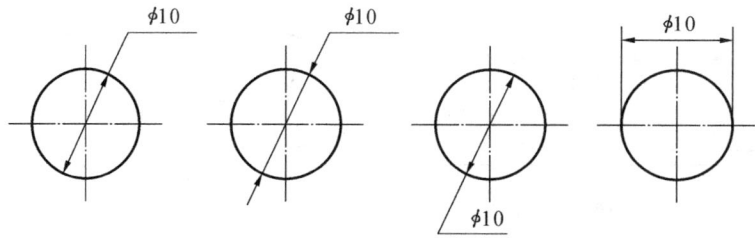

图 1-13　直径尺寸标注

3）圆的半径

圆的半径尺寸标注如图 1-14 所示，应注意以下事项。

（1）半径尺寸数字前加注符号"R"。

（2）半径尺寸必须标注在投影为圆弧的图形上，且尺寸线应通过圆心。

（3）半圆或小于半圆的圆弧标注半径尺寸。

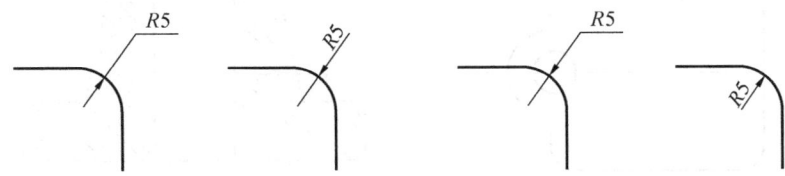

图 1-14　半径尺寸标注

4）狭小部位尺寸

如图 1-15 所示，在没有足够的空间位置画箭头或标注尺寸数字时，允许将箭头或尺寸数字布置在图形的外面。标注一连串小尺寸时，可以用小圆点代替箭头，但两端箭头仍要画出。

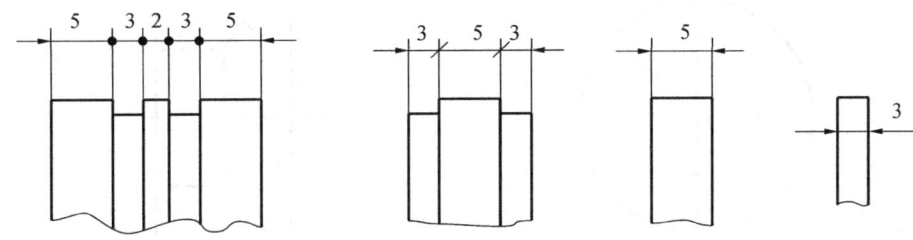

图 1-15　狭小部位尺寸标注

5）正方形结构

如图 1-16 所示，剖面为正方形结构尺寸时，可在正方形尺寸数字前加注"□"符号，或用"边长×边长"表示。

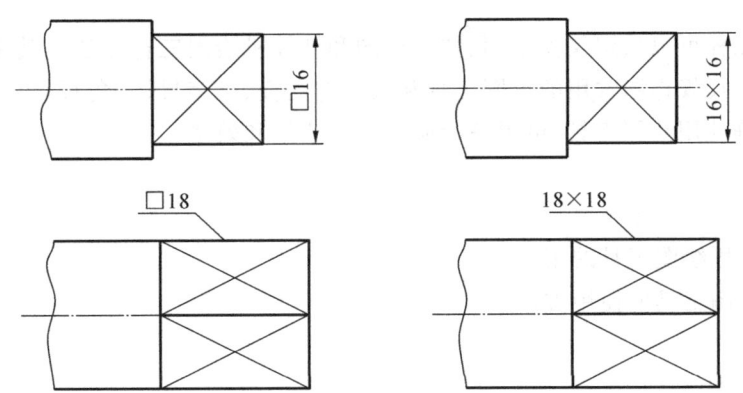

图 1-16　正方形平面尺寸标注

6）板状类零件

如图 1-17 所示，标注板状类零件的厚度时，可在尺寸数字前加符号"t"。

7）光滑过渡处

光滑过渡处的尺寸标注如图 1-18 所示，应注意以下事项。

（1）在光滑过渡处标注尺寸时，必须用细实线将轮廓线延长，从交点处引出尺寸界线。

（2）当尺寸界线过于靠近轮廓线时，允许倾斜画出。

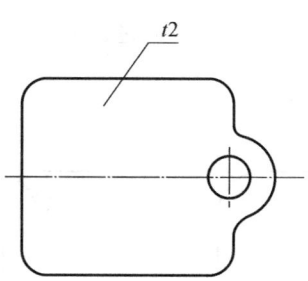

图 1-17　板状类零件尺寸标注

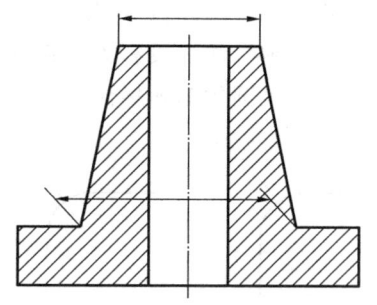

图 1-18　光滑过渡处尺寸标注

8）球面

如图 1-19 所示，标注球面直径或半径时，应在"ϕ"或"R"前面加注符号"S"。对标准件、轴或手柄，在不引起误解的情况下，可以省略符号"S"。

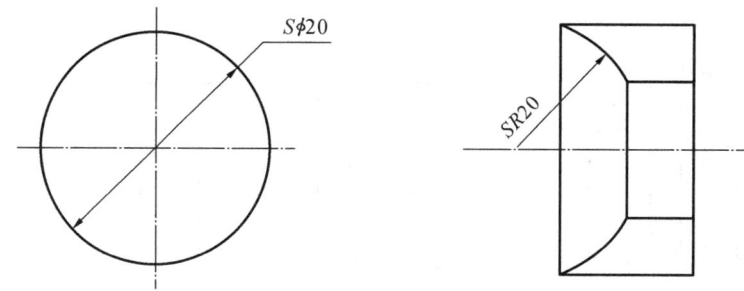

图 1-19　球面尺寸标注

任务二　常用绘图工具和仪器的使用

绘制工程图样可以采用仪器绘图、徒手绘图和计算机绘图三种方法。其中，仪器绘图又称为尺规作图。尺规作图常用的绘图工具和仪器有图板、丁字尺、三角板、铅笔、圆规、分规、曲线板等。正确使用绘图工具，可提高绘制图样的质量和效率。

【任务目标】

（1）了解常用绘图工具的用途。

（2）掌握绘图工具的使用方法。

【任务要求】

能力目标	知识要点	相关知识
了解相关知识	绘图工具的用途	绘图工具的用途
熟练掌握知识点	绘图工具的使用方法	（1）图板、丁字尺 （2）三角板 （3）铅笔 （4）圆规和分规 （5）曲线板

（一）图板、丁字尺的配合使用

图板一般由胶合板制成，用来铺贴图纸（图纸用胶带固定在图板上），故要求板面平整光滑。图板左面为丁字尺的导边，必须平直光滑。图板有不同的规格，可根据需要选用。

丁字尺由尺头和尺身构成，主要用来画水平线。绘图时，其头部必须紧贴图板的左侧，用丁字尺的上边画直线，如图 1-20 所示。移动丁字尺时，用左手推动丁字尺尺头沿图板上下移动，把丁字尺调整到准确位置后压住丁字尺，右手画线。画水平线时要从左往右，铅笔前进方向与纸面约呈 30°的夹角。

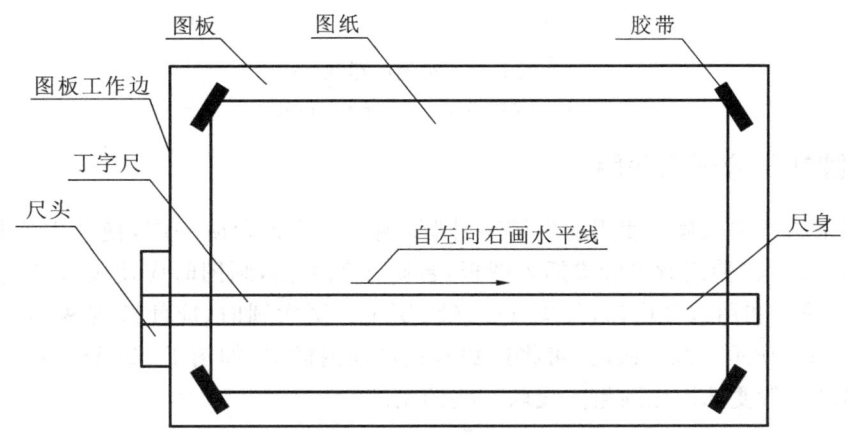

图 1-20 图板和丁字尺

（二）三角板的使用

三角板有 45°，30°(60°) 两块。三角板与丁字尺配合使用时，可画垂直线，也可画 30°、45°、60°以及 15°、75°的斜线，如图 1-21(a) 所示。将两块三角板配合使用，可以画出任意方向已知直线的平行线和垂直线，如图 1-21(b) 所示。

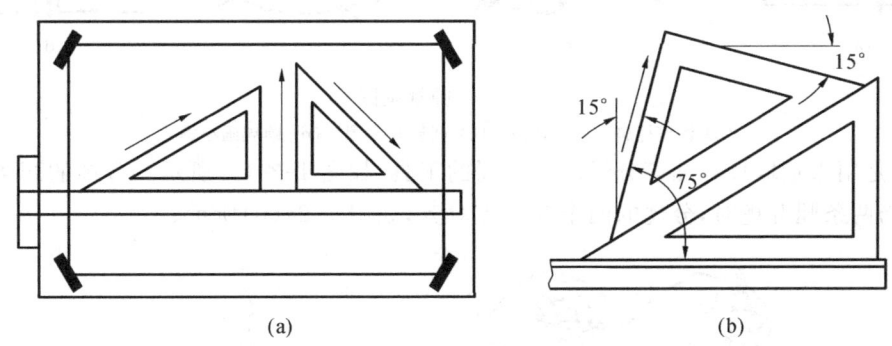

(a)   (b)

图 1-21 三角板的使用

(a) 丁字尺与三角板配合   (b) 三角板与三角板配合

（三）铅笔的修理和使用

绘图铅笔的铅芯有软硬之分，用代号 H、B 和 HB 来表示。B 前的数字愈大，表示铅芯愈软，绘出的图线颜色愈深；H 前的数字愈大，表示铅芯愈硬。HB 表示铅芯软硬适中，底稿线常用 2H 铅笔绘制且铅笔削成圆锥状，如图 1-22(a) 所示。画粗实线常用 2B 或 B 铅笔且铅笔削成扁平状,如图 1-22(b)所示。画细实线、细虚线、细点画线、箭头和写字时,常用 H或 HB 铅笔。注意铅笔应从没有标号的一端开始使用,以保留铅芯软硬的标号便于识别。

(a)　　　　　　　　　　　　　　(b)

图 1-22　铅笔的形状

(a) 圆锥状铅尖　(b) 扁平状铅尖

(四)圆规和分规的使用

圆规用来画圆和圆弧。使用前先调整针脚,钢针选用带台阶一端,使针尖略长于铅芯,如图 1-23(a)所示。使用时将针尖插入图板,台阶接触纸面,画图时应使圆规向前进方向稍微倾斜,转动速度和用力要均匀,如图 1-23(b)所示。画大圆时,应使圆规两脚都与纸面垂直,如图 1-23(c)所示。画小圆时,可将插腿及钢针向内倾斜,如图 1-23(d)所示。在加深圆弧时用的铅芯一般要选用比画粗实线软一些的铅芯。

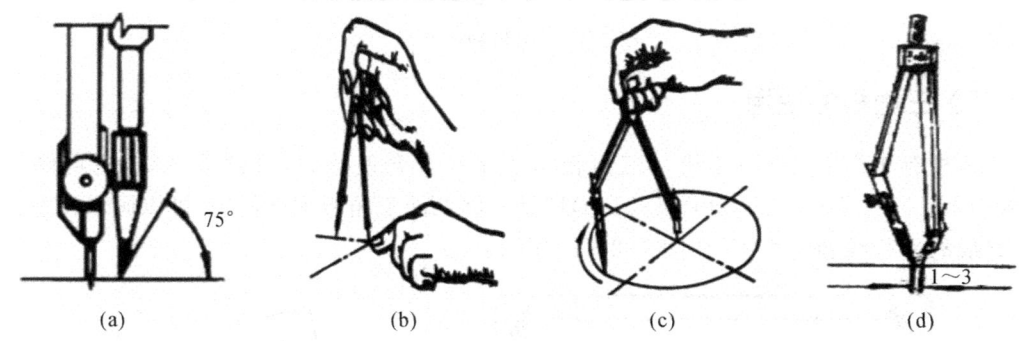

(a)　　　　　　(b)　　　　　　(c)　　　　　　(d)

图 1-23　圆规画圆

(a) 调整针脚　(b) 画图　(c) 圆规画大圆　(d) 圆规画小圆

分规是用来量取尺寸和等分线段或圆周的工具,如图 1-24(a)所示。分规的两条腿均安有钢针,当两条腿并拢时,分规的两个针尖应对齐,如图 1-24(b)所示。

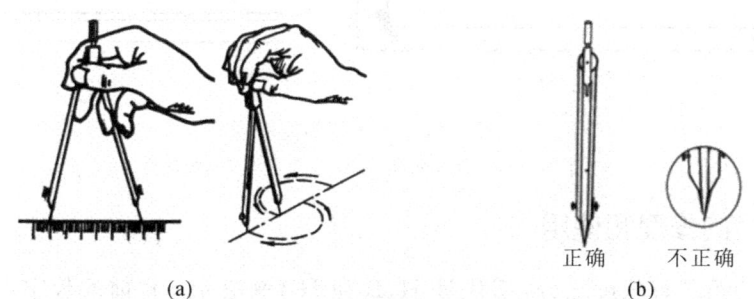

正确　　不正确

(a)　　　　　　　　　　　　(b)

图 1-24　分规的使用

(a) 分规等分线段　(b) 分规并拢

（五）曲线板的使用

曲线板用来绘制非圆曲线。作图时，要先定出曲线上足够数量的点，然后徒手用铅笔将各点光滑地连接起来，最后选用曲线板上曲率合适的部分描绘出该段曲线并描深。注意每次绘制的曲线段不得少于三个点，连接时要留出一小段不描，用于下一段连接曲线，这样描出的曲线才光滑，如图 1-25 所示。

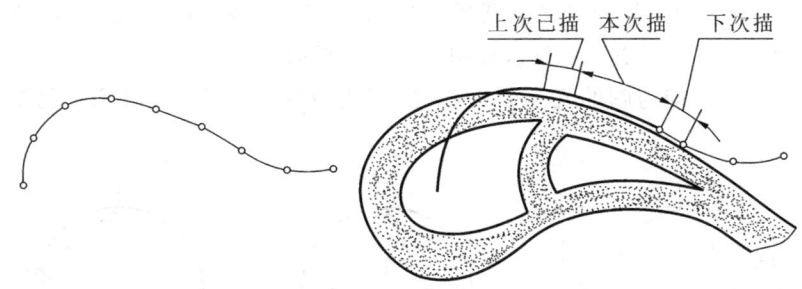

图 1-25　非圆曲线的绘制

任务三　几何作图

【任务目标】

掌握最常见的几何图形的作图方法。

【任务要求】

能力目标	知识要点	相关知识
了解相关知识	几何图形的作图	几何图形的作图
熟练掌握知识点	几何图形的作图方法	（1）等分线段 （2）等分圆周与绘制正多边形 （3）圆弧的连接

（一）等分线段

已知线段 AB 的四等分点的画法如下。

（1）过 A 点画任意角度的直线 AB'，选取适当的长度 l 作为单位长度，用分规依次分出 4 个等分点，使 $AM=MN=NP=PQ=l$。

（2）连接 B、Q，过 P、N、M 分别作 BQ 的平行线，交 AB 分别于 P'、N'、M'，P'、N'、M' 即为线段 AB 的四等分点，如图 1-26 所示。

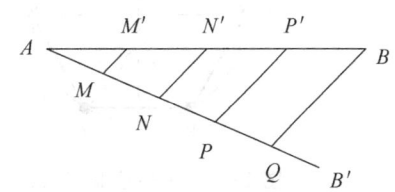

图 1-26　四等分直线段

（二）等分圆周与绘制正多边形

1. 五等分圆周与内接正五边形的绘制

正五边形的绘制如图 1-27 所示，步骤如下：

（1）找出已知圆半径 OB 的中点 K，如图 1-27(a) 所示；

（2）以 K 为圆心、KA 长为半径画圆弧，交水平直径于点 C，如图 1-27(b) 所示；

（3）以 A 为圆心、AC 长为半径画圆弧，交圆周于 D、E 两点；再分别以 D、E 为圆心，AC 长为半径画圆弧，交圆周于 F、G 两点，如图 1-27(c) 所示；

（4）A、D、F、G、E 即为圆的五等分点，依次用线段连接五点，就得到了已知圆的内接正五边形。

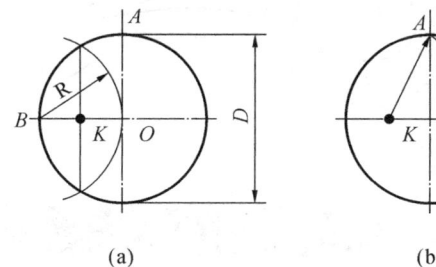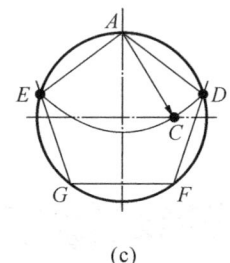

| (a) | (b) | (c) |

图 1-27　正五边形的绘制

2. 六等分圆周与内接正六边形的绘制

可以采用圆规作图和三角板作图两种方法。

1）圆规作图

（1）找到已知圆的水平直径与圆周的交点 A、D。

（2）分别以 A、D 为圆心，以已知圆的半径为半径画圆弧，交圆周于点 B、F、C、E，依次用线段连接各点，即可得到已知圆的内接正六边形，如图 1-28 所示。

2）三角板作图

（1）找到已知圆的水平直径与圆周的交点 A、D。

（2）用三角板的短直角边过 A、D 分别画直线，分别交圆周于点 F、C。

（3）用三角板的斜边过 A、D 分别画直线，分别交圆于点 B、E，六边形 $ABCDEF$ 即为圆的内接正六边形，如图 1-29 所示。

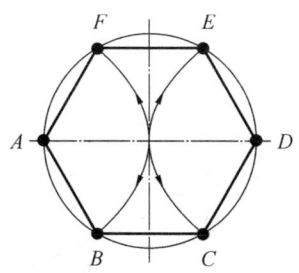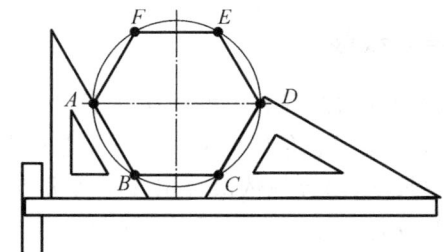

图 1-28　圆规绘制正六边形　　　　图 1-29　三角板绘制正六边形

（三）圆弧的连接

在圆弧光滑连接中，准确地求出圆心是保证图线光滑相切的关键。典型圆弧的作图方法和作图步骤如表1-5所示。

表 1-5　典型圆弧的作图方法和作图步骤

作图内容	作图方法	作图示例
用圆弧连接两条直线	（1）分别作已知直线的平行线，距离为 R，其交点即为圆心 O； （2）自 O 点向已知直线分别作垂线，垂足即是切点 A、B； （3）以 O 为圆心、R 为半径画圆。	
用圆弧连接直线与圆弧	（1）作已知直线的平行线和已知圆的同心圆，求连接弧圆心 O； （2）过圆心 O 作垂线和连心线，求切点 A、B； （3）在切点之间画连接弧。	
用圆弧连接两圆弧	（1）过已知圆的圆心，分别作同心圆，求连接弧圆心 O； （2）过圆心 O 分别作连心线，求交点，即为切点 A、B； （3）在切点之间画连接弧。	

任务四　平面图形的尺寸分析及标注

【任务目标】

（1）了解尺寸标注的基本要求。

（2）掌握尺寸标注的方法和步骤。

【任务要求】

能力目标	知识要点	相关知识
了解相关知识	尺寸标注的基本要求	尺寸标注的基本要求
熟练掌握知识点	尺寸标注的步骤	（1）尺寸分析 （2）线段分析 （3）尺寸标注

　　平面图形是由若干条直线、圆弧或者圆等曲线连接而成的。其中，有些线可以根据尺寸要求直接绘制出来，而有些线必须根据图形之间的几何关系才能绘制出来。要想快速、准确

地绘制平面图形,首先必须对图形中各种线段进行分析。通过分析,了解线段之间的形状、大小、位置关系,以便确定绘图顺序以及尺寸标注顺序。

(一) 尺寸分析

尺寸分析:不仅要分析平面图形中所有尺寸的作用,还要分析尺寸之间的相互关系。图形尺寸分为定形尺寸和定位尺寸两类。而要想确定定位尺寸,必须引入尺寸基准。

(1) 尺寸基准是指标注尺寸的起始位置,对于平面图形,有上下和左右两个方向的基准,相当于 X、Y 坐标轴,常将对称图形的对称中心线、较大圆的中心线、图形底线或端线等作为尺寸基准。图 1-30 所示的手柄的平面图形,以对称中心线为长度方向(X 轴)的尺寸基准,以 $R15$ 的竖直直径作为高度方向(Y 轴)的尺寸基准。

(2) 定形尺寸是确定平面图形上各组成部分的几何要素形状大小的尺寸,包括线段的长度、圆的直径、圆弧的半径以及角度的大小等,如图 1-30 中的 15、$\phi5$、$\phi20$、$\phi30$、$R10$、$R12$、$R15$、$R50$ 等尺寸。

(3) 定位尺寸是确定平面图形上各组成部分之间相对位置的尺寸,包括圆心和线段的相对坐标的位置等,如图 1-30 中的 8、75 等尺寸。

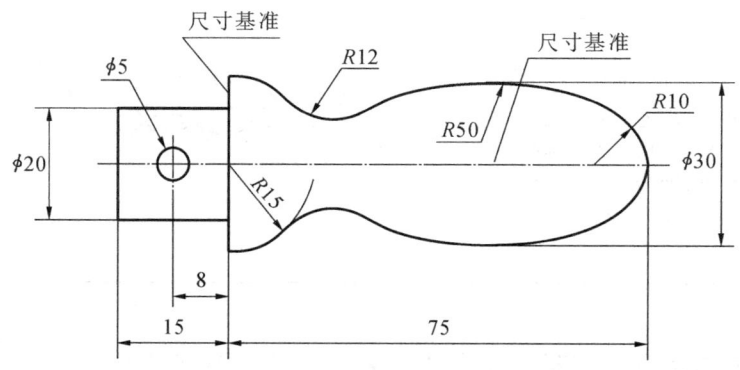

图 1-30 手柄的平面图形

(二) 线段分析

根据平面图形线段和圆弧的尺寸,组成平面图形的线段或圆弧可以分为以下三类。

1. 已知线段

凡是定形尺寸和定位尺寸都已知的线段称为已知线段。画图时应先画出这些已知线段,如图 1-30 中的已知圆 $\phi5$,弧 $R10$、$R15$ 等。

2. 中间线段

只有定形尺寸和一个方向定位尺寸的线段称为中间线段。画图时应根据与其相邻的一个线段的连接关系画出,如图 1-30 中的 $R50$ 圆弧,其定形尺寸为 $R50$,高度方向的定位尺寸为 30,长度方向的定位尺寸没有给出。

3. 连接线段

只有定形尺寸,没有定位尺寸的线段称为连接线段。一般要根据与其相邻的两线段的连接关系,用几何作图的方法将它们画出。如图 1-30 中的 $R12$ 的圆弧,只知道定形尺寸半径,不知道定位尺寸圆心坐标。

（三）尺寸标注

标注平面图形尺寸时,应首先分析图形的结构;然后确定尺寸基准;最后依据线段分析的结果,按先标注已知线段,再标注中间线段,后标注连接线段的顺序,逐个标注出平面图形的全部定形尺寸和定位尺寸。

对平面图形进行尺寸标注的基本要求如下。

（1）正确:尺寸标注方法符合国家标准有关规定,并且尺寸数值正确,不相互矛盾。

（2）完整:尺寸数值标注齐全,不允许遗漏尺寸和重复标注尺寸。如果遗漏尺寸,将使机件无法加工。重复标注同一个尺寸时,若尺寸互相矛盾,同样使零件无法加工;若尺寸互相不矛盾,也将使尺寸标注混乱,检验标准不统一,不利于看图。所以,不允许遗漏尺寸和重复标注尺寸。对于能通过已标注尺寸计算出的尺寸,我们称之为多余尺寸,多余尺寸也不允许标注,但若必须标注,则应将尺寸数字放在括号内供参考。

（3）清晰:尺寸标注在图形恰当位置,布局整齐清晰,标注清楚,不仅便于检查,也可以防止尺寸误读,在生产上有重要的意义。

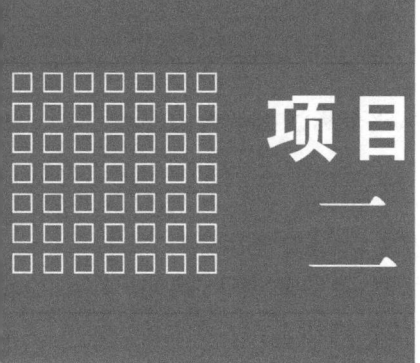

项目一

点、直线、平面的投影

绘制工程图样的依据是正投影原理。工程形体都可以看成是由点、直线、平面组成的，了解投影法，掌握点、直线、平面的投影画法是投影作图的基础。本项目主要介绍投影法的基本知识，使学生理解并掌握三视图的形成及投影规律，掌握点、直线、平面的投影特性并能正确作图。

任务一　三视图及投影知识

【任务目标】

了解投影法的基本知识，理解三面投影体系及三视图的形成过程。

【任务要求】

能 力 目 标	知 识 要 点	相 关 知 识
了解相关知识	(1) 投影法 (2) 三视图的形成	(1) 投影法分类 (2) 三视图形成过程
熟练掌握知识点	三视图与物体方位的对应关系及度量对应关系	(1) 三视图的投影规律 (2) 三视图反映物体的方位及度量

（一）投影法的分类

投影法是指投射线通过物体，向选定的投影面投射，并在该面上得到投影的方法。如图 2-1 所示，设定平面 P 为投影面，点 S（不在投影面上）为投射中心。过空间点 A 由投射中心 S 可引直线 SA，SA 称为投射线。投射线 SA 与投影面的交点 a，称为空间点 A 在投影面 P 上的投影。同理，点 b 是空间点 B 在投影面 P 上的投影。

1. 中心投影法

如图 2-2 所示，投射线均从投射中心发出的投影法，称为中心投影法。所得的投影称为中心投影。由图可见，三角板 ABC 的投影 $\triangle abc$ 的大小随投射中心 S 距离三角板 ABC 的远近或者三角板 ABC 距离投影面 P 的远近而变化。中心投影法得到的投影一般不反映形体的真实大小，度量性较差，作图复杂，不适于绘制机械图样；但由于中心投影法直观性好、立体感强，常适于绘制建筑物的透视图。

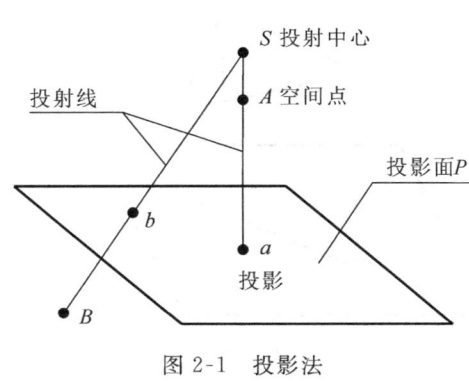

图 2-1　投影法

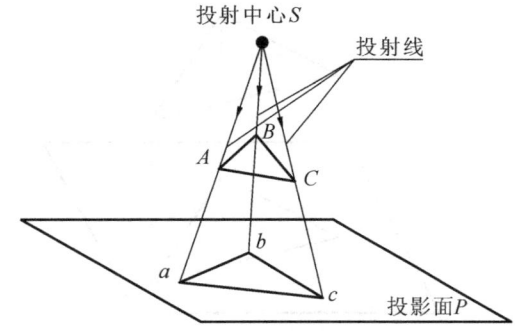

图 2-2　中心投影法

2. 平行投影法

投射线相互平行的投影法,称为平行投影法。所得的投影,称为平行投影。根据投射方向与投影面所成角度不同,平行投影法又分为正投影法和斜投影法两种。

（1）正投影法:投射线相互平行且与投影面垂直的投影方法,如图 2-3 所示。

（2）斜投影法:投射线相互平行且与投影面不垂直的投影方法,如图 2-4 所示。

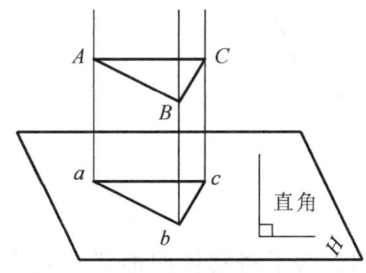

图 2-3　正投影法

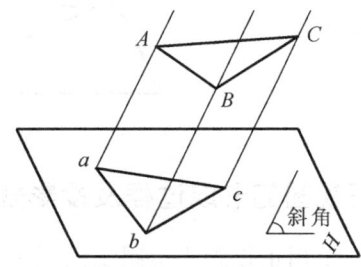

图 2-4　斜投影法

在平行投影法中,由于投射线相互平行,故即使平行移动形体使形体与投影面之间的距离发生变化,形体的投影形状和大小也不会改变。平行投影法具有度量性。

斜投影法立体感强,但度量性较差,作图复杂;而正投影法能准确反映形体的形状和结构,作图方便,度量性好。故一般将正投影法用于工程图样绘制。

（本书主要介绍正投影法。为叙述简便,将正投影简称“投影”。）

3. 正投影的基本性质

根据直线或平面与投影面的相对位置关系,正投影具有以下特性。

1）实形性

当直线或平面图形平行于投影面时,它们的投影反映直线的实长和平面图形的真实形状,这种性质称为实形性,如图 2-5 所示。

2）积聚性

当直线或平面图形垂直于投影面时,直线的投影积聚成一点,平面图形的投影积聚成一条直线,这种性质称为积聚性,如图 2-6 所示。

3）类似性

当直线或平面图形与投影面既不平行也不垂直时,直线的投影长度变短,平面图形的投影面积变小,但投影的形状仍与原来的形状相类似,这种性质称为类似性,如图 2-7 所示。

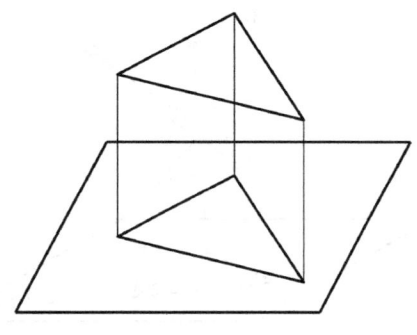

图 2-5 实形性

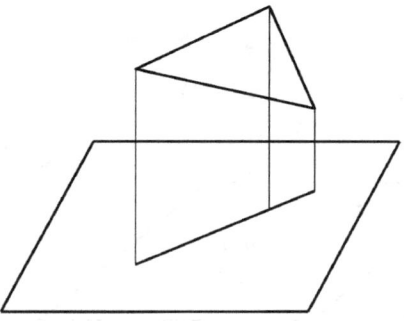

图 2-6 积聚性

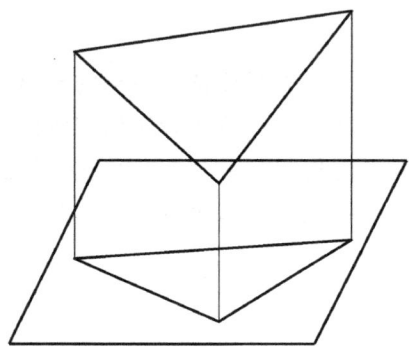

图 2-7 类似性

（二）三视图的形成过程及投影规律

工程图样上用正投影法绘制出的图形称为视图。为了将物体的形状和大小表达清楚，常采用三面投影图，即三视图。

1. 三投影面体系的建立

如图 2-8 所示，三投影面体系由三个相互垂直的投影面组成。其中 V 面称为正立投影面，简称正面；H 面称为水平投影面，简称水平面；W 面称为侧立投影面，简称侧面。两投影面的交线称为投影轴。V 面与 H 面的交线称为 OX 轴；H 面与 W 面的交线称为 OY 轴；V 面与 W 面的交线称为 OZ 轴。三条投影轴的交点为原点，记为 O 点。

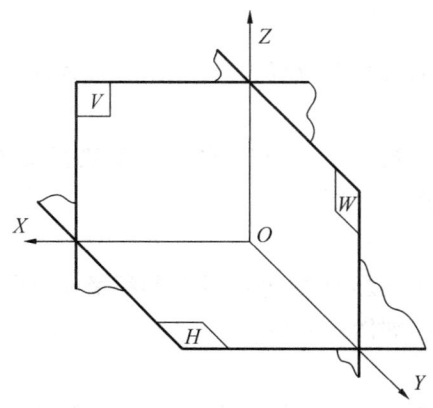

图 2-8 三投影面体系

三个投影面把空间分为八个部分,称为八个分角。根据制图国家标准规定"采用第一角投影法",即将形体放在第一分角内投影。因此,本书只讨论第一分角投影。

2. 三视图的形成

如图 2-9(a)所示,将物体放在三投影面体系的第一分角内,按照正投影法分别向三个投影面投射,即可得到物体的三视图。V 面上的视图称为主视图,H 面上的视图称为俯视图,W 面上的视图称为左视图。为了使所得的三视图处于同一平面上,我们保持 V 面不动,将 H 面绕 OX 轴向下旋转 90°,将 W 面绕 OZ 轴向右旋转 90°,即可将三个投影面展开,如图 2-9(b)、图 2-9(c)所示。

投影面的范围大小与视图无关,因此在画视图时,投影面的边框和投影轴不必画出。俯视图在主视图的正下方,左视图在主视图的正右方。在一般情况下,这种位置关系是不允许变动的,视图的名称也不必标注。最终得到的物体三视图如图 2-9(d)所示。

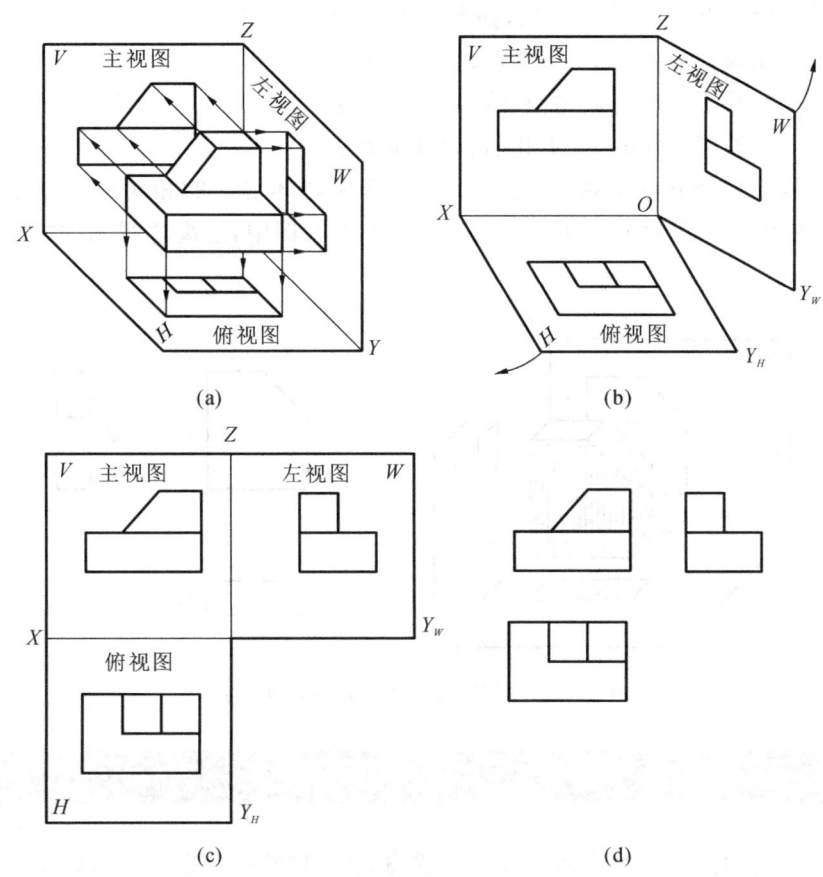

图 2-9　三视图的形成

（三）三视图的度量对应关系和方位的对应关系

1. 三视图的度量对应关系

空间形体都有长、宽、高三个方向的尺寸,每个视图都只能反映形体两个方向的尺寸。

1）每个视图所反映的形体尺寸情况

主视图——反映了形体上下方向的高度尺寸和左右方向的长度尺寸。

俯视图——反映了形体左右方向的长度尺寸和前后方向的宽度尺寸。

左视图——反映了形体上下方向的高度尺寸和前后方向的宽度尺寸。

2）视图之间的尺寸对应关系

根据每个视图所反映的形体尺寸情况及投影关系，有如下对应关系：主、俯视图中相应投影（整体或局部）的长度相等，并对正；主、左视图中相应投影（整体或局部）的高度相等，并平齐；俯、左视图中相应投影（整体或局部）的宽度相等。即"长对正，高平齐，宽相等"，如图2-10所示。这种"三等"关系是三视图的重要特性。

2. 三视图与形体的方位对应关系

任何形体在空间中都有上、下、左、右、前、后六个方位，如图2-11所示。

图2-10 视图之间的对应关系

主视图——反映了形体的上、下和左、右方位关系。

俯视图——反映了形体的左、右和前、后方位关系。

左视图——反映了形体的上、下和前、后方位关系。

弄清楚三视图六个方位关系，对绘图、读图、判断物体之间的相对位置是十分重要的。其规律是：主视图反映形体的上、下、左、右方位；俯、左视图中，远离主视图的方向，是形体的前方。

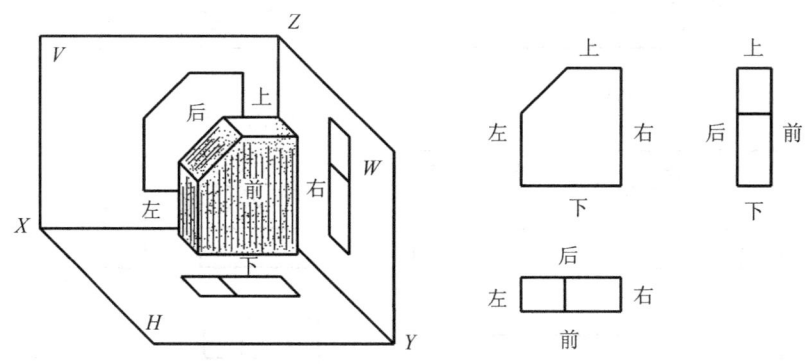

图2-11 三视图与形体的方位对应关系

任务二　点的三面投影

任何形体都是由点、直线、平面等几何要素构成的，理解和掌握点、直线、平面的特性，对于正确阅读和绘制形体图样，以及建立空间概念至关重要。

【任务目标】

（1）掌握点的投影规律，理解点的投影与直角坐标系的关系。

（2）能够正确判断两点间的相对位置。

（3）能够识别重影点并正确判断重影点的可见性。

【任务要求】

能 力 目 标	知 识 要 点	相 关 知 识
了解相关知识	点的三面投影	(1) 点的三面投影及其标记 (2) 点的坐标
熟练掌握知识点	(1) 点的三面投影规律 (2) 两点间的相对位置 (3) 重影点及可见性	(1) 点的三面投影规律及三面投影作图 (2) 两点的坐标值及相互位置关系判断 (3) 重影点识别及可见性判断

（一）点的三面投影规律

1. 点的三面投影

如图 2-12(a)所示，从空间点 A 分别向三个投影面作垂线，与投影面相交得到三个点，即 A 点的三面投影。其中 V 面上的投影称为正面投影，记为 a'；H 面上的投影称为水平投影，记为 a；W 面上的投影称为侧面投影，记为 a''。

将三投影面体系展开，如图 2-12(b)所示。去掉投影面边框线，如图 2-12(c)所示。

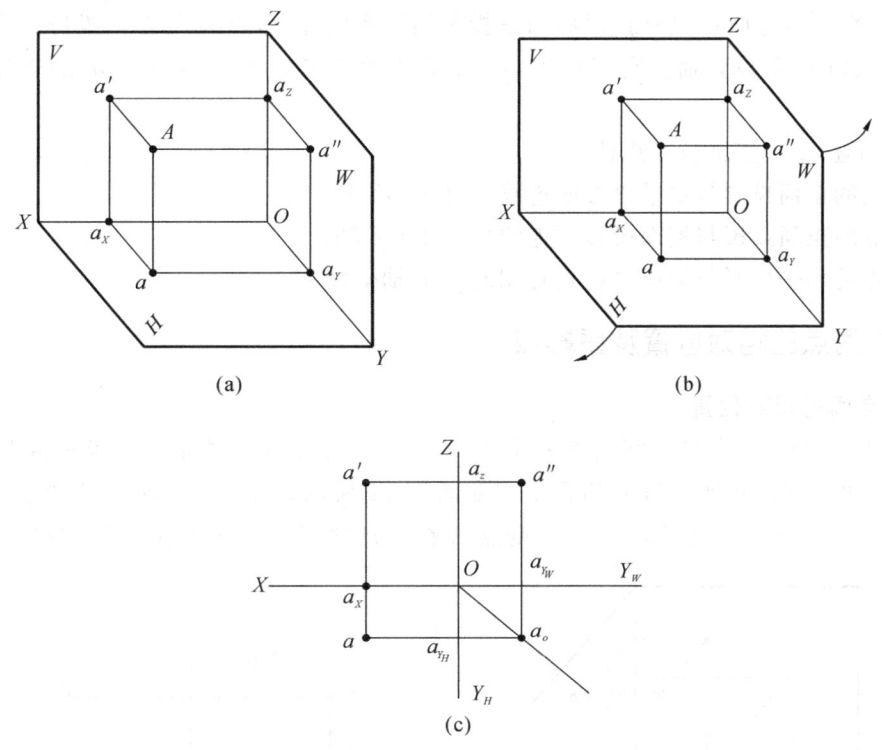

图 2-12　点的三面投影

如图 2-13(a)所示，将三投影面体系当作直角坐标系，则 V、H、W 面相当于坐标面，OX、OY、OZ 轴相当于坐标轴，O 点相当于坐标原点。在坐标系内规定：X 轴向左为正；Y 轴向前为正；Z 轴向上为正。

如图 2-13(b)所示，点的三面投影与其坐标的关系如下。

（1）空间点的任一投影均反映了该点的某两个坐标值，即 $a(X_A, Y_A)$，$a'(X_A, Z_A)$，

$a''(Y_A, Z_A)$。

（2）空间点的每一个坐标值，反映了该点到某投影面的距离：X_A 反映了点 A 到 W 面的距离；Y_A 反映了点 A 到 V 面的距离；Z_A 反映了点 A 到 H 面的距离。

（3）点的任意两个投影反映了点的三个坐标值，即能确定唯一空间点。

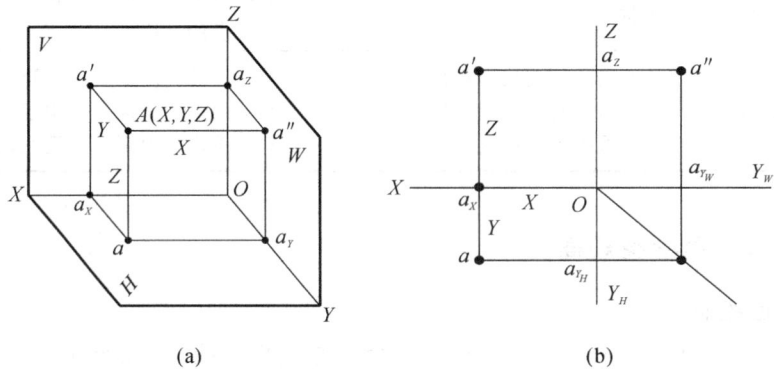

（a）　　　　　　　　　　（b）

图 2-13　空间点的投影和坐标

2. 点的投影规律

如图 2-13(a)所示，投射线 Aa 和 Aa' 分别垂直于 H 面和 V 面，则 $Aa \perp OX$，$Aa' \perp OX$，故 $aa_x \perp OX$，$a'a_x \perp OX$。进而可得，当三投影面体系展开后，点 A 的正面投影 a' 与水平投影 a 的连线垂直于 OX 轴。同理可得，点 A 的正面投影 a' 与侧面投影 a'' 的连线垂直于 OZ 轴。

由上所述，点的三面投影规律：

（1）点的正面投影与水平投影的连线垂直于 OX 轴；

（2）点的正面投影与侧面投影的连线垂直于 OZ 轴；

（3）点的水平投影与侧面投影具有相同的 Y 轴坐标。

（二）两点的相对位置及重影点

1. 两点间的相对位置

根据点的坐标，可判断空间两点之间上下、左右、前后的位置关系。X 坐标值大的在左；Y 坐标值大的在前；Z 坐标值大的在上。如图 2-14 所示，$X_A > X_B$，则点 A 在点 B 之左；$Y_A > Y_B$，则点 A 在点 B 之前；$Z_A < Z_B$，则点 A 在点 B 之下。即点 A 在点 B 的左、前、下方。

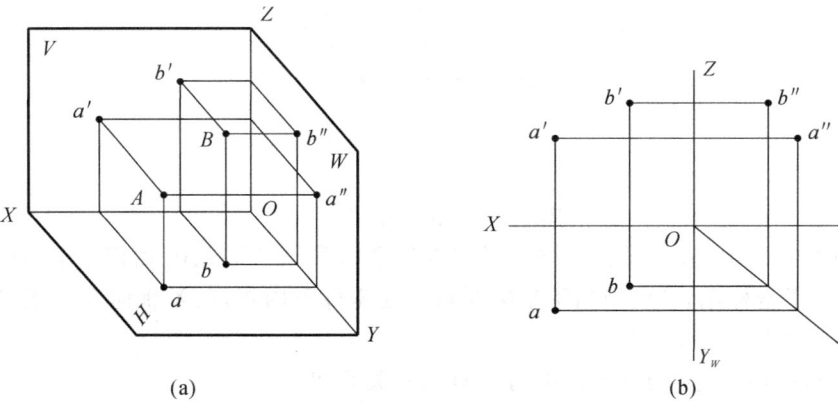

（a）　　　　　　　　　　（b）

图 2-14　两点的相对位置

2. 重影点及其可见性

当空间两点的两个坐标值相等,而第三个坐标值不相等时,对于某一投影面,该两点位于同一条投射线上,在该投影面上的投影重合,则称这两点为对这一投影面的重影点。如图2-15所示,点 A 和点 B 的 X、Y 坐标相同,而 Z 坐标不同,则点 A 和点 B 为对 H 面的重影点。

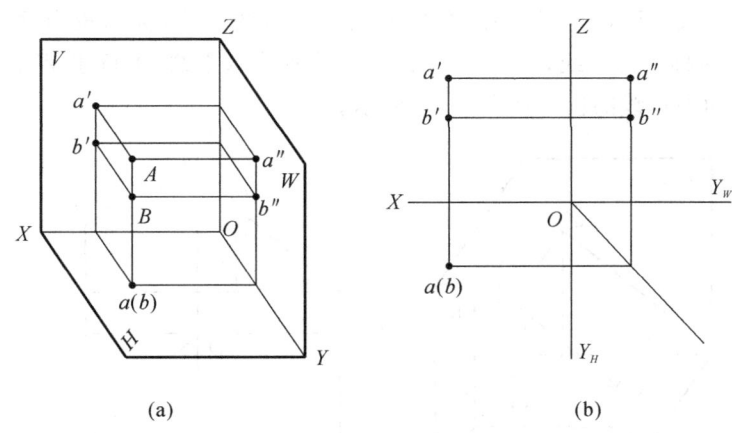

(a)　　　　　　　　　　　　(b)

图 2-15　重影点及其可见性

当空间两点在某个投影面上的投影重合时,其中必有一点的投影遮挡着另一点的投影,因此对于重影点需判断其可见性。如图2-15所示,由于 $Z_A > Z_B$,点 A 在点 B 的正上方,所以在 H 面上点 A 的投影遮挡着点 B 的投影,即点 A 的投影可见,点 B 的投影不可见。

判断重影点的可见性,是根据两点不相等的那个坐标值来确定的。坐标值大的可见,坐标值小的不可见。同时,也可以用"前遮后、上遮下、左遮右"来判断重影点的可见性。对于不可见的点的投影,在标记时需要加括号来表示。

任务三　直线的投影规律

从几何原理可知,两点可确定一条直线。从投影原理可知,直线的投影一般仍是直线,特殊情况下为点。

【任务目标】

(1)掌握空间直线各种位置的投影特性。
(2)能够正确判断空间直线的类型、空间点与直线的位置关系及两条直线的相对位置。

【任务要求】

能　力　目　标	知　识　要　点	相　关　知　识
了解相关知识	直线的投影	空间直线的类型、各类直线的投影
熟练掌握知识点	(1)特殊位置直线的投影特性 (2)点与直线 (3)两直线的相对位置	(1)投影面平行线、垂直线的投影特性 (2)点从属于直线的判定 (3)两直线平行或相交的投影特点

（一）特殊位置直线的投影特性

在三投影面体系中,根据直线与投影面的相对位置,可将直线分为投影面平行线、投影面垂直线和一般位置直线三种。

1. 投影面平行线

只平行于一个投影面,而与另外两个投影面不平行的直线,称为投影面平行线。其中,平行于 V 面的直线称为正平线;平行于 H 面的直线称为水平线;平行于 W 面的直线称为侧平线。三种投影面平行线的投影如图 2-16 所示。

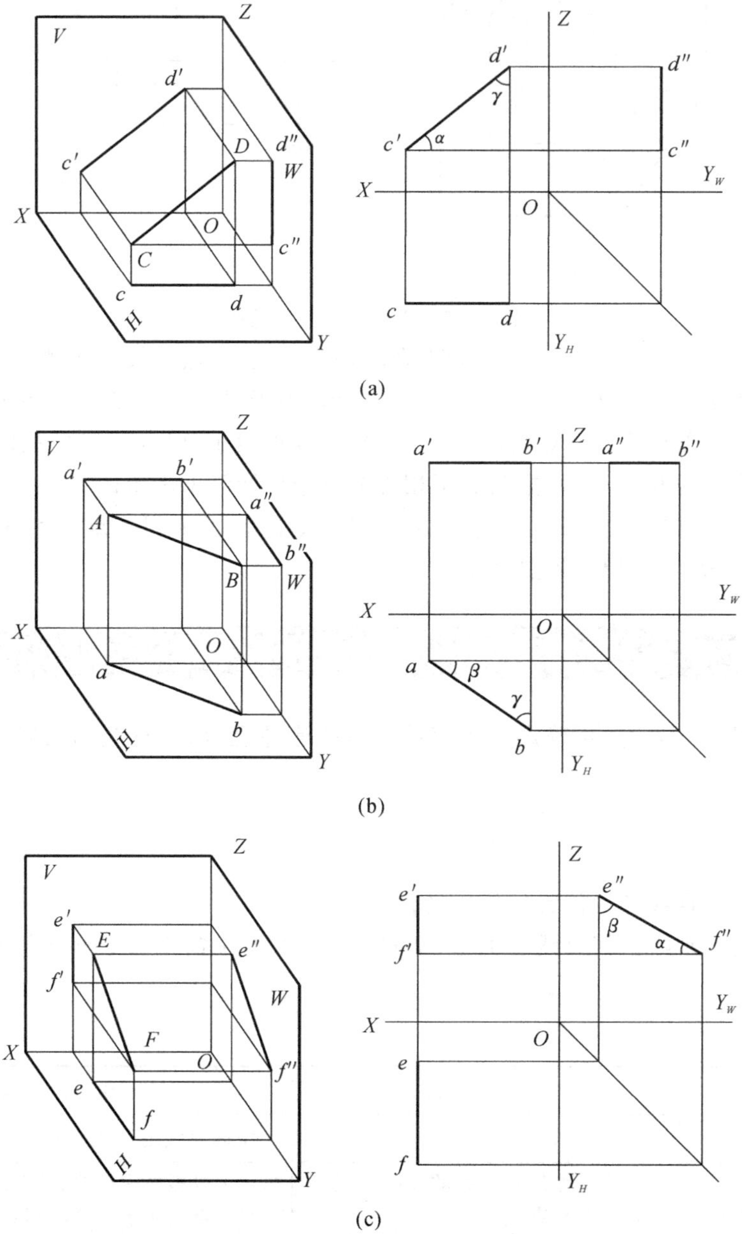

(a)

(b)

(c)

图 2-16　投影面平行线的投影

（a）正平线　（b）水平线　（c）侧平线

投影面平行线具有以下两个投影特性：

（1）在所平行的投影面上的投影反映线段的实长，该投影与投影轴夹角分别反映空间直线相对于另外两个投影面的实际倾角；

（2）在另外两个投影面上的投影分别平行于相应的坐标轴，且长度缩短。

2.投影面垂直线

垂直于一个投影面，而与另外两个投影面平行的直线，称为投影面垂直线。其中，垂直于 V 面的直线称为正垂线；垂直于 H 面的直线称为铅垂线；垂直于 W 面的直线称为侧垂线。三种投影面垂直线的投影如图 2-17 所示。

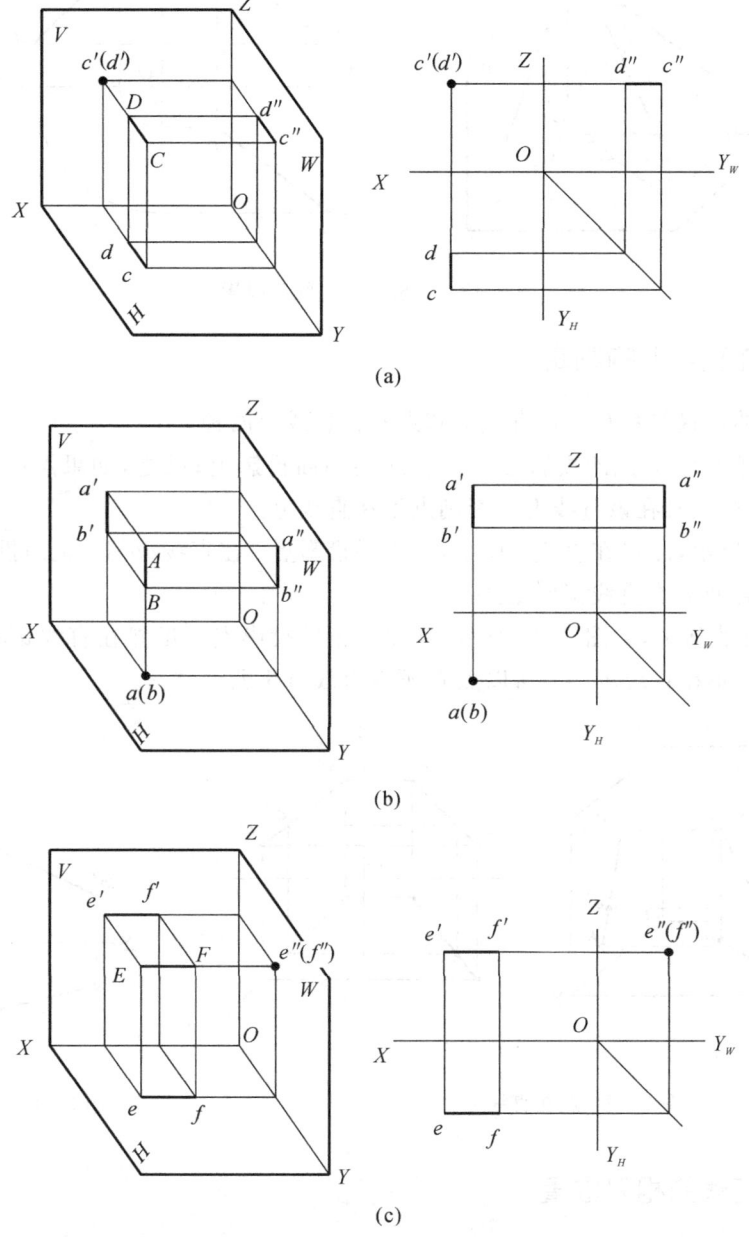

图 2-17 投影面垂直线的投影

（a）正垂线 （b）铅垂线 （c）侧垂线

投影面垂直线具有以下两个投影特性：

（1）在所垂直的投影面上的投影积聚成一个点；

（2）在另外两个投影面上的投影垂直于相应的投影轴，且均反映实长。

3. 一般位置直线

一般位置直线同时对三个投影面倾斜，其投影特性：直线的三面投影都倾斜于投影轴，投影的长度均小于实长，如图 2-18 所示。

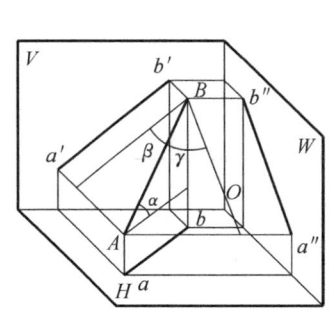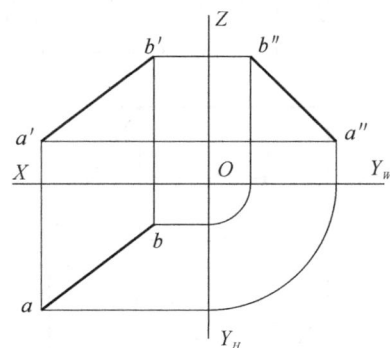

图 2-18　一般位置直线的投影

（二）点在直线上的判定

点与直线的位置关系有点在直线上和点不在直线上两种。

（1）点在直线上，则点的投影必在该直线的同面投影上；反之，如果点的投影均在直线的同面投影上，则点必在该直线上。否则点不在直线上。

如图 2-19 所示，点 C 在直线 AB 上，其水平投影点 c 在直线 ab 上，正面投影点 c′在直线 a′b′上，侧面投影点 c″在直线 a″b″上。

（2）点不在直线上，如图 2-20 所示，点 C 的正面投影点 c′虽然在直线 a′b′上，但是点 C 的水平投影点 c 不在直线 ab 上，所以点 C 不在直线 AB 上。

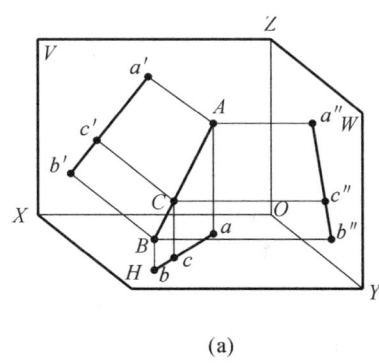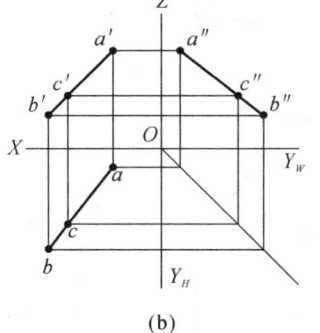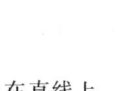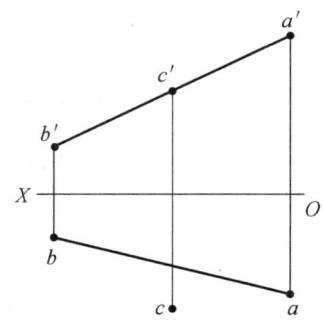

(a)　　　　　　　　　　(b)

图 2-19　点在直线上　　　　　　　　　　图 2-20　点不在直线上

（三）两直线的相对位置

两直线的相对位置有平行、相交和交叉三种。平行和相交的两直线是处于同一平面的直线，又称为共面直线；而交叉的两直线则不处于同一平面，又称为异面直线。

1. 两直线平行

若两直线平行,则其同面投影必定平行或重合。如图 2-21 所示,空间直线 $AB /\!/ CD$,其投影 $ab /\!/ cd$,$a'b' /\!/ c'd'$,$a''b'' /\!/ c''d''$。

反之,若两直线的各投影面投影均相互平行或重合,则此两直线在空间必定平行。

2. 两直线相交

如果两直线相交,其交点同时在两条直线上,因此,它们的同面投影必相交,且交点的投影符合点的投影规律。如图 2-22 所示,直线 AB 与 CD 相交于点 K,则直线 ab 与直线 cd 相交于点 k,直线 $a'b'$ 与直线 $c'd'$ 相交于点 k',直线 $a''b''$ 与直线 $c''d''$ 相交于点 k'',且点 k、k'、k'' 是点 K 的三面投影。

反之,若两直线的各投影面投影均相交,且交点的投影符合点的投影规律,则此两直线在空间必定相交。

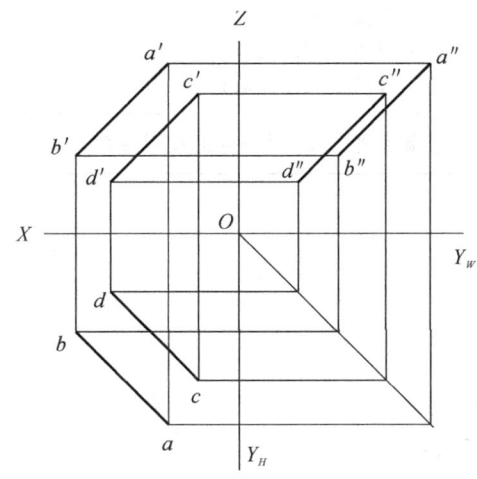

图 2-21 两直线平行

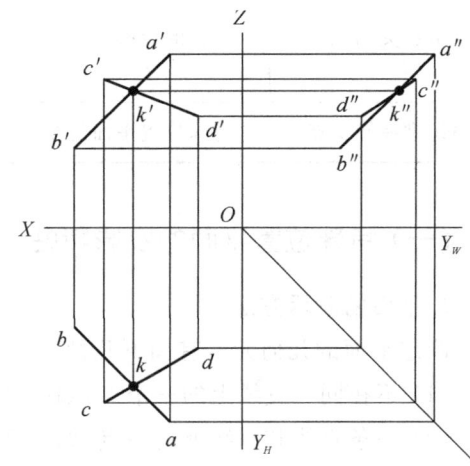

图 2-22 两直线相交

3. 两直线交叉

如果两直线既不平行,也不相交,则称这两直线交叉(异面)。如果两交叉直线在某个投影面上的投影相交,则投影的交点是分别属于两条直线,但处于同一投射线上的两个点的投影,即重影点的投影。

如图 2-23 所示,正面投影直线 $a'b'$ 与直线 $c'd'$ 的交点,是直线 AB 与 CD 对 V 面的重影点;水平投影直线 ab 与直线 cd 的交点,是直线 AB 与 CD 对 H 面的重影点。

交叉直线不存在共有点,但必定存在重影点。

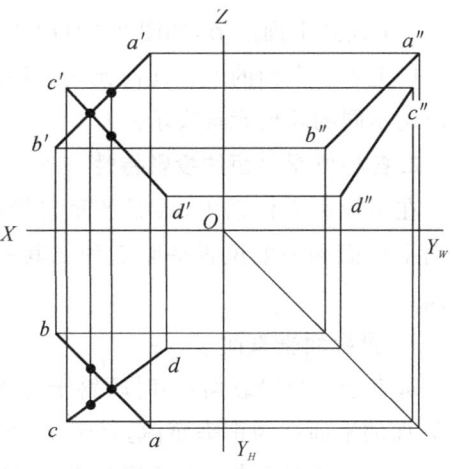

图 2-23 两直线交叉

任务四　平面的投影规律

【任务目标】

（1）掌握空间各种位置平面的投影特性。
（2）能够作出各种位置平面的投影。
（3）能够根据平面的投影判断其空间位置。

【任务要求】

能力目标	知识要点	相关知识
了解相关知识	平面的投影	（1）平面的表示法 （2）空间平面的类型 （3）各种位置平面的投影
熟练掌握知识点	特殊位置平面的投影特性	投影面平行面、垂直面的投影特性

（一）特殊位置平面的投影特性

1. 平面的表示方法

确定平面的几何元素有如下几种：

（1）不在同一直线上的三个点，如图 2-24(a) 所示；

（2）一条直线和直线外的一点，如图 2-24(b) 所示；

（3）两条相交直线，如图 2-24(c) 所示；

（4）两条平行直线，如图 2-24(d) 所示；

（5）任意平面图形，如图 2-24(e) 所示。

以上表示平面的五组几何元素，虽然形式不同，但是它们之间可以转换，且同一个平面可以用不同的几何元素表示。

2. 各种位置平面的投影特性

在三投影面体系中，根据平面与投影面的相对位置，可将平面分为投影面垂直面、投影面平行面和一般位置平面三种。其中，投影面垂直面和投影面平行面都称为特殊位置平面。

1）投影面垂直面

垂直于一个投影面，同时倾斜于另外两个投影面的平面称为投影面垂直面。其中垂直于 V 面的平面称为正垂面；垂直于 H 面的平面称为铅垂面；垂直于 W 面的平面称为侧垂面。三种投影面垂直面的投影如图 2-25 所示。

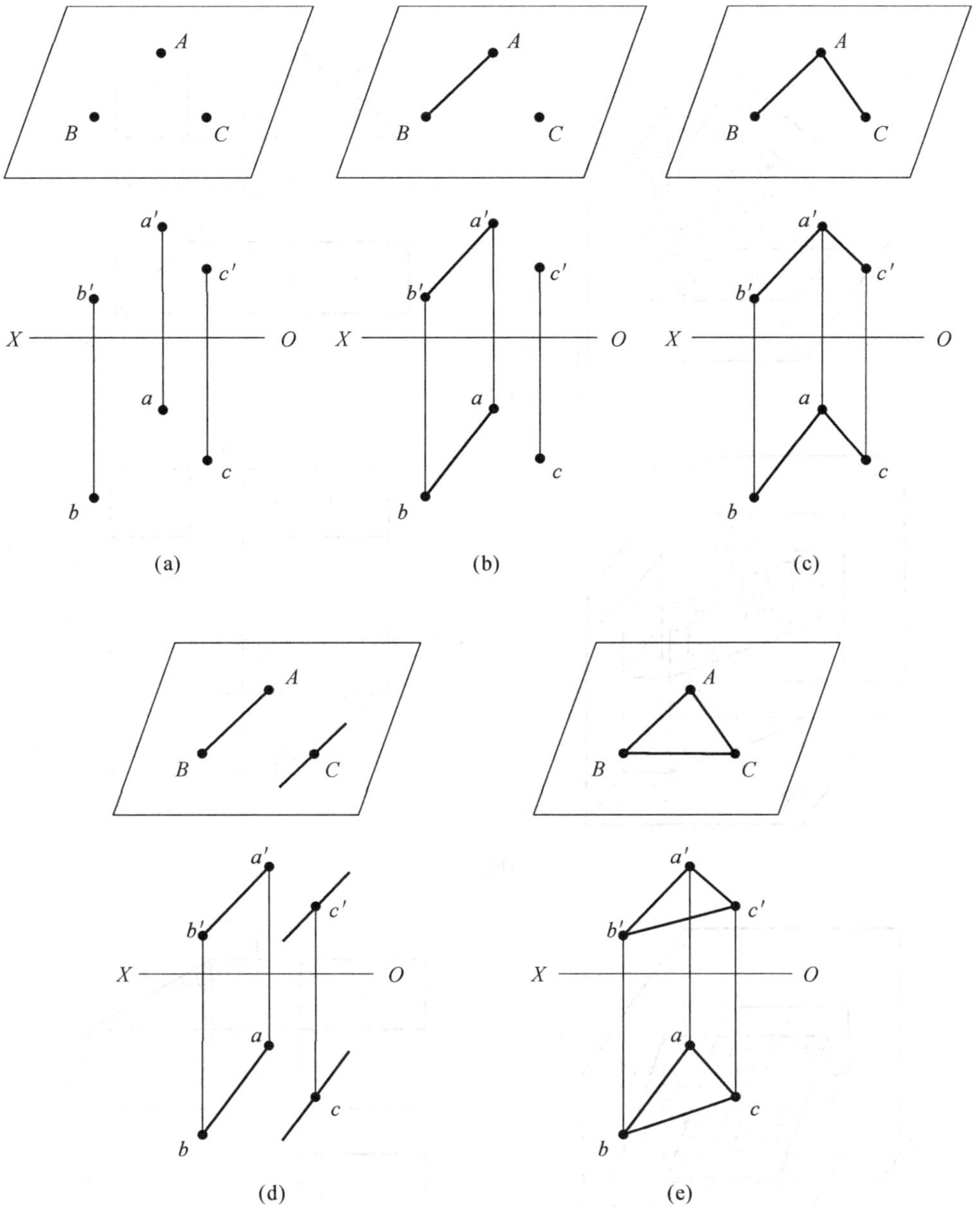

图 2-24 平面的表示方法

投影面垂直面具有以下两个投影特性：

（1）在所垂直的投影面上的投影积聚为一条倾斜的直线；

（2）在另外两个投影面上的投影均为缩小的类似形。

2）投影面平行面

平行于一个投影面，同时垂直于另外两个投影面的平面称为投影面平行面。其中平行于 V 面的平面称为正平面；平行于 H 面的平面称为水平面；平行于 W 面的平面称为侧平面。三种投影面平行面的投影如图 2-26 所示。

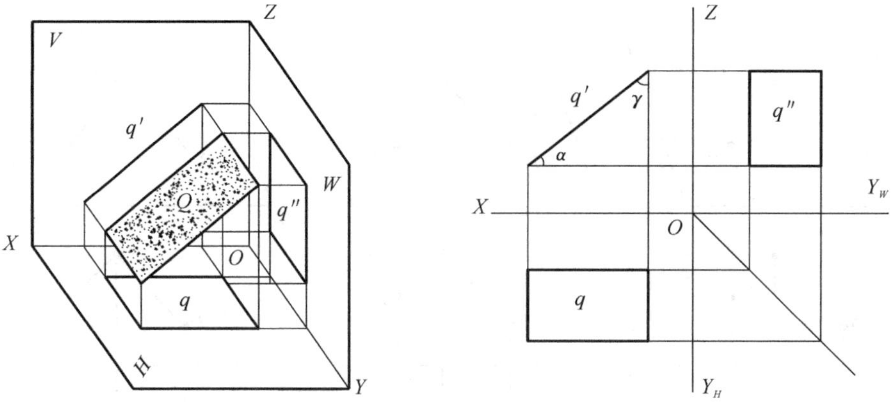

(a)

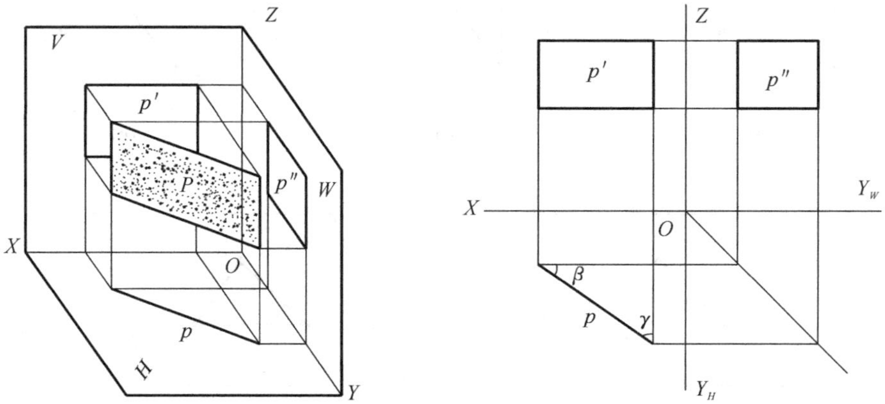

(b)

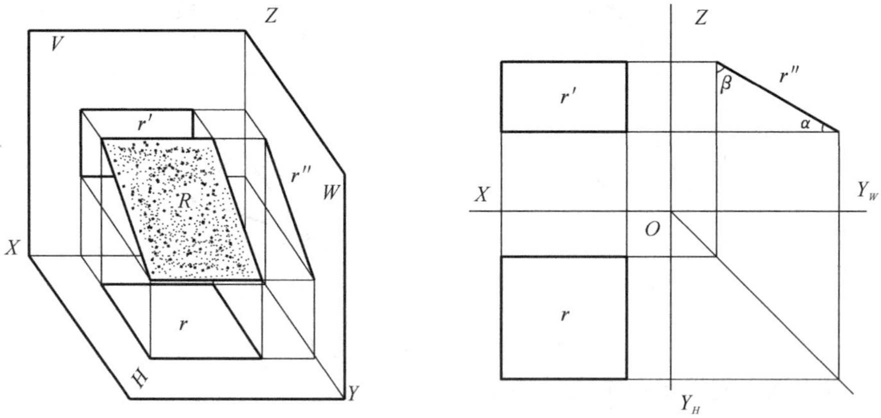

(c)

图 2-25　投影面垂直面的投影

(a) 正垂面　(b) 铅垂面　(c) 侧垂面

投影面平行面具有以下两个投影特性：

(1) 在所平行的投影面上的投影反映实形；

(2) 在另外两个投影面上的投影均积聚为直线，且平行于相应的投影轴。

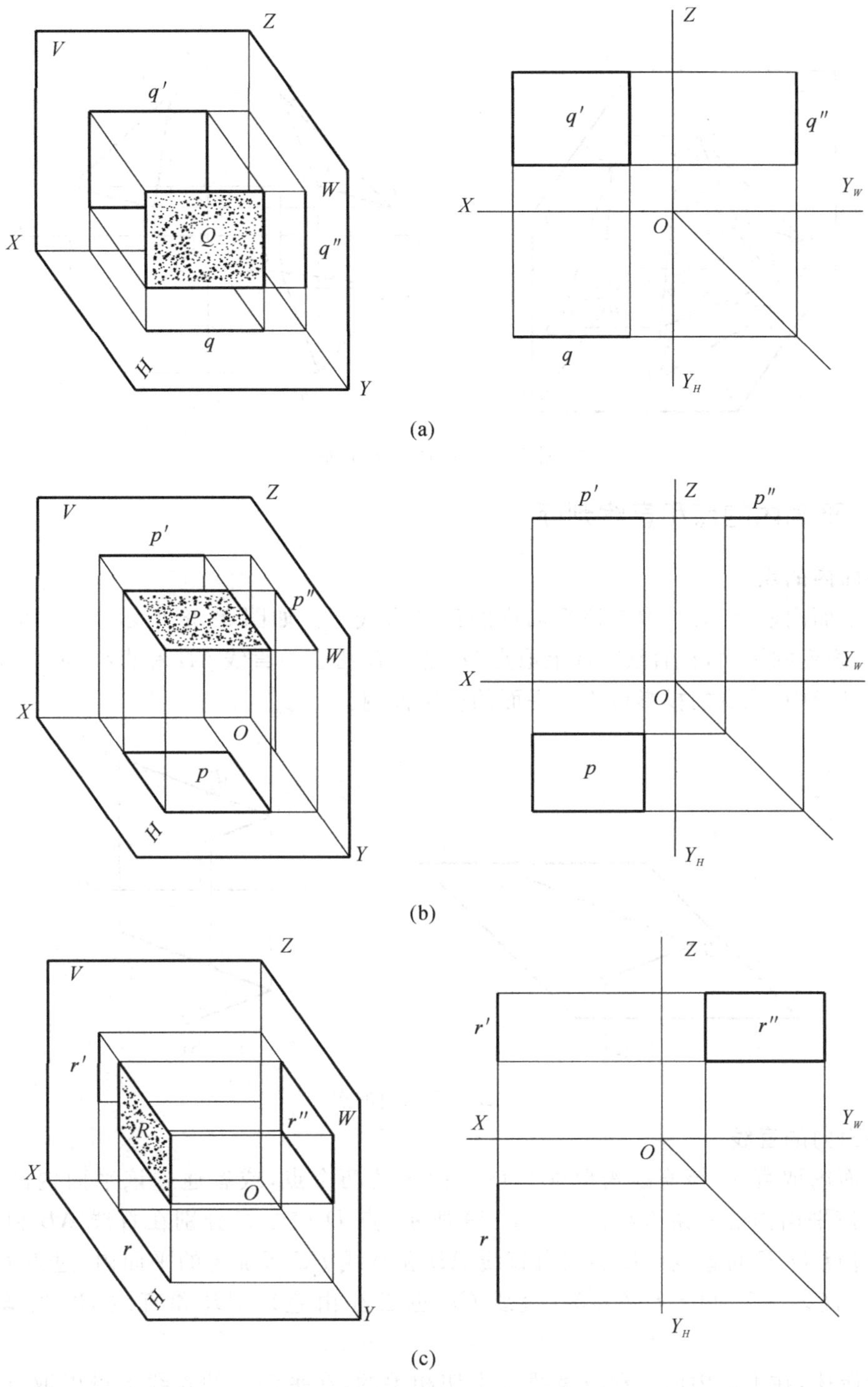

图 2-26 投影面平行面的投影

（a）正平面 （b）水平面 （c）侧平面

3）一般位置平面

对三个投影面都倾斜的平面称为一般位置平面，如图 2-27 所示。

一般位置平面的投影特性为：三个投影均为面积缩小的类似形，既不反映实形，也不反映该平面与投影面的倾角。

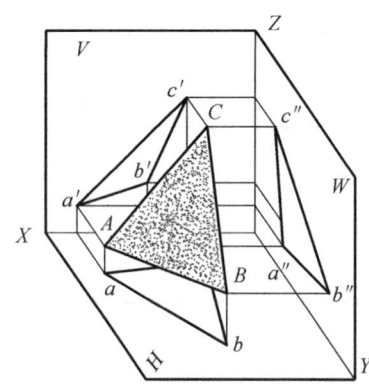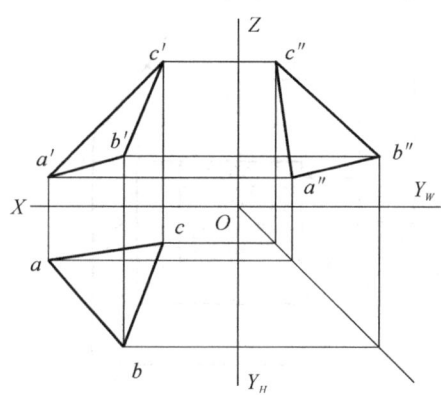

图 2-27　一般位置平面

（二）平面内的点和直线判断

1. 平面内的点

要在平面内取点,必须取在该平面内的已知直线上。如图 2-28 所示,已知两相交直线 AB 和 BC 确定的平面,在直线 AB 上取点 D,则点 D 必在由直线 AB 和直线 BC 所确定的平面内。在投影中,该点的投影位于该平面的投影面内。

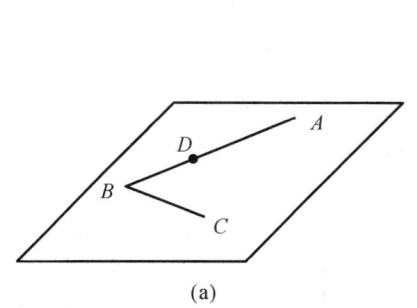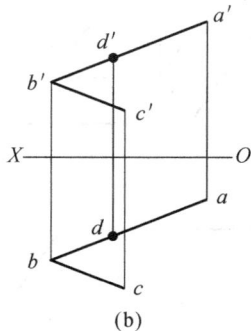

图 2-28　平面内的点

2. 平面内的直线

在平面内取直线,该直线需要通过该平面内的两个点,或者通过该平面内的一个点,且平行于该平面内的一条直线。如图 2-29 所示,点 D 和点 E 分别在直线 AB 和直线 BC 上,所以过点 D、E 的直线 DE 必在由直线 AB 和直线 BC 所确定的平面内;过点 C 作直线 CF 平行于直线 AB,则 $c'f' \parallel a'b'$,直线 CF 也必在由直线 AB 和直线 BC 所确定的平面内。

综上所述,在平面内取点和取直线是密切相关的,在平面内的直线上可以取点,通过平面的点可以取直线。

3. 平面内的投影面平行线

在给定平面内且平行于投影面的直线称为该平面内的投影面平行线,如图 2-30 所示。平面内的投影面平行线有正平线、水平线、侧平线三种,它们既符合直线在平面内的几何条件,又具有一般投影面平行线的投影特性。

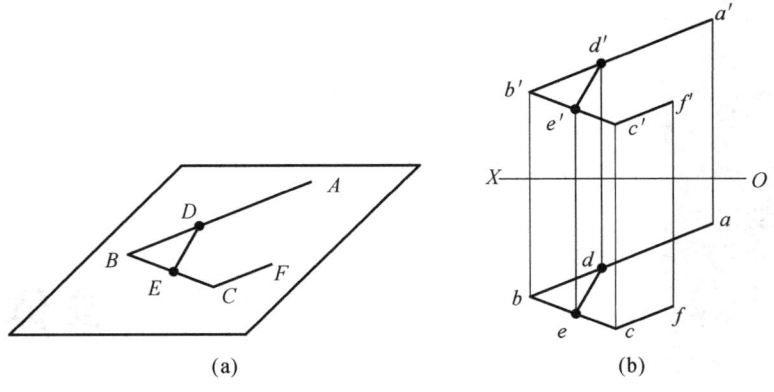

图 2-29　平面内的直线

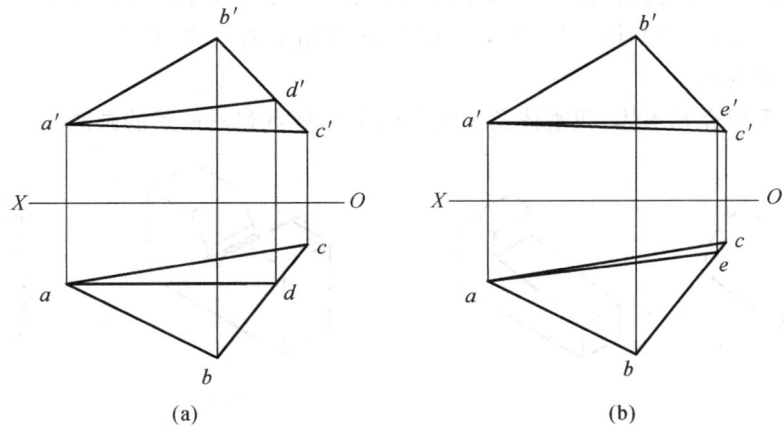

图 2-30　平面内的投影面平行线
（a）正平线　（b）水平线

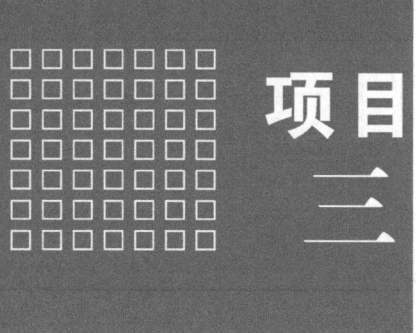

项目三

立体的投影

　　立体包含基本体和组合体。柱、锥、圆球、圆筒等几何体是组成机件的基本形体,简称基本体;基本体的组合称为组合体。当基本体与带有切口、切槽等的结构相组合时,便成为不完整的基本体,又称为切割体。切割体和相贯体(两相交的立体)均是组合体。图3-1所示为由基本体组成的机件。

　　本项目着重研究基本体、切割体及相贯体的形体特点和三视图的画法。

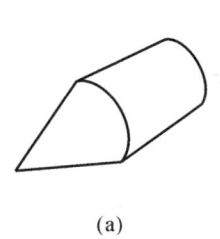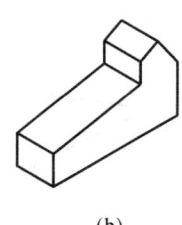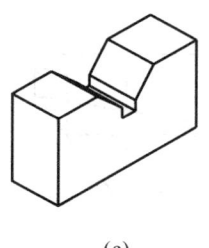

| (a) | (b) | (c) | (d) |

图 3-1　由基本体组成的机件
(a) 顶针　(b) 钩头键　(c) V 形铁　(d) 接头

任务一　平面立体和回转体的投影

【任务目标】

　　(1) 能够绘制常见平面立体和回转体的投影。

　　(2) 掌握在平面立体和回转体表面取点的方法。

　　(3) 培养空间想象能力和利用二维图形表达三维物体的思维方法。

【任务要求】

能 力 目 标	知 识 要 点	相 关 知 识
了解相关知识	(1) 平面立体的投影绘制 (2) 回转体的投影绘制	(1) 棱柱、棱锥的投影 (2) 回转体转向轮廓线的概念 (3) 圆柱、圆锥和球的投影

能力目标	知识要点	相关知识
熟练掌握知识点	（1）平面立体表面取点的方法 （2）回转体表面取点的方法	（1）棱柱和棱锥表面取点 （2）圆柱表面取点 （3）用辅助素线法和辅助圆法在圆锥表面取点 （4）用辅助圆法在球表面取点

表面由平面所围成的实体，称为平面立体。平面立体上两相邻平面的交线称为棱线。平面立体分棱柱和棱锥两种。由于平面立体表面是平面，因此画平面立体的三视图，可归结为画出各平面间的交线（棱线）和各顶点的投影。然后判别棱线的可见性，将可见的棱线的投影画成粗实线，不可见的投影画成细虚线。

（一）平面立体的投影

为了便于画图和看图，在绘制平面立体三视图时，应尽可能地将它的一些面或棱线放置于与投影面平行或垂直的位置。

1. 棱柱

常见的棱柱为直棱柱，它的顶面和底面是两个全等且互相平行的多边形，称为特征面，各侧面为矩形，侧棱垂直于底面。顶面和底面为正多边形的直棱柱，称为正棱柱。

1）棱柱的投影

如图 3-2(a)所示，正六棱柱的顶面和底面为正六边形的水平面，前后两个矩形侧面为正平面，其他侧面为矩形的铅垂面。

如图 3-2(b)所示，水平投影的正六边形线框是正六棱柱顶面和底面的重合投影，反映实形，为正六棱柱的特征面，称为特征视图。正六边形的边和顶点是六个侧面和六条侧棱的积聚投影。

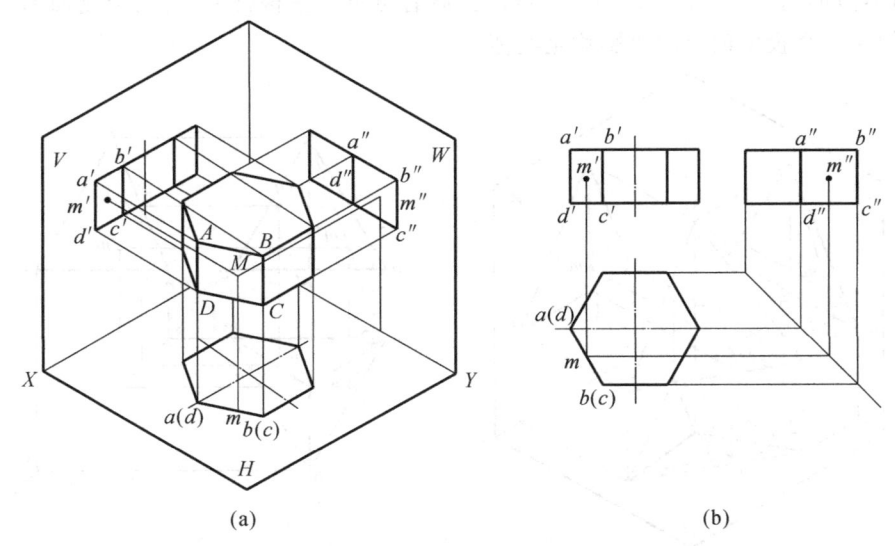

(a)   (b)

图 3-2　正六棱柱的投影

（a）直观图　（b）投影图

正面投影的三个矩形线框是正六棱柱六个侧面的投影。中间的矩形线框为前、后侧面

的重合投影,是实形。左、右两矩形线框为其余四个侧面的重合投影,是类似形。而侧面投影中上下两条线是顶面和底面的积聚投影,另外三条图线是六条侧棱的投影。

2)棱柱表面上点的投影

由于直棱柱的表面都处于特殊位置,所以棱柱表面上点的投影均可利用平面投影的积聚性来作图。

在判别可见性时,若平面处于可见位置,则该面上点的同面投影也可见;反之不可见。在平面积聚投影上的点的投影,可以不必判别其可见性。

如图 3-2(b)所示,已知正六棱柱 ABCD 侧面上点 M 的 V 面投影 m′,求该点的 H 面投影 m 和 W 面投影 m″。

由于点 M 所属侧面 ABCD 为铅垂面,因此点 M 的 H 面投影 m,必在该侧面在 H 面上的积聚投影 abcd 上,再根据 m′ 和 m 求出点 M W 面投影。由于 ABCD 面的 W 面投影可见,故 m″ 也可见。

2. 棱锥

棱锥的底面为多边形,各侧面为若干具有公共顶点的三角形。当棱锥底面为正多边形,且从顶点到底面的垂足是这个正多边形的中心时,该棱锥称为正棱锥。正棱锥各侧面是全等的等腰三角形。

1)棱锥的投影

图 3-3(a)所示为一个正三棱锥的三面投影直观图。该三棱锥的底面为等边三角形,三个侧面为全等的等腰三角形。图中将其放置成底面平行于 H 面,并有一个侧面垂直于 W 面。

图 3-3(b)所示为该三棱锥的投影图。由于底面 △ABC 为水平面,所以,它的 H 面投影 △abc 反映了底面的实形,V 面和 W 面分别积聚成平行 X 轴和 Y 轴的直线段 a′b′c′ 和 a″(c″) b″。三棱锥的后侧面△SAC 为侧垂面,它的 W 面投影积聚为一段斜线 s″a″(c″);它的 V 面和 H 面投影为类似形△s′a′c′ 和△sac,前者不可见,后者可见。三棱锥左、右两个侧面为一般位置平面,它们在三个投影面上的投影均是类似形。

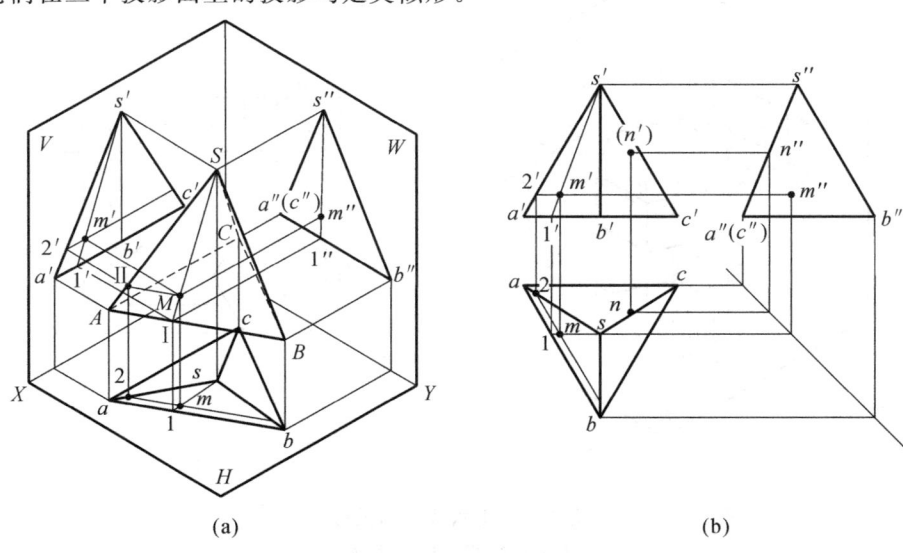

图 3-3 正三棱锥的投影

(a)直观图 (b)投影图

画棱锥投影时,一般先画底面的各个投影,然后定棱锥顶点 S 的各个投影,同时将它与底面各顶点的同名投影连接起来,即可完成。

2)棱锥表面上点的投影

凡属于特殊位置表面上的点,可利用投影的积聚性直接求得其投影;而属于一般位置表面上的点,可通过在该面上作辅助线的方法求得其投影。

如图 3-3(b)所示,已知侧面△SAB 上点 M 的 V 面投影 m' 和侧面△SAC 上点 N 的 H 面投影 n,求作 M,N 两点的其余投影。

由于点 N 所在侧面△SAC 为侧垂面,可借助该平面在 W 面上的积聚投影求得 n'',再由 n 和 n'' 求得(n')。由于点 N 所属侧面△SAC 的 V 面投影看不见,所以(n')不可见。

点 M 所在侧面△SAB 为一般位置平面,如图 3-3(a)所示,过顶点 S 和点 M 引一直线 SⅠ,作出 SⅠ 的有关投影,根据点在直线上的从属性质求得点的相应投影。具体作图时,过点 m' 引直线 $s'1'$,由 $s'1'$ 求作 H 面投影 $s1$,再由 m' 引投影连线交 $s1$ 于点 m,最后由 m 和 m' 求得 m''。

另一种作法是过点 M 引直线 MⅡ平行于 AB,也可求得点 M 的投影 m 和 m''。具体作法如图 3-3 所示。由于点 M 所属侧面△SAB 在 H 面和 W 面上的投影可见,所以点 m 和 m'' 也可见。

3.棱锥台

棱锥台可看成由平行于棱锥底面的平面截去锥顶一部分而形成的。由正棱锥截得的棱锥台称为正棱台,其顶面与底面为互相平行的相似多边形,侧面为等腰梯形。

图 3-4 所示为四棱锥台投影图。四棱锥台的顶面和底面为水平面,它们的 H 面投影为两矩形线框,反映实形,V 面、W 面投影分别积聚为横向直线段。四棱锥台的左右侧面为正垂面,它们的 V 面投影积聚成两条斜线,H 面和 W 面的投影为等腰梯形,是类似形。四棱锥台的前后侧面及四条侧棱的投影,分析方法相同。

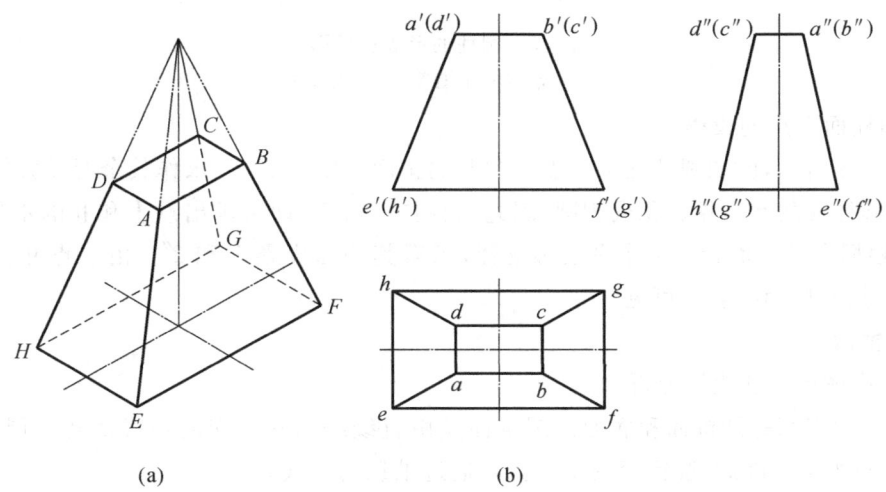

图 3-4 四棱锥台的投影
(a)直观图 (b)投影图

(二)回转体的投影

回转体的曲表面是由一母线绕定轴旋转而成的回转面,母线在回转体上的任意位置称

为素线。常见的回转体有圆柱、圆锥、圆筒和圆球等。由于回转体的侧面是光滑曲面,因此,画投影图时,仅画曲面上可见面与不可见面的分界线的投影,这种分界线称为转向轮廓线。

1.圆柱体

1)圆柱体形成和投影分析

圆柱体的表面是圆柱面和上、下底面。圆柱面可以看成由一直线绕与它平行的轴线回转而成,如图 3-5(a)所示。因此,圆柱面上的素线都是平行于轴线的直线。

从图 3-5(b)可以看出,圆柱的水平投影是圆,是上、下底面的水平投影,也是圆柱面的积聚性投影;正面投影和侧面投影的两个矩形的四条直线,分别是圆柱的上、下底面和圆柱面对正面、侧面的转向轮廓线的投影。图 3-5(b)中的点Ⅰ、Ⅱ,分别位于对正面、侧面的一条转向轮廓线上。

图 3-5(c)所示为圆柱体的投影图。

要注意的是,任何回转体的投影中,必须用细点画线画出轴线和圆的对称中心线。

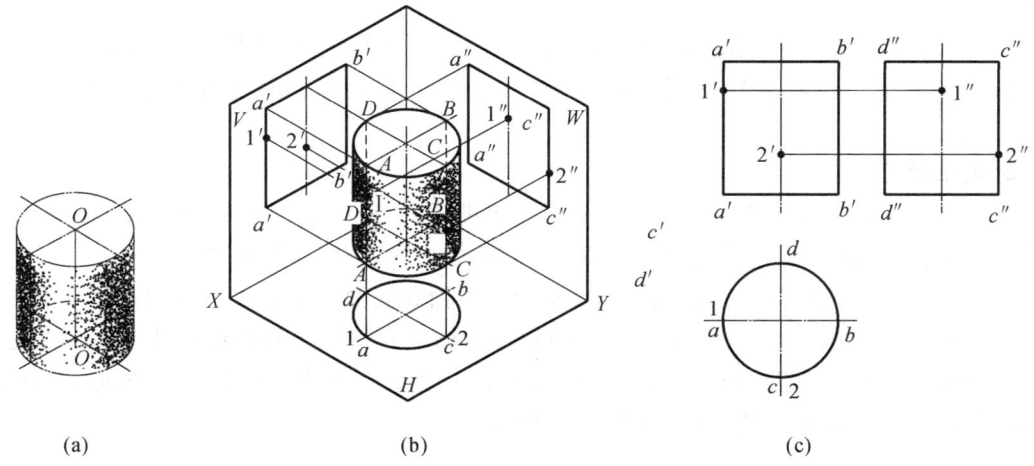

图 3-5 圆柱的形成和投影
(a)形成 (b)直观图 (c)投影图

2)圆柱面上点的投影

如图 3-6 所示,已知圆柱面上两点Ⅰ和Ⅱ的正面投影 1′和 2′,求作其余两投影的方法。

由于圆柱面的水平投影积聚为圆,因此,利用"长对正"即可求出点Ⅰ和Ⅱ的水平投影 1 和 2。再根据点的正面投影和水平投影规律,求得其侧面投影 1″和 2″。由于点Ⅱ在圆柱面的右半部,故其侧面投影不可见。

2.圆锥体

1)圆锥体形成和投影分析

圆锥体的表面是圆锥面和底面。圆锥面是由直线绕与它相交的轴线回转一周而成的,如图 3-7(a)所示。因此,圆锥面的素线都是通过锥顶的直线。

图 3-7(c)所示为轴线垂直于水平面的圆锥体的三面投影,其正面投影和侧面投影是相同的等腰三角形,水平投影为圆。

从图 3-7(b)可知,在正面投影中,等腰三角形的两腰是圆锥面上最左和最右两条素线 SA 和 SB 的投影,通过这两条线上所有点的投射线都与圆锥面相切,称为转向轮廓线,回转面的转向轮廓线具有如下性质和投影特点。

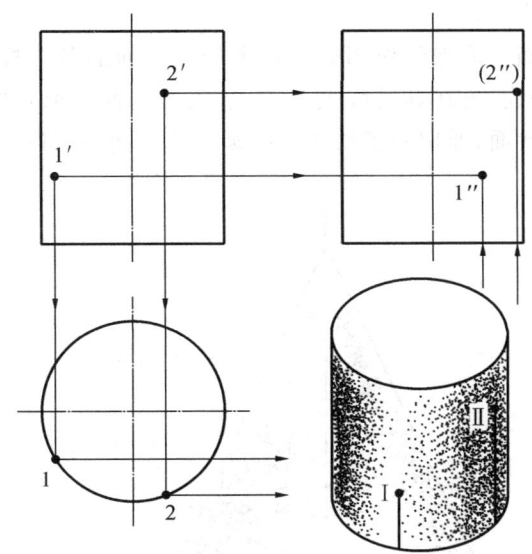

图 3-6 圆柱面上点的投影作图方法

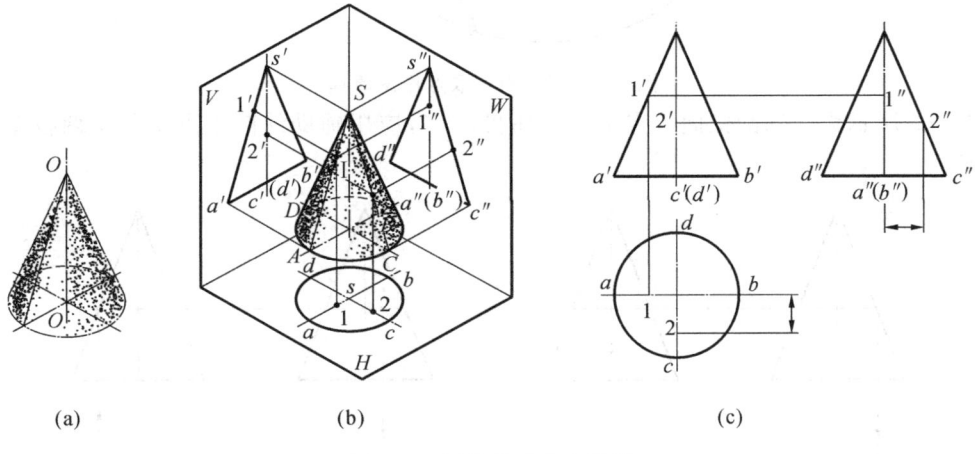

图 3-7 圆锥的形成和投影

(a) 形成 (b) 直观图 (c) 投影图

（1）转向轮廓线在回转面上的位置取决于投射线的方向，因而是对某一投影面而言的。素线 SA 和 SB 是对正面的转向轮廓线，而最前和最后两条素线 SC 和 SD 则是对侧面的转向轮廓线。

（2）转向轮廓线是回转面上可见部分和不可见部分的分界线。当轴线平行于投影面时，转向轮廓线所决定的平面与相应投影面平行，并且是回转面的对称面。例如，素线 SA 和 SB 与正面平行，它们所决定的平面将圆锥分成前后两半。因此，对于母线与轴线处于同一平面内形成的回转面，转向轮廓线的投影反映母线的实形及母线与轴线的相对位置。

（3）转向轮廓线的正面投影应符合投影面平行线（或面）的投影特性，其余两投影与轴线或圆的对称中心线重合。

初学者在掌握转向轮廓线空间概念的基础上，必须熟悉它们的投影关系，为以后的学习打下基础。图 3-7(c)所示的点Ⅰ和点Ⅱ的三个投影，主要目的是表明圆锥面上转向轮廓线 SA 和 SC 的投影关系。

2）圆锥面上点的投影

图 3-8 所示为圆锥面上取点的作图原理。由于圆锥面的各个投影都不具有积聚性，因此，取点时必须先作辅助线，再在辅助线上取点，这与在平面内取点的作图方法类似。对于轴线垂直于投影面的回转面，通用的辅助线是纬圆。圆锥面还可以采用素线作为辅助线。

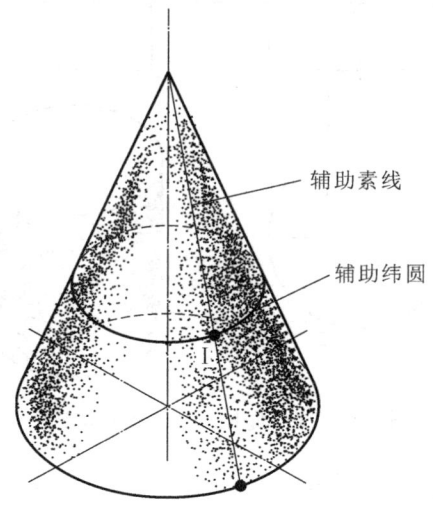

辅助素线

辅助纬圆

图 3-8　圆锥面上取点作图原理

图 3-9 所示为已知圆锥面上点Ⅰ的正面投影 1′，应用辅助纬圆求点Ⅰ其余两投影的作图步骤。

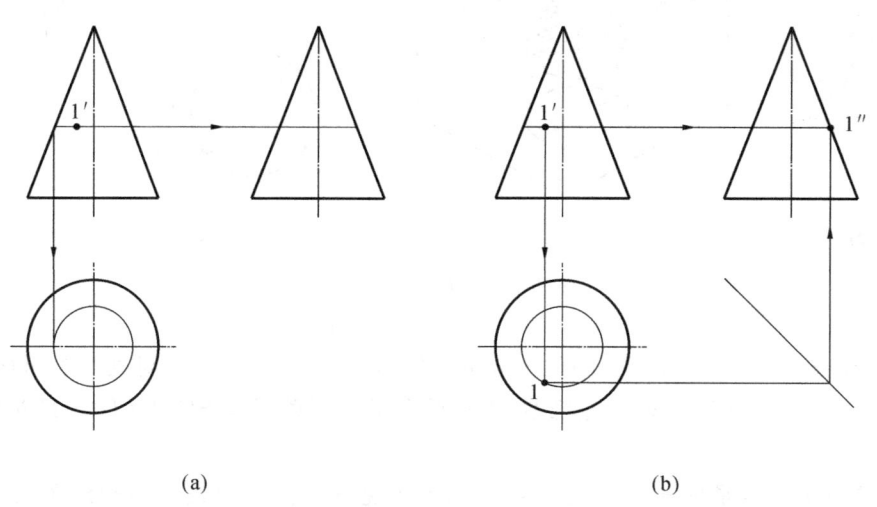

（a）　　　　　　　　　　　　　　　　（b）

图 3-9　应用辅助纬圆作圆锥面上点的投影

（a）从正面投影着手，过点Ⅰ作辅助纬圆的三面投影　（b）在辅助纬圆上求得点Ⅰ的其余两投影

3. 圆球（简称球）

1）球的形成和投影分析

球的表面是球面。球面可以看成由半圆绕其直径回转一周而成，如图 3-10（a）所示。

图 3-10（c）所示为球的三面投影，它们是大小相同的圆，圆的直径都等于球的直径。从图3-10（b）可以看出，球面对三个投影面的转向轮廓线都是平行于相应投影面的最大的圆，它们的圆心就是球心。例如，球对正面的转向轮廓线就是平行于正面的最大圆 A，其正面投

影 a' 确定了球的正面投影范围,水平投影 a 与相应圆的水平中心线重合,侧面投影 a'' 与相应圆的铅垂中心线重合。球对水平投影面和侧面投影面的转向轮廓线也可类似分析。图 3-10(c)中画出了对正面转向轮廓线上点 K 的三个投影。

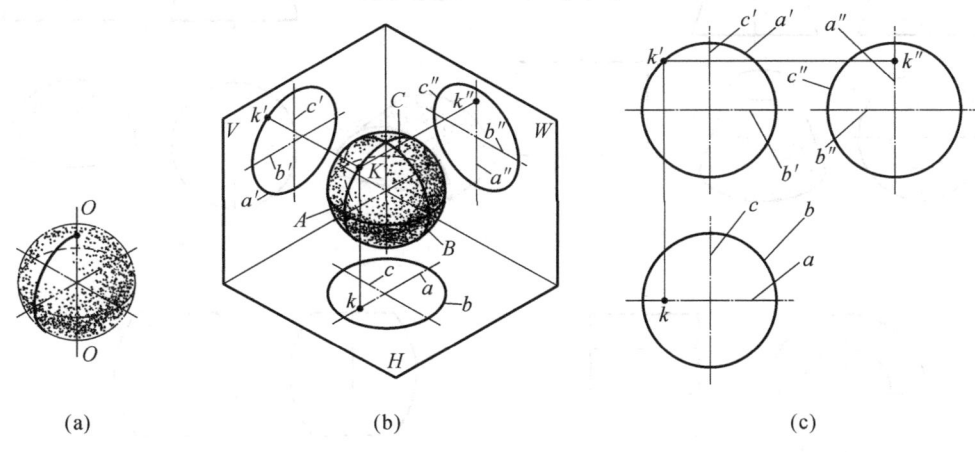

图 3-10　圆球的形成和投影

(a) 形成　(b) 直观图　(c) 投影图

2) 球面上点的投影

图 3-11 所示为已知球面上点 Ⅰ 的正面投影 $1'$,求作其水平投影 1 和侧面投影 $1''$ 的方法。由于通过球心的直线都可以看作球的轴线,在此图中,把球的轴线选为铅垂线,辅助纬圆平行于水平面。作图方法和步骤与图 3-9 所示的作图方法与步骤完全相同。

图 3-12 所示则是把球的轴线选为正垂线,利用平行于正面的辅助纬圆来作图的。(可和图 3-11 进行比较)

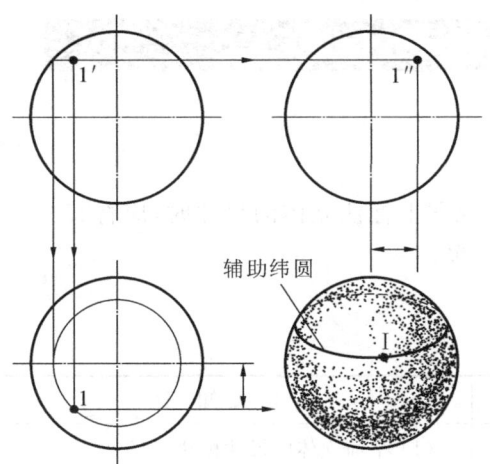

图 3-11　利用平行于水平面的辅助纬圆作
　　　　球面上点的投影

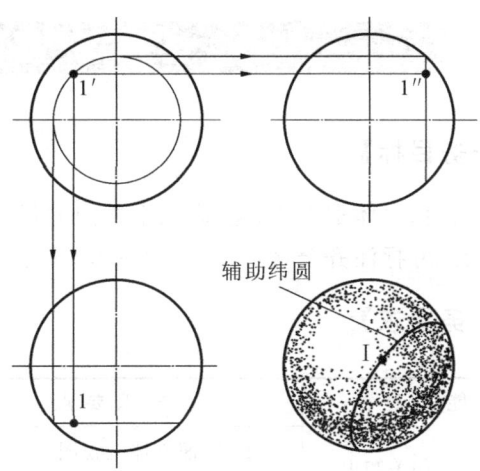

图 3-12　利用平行于正面的辅助纬圆作
　　　　球面上点的投影

(三) 不完整曲面体的投影

图 3-13 所示为工程上常见的几种不完整曲面体的投影。

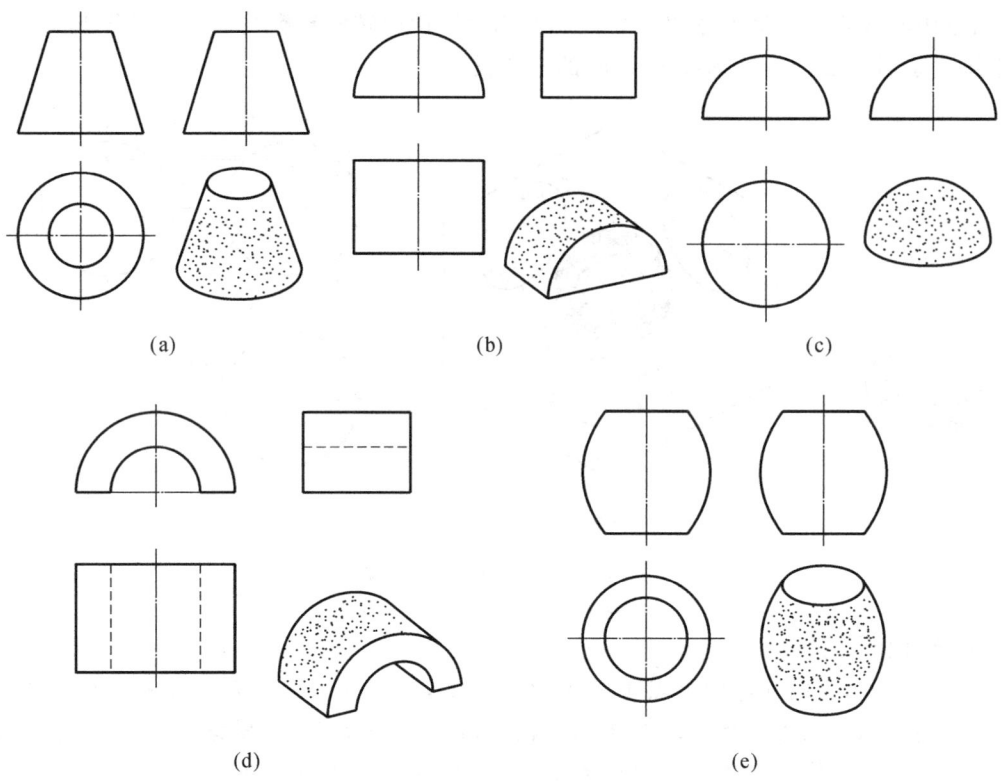

图 3-13　不完整曲面体的投影

（a）圆锥台　（b）半圆柱　（c）半球　（d）半圆筒　（e）鼓形回转体

任务二　基本体的尺寸标注

【任务目标】

任何立体都有长、宽、高三个方向的尺寸。在视图上标注立体的尺寸时，应将其三个方向的尺寸标注齐全，但每一尺寸在图上只能标注一次。

【任务要求】

能力目标	知识要点	相关知识
了解相关知识	（1）平面立体三视图 （2）曲面立体三视图	（1）平面立体的尺寸标注 （2）曲面立体的尺寸标注
熟练掌握知识点	（1）棱柱、棱锥、棱台尺寸标注 （2）圆柱、圆锥、圆台尺寸标注 （3）圆球的尺寸标注	（1）平面立体的尺寸标注 （2）曲面立体的尺寸标注 （3）正六棱柱的尺寸标注 （4）圆台的尺寸标注

（一）平面立体的尺寸标注法

平面立体一般应标注其长、宽、高三个方向的尺寸，常见平面立体的尺寸标注方法如图 3-14 所示。

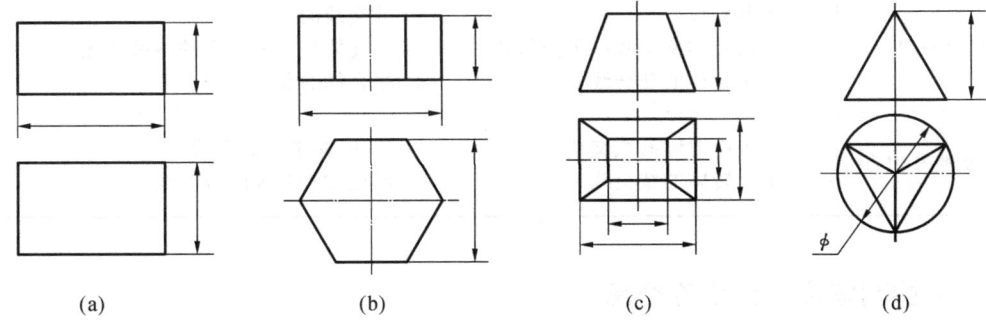

| (a) | (b) | (c) | (d) |

图 3-14 常见平面立体的尺寸标注方法

（二）曲面立体的尺寸标注法

曲面立体的直径一般应标注在投影为非圆的视图上，并在尺寸数字前加注直径符号 "ϕ"，球面半径应加注 "SR"。常见曲面立体的尺寸标注方法如图 3-15 所示。

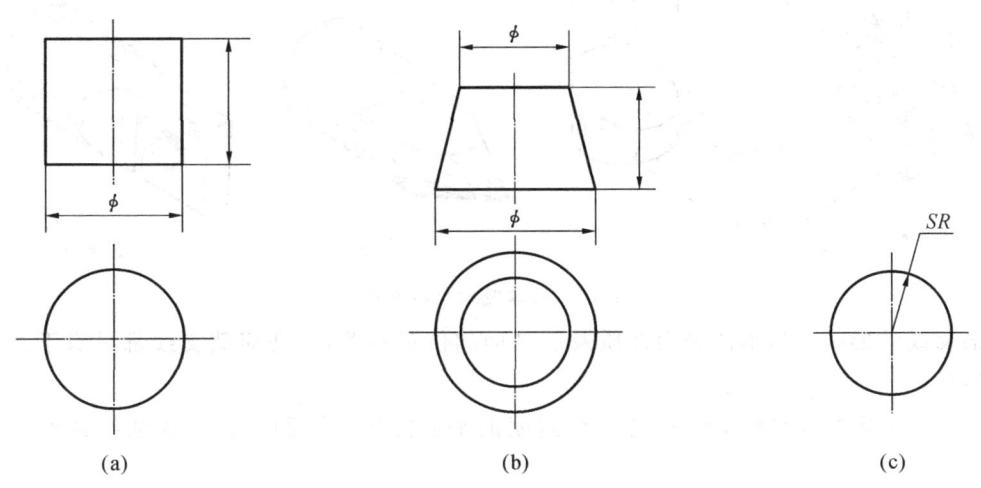

| (a) | (b) | (c) |

图 3-15 常见曲面立体的尺寸标注方法

任务三 切割体的投影

【任务目标】

（1）理解截交线的性质。

（2）掌握平面立体截交线的作图方法。

（3）了解回转体与平面相交的各种情况。

（4）掌握回转体截交线的作图方法。

（5）能够绘制典型切割体的三视图。

【任务要求】

能 力 目 标	知 识 要 点	相 关 知 识
了解相关知识	(1) 截交线 (2) 回转体截交线的不同形状 (3) 组合体的截交线	(1) 截交线的性质 (2) 回转体与平面相交的各种情况 (3) 组合体的截交线作图方法
熟练掌握知识点	(1) 平面立体的截交线 (2) 回转体的截交线	(1) 棱柱、棱锥的截交线 (2) 圆柱、圆锥、球的截交线

（一）切割体及截交线的概念

基本体被平面截切后的部分称为切割体，截切基本体的平面称为截平面，基本体被截切后的断面称为截断面，截平面与立体表面的交线称为截交线，如图 3-16 所示。

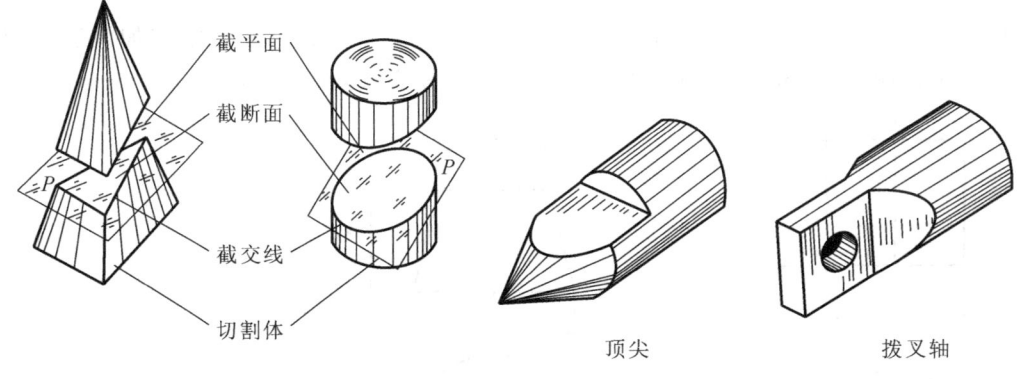

图 3-16　基本概念及零件示例

截交线的形状与基本体表面性质及截平面的位置有关，但任何截交线都具有下列两个基本性质：

（1）任何基本体的截交线都是一个封闭的平面图形（平面折线、平面曲线或两者的组合）；

（2）截交线是截平面与立体表面的共有线。

由以上性质可以看出，求作截交线的实质就是要找出截平面与基本体表面的一系列共有点，然后依次连接各点即可。

（二）平面切割体的投影

由于平面立体的表面都是由平面所组成的，所以它的截交线是由直线段围成的封闭的平面多边形。多边形的各个顶点是截平面与平面立体的棱线或底边的交点，多边形的每一条边是平面立体表面与截平面的交线。因此，求平面立体切割后的投影，首先要求出平面立体的截交线的投影，就是求出截平面与平面立体上被截各棱线或底边的交点的投影，然后依次相连。

【例 3-1】　试求四棱锥被一正垂面 P 截切后的投影（见图 3-17）。

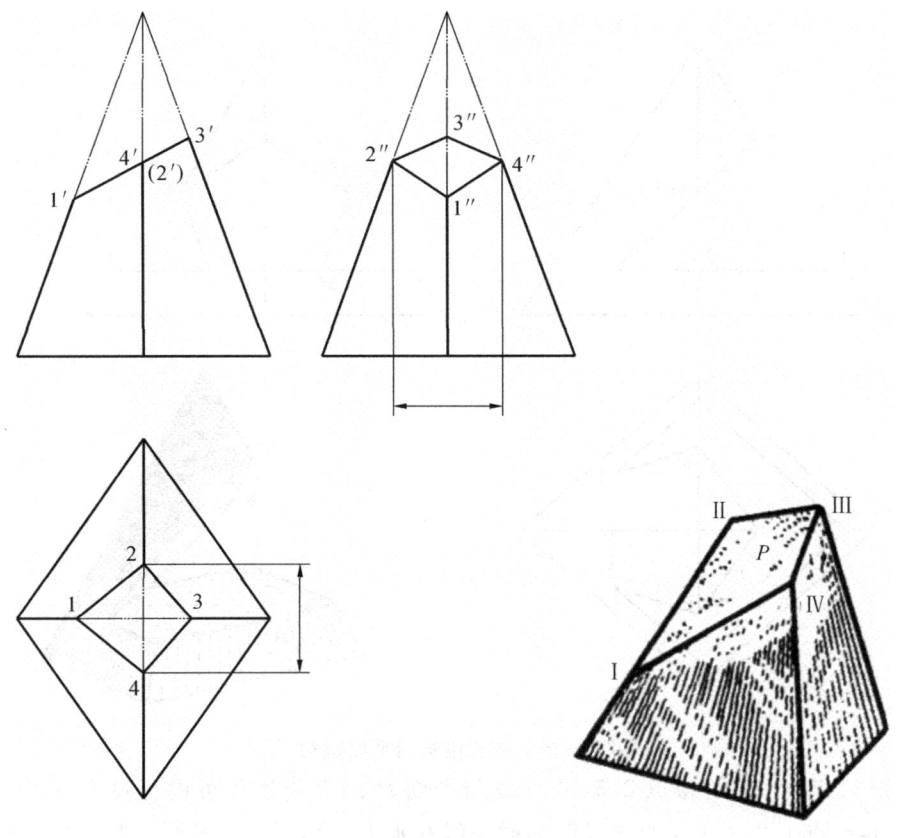

图 3-17 四棱锥被一正垂面截切

【解】 （1）空间及投影分析。因截平面 P 与四棱锥四个棱面相交，所以截交线为四边形，它的四个顶点即为四棱锥的四条棱线与截平面 P 的交点。

截平面垂直于正投影面，而倾斜于侧投影面和水平投影面。所以，截交线的正投影积聚在 p' 上，而其侧投影和水平投影则具有类似形。

（2）作图。先画出完整四棱锥的三个投影。

因截平面 P 的正投影具有积聚性，所以截交线四边形的四个顶点Ⅰ、Ⅱ、Ⅲ、Ⅳ的正投影 $1'$、$2'$、$3'$、$4'$ 可直接得出，据此即可在水平投影上和侧面投影上分别求出 1、2、3、4 和 $1''$、$2''$、$3''$、$4''$。将顶点的同面投影依次连接起来，即得截交线的投影。在三个投影图上擦去被截平面 P 截去的投影，即完成作图。具体作图请看图 3-17。

【例 3-2】 试求四棱锥被两平面截切后的投影（见图 3-18）。

【解】 （1）空间及投影分析。截平面 P 为正垂面，其与四棱锥的四个棱面的交线与例 3-1 相似。截平面 Q 为水平面，与四棱锥底面平行，所以其与四棱锥的四个棱面的交线，同底面四边形的对应边相互平行，利用平行线的投影特性很容易求得。此外，还应注意两平面 P、Q 相交亦会有交线，所以平面 P 和平面 Q 截出的截交线均为五边形。

平面 P 为正垂面，其截交线投影特性同例 3-1；平面 Q 为水平面，其截交线正投影和侧投影皆具有积聚性，水平投影则反映截交线的实形。

（2）作图。画出完整四棱锥的三个投影。

先求平面 Q 截四棱锥后的截交线。可由正投影 $1'$ 在水平投影上求 1，由 1 作四边形与

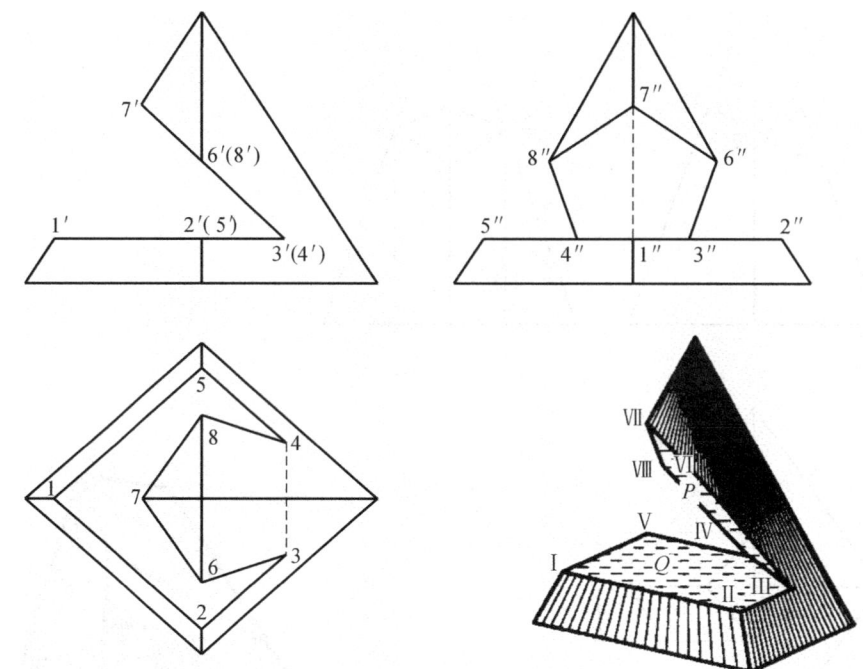

图 3-18　四棱锥被两平面截切

底面四边形对应边平行可得点 2、5，平面 Q 与平面 P 的交线 Ⅲ Ⅳ 可由正投影 3'4'在水平投影上求得 34。点 1、2、3、4、5 的连线即为截交线在水平投影面上的投影。其正投影和侧投影分别为 1'、2'、3'、4'、5'的连线和 1″、2″、3″、4″、5″的连线。

再求平面 P 截四棱锥后的截交线。可按例 3-1 中的方法求出 6'、7'、8'和 6″、7″、8″及 6、7、8，再将其连接起来。将Ⅲ、Ⅳ、Ⅵ、Ⅶ、Ⅷ各点同面投影连接起来，即得截交线在三投影面上的投影。

注意：平面 Q 与平面 P 交线的水平投影 34 应为虚线，在侧面投影上的虚线也不要遗漏。

（三）回转切割体的投影

回转体的表面是曲面或曲面加平面，它们切割后的截交线，一般是封闭的平面曲线或平面曲线与直线围成的平面图形。求截交线的实质，就是要求出截平面与回转体上各被截素线的交点，然后依次相连。

1. 圆柱切割体

根据截平面与圆柱轴线的相对位置不同，圆柱被切割后其截交线有三种不同的形状，如表 3-1 所示。当截平面与圆柱轴线平行时，其截交线为矩形（其中两对边为圆柱面的素线）；当截平面与圆柱轴线垂直时，其截交线为圆；当截平面与圆柱轴线倾斜相交时，其截交线为椭圆。

表 3-1　圆柱切割体的截交线

截平面的位置	平行于轴线	垂直于轴线	倾斜于轴线
截交线的形状	矩形	圆	椭圆
立体图			
投影图			

【**例 3-3**】　求一斜切圆柱的截交线的投影(见图 3-19)。

【**解**】　圆柱被正垂面 P 截断,由于截平面 P 倾斜于圆柱轴线,故所得的截交线是一椭圆,它既位于截平面 P 上,又位于圆柱面上。因截平面 P 在 V 面上的投影有积聚性,故截交线的 V 面投影应与 P_V 重合。圆柱面的 H 面投影有积聚性,截交线的 H 面投影与圆柱面的 H 面投影重合。所以,只需求出截交线的 W 面投影。其作图过程如图 3-19 所示。

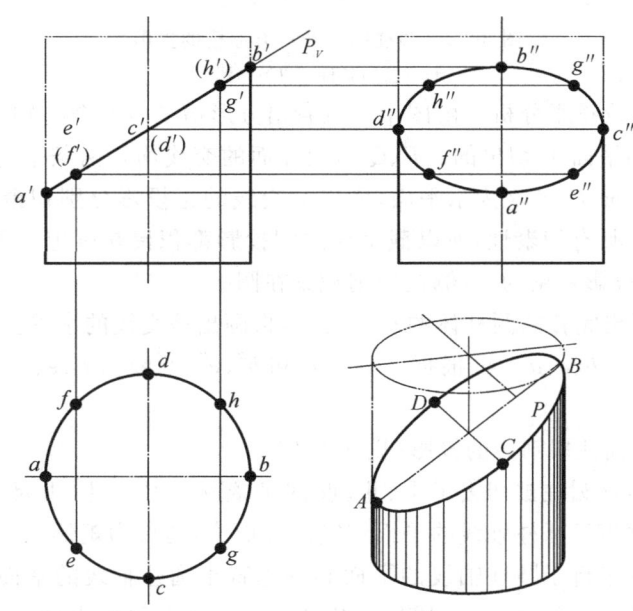

图 3-19　斜切圆柱的投影示例

(1)作截交线的特殊点。特殊点通常指截交线上一些能确定截交线形状和范围的特殊位置点,如最高、最低、最前、最后、最左和最右点,以及轮廓线上的点。对于椭圆,首先应求出长、短轴的四个端点。因长轴的端点 A、B 是椭圆的最低点、最高点,分别位于圆柱的最左、最右两素线上;短轴两端点 C、D 是椭圆最前点、最后点,分别位于圆柱的最前、最后两素

线上。这四点在 H 面上的投影分别是 a、b、c、d，在 V 面上的投影分别是 a'、b'、c'、d'。根据对应关系，可求出这四点在 W 面上的投影 a''、b''、c''、d''。求出了这些特殊点，就确定了椭圆的大致范围。

（2）求一般点。为了准确地作出截交线，在特殊点之间还需求出适当数量的一般点。如图 3-19 所示，在截交线的水平投影上，取对称于中心线的四点 e、f、g、h，按投影关系可找到其正面投影 e'、f'、g'、h'，再求出其侧面投影 e''、f''、g''、h''。

（3）依次光滑连接各点，即可得截交线的侧面投影。

【例 3-4】 在圆柱体上开出一方形槽，已知其正面投影和侧面投影，求作水平投影（见图 3-20）。

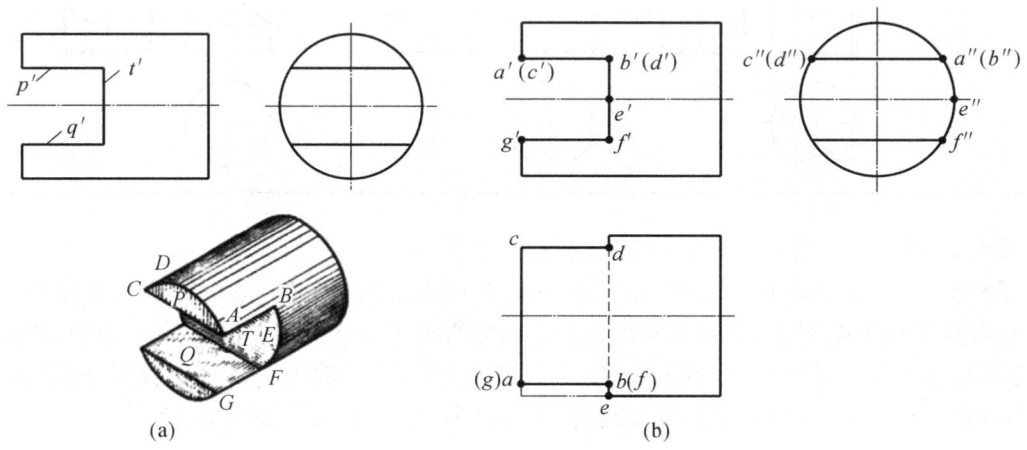

图 3-20　圆柱体上开一方形槽的投影
（a）已知条件　（b）作图

【解】 （1）空间及投影分析。由图中可以看出方形槽是由两个与轴线平行的平面 P、Q 和一个与轴线垂直的平面 T 切出的。P、Q 与圆柱面的交线均是两条平行直线，T 与圆柱面的交线是圆弧。截平面 P 和 Q 为水平面，所以截交线的正投影分别积聚为 p' 和 q'。同时，由于圆柱面的侧投影具有积聚性，所以截交线的侧投影都积聚在圆上。截平面 T 是一侧平面，所以截交线的正投影积聚为 t'，侧投影则积聚在圆上。

（2）作图。先画出完整的圆柱体的水平投影，再画出截交线的水平投影。根据 $a'b'$、a''、b'' 和 $c'd'$、c''、d'' 画出 a、b、c、d。再根据 b'、e'、f' 和 b''、e''、f'' 画出 b、e、f。具体作图可见图 3-20。

【例 3-5】 求作圆柱切割后的投影（见图 3-21）。

如图 3-21 所示，该圆柱被切去了 Ⅰ、Ⅱ、Ⅲ、Ⅳ 四部分形体。Ⅰ、Ⅱ 部分为由两平行于圆柱轴线的平面和一垂直于圆柱轴线的平面切割圆柱而成，切口为矩形。

Ⅲ 部分也为由两平行于圆柱轴线的平面和一垂直于圆柱轴线的平面切割圆柱而成，即在圆柱右端开一个槽。Ⅳ 部分是在切割 Ⅰ、Ⅱ 部分的基础上再挖去的一个小圆柱。投影作图过程如下：

（1）先画出整个圆柱的三个投影，再画出切去 Ⅰ、Ⅱ 部分后的投影，如图 3-21(b) 所示；

（2）画出切去 Ⅲ 部分后的投影，如图 3-21(c) 所示；

（3）画出挖去 Ⅳ 部分后的投影，作图完成，如图 3-21(d) 所示。

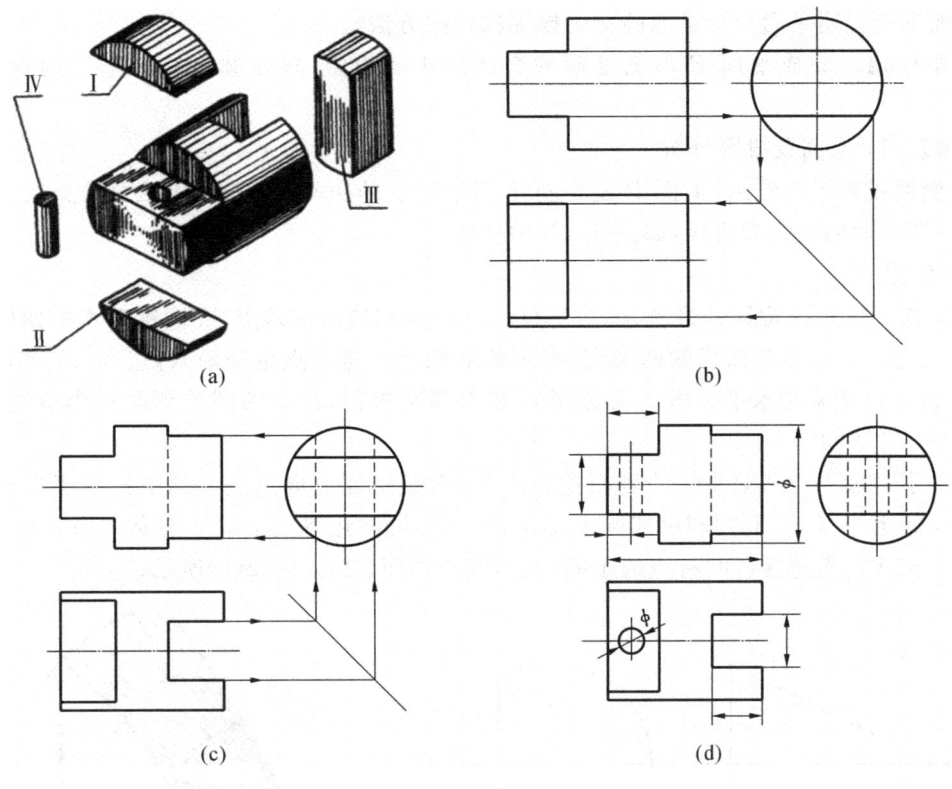

图 3-21 圆柱切割后的投影

（a）切割分析　（b）完整圆柱切去Ⅰ、Ⅱ部分后的投影　（c）切去Ⅲ部分后的投影　（d）挖去Ⅳ部分后的投影

2. 圆锥切割体

截平面切割圆锥时,根据截平面与圆锥轴线位置的不同,截平面与圆锥面的交线有五种形状,如表 3-2 所示。

表 3-2　圆锥切割体的截交线

截平面的位置	过锥顶	不过锥顶			
		$\theta=90°$	$\theta>\alpha$	$\theta=\alpha$	$\theta=0°$ 或 $\theta<\alpha$
截交线的形状	相交两直线	圆	椭圆	抛物线	双曲线
立体图					
投影图					

下面举例说明平面与圆锥面的交线投影的作图方法。

【例 3-6】 完成平面 P 与圆锥面的交线的正面投影；求作圆锥被切割后的投影（见图 3-22）。

【解】 1）空间及投影分析

从侧面投影可以看出，平面 P 是平行于圆锥轴线的正平面，它与圆锥面的交线为双曲线，与圆锥底面的交线为直线，如图 3-22(b)所示。

2）作图

（1）作特殊点。特殊点为 A、B、C 三点。点 C 是双曲线的顶点，在圆锥对水平面的转向轮廓线上；点 A、B 为双曲线的两端点，在圆锥底圆上。这三点也是极限点。a'、b' 可直接由 a''、b'' 求得。由于未画水平投影，c' 必须通过辅助纬圆求得，这个纬圆的侧面投影应通过 c''，并与直线 $a''b''$ 相切。

（2）求一般点。从双曲线的侧面投影入手，用圆锥面上取点法。图中给出了在侧面投影上取 $a''c''$ 上一点 d''，利用辅助纬圆求得 d' 的方法，同时还得到了与 d' 对称的另一点 e'。

（3）依次光滑连接各共有点的正面投影，完成作图，如图 3-22(c)所示。

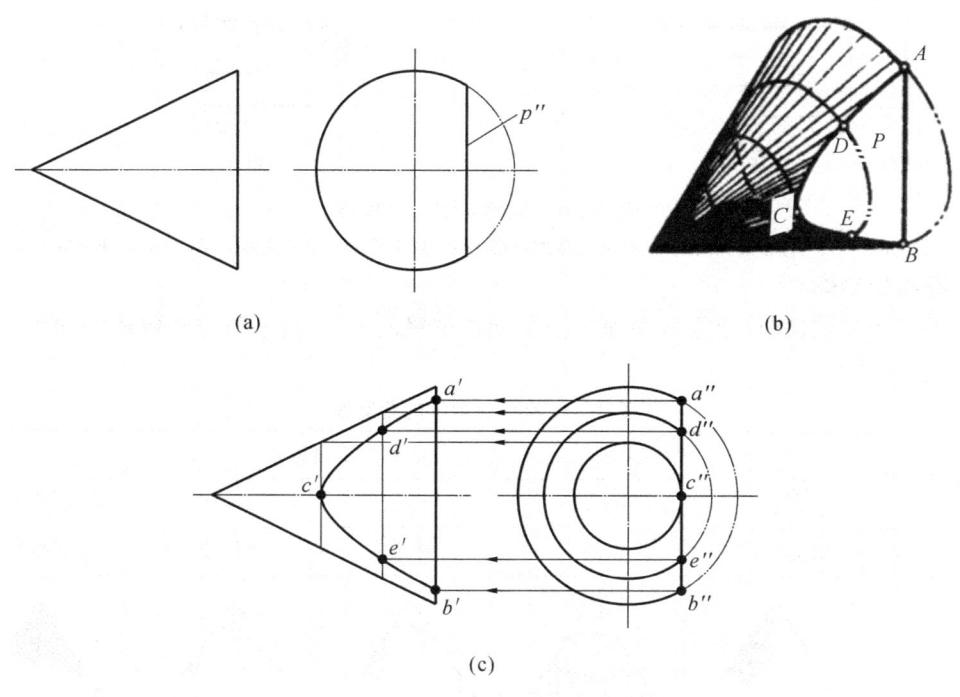

(a)　　　　　　　　　　(b)

(c)

图 3-22 截平面与圆锥轴线平行时的投影画法

(a) 已知条件　(b) 作特殊点　(c) 作图

3. 圆球切割体

平面与球面的交线总是圆。当球面与平行于投影面的截平面（水平面 Q 和侧平面 P）相交时，交线投影的基本作图方法如图 3-23 所示。

【例 3-7】 画出图 3-24(a)所示立体的投影。

【解】 1）空间分析

该立体是在半个球的上部开出一个槽后形成的。左右对称的两个侧平面 P 和水平面 Q 与球面的交线都是圆弧，P 和 Q 的交线为直线段。

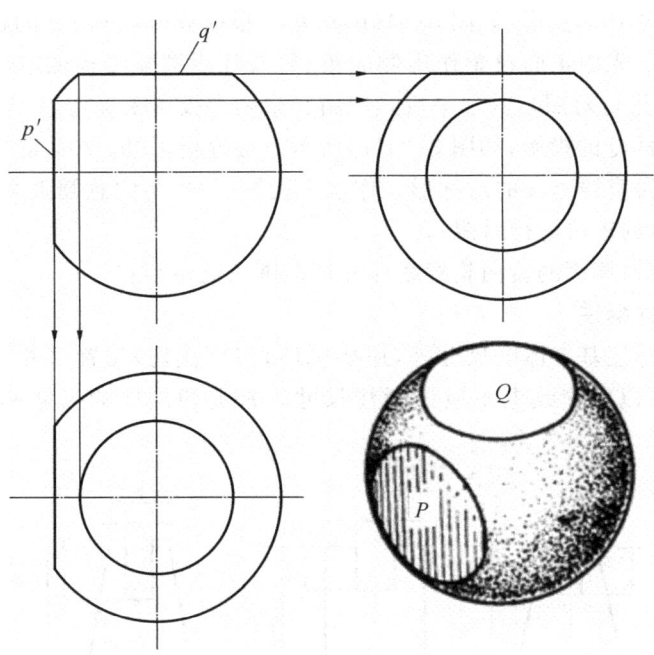

图 3-23　截平面与球面的截交线的投影画法

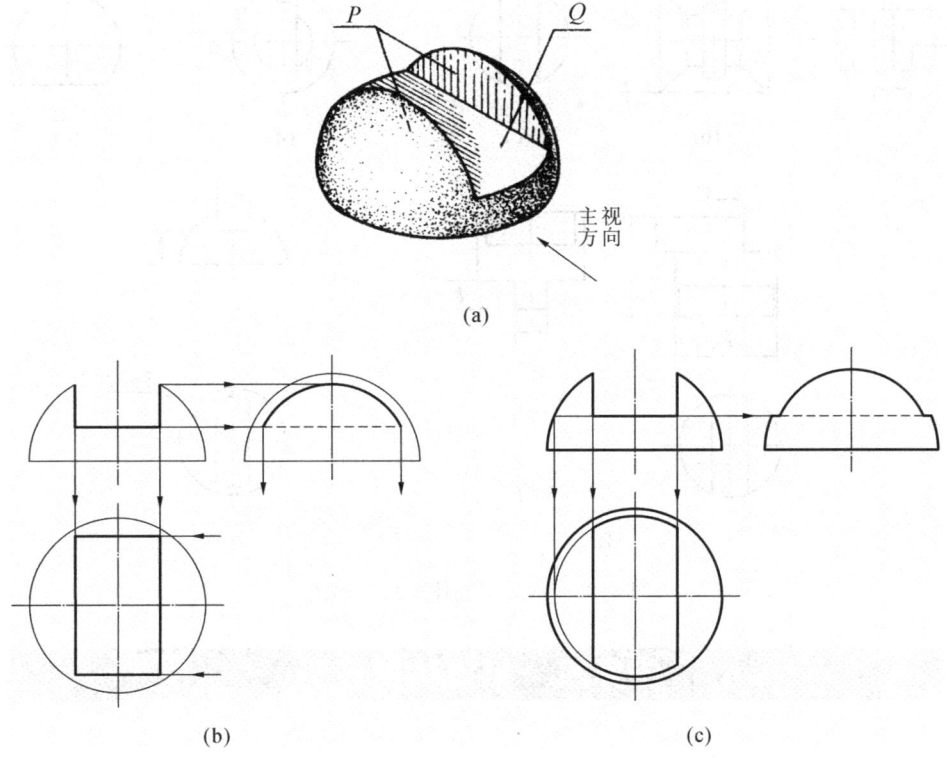

图 3-24　球上开槽的画法
(a) 立体图　(b) 完成平面 P 的投影　(c) 完成平面 Q 的投影

2) 作图

先画出立体的三个投影,再根据槽的正面投影作出其水平投影和侧面投影。

（1）完成侧平面 P 的投影，如图 3-24（b）所示。根据分析，平面 P 的边界由平行于侧面的圆弧和直线组成。先由正面投影作出侧面投影（要注意圆弧半径的求法，可与图 3-23 中的截平面 P 的求法进行对照），其水平投影应由其余两个投影来确定。

（2）完成水平面 Q 的投影，如图 3-24（c）所示。由分析可知，平面 Q 的边界是由相同的两段水平圆弧和两段直线组成的对称形。作水平投影时，也要注意圆弧半径的求法（可与图 3-23 中的截平面 Q 的求法进行对照）。

还应注意，球面对侧面的转向轮廓线在开槽范围内已不存在。

4. 切割体的尺寸标注

切割体除了要标注基本体的尺寸外，还要标注切口（截切）位置尺寸。由于截交线是截切后自然形成的，所以截交线上不应该标注尺寸。常见切割体的尺寸标注方法如图 3-25 所示。

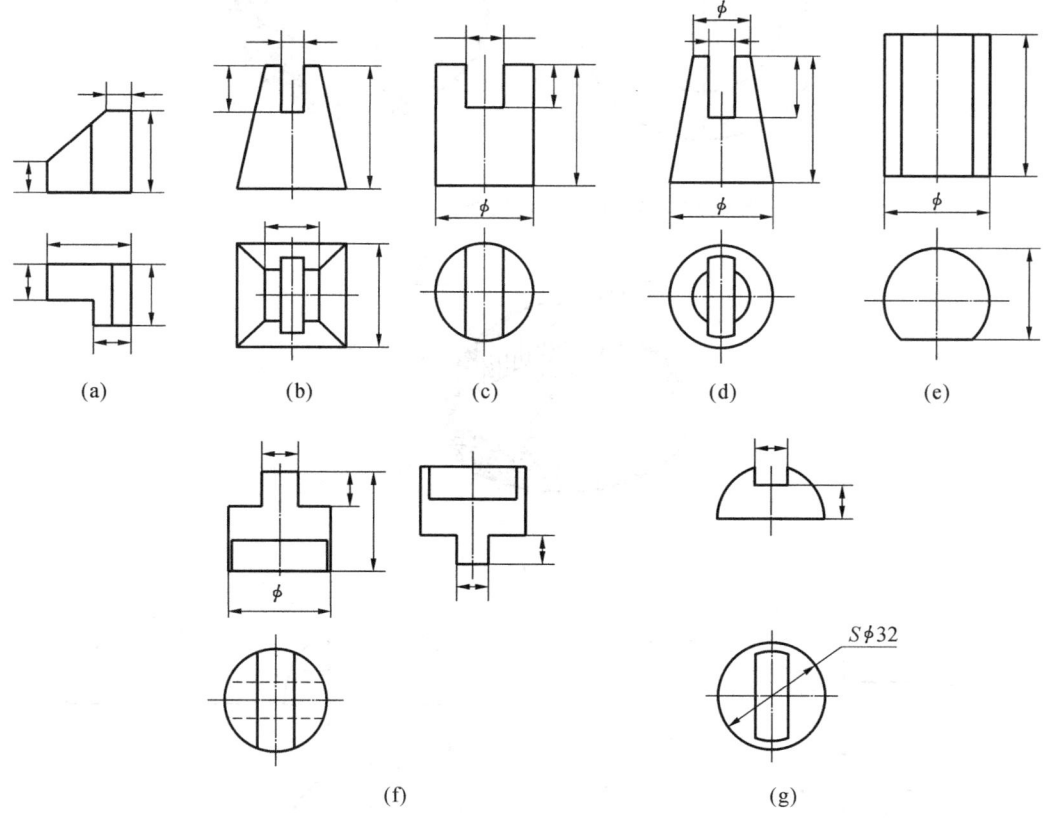

图 3-25　常见切割体的尺寸标注

任务四　相贯体的投影

【任务目标】

（1）理解相贯线的性质。

（2）掌握不同情况下相贯线的形状特征。

（3）能够利用表面取点法和近似画法作出典型相贯体的相贯线。

【任务要求】

能 力 目 标	知 识 要 点	相 关 知 识
了解相关知识	(1) 相贯线 (2) 组合相贯线	(1) 相贯线的性质 (2) 常见的组合相贯线
熟练掌握知识点	(1) 相贯线的作图方法 (2) 相贯线的形状特征	(1) 表面取点法作相贯线 (2) 相贯线的近似画法 (3) 相贯线的特殊情况

两个相交的立体称为相贯体,相交两立体表面产生的交线称为相贯线(见图 3-26)。本任务介绍两回转体相贯线的性质和作图方法,以及相交回转体的尺寸标注方法。

图 3-26 相贯线及零件示例

(一)相贯线的几何性质

两回转体的相贯线有以下性质。

(1) 由于相交两立体总有一定大小限制,所以相贯线一般为封闭的空间曲线,如图 3-27(a)所示;特殊情况下可能是不封闭的,如图 3-27(b)所示;也可能是平面曲线或直线段,如图 3-27(c)和图 3-27(d)所示。

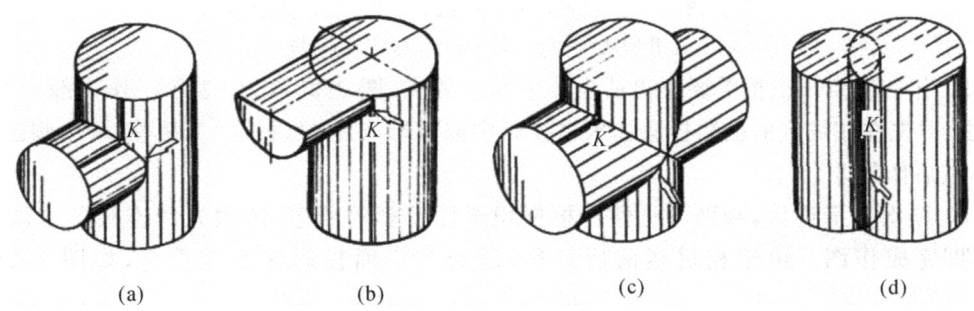

(a)   (b)   (c)   (d)

图 3-27 两回转体的相贯线

(a) 封闭的空间曲线 (b) 不封闭的空间曲线 (c) 封闭的平面曲线 (d) 直线段

(2) 由于相贯线是两立体表面的交线,故相贯线是两立体表面的共有线,相贯线上的点是立体表面上的共有点。求画相贯线的实质,就是要求出两立体表面一系列的共有点。

（二）相贯线的求法

1. 两圆柱轴线垂直相交时的相贯线

作相贯线常采用以下方法：立体表面取点法、辅助平面法和辅助球面法。这里只介绍前两种方法。

图 3-28 所示为两圆柱轴线垂直相交时的相贯线作图步骤。

1) 空间及投影分析

（1）形体分析。由图示可知，这是两个直径不同，轴线垂直相交的圆柱，相贯线为一封闭的空间曲线。

（2）投影分析。大圆柱的轴线垂直于水平面，小圆柱的轴线垂直于侧面，所以相贯线的水平投影和大圆柱的水平投影重合，为一段圆弧；相贯线的侧面投影和小圆柱的侧面投影重合，为一个圆。

2) 作图

（1）特殊点。相贯线上的特殊点主要是转向轮廓线上的共有点和极限位置点。大圆柱左边的轮廓线和小圆柱相交于两点Ⅰ、Ⅲ，小圆柱的上、下、前、后四条轮廓线和大圆柱交于四点Ⅰ、Ⅲ、Ⅱ、Ⅳ，因此，相贯线在轮廓线上的共有点有Ⅰ、Ⅲ、Ⅱ、Ⅳ四个，也是极限位置点，其水平投影和侧面投影都是已知的。利用面上取点的方法，由已知投影 1、2、3、4 和 1″、2″、3″、4″，求得 1′、2′、3′、4′，如图 3-28(a)所示。

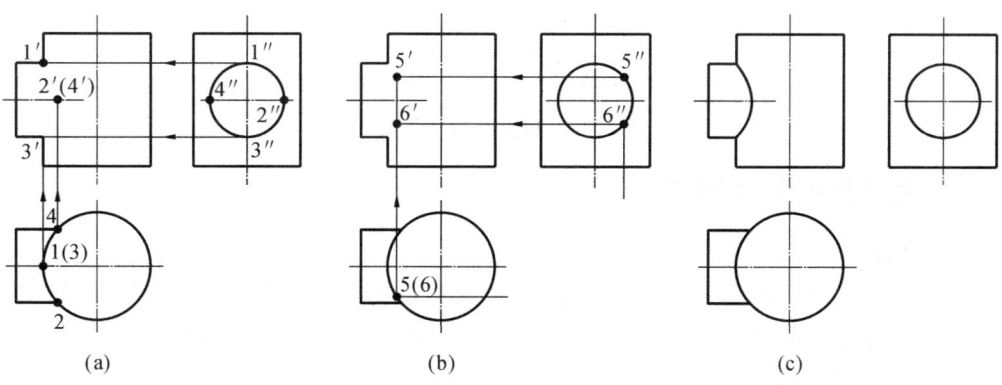

图 3-28 两圆柱轴线垂直相交时的相贯线作图步骤
(a) 作特殊点 (b) 作一般点 (c) 作图结果

（2）作一般点。根据需要作出适当数量的一般点，图 3-28(b)中表示了作一般点Ⅴ、Ⅵ的方法，即先在相贯线的已知投影如水平投影中取重影点 5(6)，根据"宽相等"求出侧面投影 5″、6″，然后作出 5′、6′。

（3）顺次光滑连接，判别可见性。根据积聚性投影的顺序，依次光滑连接各点的正面投影，即完成作图。由于相贯线前后对称，因而其正面投影虚实线重合，如图 3-28(c)所示。

2. 两圆柱正交时相贯线的近似画法

当两圆柱的直径差别较大，并对相贯线形状的准确度要求不高时，允许采用近似画法，即用圆心位于小圆柱的轴线上，半径等于大圆柱的半径的圆弧代替相贯线的投影。画图过程如图 3-29 所示。

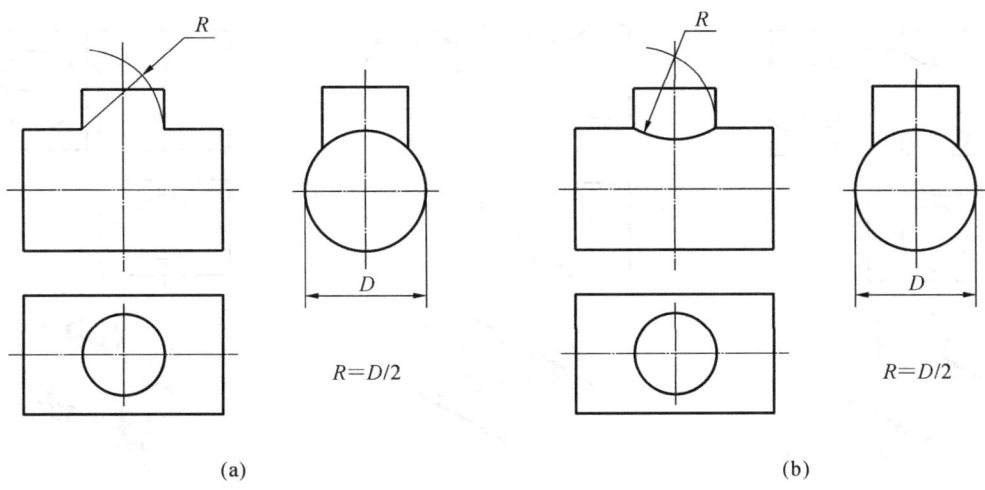

图 3-29　相贯线的近似画法

3. 两垂直相交圆柱直径变化对相贯线的影响

两圆柱垂直相交时,相贯线的形状取决于它们直径的相对大小和轴线的相对位置。图 3-30 表示相交两圆柱的直径相对变化时,相贯线的形状和位置也随之变化。

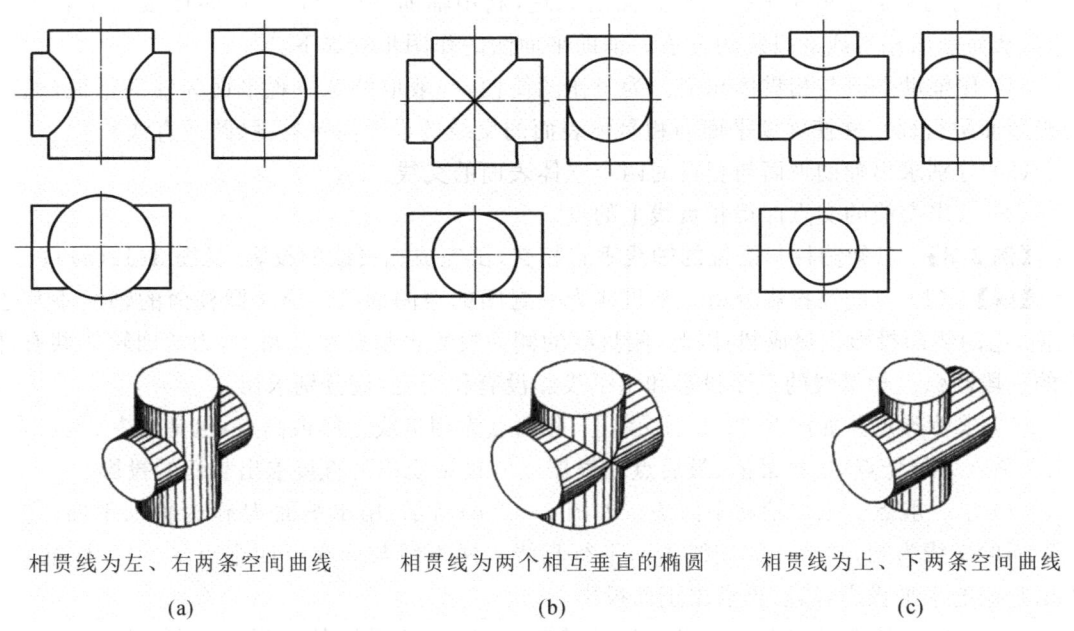

相贯线为左、右两条空间曲线　　相贯线为两个相互垂直的椭圆　　相贯线为上、下两条空间曲线

(a)　　　　　　　　　　(b)　　　　　　　　　　(c)

图 3-30　两垂直相交圆柱直径变化对相贯线的影响

(a) 垂直圆柱的直径较大　(b) 两圆柱直径相等　(c) 垂直圆柱的直径较小

4. 两圆柱相交的三种形式

两圆柱相交可能是它们的外表面相交,也可能是内表面相交,图 3-31 所示为两圆柱相交的三种情况。图 3-31(a)所示为两外圆柱面相交;图 3-31(b)所示为外圆柱面与内圆柱面相交;图 3-31(c)所示为两圆柱孔相交,即两内圆柱面相交。它们虽有内、外表面的不同,但由于两圆柱面的直径大小和轴线相对位置不变,因此它们交线的形状和特殊点是完全相同的。

57

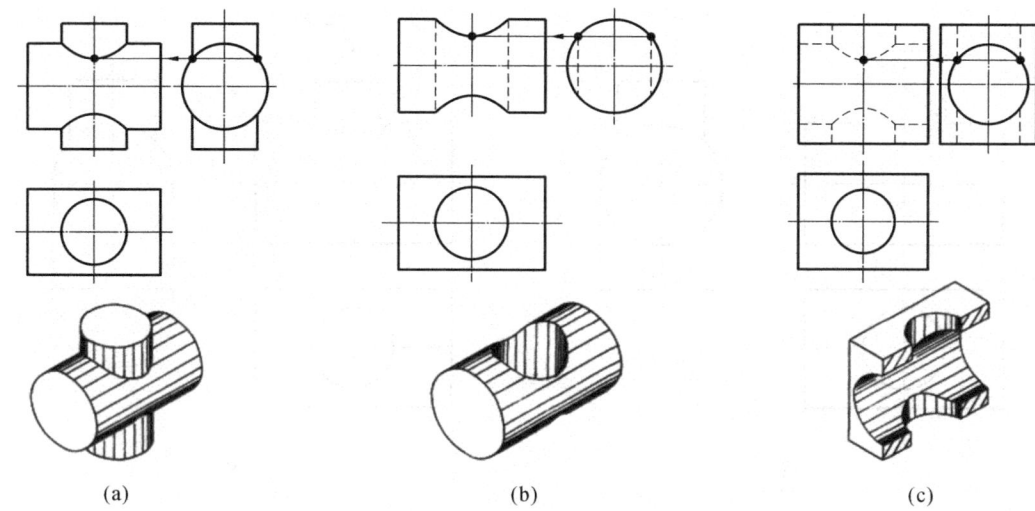

图 3-31　两圆柱相交的三种形式

（a）两外表面相交　（b）外表面与内表面相交　（c）两内表面相交

5. 用辅助平面法求相贯线

所谓辅助平面法就是根据三点共面的原理，利用辅助平面求出两回转体表面上若干共有点，从而画出相贯线的投影的方法。辅助平面法的作图步骤如下。

（1）作辅助平面与相贯体相交。为了作图简便，一般取特殊位置平面为辅助平面（通常为投影面平行面），并使辅助平面与相贯体表面的交线的投影简单易画（圆或直线）。

（2）分别求出辅助平面与相贯的两个立体表面的交线。

（3）求出交线的交点即得相贯线上的点。

【例 3-8】　已知圆柱与圆锥的轴线垂直相交，试完成相贯线的投影（见图 3-32(a)）。

【解】　（1）空间及投影分析。相贯线为一封闭的空间曲线。由于圆柱面的轴线垂直于 W 面，它的侧面投影积聚成圆；因此，相贯线的侧面投影也积聚在该圆上，为两回转体共有部分的一段圆弧。相贯线的正面投影和水平投影没有积聚性，应分别求出。

（2）求特殊点。如图 3-32(b)所示，Ⅰ、Ⅱ 两点为相贯线上的最高点，也是最左、最右点；Ⅲ、Ⅳ 两点为最低点，也是最前、最后点。根据点的投影规律可直接求出它们的投影。

（3）求一般点。采用辅助平面法。如图 3-32(c)所示，用水平面 P 作为辅助平面，它与圆锥面的交线为圆，与圆柱的交线为两平行直线。两直线与圆交于四个点 Ⅴ、Ⅵ、Ⅶ、Ⅷ，先求出它们的水平投影，然后再求出正面投影。

（4）将这些特殊点和中间点光滑地连接起来，即得相贯线的投影，作图结果如图 3-32(d)所示。

6. 回转体相交的特殊情况

两回转体相交时，在特殊情况下，相贯线可能是平面曲线或直线段。它们常常可根据两相交回转体的性质、大小和相对位置直接判断，可以简化作图。

两回转体的相贯线为平面曲线的常见情况有以下两种。

（1）两相交回转体同轴时，它们的相贯线一定是和轴线垂直的圆，而且当回转体的轴线平行于投影面时，这些圆在该投影面上的投影为垂直于轴线的直线段，相贯线就可直接求得。图 3-33 所示为轴线都平行于正面的同轴回转体相交的例子。

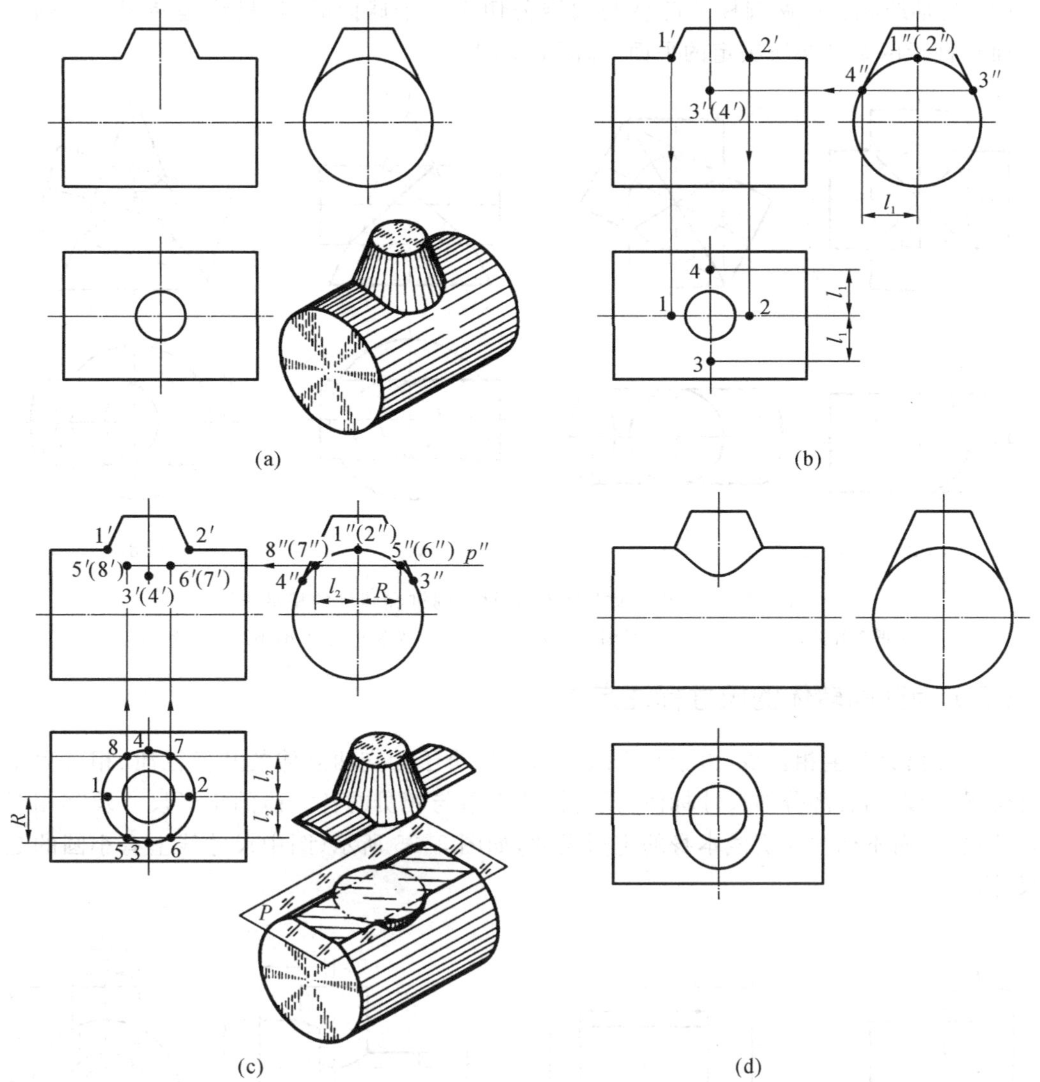

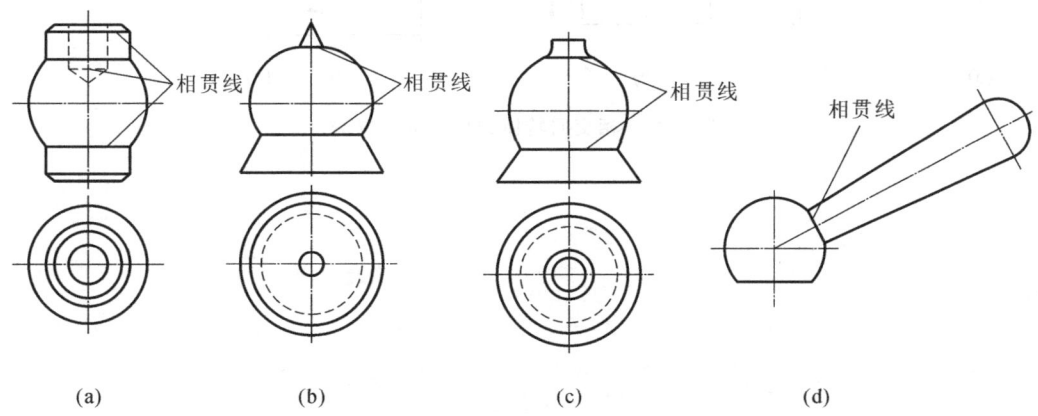

(a)

(b)

(c)

(d)

图 3-32　求圆柱与圆锥正交的相贯线

（a）已知条件　（b）作特殊点　（c）求一般点　（d）作图结果

图 3-33　同轴回转体的相贯线

（2）当轴线相交的两圆柱或圆柱与圆锥公切于一个球面时，相贯线是椭圆。椭圆所在的平面垂直于两条轴线所决定的平面，如图 3-34 所示。

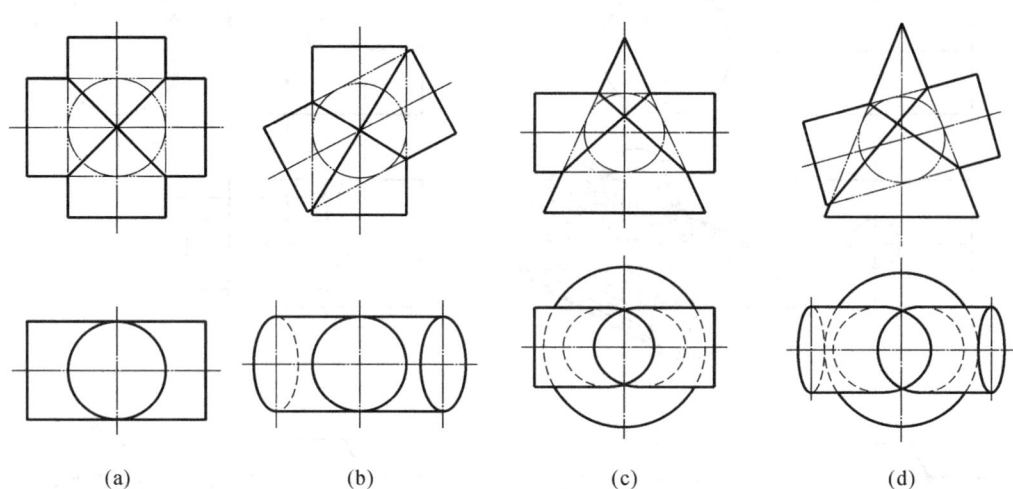

|(a)|(b)|(c)|(d)|

图 3-34　公切于球的圆柱和圆柱、圆锥和圆柱的相贯线

（a）两等径圆柱正交　（b）两等径圆柱斜交　（c）圆柱和圆锥正交　（d）圆柱和圆锥斜交

（三）相交回转体的尺寸标注方法

两立体相交产生相贯线，由于相贯线的形状取决于相交两立体的几何性质、相对大小和相对位置，所以相贯部分的尺寸标注，只需标注出参与相贯的各立体的定形尺寸及其相互间的定位尺寸，而不标注相贯线本身的定形尺寸，如图 3-35 所示（图中尺寸线上有小圆的是定位尺寸）。

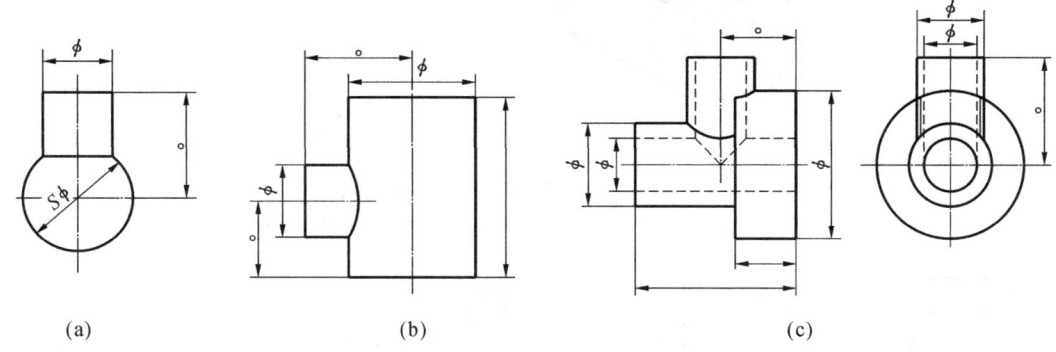

|(a)|(b)|(c)|

图 3-35　相交回转体的尺寸标注方法

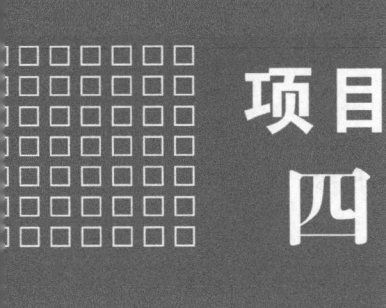

项目四

组合体

任何复杂的机器零件,从形体角度看,都是由一些基本形体组合而成的。这种由两个或两个以上基本几何体所组成的物体称为组合体。本项目首先学习组合体的构造及形体分析法,然后在此基础上进一步讨论组合体的画图、看图及尺寸标注等问题。

任务一　形体分析法知识

【任务目标】

(1) 了解组合体的常见组合形式。

(2) 掌握组合体形体之间的过渡关系及投影。

【任务要求】

能 力 目 标	知 识 要 点	相 关 知 识
了解相关知识	组合体常见的组合形式	组合体常见的组合形式
熟练掌握知识点	组合体形体之间的过渡关系	(1) 平齐 (2) 不平齐 (3) 相切 (4) 相交

(一)组合体的概念

任何复杂的机器零件,从形体的角度来分析,都可以看成是由若干基本形体(圆柱、圆锥、球体等),按一定的方式(叠加、切割等)组合而成的。我们将由两个或两个以上的基本几何体组合而成的复杂形体,称为组合体。

(二)组合体的分类

组合体按照其组成方式可以分成叠加式、切割式、综合式组合体。

1.叠加式组合体

若干个基本几何体以平面的方式拼接在一起构成的组合体,称为叠加式组合体。叠加

式组合体过渡表面之间的位置关系,又可分为平齐、不平齐、相切、相交。

1)平齐

两基本几何体表面平齐连成一个平面时,该面在投影面上没有分界线,如图 4-1(a)所示。

2)不平齐

两形体表面不共面时,该面在投影面上要画出分界线,如图 4-1(b)所示。

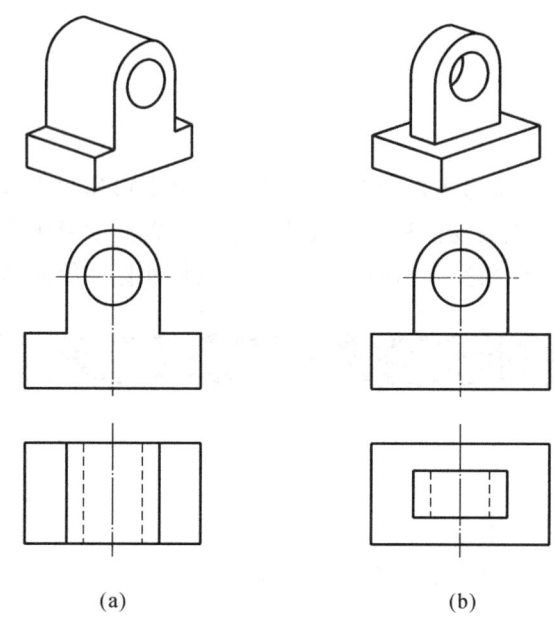

(a)　　　　　　　　　　(b)

图 4-1　表面平齐与表面不平齐

3)相切

两基本几何体的表面(平面与曲面或曲面与曲面)光滑过渡,不存在分界线时,在视图中,相切处不画分界线,如图 4-2(a)所示。平面与圆柱相切时,平面光滑地过渡到圆柱面,其相切处无明显的切线,故在视图中不应画出切线的投影。

4)相交

两基本几何体表面相交时,表面产生交线(截交线或相贯线),表面交线是他们的分界线,故在视图相交处要画出分界线,如图 4-2(b)所示。

2. 切割式组合体

基本几何体被切去或者挖掉若干个几何体后形成的组合体称为切割式组合体。图 4-3(a)所示的组合体就属于切割式组合体。

3. 综合式组合体

单一的叠加式或切割式组合体均较少见,而常见的是既有叠加又有切割的综合式组合体,如图 4-3(b)所示。

组合体是一个整体。所谓"叠加""切割"只是形体分析的具体体现,不能因此增加组合体本身不存在的轮廓线。在许多情况下,同一组合体,既可以按"叠加"进行分析,也可以按"切割"进行分析,还可以按综合式进行分析。

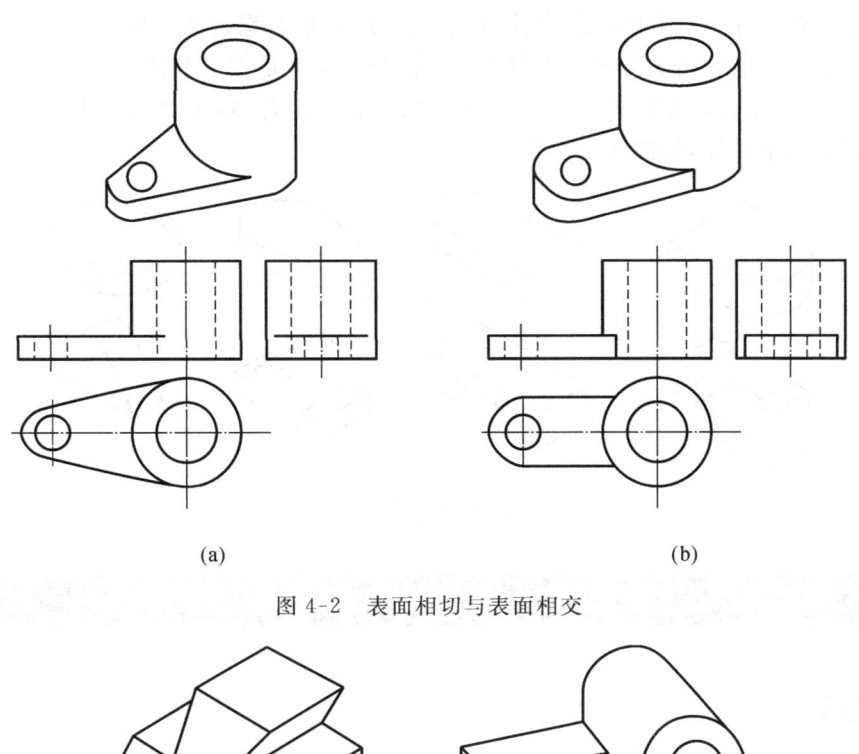

(a)   (b)

图 4-2   表面相切与表面相交

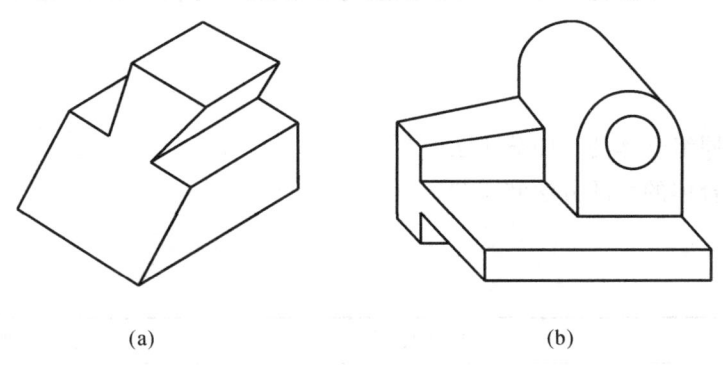

(a)   (b)

图 4-3   切割式组合体与综合式组合体

（a）切割式组合体   （b）综合式组合体

（三）形体分析法的应用

图 4-4 所示的组合体轴承座是由在下部挖出一个四棱柱、两个小圆柱孔的底板，两块三棱柱肋板和挖出个半圆柱体的支承板四部分叠加形成。支承板和两块肋板的后端面与底板平齐。

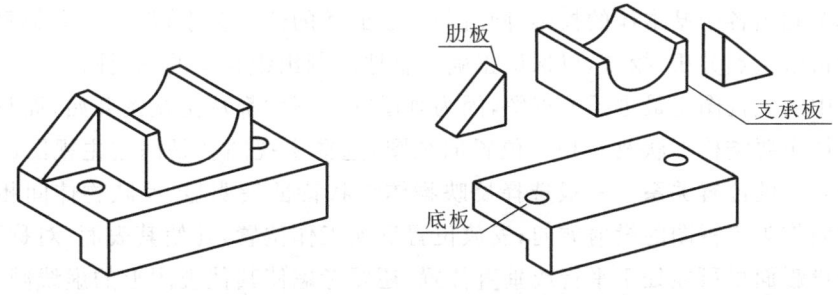

图 4-4   轴承座的形体分析法

形体分析法是绘制组合体三视图、读懂组合体三视图和标注组合体尺寸最基本的方法

之一。形体分析法并不是真的把组合体分成几部分,而是假想将其分解,实际上组合体仍是一个整体。运用形体分析法分解组合体时,分解方法并不是唯一和固定的。尽管分析过程不尽相同,但是结果却是相同的。对于一些常见的简单组合体,不必继续进行分解,而可以直接把它作为基本形体,如图4-5所示。

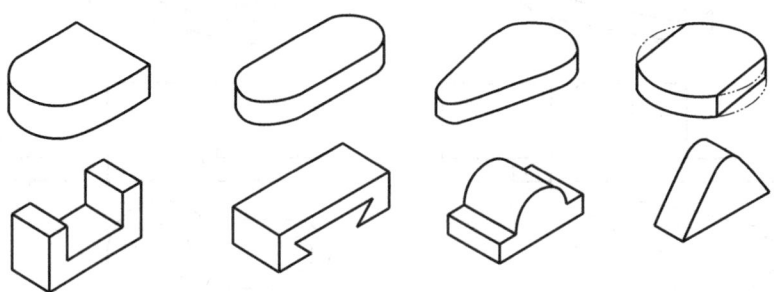

图 4-5　常见的简单组合体

任务二　组合体三视图画法

【任务目标】

（1）了解不同组合体的作图分析法。
（2）掌握组合体的作图方法和步骤。

【任务要求】

能　力　目　标	知　识　要　点	相　关　知　识
了解相关知识	组合体的作图分析法	形体分析法、线面分析法
熟练掌握知识点	组合体的画图方法和步骤	组合体的画图方法和步骤

（一）组合体组成分析及主视图的选择

画组合体的视图时,首先运用形体分析法把组合体分解为若干个基本形体,再确定各形体之间的相对位置及组合形式,判断各形体邻接表面间的连接关系;然后再根据分析结果和投影关系逐个画出各个基本体的投影,同时分析表面间的位置关系;最后对局部复杂的结构运用线面分析法重点分析、校核,以保证正确完整地绘制出组合体的三视图。

三视图中的主视图是最主要的视图,因为画图或看图大都从主视图开始,而且主视图通常是反映物体主要结构形状及其相对位置的视图,选择主视图就是确定主视图的投射方向和相对于投影面的位置关系。一般选择反映物体形状特征最明显、反映物体间相互位置最多的投射方向作为主视图的投射方向;安放位置反映工作位置,并使其表面、对称平面、回转轴线相对于投影面尽可能处于平行或垂直位置,还要考虑使其他视图上的虚线减少为好,也可选择物体自然位置。主视图确定了,其他视图也就随之而定,但选几个视图要根据组合体的复杂程度决定。

（二）组合体三视图绘制方法

绘制组合体视图的基本方法有两种：形体分析法和线面分析法。

1. 形体分析法

运用形体分析法时要注意两点：① 要把复杂组合体分解为若干个简单的基本体；② 要分析基本体之间的表面过渡关系，正确绘制出其视图。形体分析法是组合体画图、读图和尺寸标注的主要方法。

2. 线面分析法

有些复杂形体是由棱柱、棱锥等平面立体经过若干次挖切形成的。这类形体的特征是，图上的一个封闭线框一般情况下代表一个面的投影。不同线框之间的关系，反映了物体表面的变化情况。根据各个面的投影以及线框之间的关系进行投影的方法称为线面分析法，又称为面形分析法。以挖切为主的组合体一般采用线面分析法。

（三）组合体三视图绘制步骤

下面以轴承座为例，说明组合体三视图的绘制步骤。

1. 形体分析

轴承座由底板、支承板、肋板和圆柱筒四部分叠加而形成。底板和支承板、肋板叠加在一起，其中支承板的后表面与底板的后表面平齐；支承板、肋板起支撑圆柱筒的作用，圆柱筒与支承板的两个侧面相切，与肋板相交，如图 4-6 所示。

2. 主视图的选择

将轴承座按自然位置放正后，分析图中 A、B、C、D 四个投影方向，A 向投影最能反映形状特征且视图中虚线最少，故确定 A 向为主视图的投影方向，如图 4-7 所示。

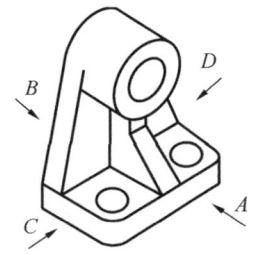

图 4-6 轴承座轴测图

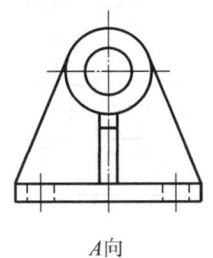
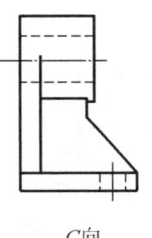
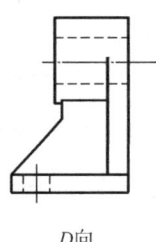

A向　　　　　　B向　　　　　　C向　　　　　　D向

图 4-7 轴承座主视图的选择

3. 选择比例、确定图纸幅面

画图时，在可能的情况下，尽量选取 1∶1 的比例，这样既便于直接估量组合体的大小，也便于绘图。按选定的比例，根据组合体的长、宽、高大致估算出三个视图的大小，并在各视图之间留出标注尺寸的位置和适当的间距，并据此选用合适的标准图幅。

4. 布图、画基准线

根据视图尺寸大小和视图之间的留白，确定视图的位置，要做到布置合理、排列均匀。再用细点画线和细实线画出基准线以确定各视图的位置。

5. 绘制底稿

绘制底稿时应注意以下几点：

（1）画组合体视图时，要从反映其形状特征的视图画起，按照先主要后次要、先可见后

不可见、先弧线后直线的顺序,逐个画出各基本体的三视图,三视图满足长对正、高平齐、宽相等的投影规律;

(2)为保证绘图的完整性,可从主视图着手,三视图要联系起来同时绘制,不要孤立地作图;

(3)为保证图面整洁、便于修改,要用细线条画底稿。

6. 检查、加深

画完底稿后,要逐个检查形体投影,改正错误。加深图线时,要由上而下,先加深曲线再加深直线。详细绘图步骤如图 4-8 所示。

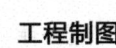

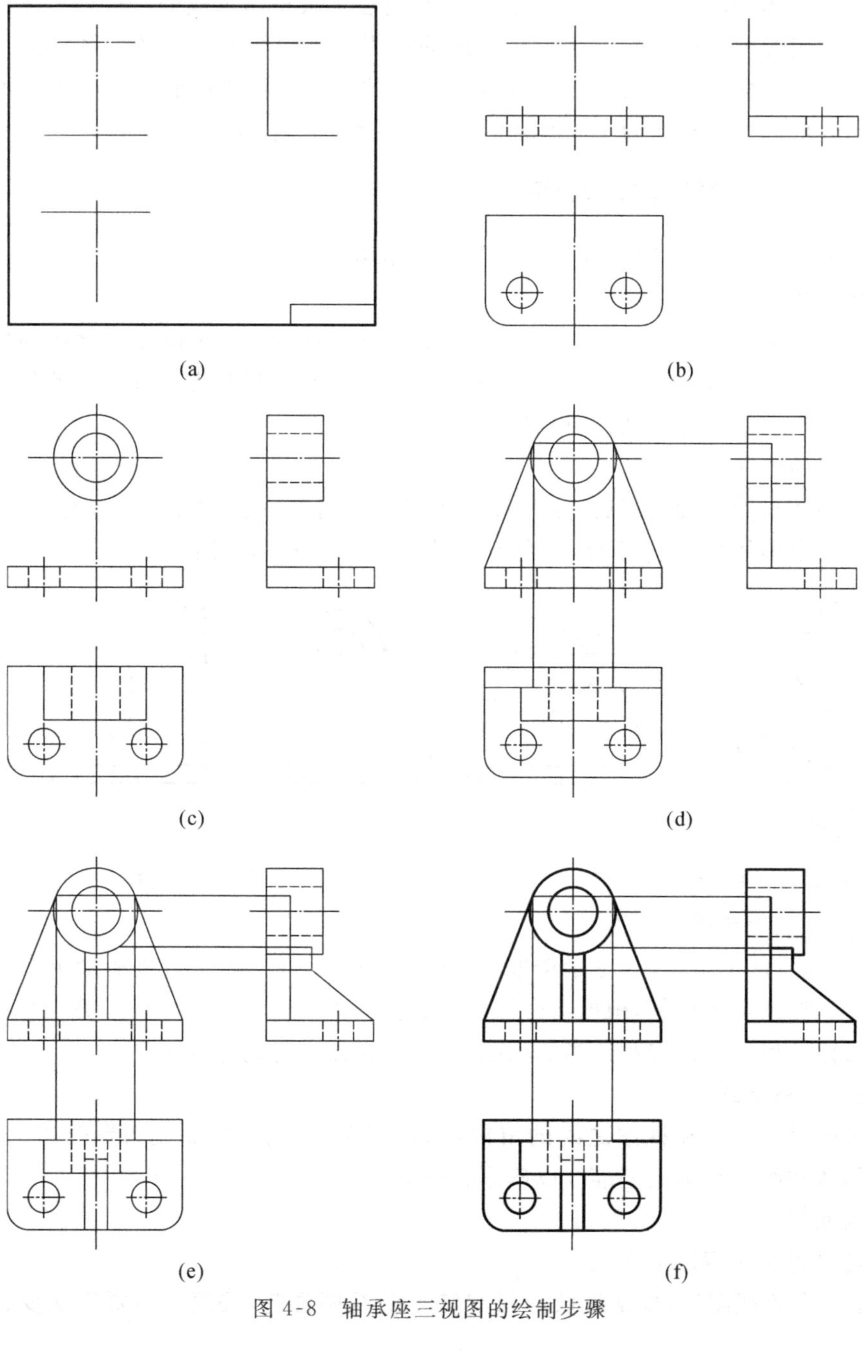

(a)

(b)

(c)

(d)

(e)

(f)

图 4-8　轴承座三视图的绘制步骤

任务三 组合体三视图读图

【任务目标】

（1）了解不同组合体的作图分析法。

（2）掌握组合体的读图和看图方法。

【任务要求】

能力目标	知识要点	相关知识
了解相关知识	组合体的作图分析法	形体分析法、线面分析法
熟练掌握知识点	组合体的读图和看图方法	组合体的读图和看图方法

（一）读组合体视图的基本要领

1. 视图中图线的含义

视图中每一条粗实线（或虚线）的含义分为以下 3 种情况，如图 4-9 所示。

（1）组合体上垂直于投影面的平面或有积聚性的曲面（如圆柱面）的投影。

（2）组合体上两表面交线的投影。

（3）组合体上曲面的转向轮廓线的投影。

2. 视图中封闭线框的含义

视图中每一个封闭粗实线框，一定是组合体上某一表面（平面或曲面）的投影；视图中每一个封闭线框（含有虚线），可能是组合体上某一表面（平面或曲面）的投影，分为以下 3 种情况，如图 4-9 所示。

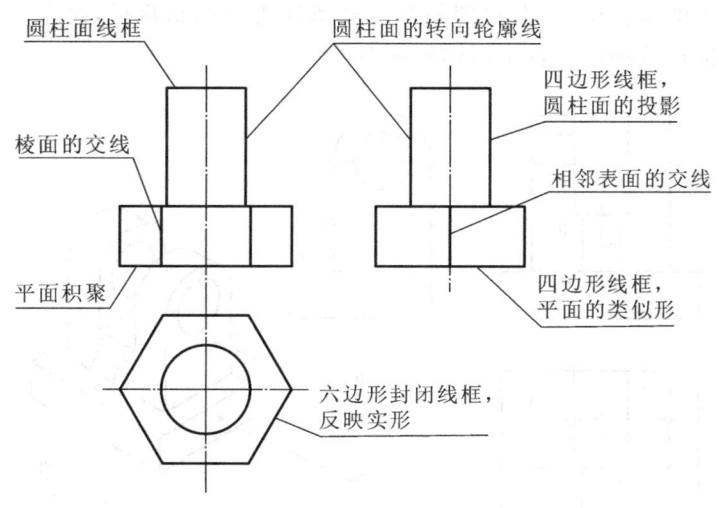

图 4-9 视图上图线与封闭线框的含义

（1）形体表面（平面或曲面）的投影（封闭线框）。

（2）孔洞的投影（封闭线框）。

（3）形体相切表面的投影（表示为封闭线框或含有不封闭线框）。

3. 把几个视图联系起来进行分析

视图中的一条图线，可能是一个平面或一个曲面积聚性的投影，也可能是两表面的交线。视图中的线框，可能是物体的一个平面，也可能是一个曲面的投影。如图 4-10 所示，形体 a 和形体 b 的主视图和左视图分别相同，但是从它们的俯视图可以看出它们的空间形状不同。形体 a 和形体 c 的主视图和俯视图分别相同，但是它们的左视图不同，故其组合体的形状不同。所以仅仅看一个视图或两个视图并不能确定组合体的唯一形状，只有几个视图联系起来综合分析才能确定其形状。

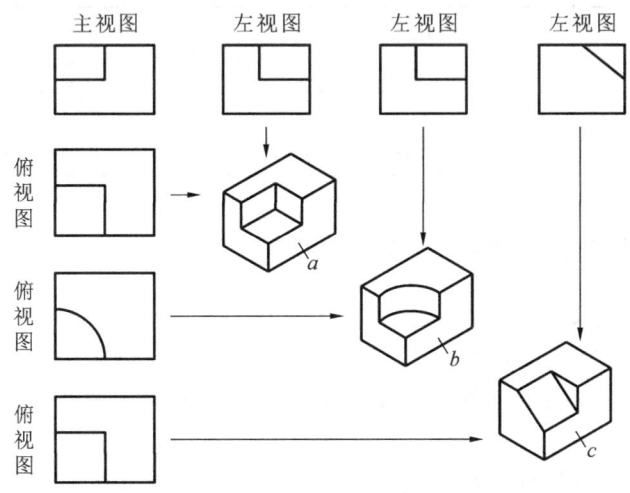

图 4-10 几个视图对应起来确定形状

4. 抓住特征视图分析

特征视图是最能反映物体形状特征的那个视图。在看懂每部分形体的基础上，进一步分析它们之间的组合方式和相对位置关系，从而想象出整体的形状。如图 4-11 所示，俯视图最能反映形体Ⅰ的形状特征，左视图最能反映形体Ⅲ的形状特征，结合主视图和左视图，能想象出形体Ⅱ的形状特征及各个形体的相对位置。

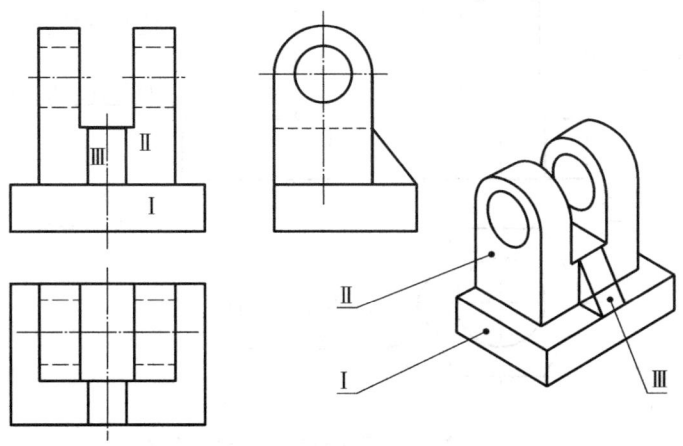

图 4-11 抓住特征视图分析组合体

(二) 组合体视图的基本读图方法

1. 形体分析法

形体分析法是读图的基本方法,用形体分析法读图的一般步骤如下。

1) 特征分析,分解形体

从物体的形状特征视图和位置视图入手,将物体分解成封闭的粗实线框。若视图中有单独的一条线,则组合体上有相切的情况,需用适当的线连接该线的端点。通过分线框,把组合体大致分成几部分。如图 4-12(a)所示,利用形体分析法将组合体分解成 1、2、3 三部分。

2) 投影分析,想象形状

根据投影规律,依次找出各个封闭的粗实线框在其他视图中的投影。若没有对应的线框,则暂不分析这个粗实线框;若有多个对应的线框,则选取离观察者最近的线框,然后逐个构思各线框的空间形状和位置。如图 4-12(b)所示,逐步构思出各线框的空间形状和位置,初步想象出组合体,按照投影特性验证。

3) 综合分析,确定整体

根据对应的线框,想象出每一部分的形体,并确定它们的相对位置、组合形式和表面连接关系等,如图 4-12(c)所示。最后综合想象出组合体的完整形状,如图 4-12(d)所示。

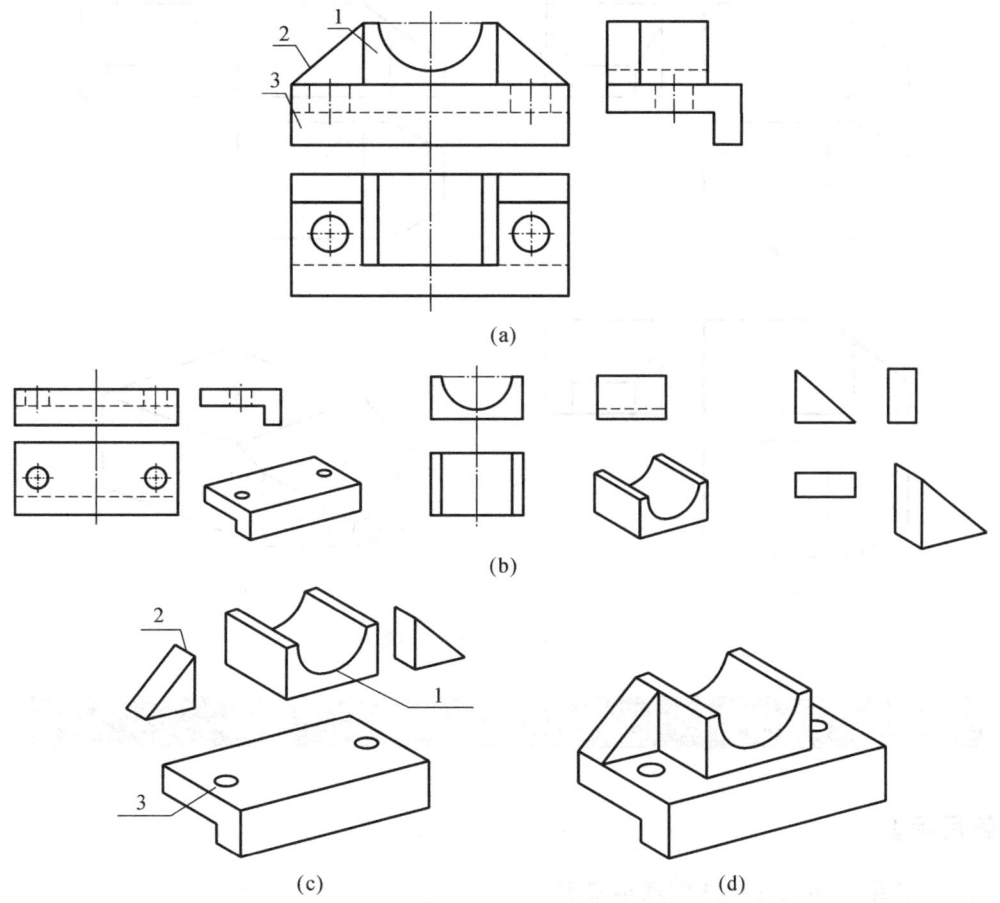

图 4-12 用形体分析法读图

2. 线面分析法

线面分析法是形体分析法的补充。线面分析法是指运用投影规律,分析组合体上线、面的空间位置,再通过对这些线、面的投影分析想象出其形状,进而综合想象出物体的整体形状。这种方法可用于切割体的读图。

采用线面分析法看组合体视图的方法和步骤如下。

(1)形体特征分析。运用形体分析法分析,组合体是在基本形体的基础上通过几次切割形成的。图 4-13(a)所示的组合体,可以想象成四棱柱被切去三部分形成的。其中,俯视图的左上和左下各缺一角,说明被切去了一个三棱柱;主视图的上方缺一角,说明左上角被切去了一个三棱柱。

(2)根据线框、线段对应关系,确定每一部分表面的形状,并分析它们的相对位置。如图 4-13(b)所示,俯视图左边的六边形 r,在左视图上对应六边形 r'',在主视图上对应斜线 r'。根据投影规律,可以断定 R 面是正垂面。

如图 4-13(c)所示,主视图左边的四边形 t',在左视图上对应四边形 t'',在俯视图上对应斜线 t。根据投影规律,可以断定 T 面是正垂面。

(3)综合起来想整体。根据各表面的形状及其相对位置想象并推断出完整的组合体,如图 4-13(d)所示。

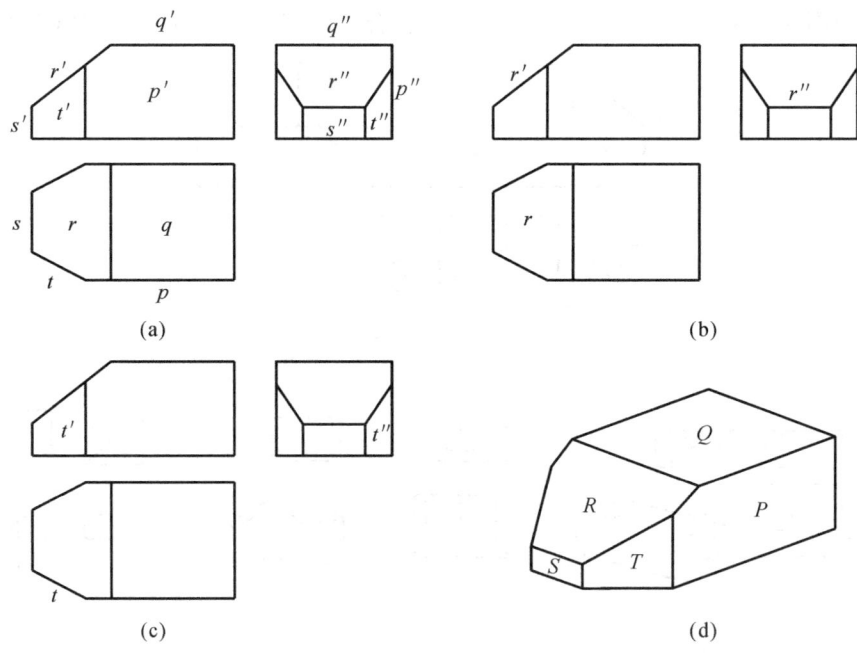

图 4-13　用线面分析法读图

任务四　组合体三视图的尺寸标注

【任务目标】

(1)了解组合体尺寸标注的基本要求。

(2)掌握组合体尺寸标注的方法。

【任务要求】

能 力 目 标	知 识 要 点	相 关 知 识
了解相关知识	组合体尺寸标注的基本要求	形体分析法、线面分析法
熟练掌握知识点	组合体尺寸标注的方法	组合体尺寸标注的方法

组合体的视图只能表达组合体的形状,组合体的真实大小及各部分相对位置,则要由视图中所标注的尺寸来确定。因此,标注尺寸时应做到完整清晰、注写正确并有助于读图。

（一）基本体尺寸标注的方法

基本几何体是构成机件的基本元素,可分为两类,一类是平面立体,另一类是曲面立体,也称为回转体。对于基本的平面立体,其大小一般由长、宽、高三个方向的尺寸来确定。对于正六棱柱,其底面正多边形的尺寸,已知两对边的距离,就可以计算出外接圆的直径。因为其外接圆直径是理论值,若要标注,则应将其放入括号内,如图 4-14 所示。

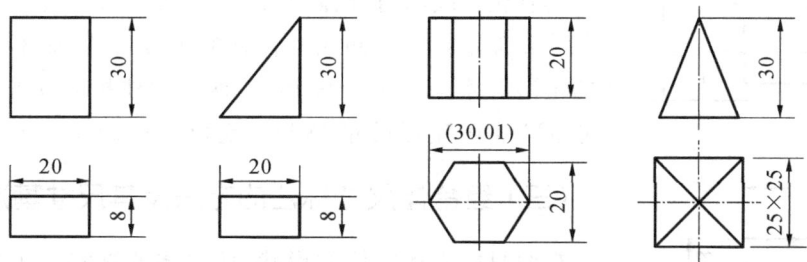

图 4-14　基本平面立体的尺寸标注

常见的基本回转体的尺寸标注如图 4-15 所示。圆柱和圆锥只需要标注径向和轴向两个方向的尺寸;球体只有一个方向的尺寸;其他的回转体,除径向和轴向的尺寸外,还应标注出母线的形状尺寸。

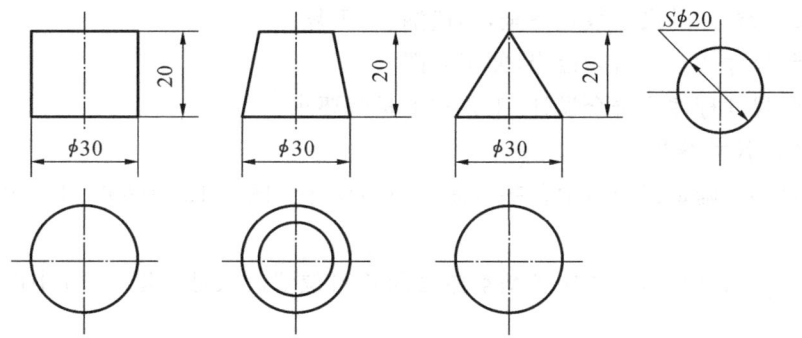

图 4-15　常见基本回转体的尺寸标注

（二）切割体和相贯体尺寸标注的方法

当组合体上有交线时,特别注意不要直接在交线上标注尺寸,而应该标注形成交线的基本形体的定形和定位尺寸。具有截交线的组合体,截交部分的尺寸标注只需标注出截平面的定位尺寸,而不应标注截平面的定形尺寸,因为截断面的形状由回转体的定形尺寸和截平面的定位尺寸确定。如图 4-16 所示,15、32、15、10、10 和 8 这几个尺寸是确定截平面位置的尺寸。

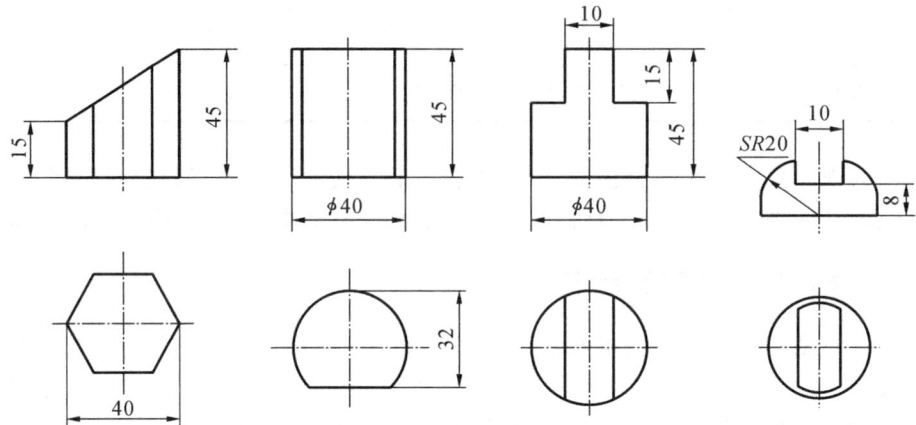

图 4-16 切割体的尺寸标注

具有相贯线的组合体,只需标注出参与相贯的回转体的定形尺寸和确定它们之间相互位置的定位尺寸,而不应标注相贯线的定形尺寸。如图 4-17 所示,两个圆柱相贯只需标注其直径尺寸 $\phi28$、$\phi40$,定形尺寸 48 以及定位尺寸 24、36 即可。

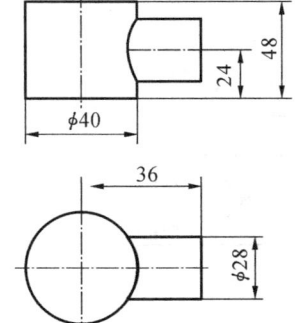

(三)组合体尺寸标注的方法及其尺寸基准的选择

视图只能表达立体的形状,而立体的真实大小要由视图上标注的尺寸数值来确定。

图 4-17 相贯体的尺寸标注

1. 基本要求

组合体尺寸标注必须做到如下几点。

(1)正确:符合国家标准中尺寸标注的有关规定。

(2)完整:所标注的尺寸数量齐全,不遗漏、不重复。

(3)清晰:尺寸的配置清晰恰当,便于看图。

(4)合理:尺寸标注应符合设计、工艺和测量等要求。

2. 组合体的尺寸分析

(1)定形尺寸:确定组合体中各基本体大小的尺寸。图 4-18 中的 66、44、10、$\phi10$ 即为定形尺寸。

(2)定位尺寸:确定组合体中各基本体之间相对位置的尺寸。图 4-18 中的 24、52 即为定位尺寸。

(3)总体尺寸:确定组合体总长、总高、总宽的尺寸。图 4-18 中的 66、44、10 即为总体尺寸。有时候总体尺寸总会被某个基本形体的定形尺寸代替,如图 4-18 中的 66、44、10 既是定形尺寸又是总体尺寸,标注一次即可,不能重复标注。

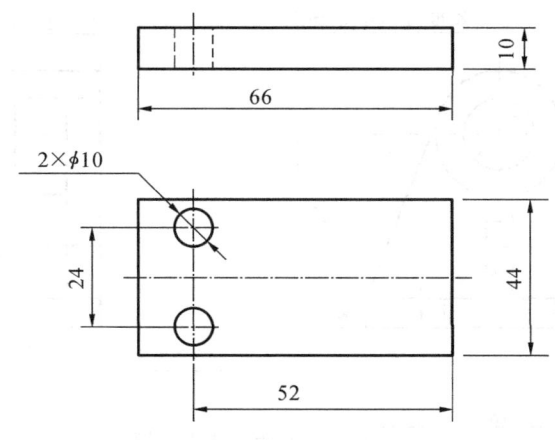

图 4-18　组合体的尺寸标注

3. 尺寸基准

标注组合体的尺寸时,为了确定组成组合体的各基本几何体之间的相对位置,必须在组合体的长、宽、高三个方向上都选取标注尺寸的基准。所谓基准,就是标注尺寸的起始位置。基准可以是点、线、面。一般选择组合体上的重要轴线、对称面、顶面或底面作为基准。

4. 基本方法

标注尺寸的基本方法是形体分析法。也就是将组合体分解为若干个基本形体,然后标注各基本形体定位尺寸,最后标注组合体的总体尺寸。

5. 组合体尺寸标注的步骤

以轴承座(见图 4-6)为例说明组合体尺寸标注的方法和步骤。

(1) 进行形体分析,分析各组成部分(底板、加强肋板、支承板、圆筒)的形状和相对位置。

(2) 选择尺寸基准。选圆筒的回转轴线作为长度方向的尺寸基准,底板的后端面作为宽度方向的尺寸基准,底板的下底面作为高度方向的尺寸基准。

(3) 标注每个基本体的定形尺寸、各基本体相对基准的定位尺寸。如图 4-19 所示,$\phi 28$、$\phi 14$、21 标注的是圆筒的定形尺寸,8、48 标注的是圆筒的定位尺寸,其余尺寸请读者自行分析。

(4) 标注总体尺寸。在长、宽、高三个方向上各去掉一个定形尺寸,再标注三个方向上的总体尺寸。如去掉加强肋板的宽度尺寸,而标注总宽尺寸。

(5) 按尺寸标注的要求检查、校核,补全漏掉的尺寸,去掉多余的尺寸。最后完成尺寸标注的轴承座三视图,如图 4-19 所示。

6. 组合体尺寸标注的注意事项

(1) 同轴回转体的直径最好标注在非圆视图上,均匀分布的小孔的直径则必须标注在投影为圆的视图上,且在符号"ϕ"前加注相同圆孔的数目。如图 4-20 所示,(a)图中圆柱的直径尺寸 $\phi 12$、$\phi 16$ 均标注在非圆的主视图上,$\phi 6$ 的均布小孔标注在投影为圆的俯视图上,记为 $4 \times \phi 6$;(b)图中 $\phi 6$ 的均布小孔标注在投影为圆的俯视图上,记为 $2 \times \phi 6$。

(2) 同一形体的定形尺寸及相关联的定位尺寸尽量集中标注,如图 4-20(b)中的均布小孔的定位尺寸 30、19 尽量标注在俯视图上。

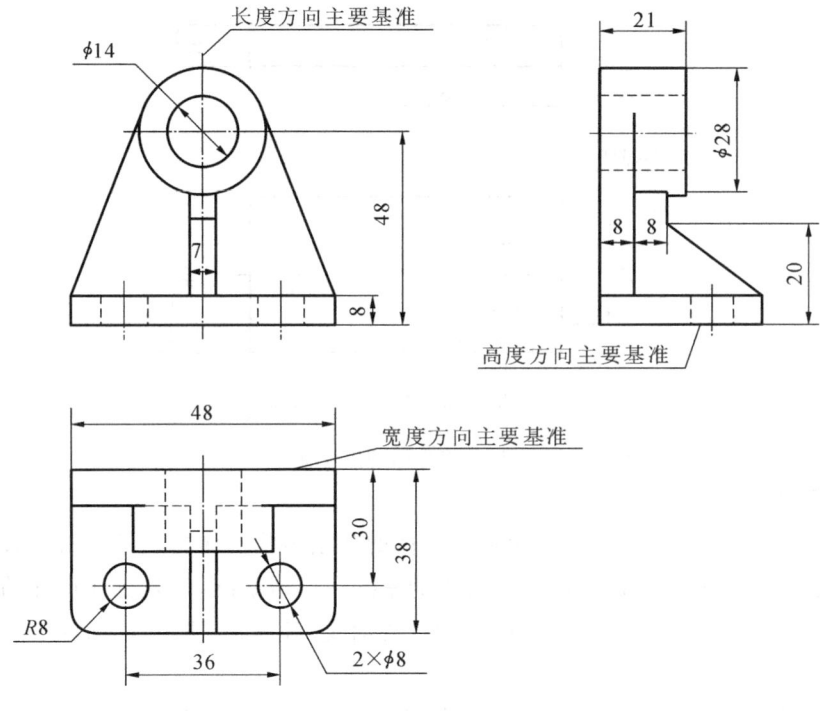

图 4-19　组合体的尺寸标注

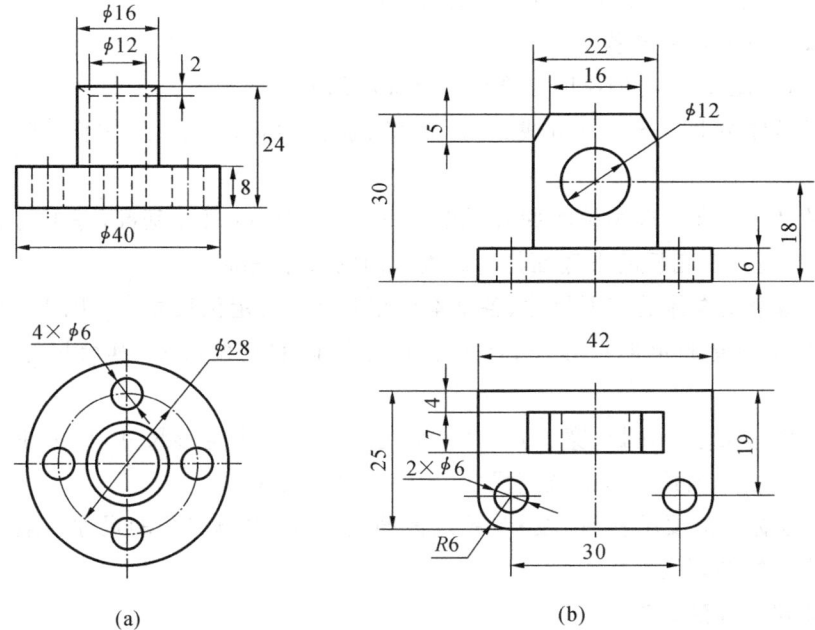

(a)　　　　　　　　　　　　　　(b)

图 4-20　特征尺寸的标注

（3）确定回转体的位置时，应确定其轴线，如图 4-20（b）中的均布小孔的定位尺寸确定的是其轴线的位置。

（4）圆弧的半径尺寸应标注在反映圆弧实形的视图上，且相同的圆角半径只标注一次，不能在符号"R"前加注圆角数目。如图 4-21（a）中的尺寸 R16、R12、R5 应标注在投影是圆弧实形的视图上。

（5）相互平行的尺寸，要使小尺寸靠近图形，大尺寸依次向外排列。同一方向上连续标注的几个尺寸应尽量配置在少数几条线上，避免形成封闭标注尺寸链。如标注图 4-21（b）中的高度尺寸时，小尺寸在内，大尺寸在外，尽量配置在一条直线上。

（6）当组合体的端部是回转面时，该方向一般不标注总体尺寸，而由确定回转面轴线的定位尺寸和回转面的直径或半径来间接确定。如图 4-21(a)中的组合体总长，可以通过计算获得，不需要标注。

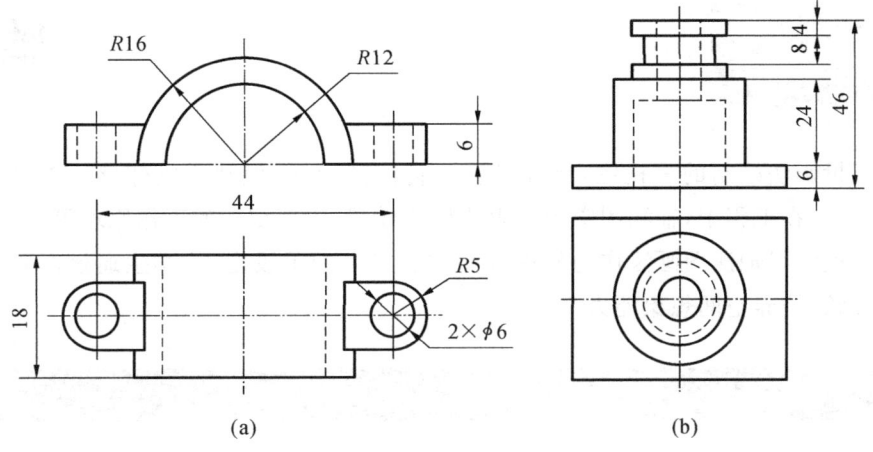

(a)　　　　　　　　　　(b)

图 4-21　组合体的尺寸注法

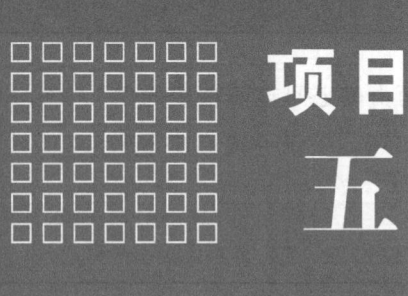

项目
五

轴测图

应用正投影法绘制的三视图,能准确表达物体的形状,但缺乏立体感。轴测图直观性强,容易看懂。在工程中,轴测图常用来表达机器外观、内部结构或工作原理等。

本项目把学习轴测图画法作为发展空间构思能力的手段之一,学生通过画轴测图来想象物体的形状,培养空间想象能力。

任务一　轴测图的基本知识

【任务目标】

(1) 理解轴测图的用途。

(2) 了解轴测图是如何形成的。

(3) 了解常用轴测图的种类。

(4) 掌握轴测图的投影特性。

【任务要求】

能 力 目 标	知 识 要 点	相 关 知 识
了解相关知识	(1) 轴测图的形成 (2) 轴测图的种类	(1) 轴测投影的基本概念 (2) 轴测投影的优缺点 (3) 常用轴测图的种类
熟练掌握知识点	轴测图的投影特性	(1) 轴测图的投影特性 (2) 轴测轴和轴间角

(一)轴测图的形成

将物体连同其直角坐标系,沿不平行于任一坐标面的方向,用平行投影法将其投射在单一投影面上所得到的具有立体感的图形称为轴测图,如图 5-1 所示。单一投影面 P 称为轴测投影面,直角坐标轴 OX、OY、OZ 在轴测投影面上的投影 O_1X_1、O_1Y_1、O_1Z_1 称为轴测轴。三条轴测轴的交点 O_1 称为原点。

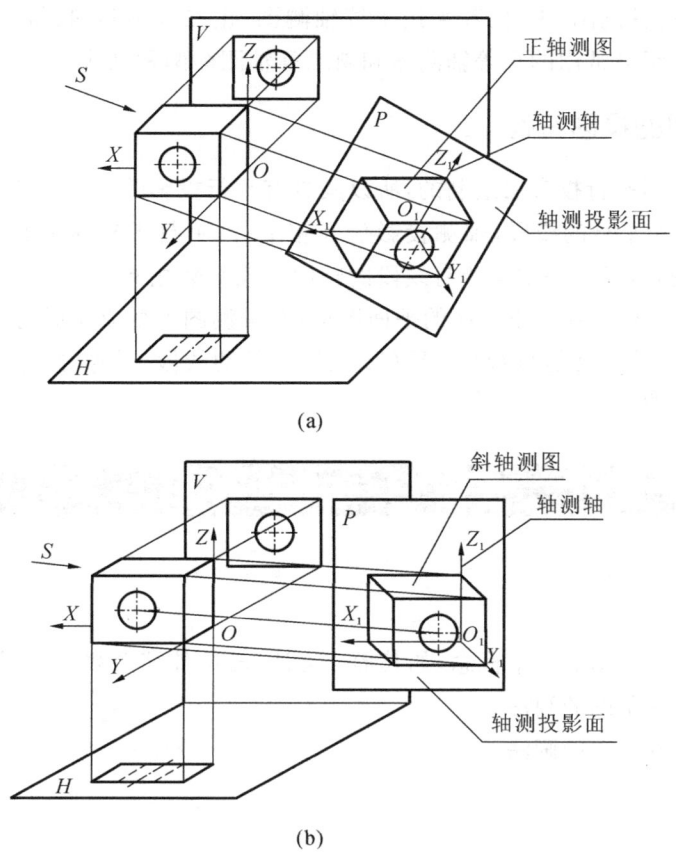

图 5-1　轴测图的特性

(a) 正轴测图　(b) 斜轴测图

根据投射方向与轴测投影面的相对位置,轴测图可分为以下两类。

(1) 正轴测图:投射方向与轴测投影面垂直所得到的轴测图。物体的三个坐标面都倾斜于轴测投影面,如图 5-1(a)所示。

(2) 斜轴测图:投射方向与轴测投影面成一定夹角(非 90°)所得到的轴测图。为了作图方便,通常取轴测投影面 P 平行于 XOZ 坐标面,如图 5-1(b)所示。

(二)轴间角和轴向伸缩系数

1) 轴间角

两根轴测轴之间的夹角($\angle X_1O_1Y_1$、$\angle X_1O_1Z_1$、$\angle Y_1O_1Z_1$)称为轴间角。

2) 轴向伸缩系数

轴测轴上的线段与坐标轴上对应线段长度的比值称为轴向伸缩系数。其中,用 p 表示 OX 轴的轴向伸缩系数,q 表示 OY 轴的轴向伸缩指数,r 表示 OZ 轴的轴向伸缩系数。

轴间角和轴向伸缩系数是画轴测图的两个主要参数。

正轴测图或斜轴测图,按其轴向伸缩系数的不同又均可分为三种:

(1) 如 $p=q=r$,称为正(或斜)等轴测图,简称正(或斜)等测;

(2) 如 $p=r\neq q$,称为正(或斜)二等轴测图,简称正(或斜)二测;

(3) 如 $p\neq q\neq r$,称为正(或斜)三等轴测图,简称正(或斜)三测。

在国家标准《机械制图》中,推荐采用正等轴测图、正二等轴测图、斜二等轴测图三种轴测图。本项目仅介绍最常用的正等轴测图和斜二等轴测图两种画法。

(三)轴测图的投影特性

由于轴测图是用平行投影法绘制的,所以其具有平行投影的如下特性:

(1)物体上互相平行的线段,轴测投影仍互相平行;平行于坐标轴的线段,轴测投影仍平行于相应的轴测轴,且同一轴向所有线段的轴向伸缩系数相同;

(2)物体上不平行于轴测投影面的平面图形,在轴测图上变成原形的类似形。

画轴测图时,物体上凡是与 OX、OY、OZ 三轴平行的线段,其尺寸(乘以轴向伸缩系数)可以沿轴向直接量取。

任务二　正等轴测图

【任务目标】

(1)熟悉正等轴测图的基本概念,如其形成方法、轴向伸缩系数、轴间角等特性。

(2)熟悉轴测图草图的画法。

(3)掌握正等轴测图的画法。

【任务要求】

能 力 目 标	知 识 要 点	相 关 知 识
了解相关知识	(1)正等轴测图的基本概念 (2)正等轴测图的特性 (3)轴测图草图的画法	(1)正等轴测图的形成 (2)正等轴测图的轴向伸缩系数、轴间角等特性 (3)"方箱法"和"网格法"绘制轴测图草图
熟练掌握知识点	(1)正等轴测图的画法 (2)正等轴测图作图步骤	(1)平面立体正等轴测图的画法 (2)回转体正等轴测图的画法 (3)组合体正等轴测图的画法

(一)轴间角和简化轴向伸缩系数

1. 轴间角

在正等轴测图中,由于物体上的三根直角坐标轴与轴测投影面的倾角相等,因此,与之相对应的轴测轴之间的夹角即轴间角也必须相等,即 $\angle X_1O_1Y_1 = \angle X_1O_1Z_1 = \angle Y_1O_1Z_1 = 120°$。

2. 简化轴向伸缩系数

正等轴测图中,OX、OY、OZ 三轴的轴向伸缩系数都相等,即 $p=q=r$,经数学推证,$p=q=r\approx0.82$。在画图时,物体的长、宽、高三个方向的尺寸均要缩小 0.82 倍。为了作图方便,通常采用简化的轴向伸缩系数 $p=q=r=1$。这样画出的正等轴测图,沿各轴向的长度都分别放大了 $1/0.82\approx1.22$ 倍,但形状没有改变,如图 5-2 所示。

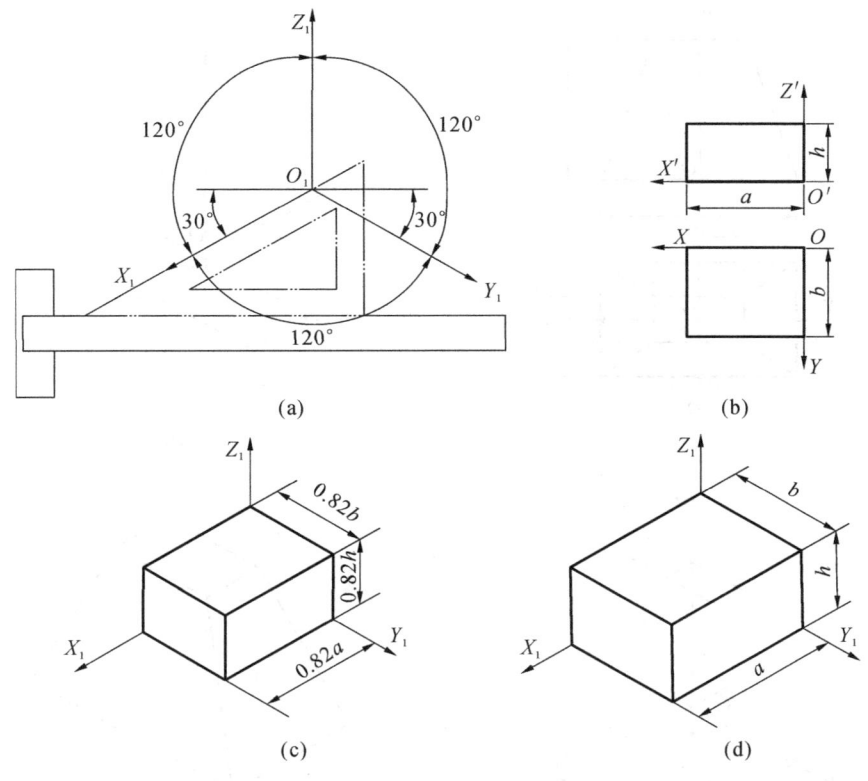

图 5-2 正等轴测图的特点

（a）正等测轴间角和轴测轴画法 （b）物体的两面投影图

（c）按 $p=q=r=0.82$ 轴向伸缩系数作的图 （d）按 $p=q=r=1$ 简化轴向伸缩系数作的图

（二）正等轴测图画法

正等轴测图常用的基本作图方法是坐标法。作图时，先定出空间直角坐标系，画出轴测轴，再按立体表面上各顶点或线段的端点坐标，画出其轴测投影，然后分别连线，完成轴测图。

1. 平面立体正等轴测图的画法

根据物体的形状特点，画轴测图有以下三种方法。

（1）坐标法：按坐标画出物体各顶点轴测图的方法。它是画平面立体的基本方法。

（2）切割法：对于不完整的形体，可先按完整的形体画出，然后用切割的方式画出其不完整部分。

（3）形体组合法：对于一些较复杂的物体，采用形体分析法，分成几个基本形体，再按各基本形体的位置，逐一叠加画出。

轴测图只要求画可见轮廓线，不可见轮廓线一般不要求画出，完成后，擦去作图线，描深。

【例 5-1】 根据投影图，画出四棱台的正等轴测图。

作图分析：如图 5-3 所示，四棱台的前后、左右均对称，针对四棱台的形体特点，可采用坐标法作图。将坐标原点 O_1 定在下底面四边形的中心，以四边形的中心线为 O_1X_1 轴和 O_1Y_1 轴，O_1Z_1 轴在铅垂位置。

作图步骤如图 5-3 所示。

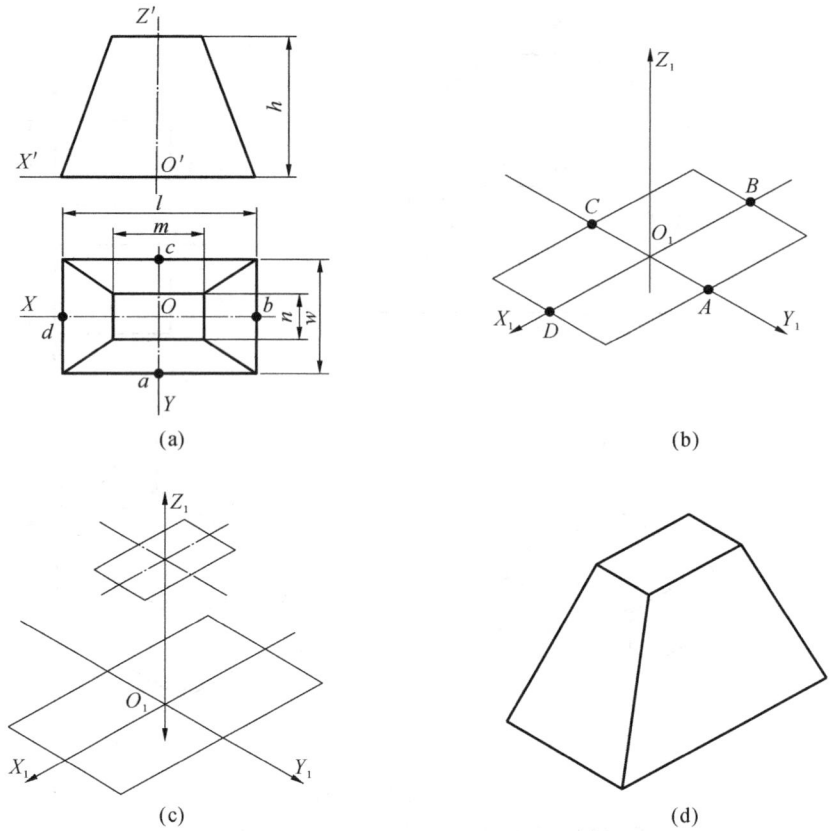

图 5-3 运用坐标法画正等轴测图

（a）投影图　（b）画出轴测轴及四棱台底面　（c）画出四棱台顶面　（d）整理、加深

【**例 5-2**】　根据三视图，画出立体的正等轴测图。

作图分析：根据图 5-4（a）所示物体的形体特点，可采用切割法作图。作图步骤如图 5-4 所示。

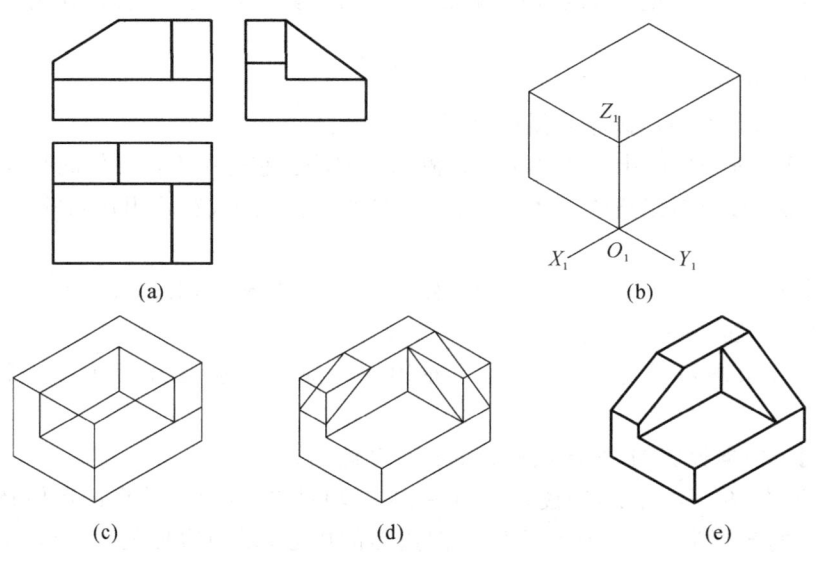

图 5-4 运用切割法画正等轴测图

（a）题图　（b）画长方体　（c）切割中间部分　（d）切割斜角　（e）整理、加深

【例 5-3】 根据三视图,画出立体的正等轴测图。

作图分析:如图 5-5(a)所示,该物体用形体分析法可看作由底板、竖板和三角肋板组成。根据物体的形体特点,可采用形体组合法作图。作图步骤如图 5-5 所示。

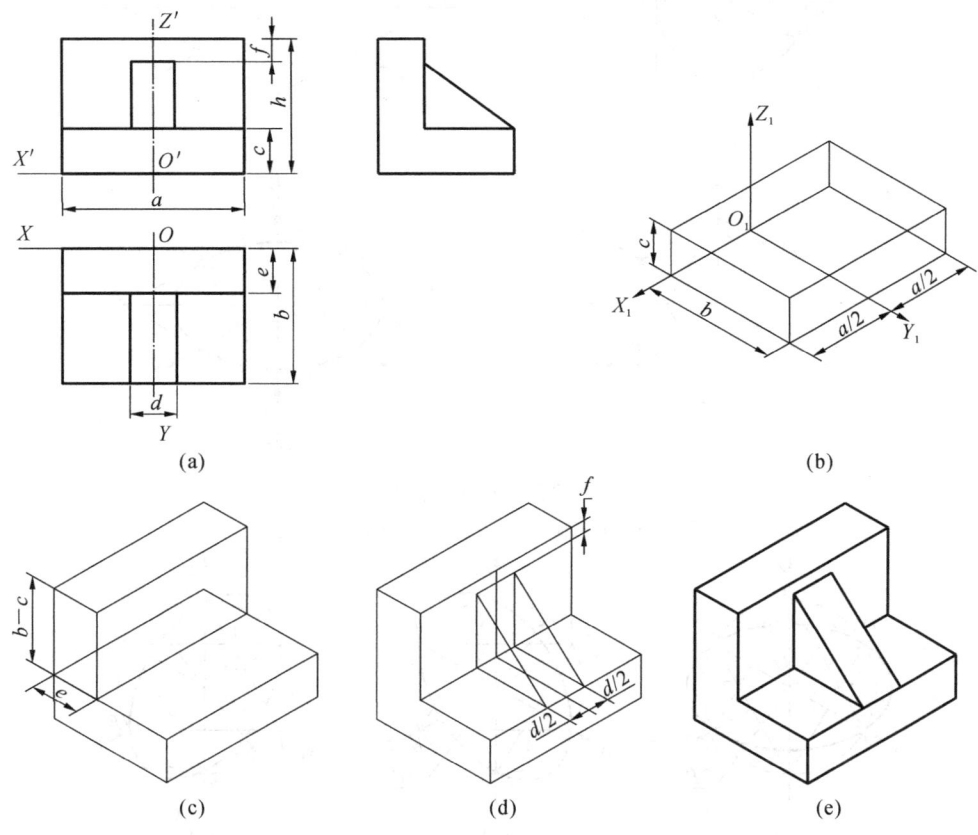

(a)   (b)

(c)   (d)   (e)

图 5-5 运用形体组合法作正等轴测图

(a)题图 (b)画底板 (c)画竖板 (d)画肋板 (e)整理、加深

2. 回转体正等轴测图的画法

绘制回转体(如圆柱、圆台)的正等轴测图时,一般先画出顶面圆和底面圆的轴测投影,再画转向轮廓线即可。

(1)平行于坐标平面的圆的正等轴测图如图 5-6 所示。圆的正等轴测图的画法(一)如图 5-7 所示。圆的正等轴测图的画法(二)如图 5-8 所示。

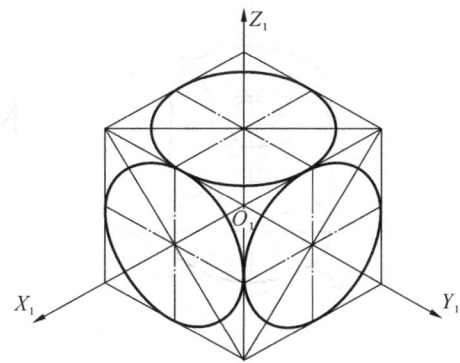

图 5-6 平行于坐标平面的圆的正等轴测图

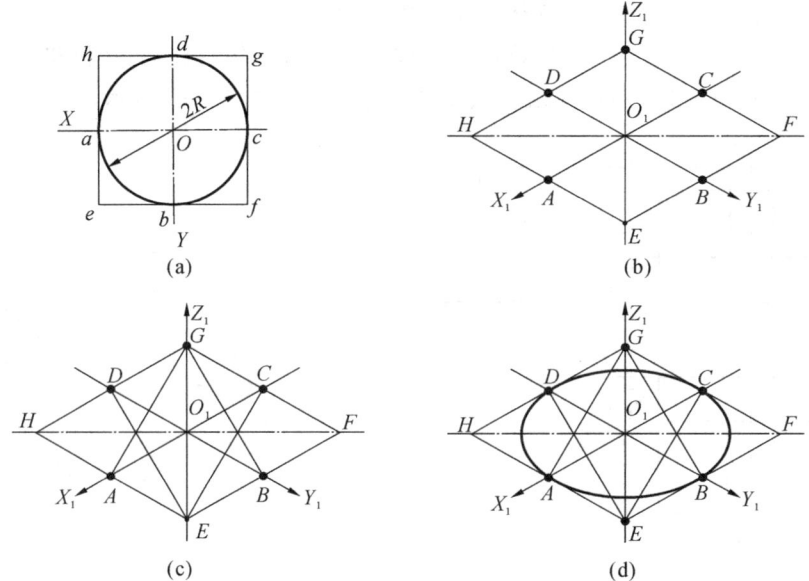

图 5-7　圆的正等轴测图的画法(一)

(a)圆　(b)画轴测轴　(c)确定椭圆四个点　(d)完成

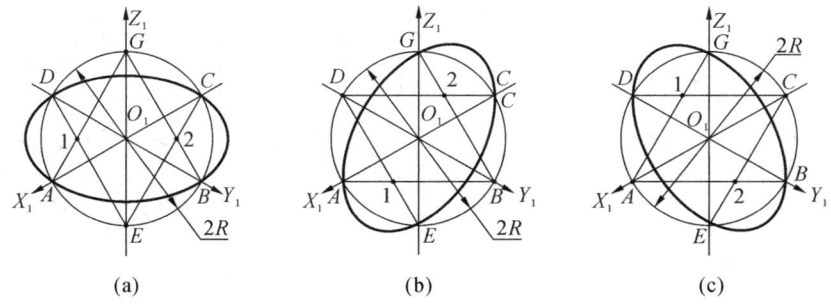

图 5-8　圆的正等轴测图的画法(二)

(a)平行于 H 面的圆　(b)平行于 V 面的圆　(c)平行于 W 面的圆

注意:在正等轴测图中,圆的三个轴测投影图形均为形状和大小完全相同的椭圆,即水平椭圆、正面椭圆和侧面椭圆;但其长、短轴方向各不相同,作图时应注意构成相应坐标面的两根轴。

(2)圆柱和圆台的正等轴测图的画法如图 5-9 和图 5-10 所示。

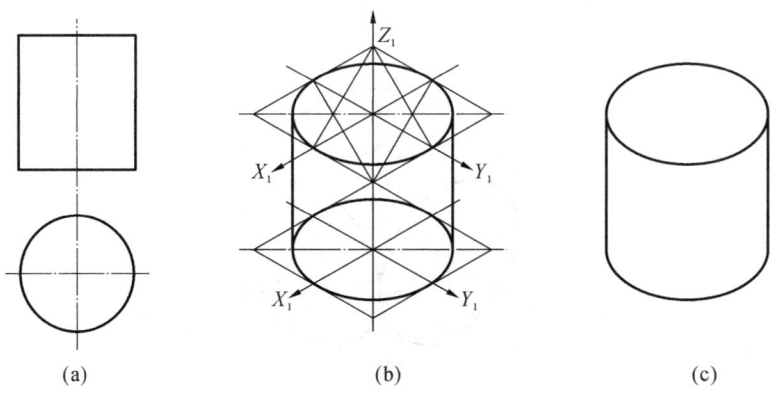

图 5-9　圆柱的正等轴测图的画法

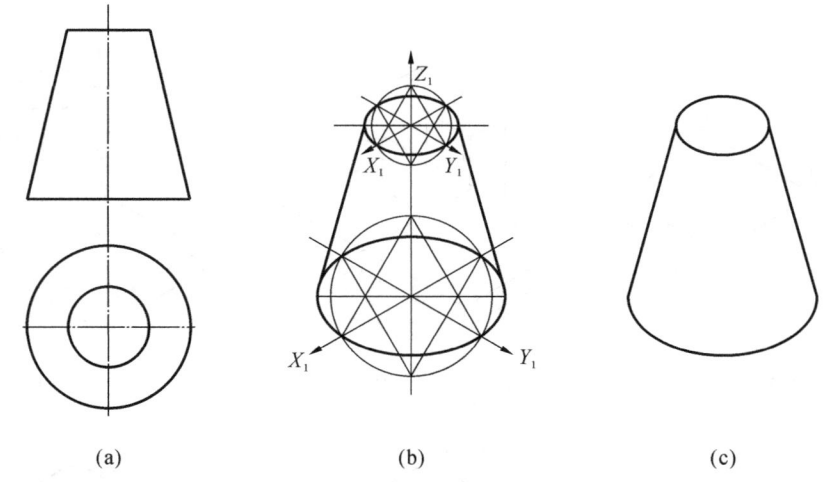

(a)   (b)   (c)

图 5-10 圆台的正等轴测图的画法

（3）平板圆角的正等轴测图的画法如图 5-11 所示。

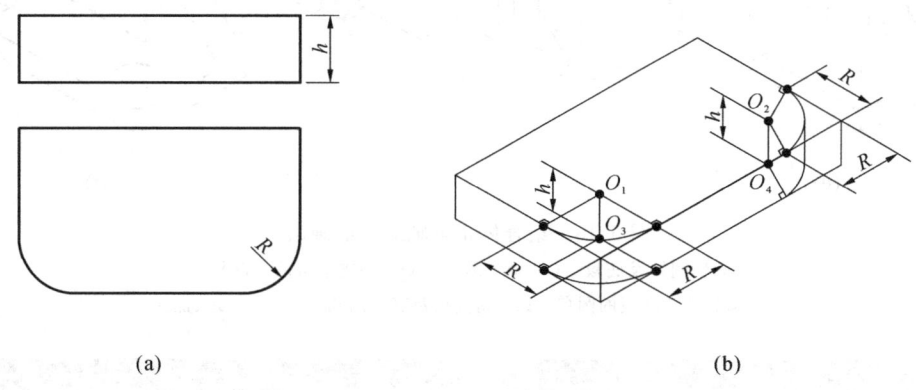

(a)   (b)

图 5-11 平板圆角的正等轴测图的画法

3. 组合体正等轴测图的画法举例

【例 5-4】 根据组合体的视图（见图 5-12），画出其正等轴测图。作图步骤如图 5-13 所示。

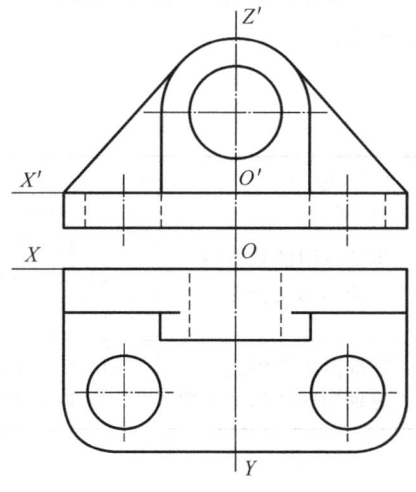

图 5-12 组合体的视图

83

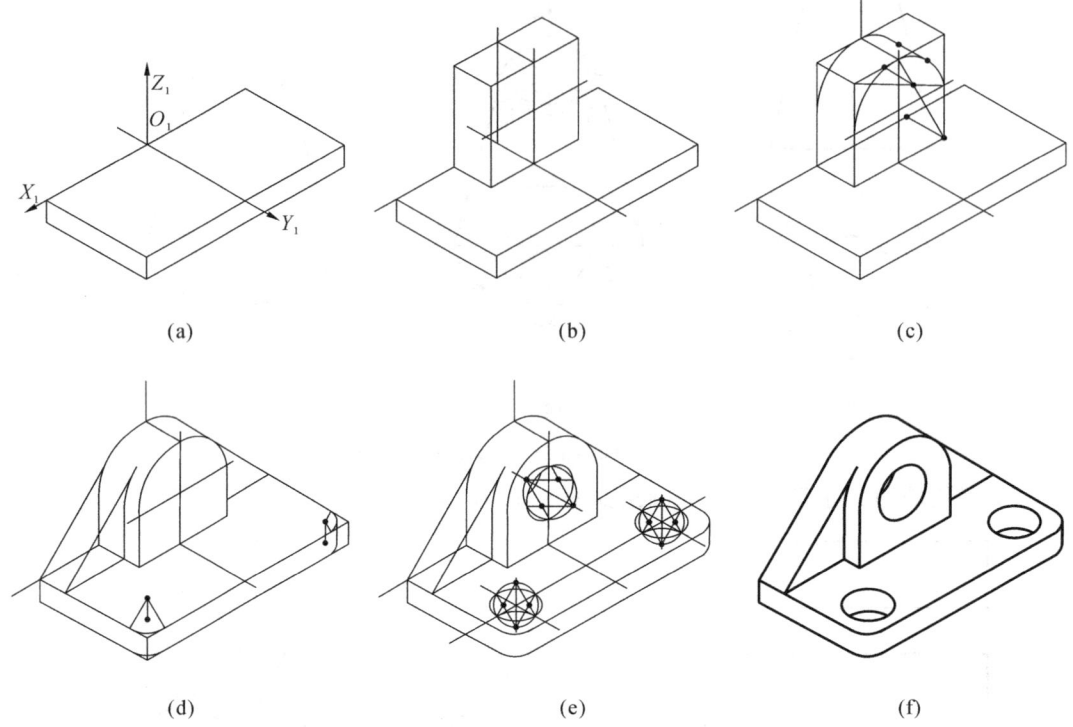

图 5-13　组合体正等轴测图的画法
（a）画轴测轴及底板　（b）画支承板　（c）画支承板的半圆柱面
（d）画肋板及底板的圆角　（e）画竖板及底板的圆孔　（f）整理、加深

任务三　斜二等轴测图

【任务目标】

（1）熟悉斜二等轴测图的基本概念，如其形成方法、轴向伸缩系数、轴间角等特性。

（2）掌握斜二等轴测图的画法。

【任务要求】

能 力 目 标	知 识 要 点	相 关 知 识
了解相关知识	（1）斜二等轴测图的基本概念 （2）斜二等轴测图的特性	（1）斜二等轴测图的形成 （2）斜二等轴测图的轴向伸缩系数、轴间角等特性
熟练掌握知识点	（1）斜二等轴测图的画法 （2）斜二等轴测图的作图步骤	（1）斜二等轴测图的画法 （2）轴测草图的画法

(一)轴间角和轴向伸缩系数

在斜二等轴测图中,轴测投影面 P 平行于 XOZ 坐标面,所以轴测轴 O_1X_1、O_1Z_1 仍分别为水平和铅垂方向,其轴向伸缩系数 $p=r=1$,轴测轴 O_1Y_1 与水平线成 $45°$,其轴向伸缩系数 $q=0.5$,轴间角 $\angle X_1O_1Z_1=90°$,$\angle X_1O_1Y_1=\angle Y_1O_1Z_1=135°$。

斜二等轴测图的特点如图 5-14 所示。

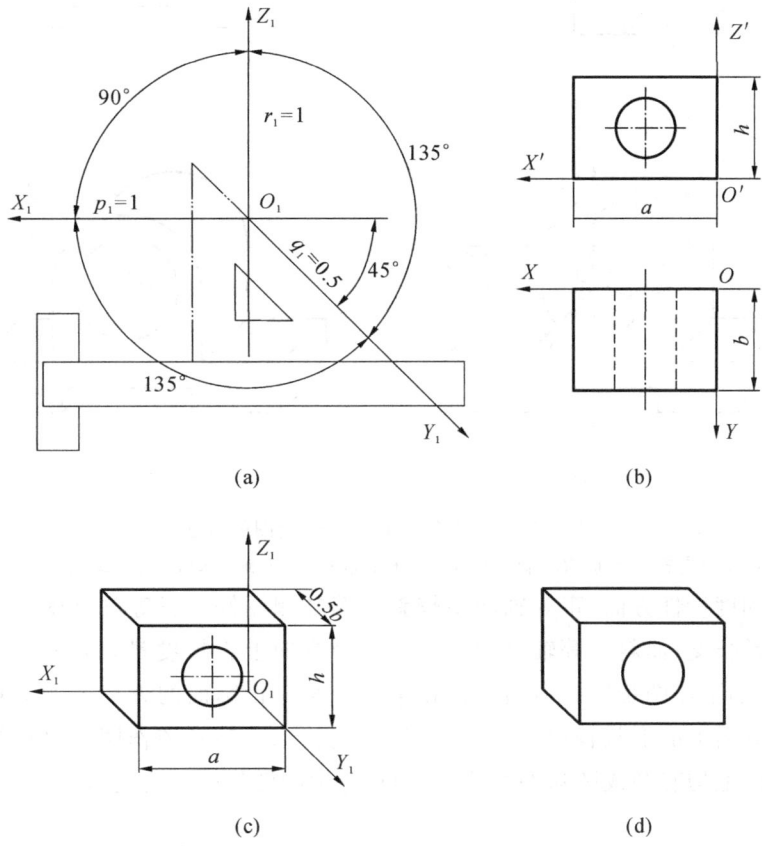

图 5-14 斜二等轴测图的特点

(二)斜二等轴测图的画法

在斜二等轴测图中,由于物体上平行于 $X_1O_1Z_1$ 坐标面的直线和平面图形都反映实长和实形,平行于 $X_1O_1Z_1$ 坐标面上的圆的斜二等轴测投影仍是圆,且直径不变;因此,当物体上有较多的圆或曲线平行于 $X_1O_1Z_1$ 坐标面时,采用斜二等轴测图作图比较方便。

(三)斜二等轴测图的画法举例

【例 5-5】 根据图 5-15(a)所示组合体三视图,求作立体的斜二等轴测图。

作图步骤如图 5-15(b)、图 5-15(c)、图 5-15(d)、图 5-15(e)所示。

本项目介绍了正等轴测图和斜二等轴测图的画法。绘图时,应根据所给物体的结构来选用,既要使所画的轴测图立体感强、度量性好,又要使作图简便。

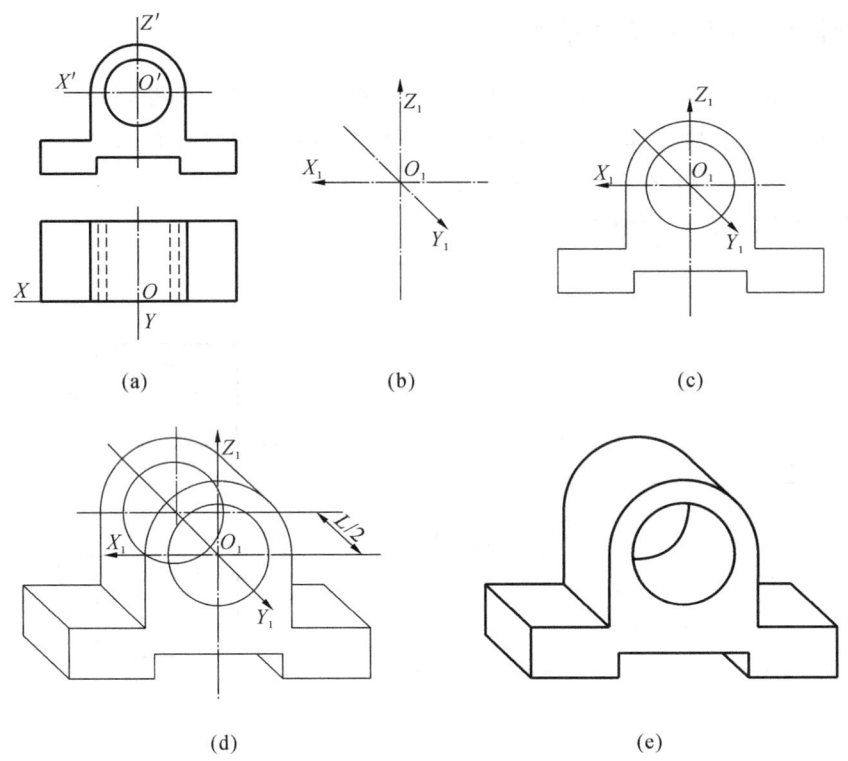

图 5-15　组合体的斜二等轴测图的画法

（a）题图　（b）画斜二等轴测轴　（c）画立体前表面的轴测图　（d）画立体后表面的轴测图　（e）整理、加深

　　在立体感和度量性方面,正等轴测图较斜二等轴测图好。正等轴测图在三个轴测轴方向上可直接度量长度;而斜二等轴测图只能在两个方向上直接度量,另一方向(O_1Y_1轴)要按比例缩短,增加了作图难度。但当物体在平行于某一投影面的方向上的形状较复杂或有较多圆而其他方向上的形状较简单或无圆时,采用斜二等轴测图作图就显得异常方便。而对于在三个方向上均有圆或圆弧的物体,采用正等轴测图作图较为适宜。

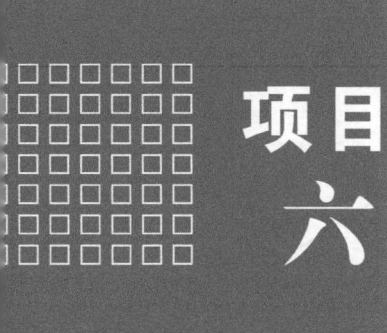

项目
六

机件常用的表达方法

在生产实际中，当机件的形状、结构比较复杂时，如果仍采用两视图或三视图来表达，则难以把机件的内外形状和结构准确、完整、清晰地表达出来。为了满足这些要求，国家标准《技术制图》《机械制图》中的"图样画法"规定了各种画法——视图、剖视图、断面图、局部放大图以及其他规定画法和简化画法。本项目着重介绍一些常用的表达方法。

任务一 视 图

【任务目标】

（1）熟悉视图的基本概念。

（2）掌握视图的表达形式、应用和画法。

【任务要求】

能 力 目 标	知 识 要 点	相 关 知 识
了解相关知识	（1）基本视图 （2）向视图 （3）斜视图 （4）局部视图	（1）基本视图的概念及画法 （2）向视图的概念及画法 （3）斜视图的概念及画法 （4）局部视图的概念及画法
熟练掌握知识点	视图	视图的种类和应用

（一）基本视图

对于形状比较复杂的机件，当用两个或三个视图尚不能完整、清楚地表达其内外形状和结构时，可根据国标规定，在原有三个投影面的基础上，再增设三个投影面，组成一个正六面体，这六个投影面称为基本投影面。机件按正投影法向基本投影面投射所得到的视图，称为基本视图。这样，除了前面已介绍的主视图、俯视图、左视图三个视图外，还有后视图——从后向前投影、仰视图——从下向上投影、右视图——从右向左投影。六个基本投影面及其展开如图 6-1 所示，即正面不动，其余投影面展开后与正面共面。展开后基本视图的配置关系如图 6-2 所示。在同一张图纸内按图 6-2 所示配置视图时，一律不标注视图的名称。

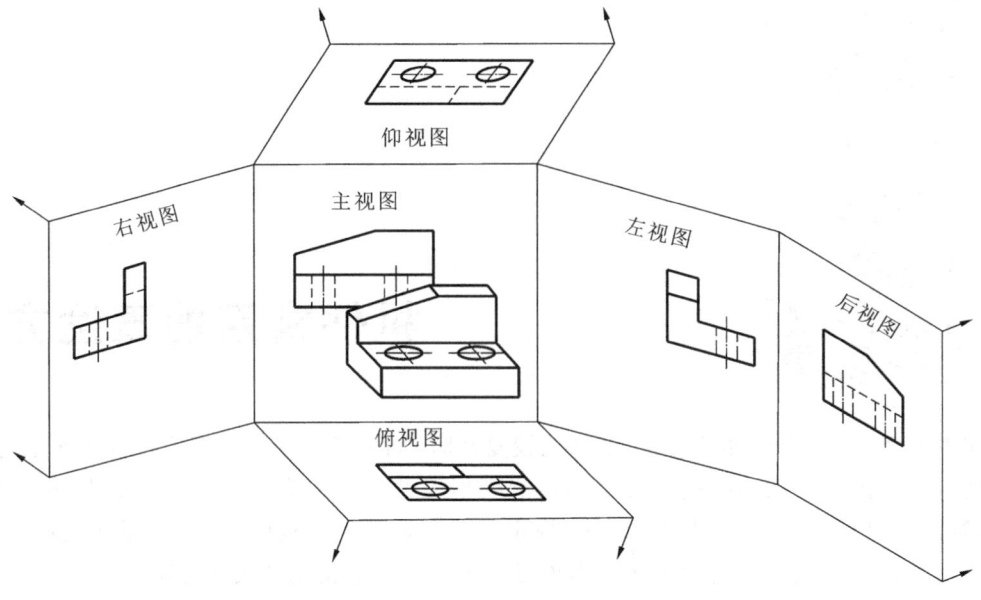

图 6-1　基本投影面及其展开

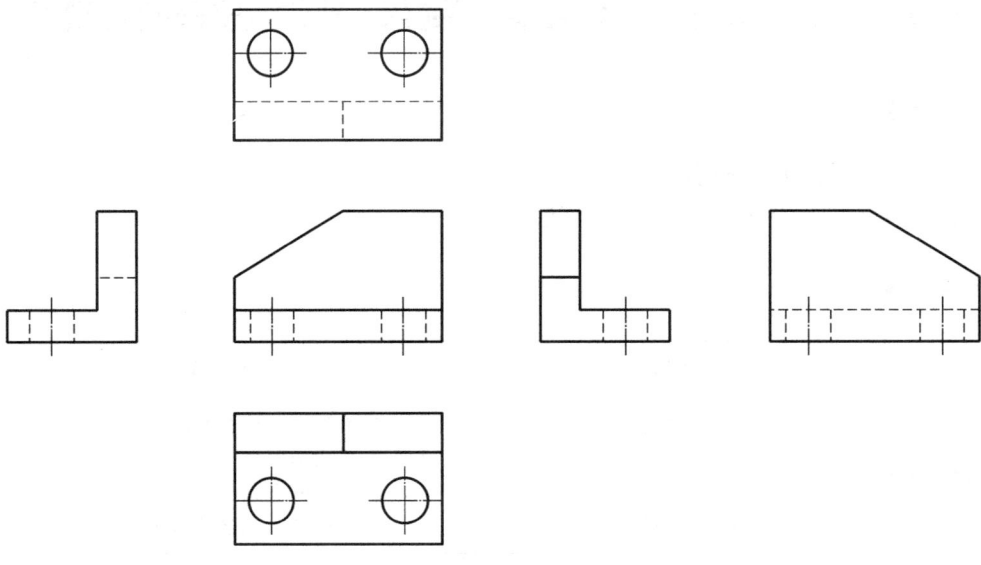

图 6-2　基本视图的配置

六个基本视图同三视图一样,保持对应的投影关系,仍然符合"长对正、高平齐、宽相等"的投影规律。如图 6-2 中,可以看出每个视图的轮廓形状,左视图和右视图左右大致对称,俯视图和仰视图上下大致对称,主视图和后视图也是左右大致对称。还可以看出机件前后、左右、上下的方位关系。

绘图时应根据零件的形状和结构特点,选用必要的几个基本视图。图 6-3 所示是一个阀体的几个基本视图和轴测图。按自然位置安放这个阀体,选定能够全面反映阀体各部分主要形状特征和相对位置的视图作为主视图。如果用主、俯、左三个视图表达这个阀体,则由于阀体左右两侧的形状不同,左视图中将出现很多虚线,影响图形的清晰程度并增加尺寸标注的困难。如在表达时再增加一个右视图,就能完整和清晰地表达这个阀体。表达机件时基本视图的选择是根据需要来确定的,并不是任何机件都需用六个基本视图来表达。

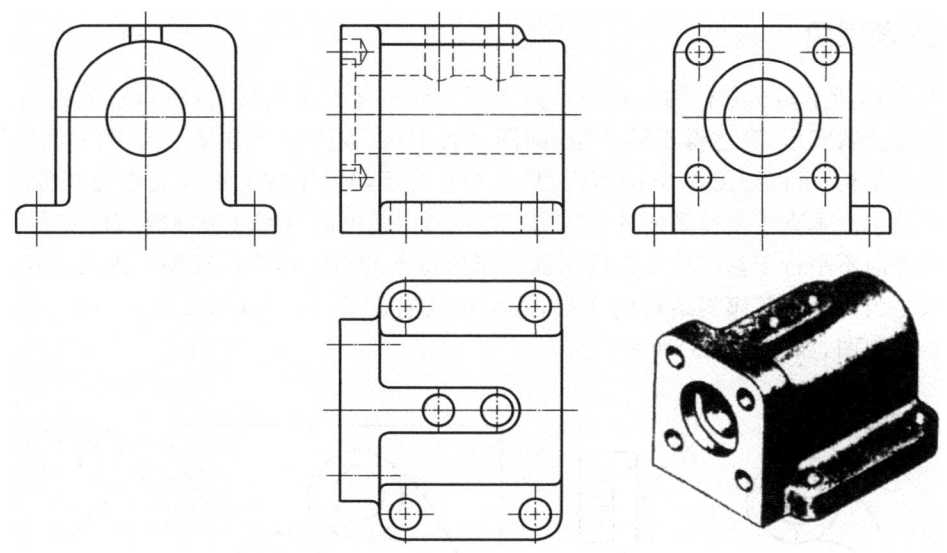

图 6-3　阀体的几个基本视图和轴测图

国标规定：绘制技术图样时，应首先考虑看图方便，还应根据机件的结构特点，选用适当的表示方法。在完整、清晰地表示机件形状和结构的前提下，力求制图简便。视图一般只画机件的可见部分，必要时才画出其不可见部分。因此，在图 6-3 中采用四个视图，并在主视图中用虚线画出了阀体的内腔结构以及各个孔的不可见投影。由于将这四个视图对照起来阅读，已能清晰、完整地表达出阀体的结构和形状，所以在其他三个视图中的不可见投影应省略，不再画出虚线。

（二）向视图

在实际制图时，考虑到各视图在图纸中的合理布局问题，如不能按图 6-2 所示配置视图或各视图不画在同一张图纸上时，应在视图的上方标出视图的名称"×"（这里"×"为大写拉丁字母），并在相应的视图附近用箭头指明投射方向，并注上同样的字母，这种视图称为向视图。向视图是可以自由配置的视图，如图 6-4 所示。

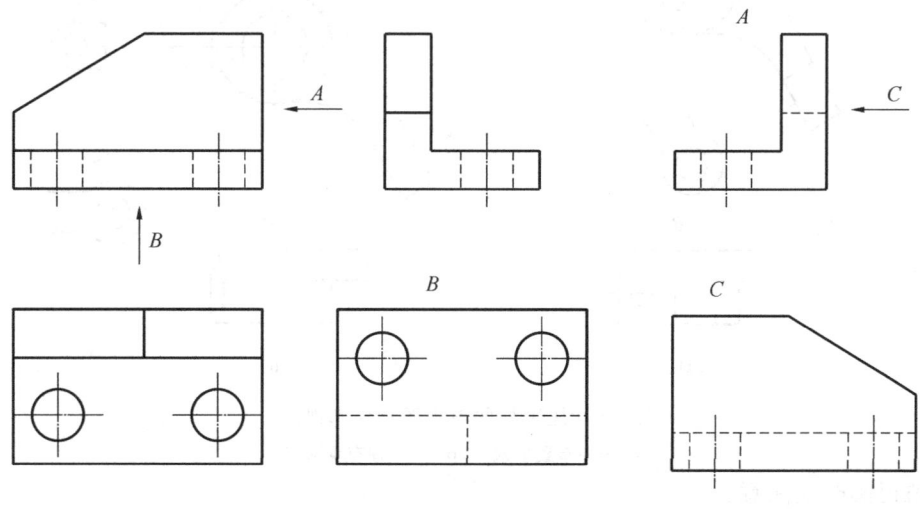

图 6-4　向视图

（三）斜视图

图 6-5(a)所示是压紧杆的三视图。由于压紧杆的耳板是倾斜的，所以它的俯视图和左视图都不能反映实形，表达得不够清楚，画图又较困难，读图也不方便。为了清晰地表达压紧杆的倾斜结构，可以如图 6-5(b)所示，加一个平行于倾斜结构的正垂面作为新投影面，然后将倾斜结构沿垂直于新投影面的箭头 A 方向投射，就可以得到反映倾斜结构实形的投影。这种将机件向不平行于基本投影面的平面投影所得到的视图称为斜视图。因为画压紧杆的斜视图只是为了表达其倾斜结构的实形，故画出其实形后，就可以用波浪线断开，不必画出其余部分的视图，如图 6-6(a)所示。

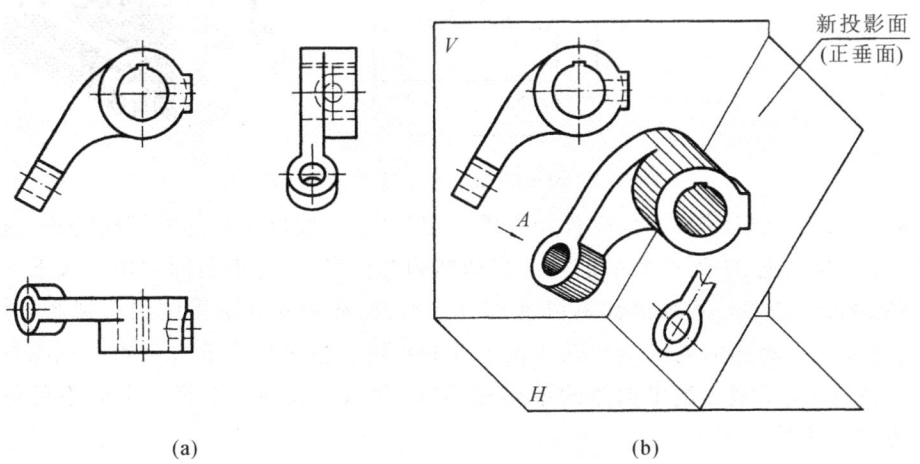

(a)   (b)

图 6-5　压紧杆的三视图及斜视图的形成

（a）三视图　（b）倾斜结构斜视图的形成

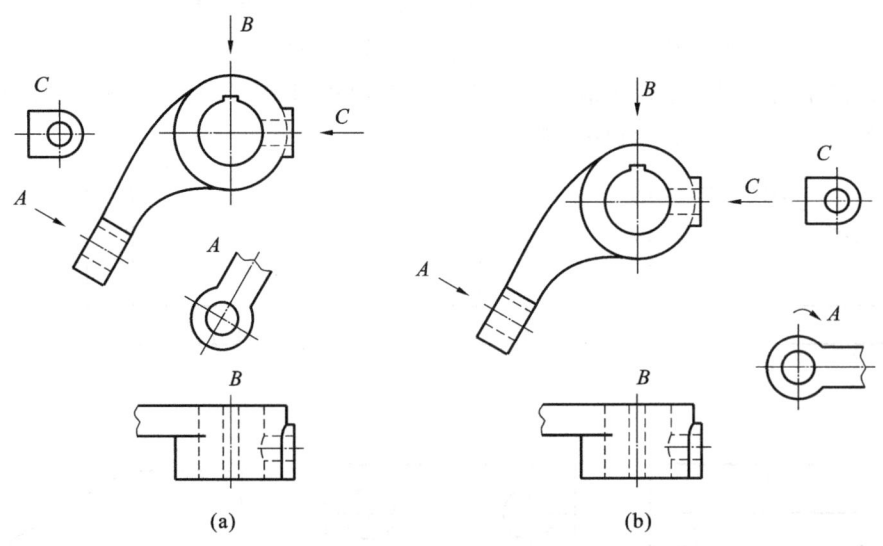

(a)   (b)

图 6-6　压紧杆的斜视图和局部视图

（a）一种布置形式　（b）另一种布置形式

画斜视图时应注意：

（1）必须在视图的上方标出视图的名称"×"，在相应的视图附近用箭头指明投射方向，

并标注同样的名称"×",如图 6-6(a)中的"A";

(2)斜视图一般按投影关系配置,如图 6-6(a)所示,必要时也可配置在其他适当的位置,如图 6-6(b)所示;

(3)在不致引起误解时,允许将斜视图旋转配置,标注形式为"×⌒",表示该斜视图名称的大写拉丁字母应靠近旋转符号的箭头端,如图 6-6(b)所示;

(4)当已画出需要表达的倾斜结构实形的斜视图后,通常就用波浪线断开,不画其他视图中已表达清楚的部分,如图 6-6 所示。

(四)局部视图

将机件的某一部分向基本投影面投射所得到的视图称为局部视图。画局部视图时应注意:

(1)画局部视图时可按向视图的配置形式配置并标注。一般在局部视图上方标出视图的名称"×",在相应的视图附近用箭头指明投影方向,并标注同样的名称,如图 6-6(a)所示。当局部视图按基本视图的配置形式配置,中间又没有其他视图隔开时,可以省略标注,如图 6-6(a)中的 C 局部视图和图 6-6(b)中的 B 局部视图均可省略标注。

(2)局部视图的断裂边界应以细波浪线来表示,如图 6-6 所示。当所表示的局部结构是完整的且外轮廓又形成封闭时,细波浪线可省略不画,如图 6-6 中的 C 局部视图。

任务二 剖 视 图

【任务目标】

掌握剖视图的基本概念,剖视图的分类,剖视图的表示方法、画法和应用场合。

【任务要求】

能 力 目 标	知 识 要 点	相 关 知 识
了解相关知识	剖视图	剖视图的概念和画法
熟练掌握知识点	剖视图	剖视图的种类和应用

(一)剖视图的概念和基本画法

当机件的内部结构较复杂时,用视图表达就会出现许多虚线,影响图形清晰度,不便于标注尺寸,也给看图带来困难。为了将机件的内部结构表达清楚,同时又为了避免出现过多的虚线,可采用剖视图的方法来表达。

如图 6-7 所示,用假想的剖切面剖开机件,将处在观察者和剖切面之间的部分移去,而将余下的部分向投影面投射所得到的视图称为剖视图,简称剖视。剖切机件的假想平面或曲面称为剖切面,剖切面与机件的接触部分称为剖面区域。

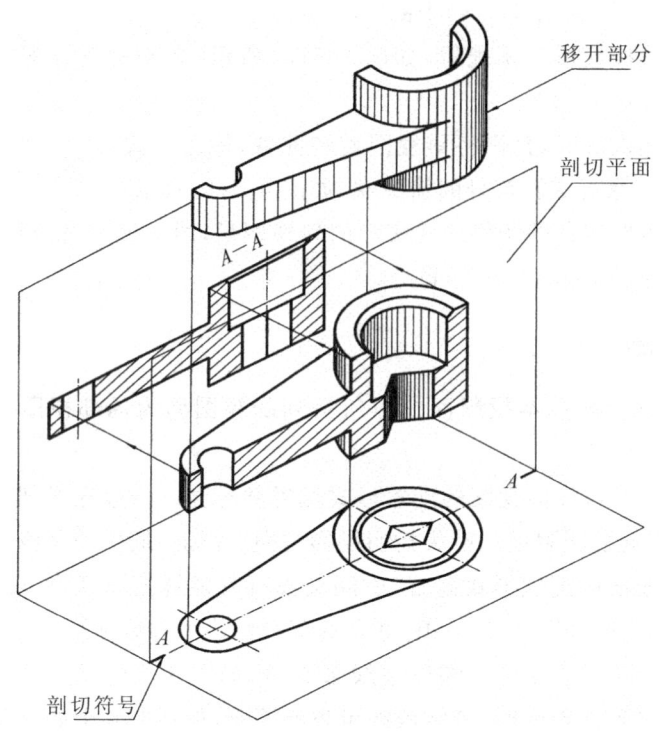

图 6-7　剖视图的概念

下面以连杆为例,说明画剖视图的步骤。

(1)确定剖切面的位置。如图 6-8 所示,剖切面应通过所需表达的内部结构(如孔、槽等)的对称面或轴线,并且平行于基本投影面。

(2)画剖视图。将机件剖开是假想的,并不是真正把机件切掉一部分,因此除了剖视图之外,其余视图应按完整机件画出。剖切后留在剖切面之后的部分,应全部向投影面投射。只要是看得见的线、面的投影都应画出,如图 6-8 所示。应特别注意空腔中线、面的投影。剖视图中,凡是已表达清楚的结构,虚线应省略不画。

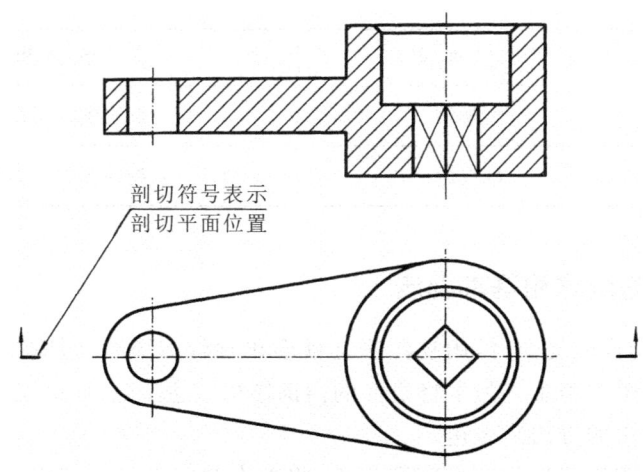

图 6-8　剖视图的画法

(3)画剖面符号。当不需在剖面区域中表示被剖机件材料类别时,可采用通用剖面线表示。通用剖面线应以适当角度的细实线绘制,最好与主要轮廓线或剖面区域的对称线成45°角,如图 6-9 所示。若需在剖面区域中表示被剖机件材料类别,应采用国标规定的剖面符号,常见材料的剖面符号如表 6-1 所示。同一机件的各剖视图和断面图中,剖面线倾斜的方向、角度应一致,间隔要相同。

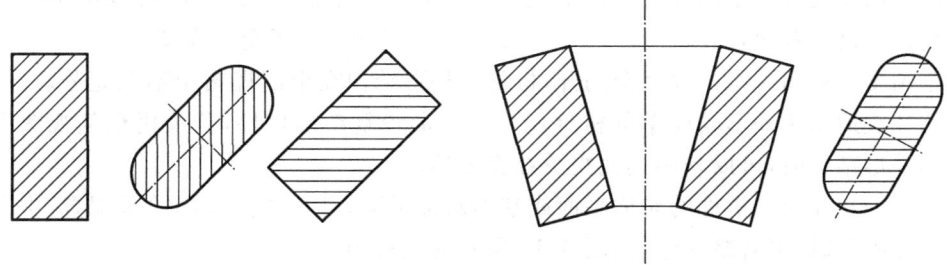

图 6-9　通用剖面线的画法

表 6-1　常见材料的剖面符号

材料	剖面符号	材料	剖面符号	材料	剖面符号
金属材料(已有规定符号者除外)		转子、电枢和变压器等的叠钢片		混凝土	
非金属材料(已有规定符号者除外)		型砂、填砂、粉末冶金、陶瓷刀片、硬质合金刀片等		钢筋混凝土	
线圈绕组元件		砖		基础周围的泥土	
玻璃及其他透明材料		木质胶合板		格网	

注:① 剖面符号仅表示材料的类别,材料的代号和名称必须另行注明。
　　② 叠钢片的剖面线方向,应与束装中叠钢片的方向一致。

　　(4) 剖视图的标注。画剖切符号、投影方向,并标注字母和剖视图的名称,标注的内容包括两方面。

　　① 剖切符号是用于指示剖切面起、迄和转折位置(用线宽为 1~1.5b 的粗短线表示)及投射方向(用箭头表示)的符号。如图 6-10 所示,注有字母"A"的两段粗实线及两端箭头,即为剖切符号。左视图是将物体从"A"处剖开后画出的剖视图。

　　② 剖视图的名称。在剖切符号起、迄和转折处注上相同的大写字母,在相应剖视图上方采用相同的大写字母,注成"×—×"形式,以表示该剖视图的名称,如图 6-10 中的"A—A"和"B—B"。

（二）剖视图的种类

按照机件被剖开的范围来分,剖视图可分为全剖视图、半剖视图和局部剖视图三种。

1.全剖视图

用剖切面将机件完全剖开所得到的视图,称为全剖视图。全剖视图可以由单一剖切面或几种剖切面剖切获得,图 6-8、图 6-10 中出现的剖视图都属于全剖视图。

由于画全剖视图时将机件完全剖开,机件的外形结构在全剖视图中不能充分表达,因此全剖视图一般适用于外形较简单的机件。对于外形较复杂的机件,若采用全剖视图尚未表达清楚其外形结构时,可以采用其他视图补充表达。

当单一剖切面通过机件的对称平面或基本对称平面,且视图按投影关系配置,中间又没有其他图形隔开时,可省略标注,如图 6-10 所示的主视图。

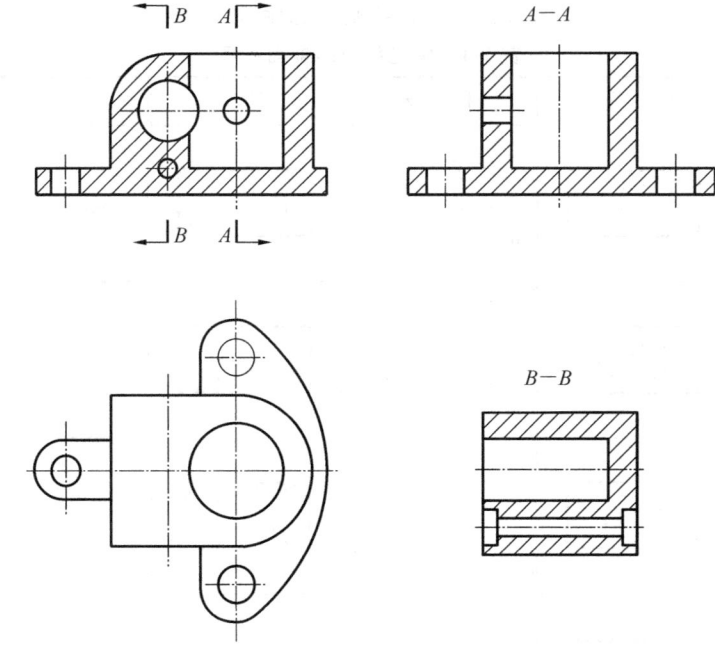

图 6-10 全剖视图的标注

2.半剖视图

当机件具有对称面时,向垂直于对称平面的投影面上投影所得的图形,以对称中心线为界,一半画成剖视图,另一半画成视图,这种视图称为半剖视图。半剖视图既表达了机件的外形,又表达了其内部结构,它适用于内外形状都需要表达的对称机件。

图 6-11 所示的机件,左右对称,前后对称,因此其主视图和俯视图都可以画成半剖视图。

画半剖视图时必须注意以下几点。

（1）只有当机件对称时,才能在与对称面垂直的投影面上作半剖视图。但当机件基本对称,且其不对称的部分已在其他视图中表达清楚,这时也可以画成半剖视图。如图 6-12 所示,机件除顶部凸台外,其左右是对称的,而凸台的形状在俯视图中已表示清楚,所以主视图仍可画成半剖视图。

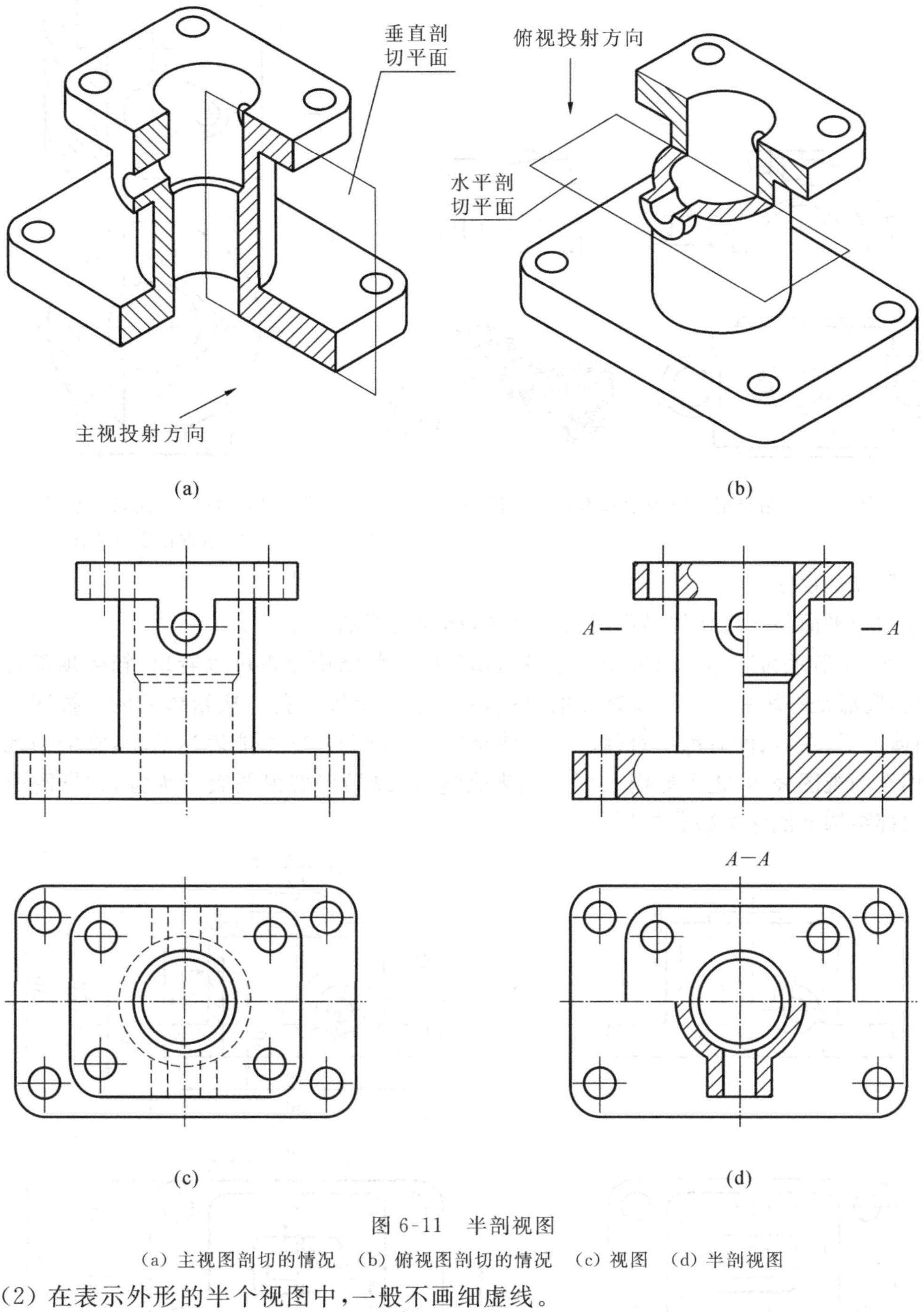

垂直剖切平面

俯视投射方向

水平剖切平面

主视投射方向

(a)

(b)

$A-$ $-A$

$A-A$

(c)

(d)

图 6-11 半剖视图
(a) 主视图剖切的情况 (b) 俯视图剖切的情况 (c) 视图 (d) 半剖视图

(2) 在表示外形的半个视图中，一般不画细虚线。

(3) 半个剖视图和半个视图必须以对称中心线分界，并用细点画线绘制。如果机件的轮廓线恰好与细点画线重合，则不能采用半剖视图。此时应采用局部剖视图，如图 6-13 所示。

半剖视图的标注，仍应遵循剖视图的标注规则。当剖切平面与机件对称面重合，且视图按投影关系配置，中间又没有其他图形隔开时，可以不标注剖切符号和剖视图的名称。

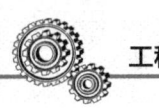

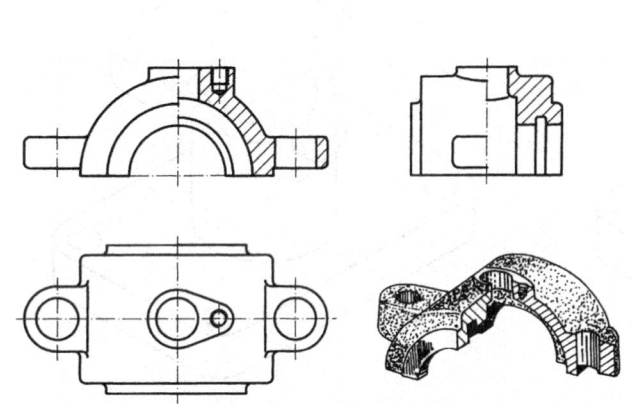

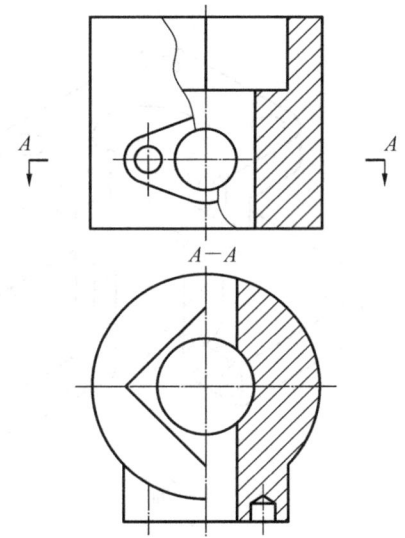

图 6-12　用半剖视图表示基本对称的机件

图 6-13　内轮廓线与中心线重合，
　　　　　不宜作半剖视图

3. 局部剖视图

用剖切平面剖开机件的局部所得的视图，称为局部剖视图。

图 6-14 所示为箱体的两视图。通过对箱体的形状结构分析可以看出：箱体顶部有一个矩形孔，底部是一块具有四个安装孔的底板，左下有一个轴承孔。从箱体的两个视图可以看出：箱体上下、左右、前后都不对称。为了使箱体的内部和外部都能表达清楚，它的两视图既不宜用全剖视图表达，也不能用半剖视图来表达，而以局部剖视图表达为宜，这样既能清楚表达内部结构又能保留部分外形。

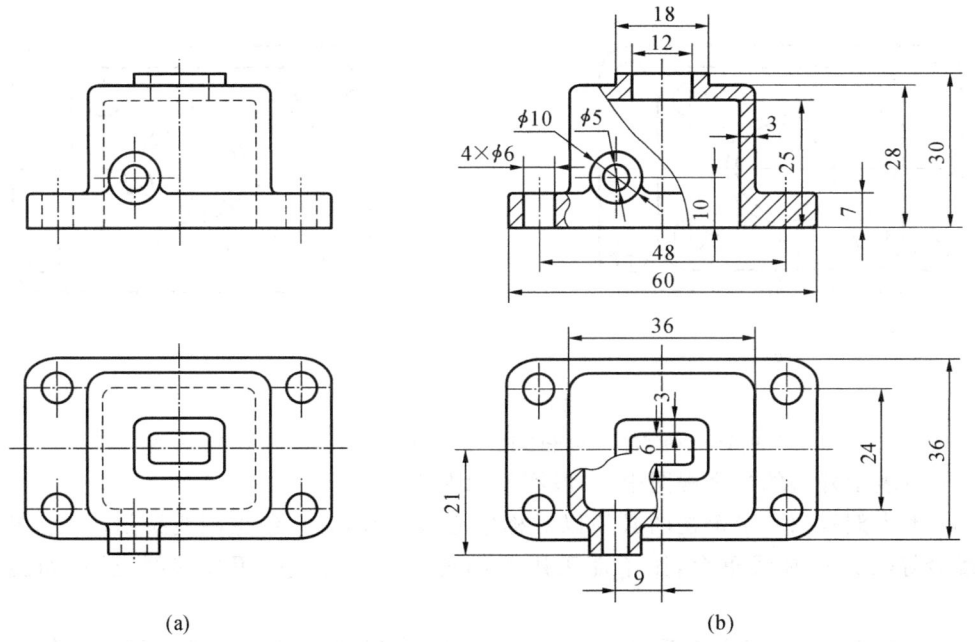

(a)　　　　　　　　　　　　　　　(b)

图 6-14　局部剖视图的画法示例

（a）箱体的两视图　（b）箱体的局部视图

画局部剖视图时必须注意以下几点。

（1）局部剖视图中，可用细波浪线作为剖开部分和未剖部分的分界线。画波浪线时，不应与其他图线重合。若遇孔、槽等空洞结构，不应使波浪线穿空而过，也不允许画到轮廓线之外，应画在机件的实体上，不可画在机件的中空处。

（2）当被剖切的结构为回转体时，允许将该结构的中心线作为局部剖视图与视图的分界线，如图6-15所示。

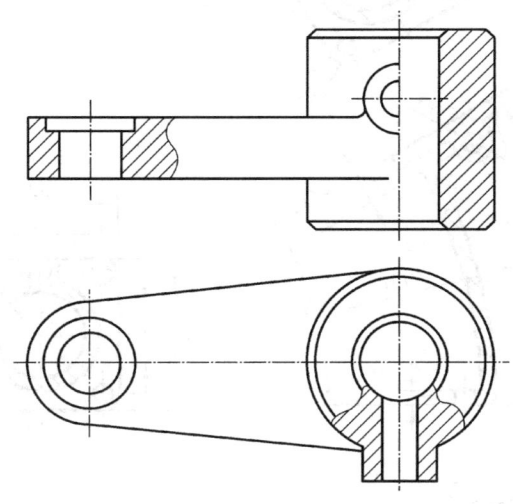

图6-15 中心线作为局部剖视图与视图的分界线

（3）局部剖视图是一种比较灵活的表达方法，但在同一个视图中，局部剖视图的数量不宜过多，以免使图形过于破碎。

（4）局部剖视图的标注，应遵循剖视图的标注规则，在不致引起看图误解时，也可省略。

（三）剖切面和剖切方法

由于机件结构千差万别，因此画剖视图时，应根据具体机件的结构特点，选用不同的剖切面，以使机件的内部形状得到充分表达。

1. 单一剖切面

仅用一个剖切平面剖开机件，这种剖切方式应用较多。

（1）用平行于某一基本投影面的平面剖切。图6-8至图6-15中的剖视图，都是采用平行于基本投影面的单一剖切平面剖开机件后得到的，是最常用的剖视图。

（2）用垂直于某一基本投影面的平面剖切。采用垂直于（不平行）基本投影面的剖切平面剖开机件的方法称为斜剖，所得剖视图称为斜剖视图。如图6-16中的"A—A"剖视图表达了弯管及其顶部凸线、凸台和通孔。

采用斜剖画剖视图时，剖视图可按投影关系配置在与剖切符号相对应的位置，也可配置在图纸的适当位置，在不致引起误解时，还允许旋转，但旋转后的标注形式应为"⌒×—×"或"×—×⌒"，如图6-16中的"A—A⌒"剖视图。

2. 几个剖切面

1）用交线垂直于某一投影面的两个相交剖切平面剖切

用两个相交的剖切平面（交线垂直于某一基本投影面）剖开机件的方法称为旋转剖，如图6-17所示。

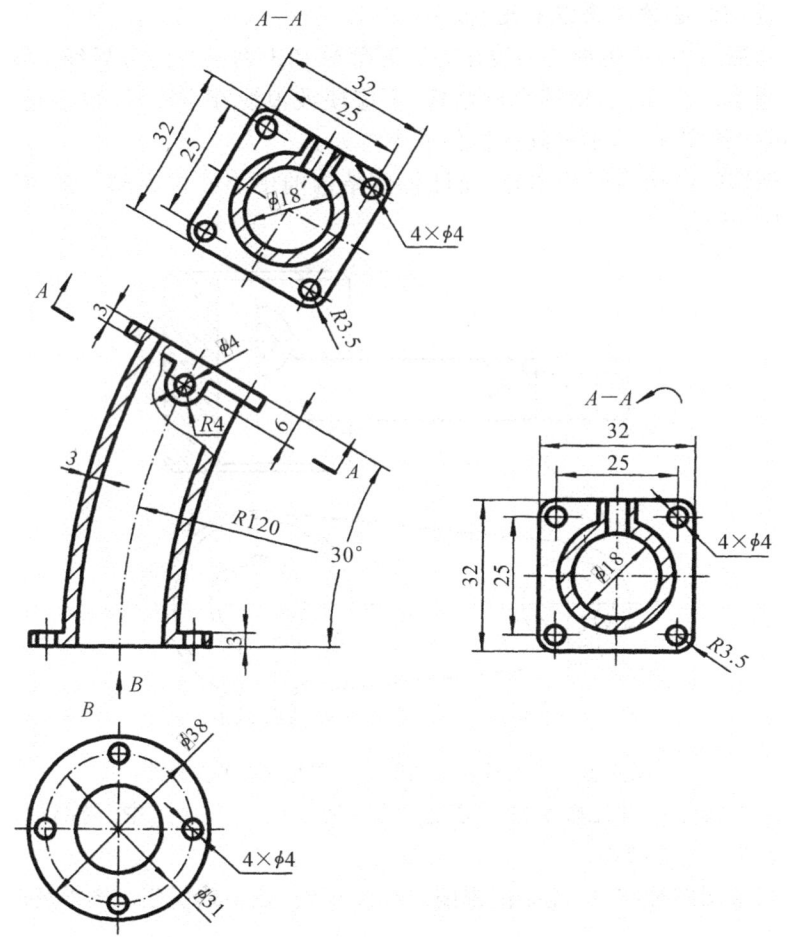

图 6-16　弯管的剖视图

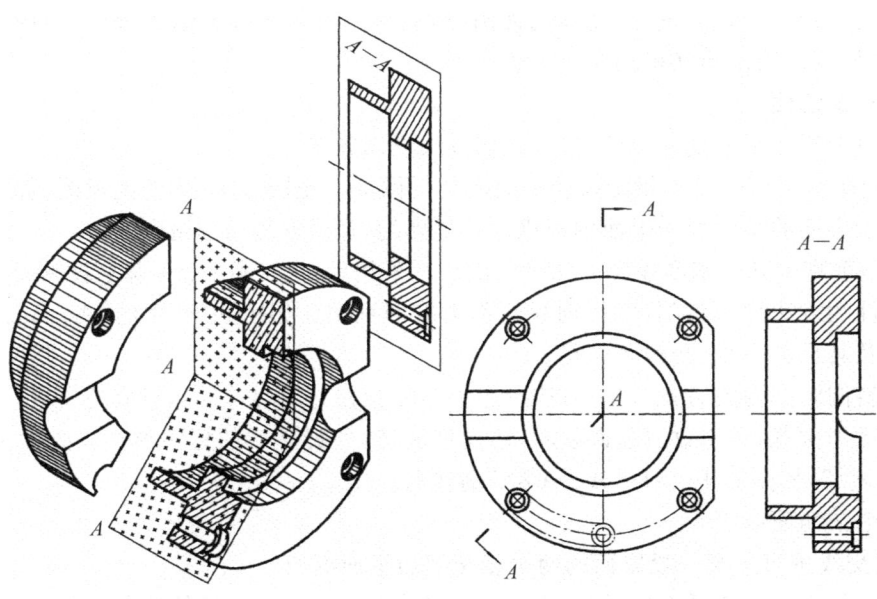

图 6-17　两相交的剖切面(一)

　　画此类剖视图时,应将被剖切平面剖开的结构及其有关部分旋转到与选定的投影面平行的位置,再进行投影。图 6-17 所示的摇臂就是将下方倾斜截断面及被剖开的小圆孔都旋转到与侧平面平行再投影。显然,由于被剖开的小圆孔是经过旋转后再投影,因此,主、左视图中,小圆孔的投影不再保持原位置"高平齐"的关系。图 6-18 中的摇臂采用这种剖视后,左边倾斜悬臂的真实长度,以及孔的结构,在剖视图中均能反映实形。

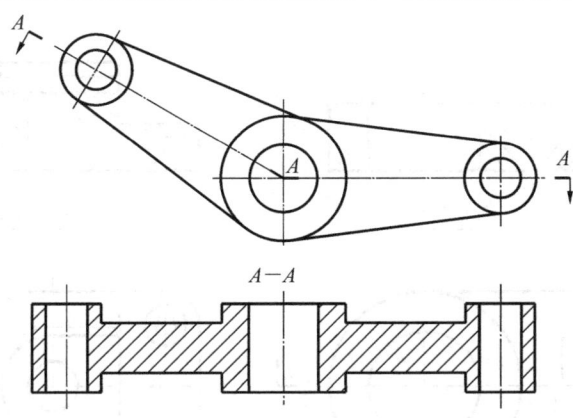

图 6-18　两相交的剖切面(二)

　　应注意的是:凡是没有被剖切平面剖到的结构,应按原来位置画出投影。

　　2) 用几个平行的剖切平面剖切

　　用几个平行的剖切平面剖开机件的方法称为阶梯剖。当机件上具有几种不同的结构要素(如孔、槽等),而且它们的中心线排列在相互平行的平面上时,宜采用几个平行的剖切平面剖切。如图 6-19 所示的机件中,U 形槽和带凸台的孔是平行排列的,若用单一剖切面,则不能将孔、槽同时剖到。图中采用两个平行的剖切平面,分别把槽和孔剖开,再向投影面投影,这样就很简练地清楚表达了这两部分的结构。

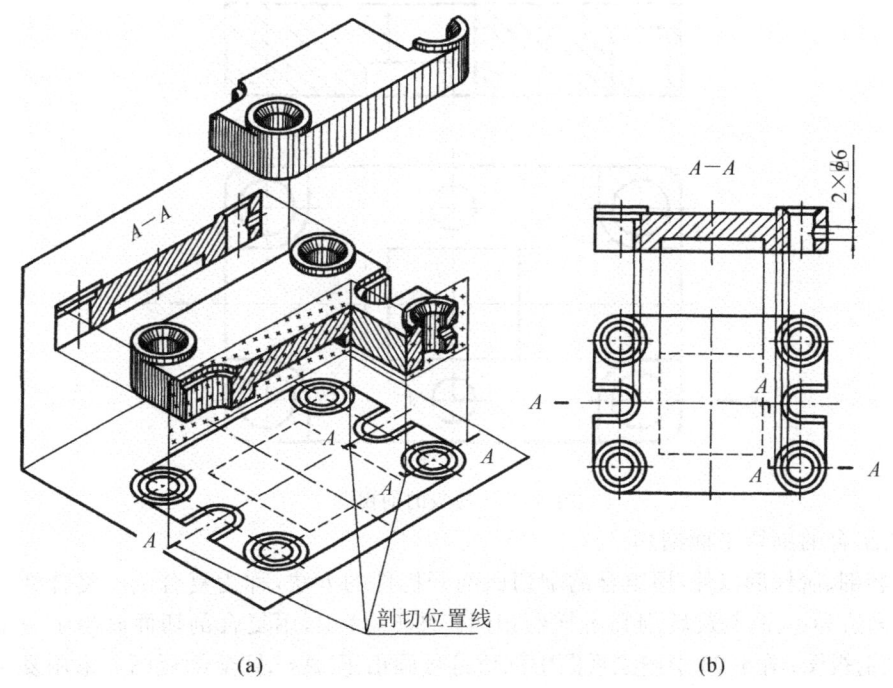

剖切位置线

(a)　　　　　　　　　　　　　　(b)

图 6-19　两平行的剖切面

画此类剖视图时,应注意下述几点。

(1) 剖视图上不允许画出剖切平面转折处的分界面的投影,如图 6-20(a)所示。

(2) 不应出现不完整的结构要素,如图 6-20(b)所示。只有当不同的孔、槽在剖视图中具有共同的对称中心线或轴线时,才允许剖切平面在孔、槽中心线或轴线处转折,如图 6-21所示。不同的孔、槽各画一半,二者以共同的中心线分界。

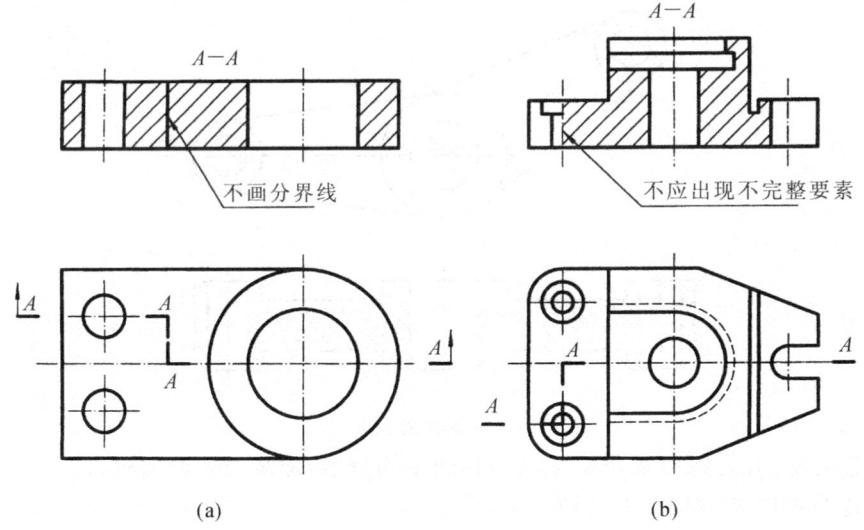

图 6-20　几个平行剖切面作图时的常见错误

(3) 剖切符号的标注方法如图 6-20、图 6-21 所示。但要注意:剖切符号的转折处不允许与图上的轮廓线重合;转折处如因位置有限,且不致引起误解时,可以不注写字母。

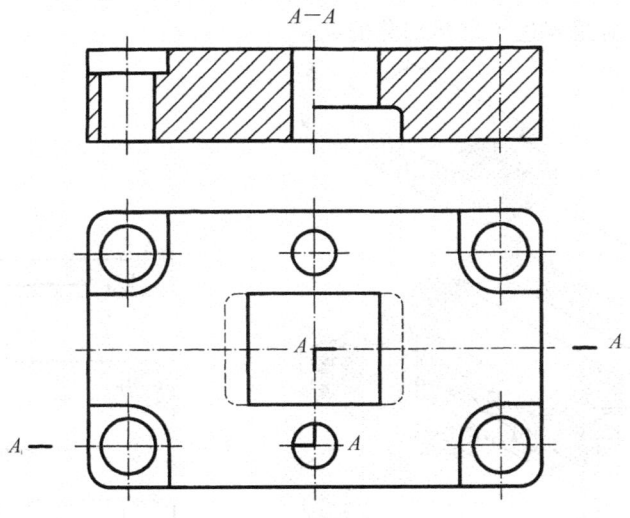

图 6-21　模板的剖视图

　3) 用组合的剖切平面剖切

　　除旋转剖、阶梯剖以外,用组合的剖切面剖开机件的方法,称为复合剖。复合剖切面的剖切符号的画法和标注,与旋转剖和阶梯剖相同。图 6-22 中,用复合剖切面画出了一个连杆的"A—A"全剖视图;图 6-23 中按主视图中剖切符号画出了"A—A"全剖视图。采用复合剖切面作图时通常用展开画法,图名应标注"×—×展开",如图 6-23 中标注的"A—A 展开"。

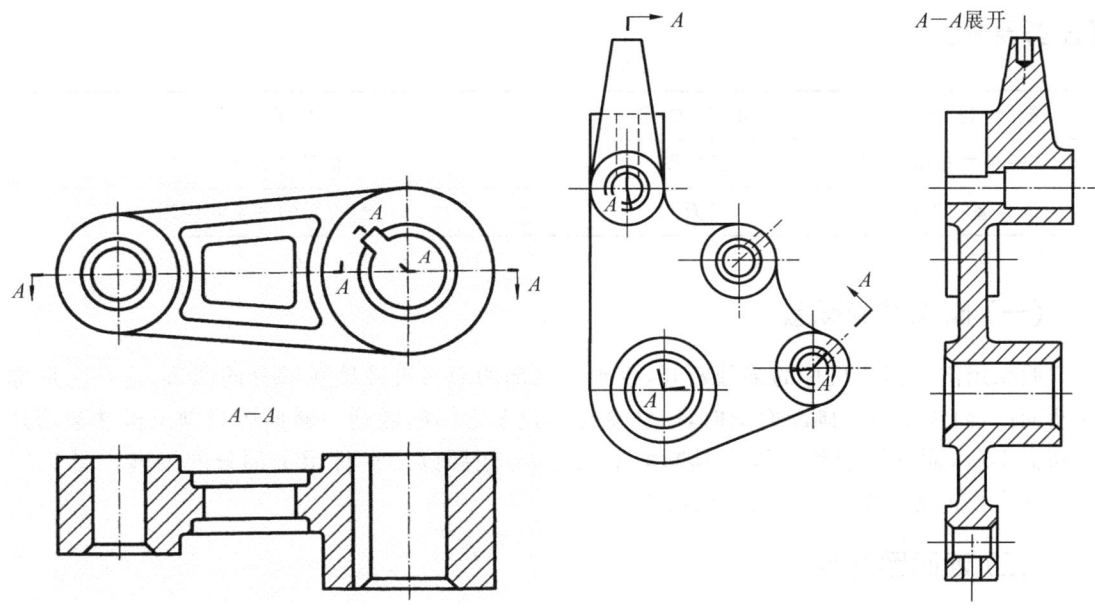

图 6-22　复合剖切面(一)　　　　　　图 6-23　复合剖切面(二)

3. 剖切柱面

一般采用平面剖切机件,也可采用曲面剖切机件。在图 6-22 中所示的复合剖中,在右侧轴孔的轴线之左的正垂剖切面和水平剖切平面的转折处,就是按圆柱面剖切的概念作图的。图 6-24 中的 $A—A$ 剖视图是用平面剖切后得到的,而 $B—B$ 剖视图是用圆柱面剖切后按展开画法画出的。国标规定:采用柱面剖切机件时,剖视图应按展开绘制。

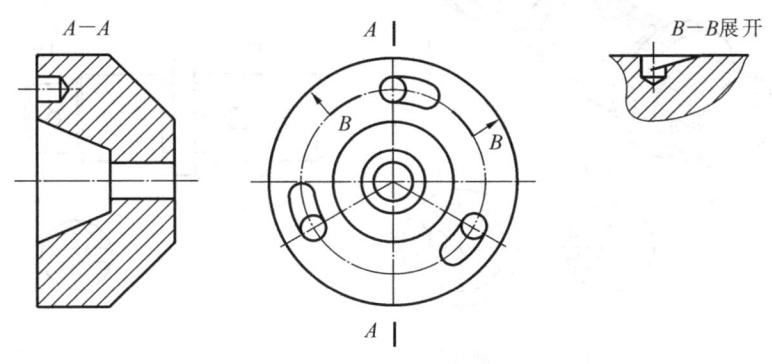

图 6-24　剖切柱面

任务三　断面图

【任务目标】

(1)了解断面图的基本概念。

(2)掌握断面图的种类、画法及应用。

【任务要求】

能 力 目 标	知 识 要 点	相 关 知 识
了解相关知识	断面图	断面图的概念及画法
熟练掌握知识点	断面图	断面图的种类和应用

(一)断面图的概念

假想用剖切面将机件的某处断开,仅画出该剖切面与机件接触部分的图形,这种图形称为断面图,简称断面。画断面图时,应注意与剖视图之间的区别。断面图只画出机件被切处的断面形状,而剖视图除了画出其断面形状之外,还要画出机件留下部分的投影。图6-25(a)表示了剖视图和断面图之间的区别。

(二)断面图的种类

断面图可分为移出断面图和重合断面图。

1.移出断面图

如图6-25所示,画在视图之外的断面图,称为移出断面图。

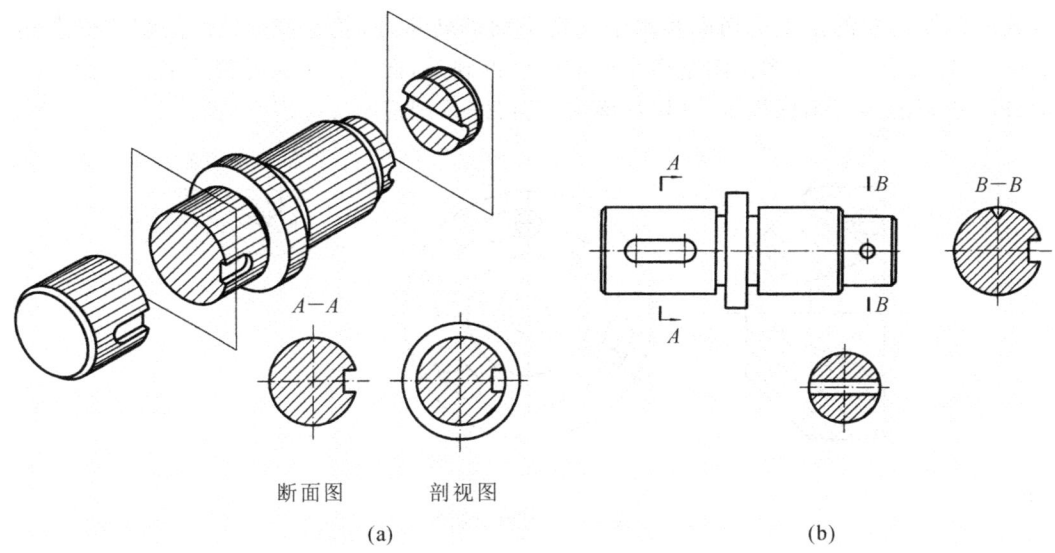

断面图　　　剖视图

(a)　　　　　　　　　　　　　　　(b)

图6-25　轴的断面与剖视的区别

画移出断面图时,应注意以下几点。

(1)移出断面图的轮廓线用粗实线绘制。

(2)为了读图方便,移出断面图尽可能画在剖切平面迹线的延长线上,如图6-25(b)所示。必要时可画在其他适当位置,如图6-26中的$A—A$断面。

(3)当剖切平面通过由回转面形成的孔或凹坑等结构的轴线时,这些结构应按剖视图画出,如图6-26所示。

(4)剖切平面一般应垂直于被剖切部分的主要轮廓线。当遇到如图6-27所示的肋板

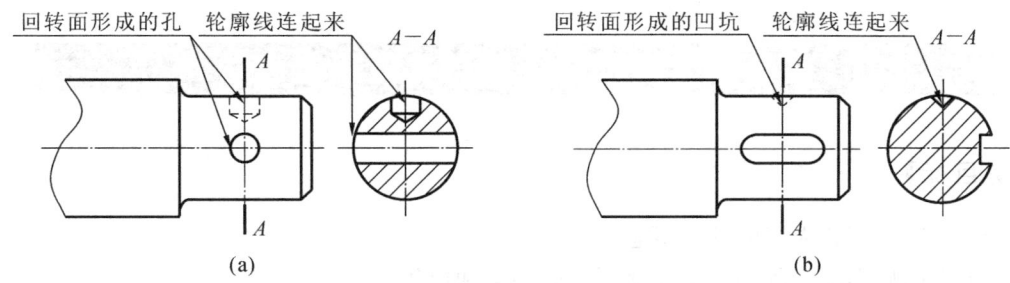

图 6-26　移出断面图的画法

结构时,可用两个相交的剖切平面,分别垂直于左、右肋板进行剖切。这时所画的断面图,中间用波浪线断开。

(5) 断面图形对称时,断面图也可画在视图的中断处,如图 6-28 所示。

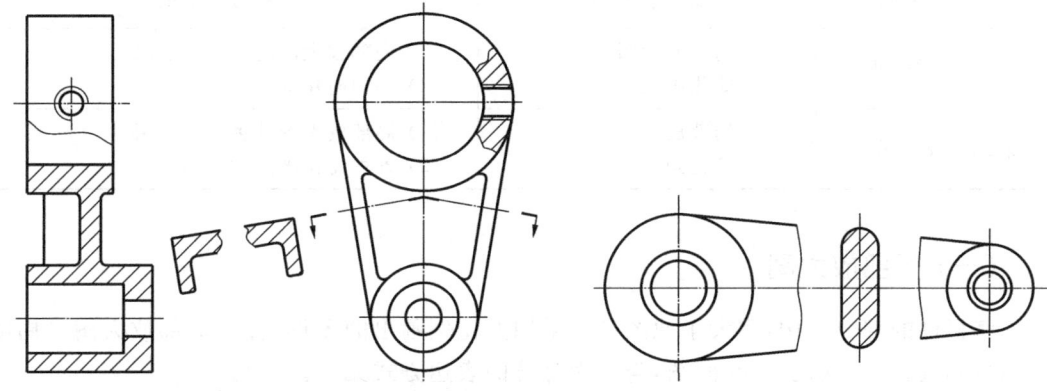

图 6-27　用两个相交且垂直于肋板的平面剖切出的断面图　　　图 6-28　对称零件断面图

(6) 移出断面图的标注应掌握以下要点。

① 当断面画在剖切符号的延长线上时,如果断面是对称图形,可完全省略标注;若断面图形不对称,则须用剖切符号表示剖切位置和投影方向,如图 6-25(b)所示。

② 当断面不是放置在剖切符号的延长线上时,不论断面图形是否对称,都应标注剖切符号,用大写字母标注剖切位置和断面名称,如图 6-26 所示。

2. 重合断面图

剖切后将断面图形按投影关系重叠在视图上,这样得到的断面,称为重合断面。重合断面图是重叠画在视图上的,为了重叠后不影响图形的清晰程度,一般多用于断面形状较简单的情况。

重合断面图的轮廓线规定用细实线绘制。当视图中的轮廓线与重合断面重叠时,视图中的轮廓线仍应连续画出,不可间断,如图 6-29(a)所示。重合断面图若为对称图形,可省略标注,如图 6-29(b)所示。若图形不对称,则应标注剖切符号和投影方向。

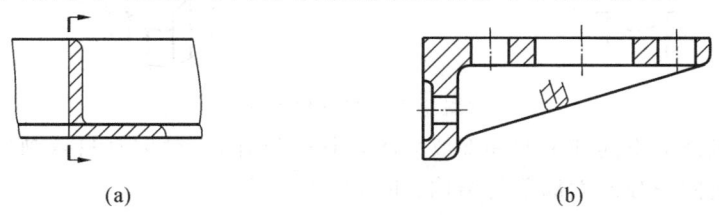

图 6-29　重合断面图的画法与标注

任务四　局部放大图与其他规定画法

【任务目标】

（1）了解局部放大图的基本概念。

（2）掌握局部放大图和其他简化画法的种类和应用。

（3）了解局部放大图和其他简化画法的规定并能够正确识读。

【任务要求】

能力目标	知识要点	相关知识
了解相关知识	（1）局部放大图 （2）简化画法	（1）局部放大图的概念及画法 （2）各种简化画法
熟练掌握知识点	（1）局部放大图 （2）简化画法	（1）局部放大图的种类和应用 （2）各种简化画法的应用

（一）局部放大图

将机件的部分结构，用大于原图形所采用的比例画出的图形，称为局部放大图。局部放大图可画成视图、剖视图、断面图，与放大部分的表达方式无关。

局部放大图应尽量配置在被放大部位的附近。

局部放大图必须标注。其方法是：在视图中需要放大的部位画上细实线圆，然后在局部放大图的上方标注绘图比例。当需要放大的部位不止一处时，应在视图中对这些部位用罗马数字编号，并在局部放大图的上方标注相应编号，如图 6-30 所示。

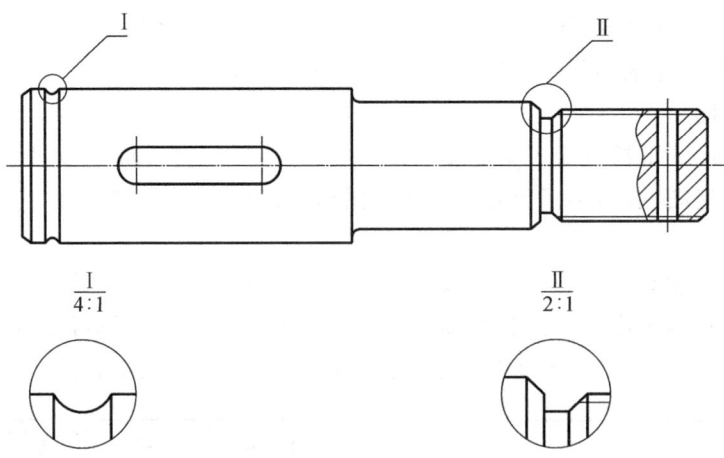

图 6-30　局部放大图

对于同一机件上不同部位的局部放大图，当图形相同或对称时只需画出一个，必要时可用几个图形表达同一被放大部分的结构，如图 6-31 所示。

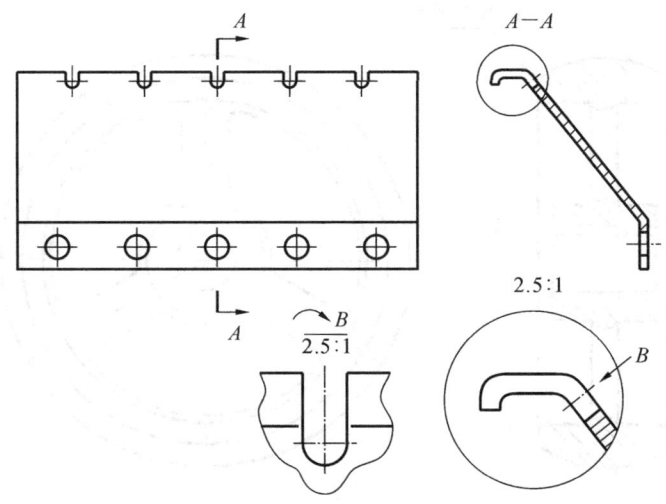

图 6-31 用几个局部放大图表达同一个放大结构

(二)简化画法与其他规定画法

（1）对于机件的肋、轮辐及薄壁等，如按纵向剖切，这些结构都不画剖面符号，而用粗实线将它与邻接部分分开。但剖切平面横向剖切这些结构时，则应画出剖面符号，如图 6-32、图 6-33 所示。当回转体上均匀分布的肋、轮辐、孔等结构不处于剖切平面内时，可将这些结构旋转到剖切平面上画出，如图 6-33、图 6-34、图 6-35 所示。

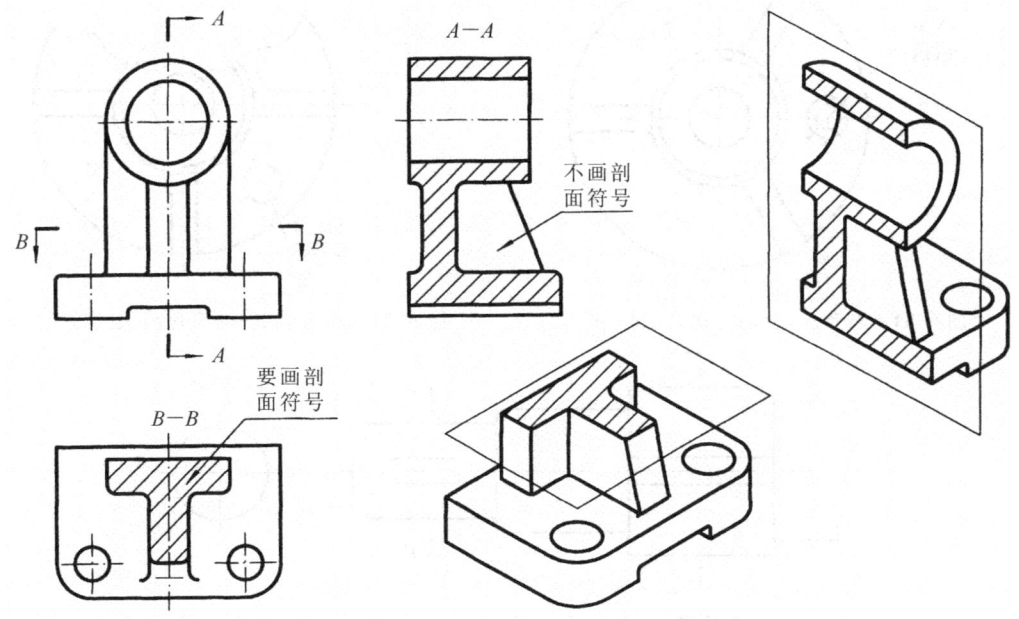

图 6-32 肋的规定画法

（2）在移出断面图中，一般要画出剖面符号。当不致引起误解时，允许省略剖面符号，但剖切位置和断面图的标注必须遵守规定，如图 6-36 所示。

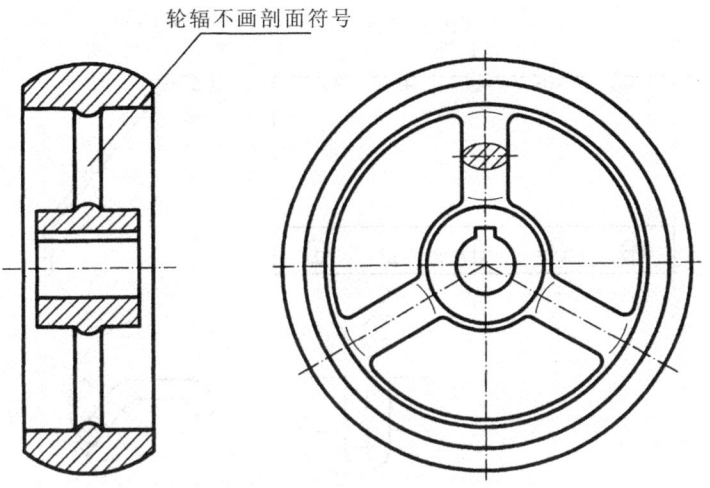

轮辐不画剖面符号

图 6-33 轮辐的规定画法

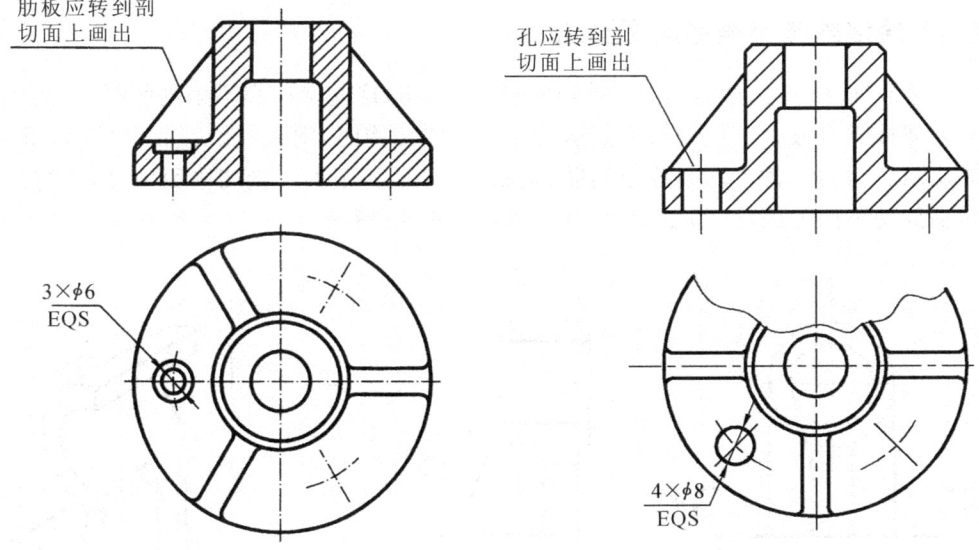

肋板应转到剖切面上画出

孔应转到剖切面上画出

3×φ6
EQS

4×φ8
EQS

图 6-34 均布孔、肋的简化画法(一)　　　图 6-35 均布孔、肋的简化画法(二)

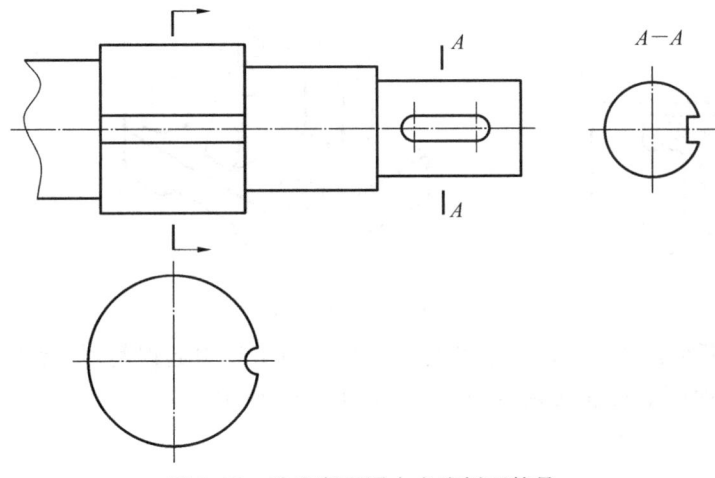

图 6-36 移出断面图中省略剖面符号

（3）当机件上具有多个相同结构要素（如孔、槽、齿等）并且按一定规律分布时，只需画出几个完整的结构，其余用细实线连接，或用细点画线画出它们的中心线，然后在图中注明它们的总数，如图 6-37 所示。

（4）对于厚度均匀的薄片零件，可采用如图 6-37（a）中所注 $t2$ 的形式表示圆片的厚度。这种标注可减少视图个数。

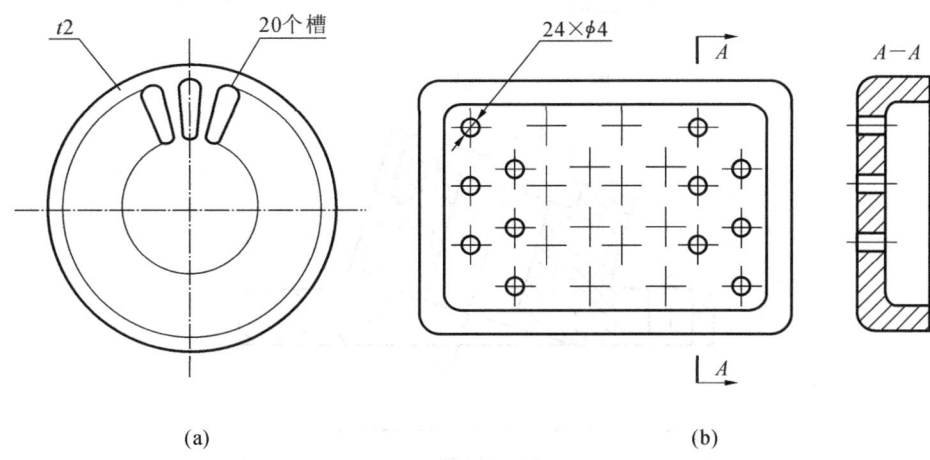

(a)　　　　　　　　　　(b)

图 6-37　相同结构要素的简化画法

（5）较长的机件（如轴、杆、型材、连杆等）沿长度方向的形状一致或按一定规律变化时，可断开后缩短绘制，如图 6-38 所示。这种画法可使细长的机件采用较大的比例画图，同时图面紧凑。机件采用断开画法后，尺寸仍应按机件的实际长度标注。

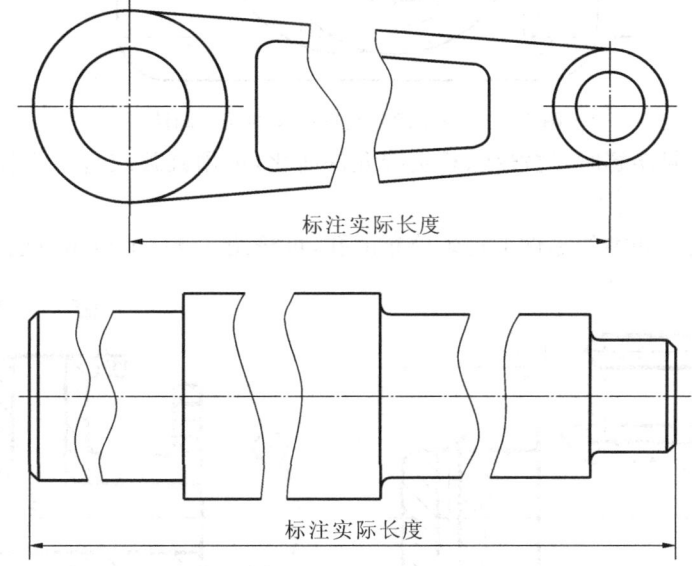

图 6-38　断开画法

（6）为了节省绘图时间和图幅，在不致引起误解时，对称机件的视图可只画一半或四分之一，并在对称中心线的两端画出两条与其垂直的细实线，如图 6-39 所示。

（7）与投影面倾斜角度小于或等于 30° 的圆或圆弧，其投影可用圆或圆弧代替，而不必画出椭圆，如图 6-40 所示。

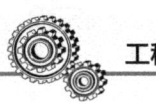
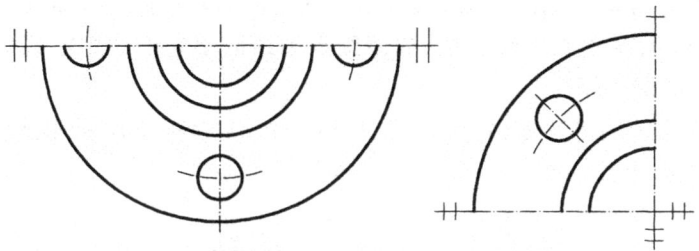

图 6-39 对称图形的画法

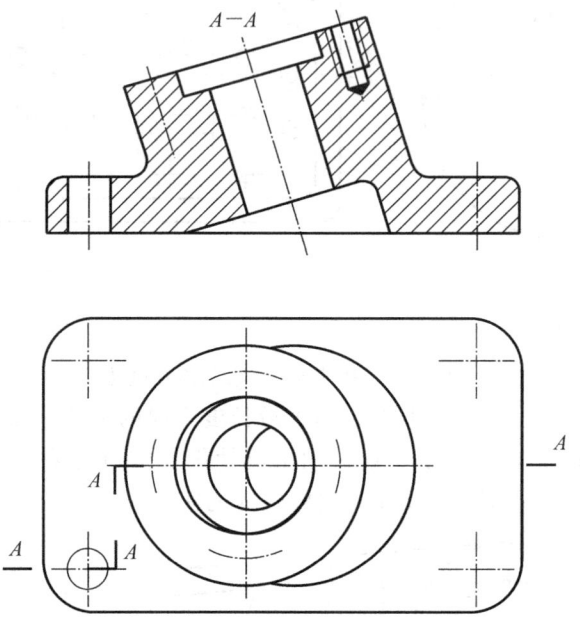

图 6-40 较小倾斜角度的圆的简化画法

（8）在不致引起误解时,过渡线、相贯线允许简化,可用圆弧或直线代替非圆曲线,如图 6-41 所示。

（9）圆柱形法兰和类似零件上均匀分布的孔,可按图 6-41(b)所示方法表示。

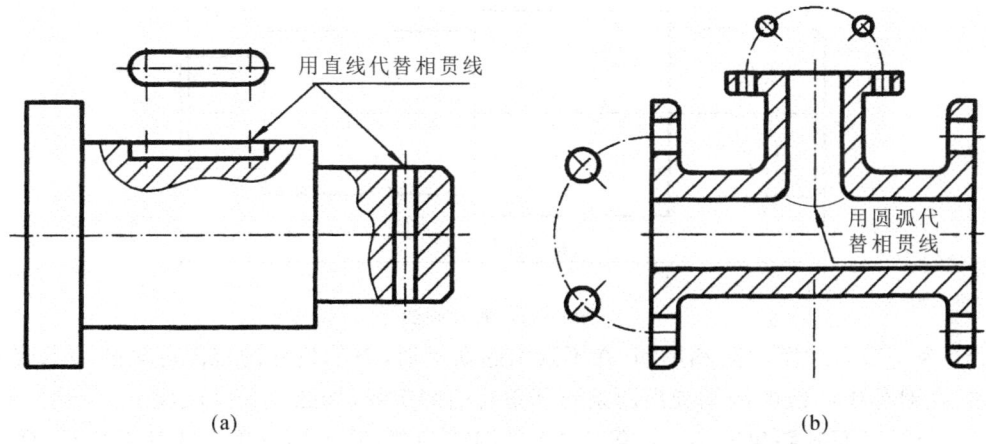

(a)   (b)

图 6-41 相贯线的简化画法

108

（10）当图形不能充分表达平面时，可用平面符号（相交的两细实线）表示，如图 6-42
所示。

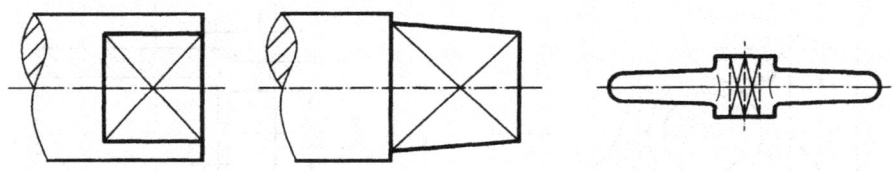

图 6-42 用平面符号表示平面

任务五 综合应用举例

当表达一个机件时，应根据机件具体形状结构，适当选用前面所述的机件常用的表达方
法，画出一组视图，并恰当地标注尺寸，完整、清晰地表达机件的内外形状和结构。

【例 6-1】 根据图 6-43 所示的轴承座模型的三视图，想象出它的形状，并用适当的表达
方法重新画出这个轴承座，调整尺寸的标注。

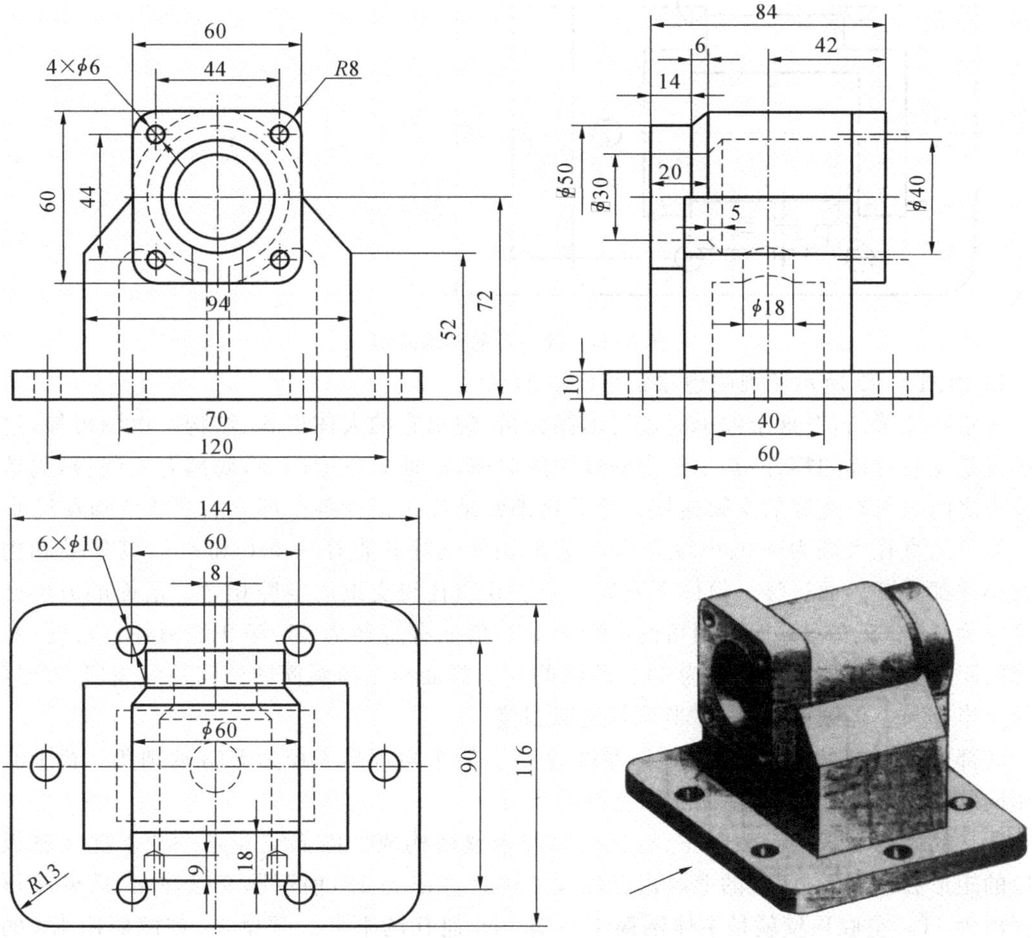

图 6-43 轴承座及其三视图

【解】　按下列步骤解题,重画后的轴承座如图 6-44 所示。

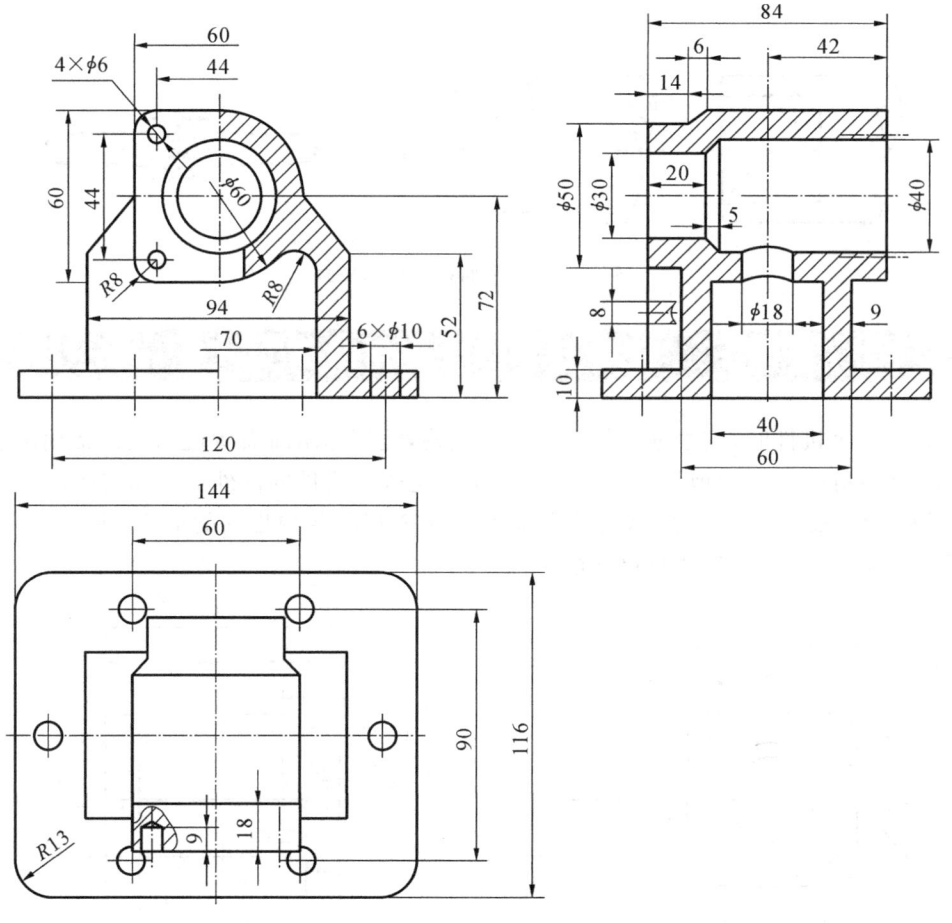

图 6-44　改画后的轴承座图

1) 由图 6-43 所示三视图想象轴承座的形状

先粗略地读图,对这个轴承座进行形体分析,想出它的大体形状、结构。由图可知,这个轴承座是左右对称的零件:其主体为安放轴的筒体,前面有方形凸缘,底部有安装板,筒体与安装板之间由具有空腔的支架连接。然后再细致地逐步读懂各个部分的形状结构及尺寸。

筒体的直径大端为 $\phi60$、小端为 $\phi50$,装配轴的圆柱孔直径为 $\phi40$ 和 $\phi30$,其外壁和内壁的大小端都有圆锥面过渡。筒体下壁有一个 $\phi18$ 通孔与支架的空腔相通。前面的方形凸缘的尺寸为 60×60,厚 18,四个圆角的半径为 $R8$,角上有直径为 $\phi6$、深 9 的圆柱形盲孔,孔的轴线间距在长和高两个方向都为 44。凸缘的四个侧面与主体圆筒的外圆柱面相切。凸缘后面的上半部与主体圆筒相接,下半部与支架相接。

底部安装板的尺寸为 144×116,厚度为 10。四个角都是半径为 $R13$ 的圆角。板上有六个相同的 $\phi10$ 通孔,图中也注明了这些孔的尺寸。

连接筒体与底板的支架由左、右、前、后四个壁面构成。内部空腔是一个下部在底板上开口的矩形腔。左、右两壁的壁厚由已注尺寸可计算出为 12,前壁厚 9 已注出,后壁厚可以计算出为 11。空腔顶壁就是主体圆筒上带有 $\phi18$ 通孔的下壁。顶壁左、右两侧用 $R8$ 的圆柱面与空腔的左右壁面相切。此外,在支架的后壁与圆筒、底板相接处有一块平行于侧面的肋。

110

综合上述分析,就可想象出这个轴承座的各个组成部分的形状,再根据它们之间的相对位置,就可想象出轴承座的整体形式,如图 6-44 所示。

2)选择适当的表达方式,改画轴承座

这个轴承座从形体分析的角度来看,原来的三视图是合适的,现只需采用适当的剖视以使图样表达得更清晰。改画的结果如图 6-44 所示。

因为这个轴承座左右对称,所以主视图采用 A—A 半剖视图,这样既保留外形,又可清晰地表达出被凸缘遮住的筒体以及支架内腔。除了筒体的小端和肋以外,在剖视图中已表达清楚的不可见结构,在外形视图中不必再画细虚线。

由于轴承座前后、上下不对称,为了使轴承孔和支架内腔表达得更清楚,左视图应改画全剖视图。由于剖切平面按纵向剖切肋,所以被剖切到的肋不画剖面符号,而用粗实线与筒体、支架和底板分界,并采用重合断面表示出肋板的断面形状。由于处于左视图位置的剖视图中,已表达清楚了筒体的小端,而且图中添加的肋板重合断面已显示了肋板的厚度,在 A—A 半剖视图中都可省略表示筒体小端和肋板的细虚线。

由于主、左两个视图所改成的剖视图已将这个轴承座的内部形状表达清楚了,所以俯视图只要画出外形,仅局部剖开一个直径为 $\phi6$ 的盲孔就够了。图 6-44 中已改画的三个图形,完整地表达了这个轴承座,而且比图 6-43 要清晰得多。

3)重新标注尺寸

根据正确、完整、清晰的要求,按已经改绘的图形,适当地调整图 6-44 中所标注的尺寸,如筒体上孔 $\phi18$,肋板厚度 8,方形凸缘四角处的 $R8$ 和盲孔 $4×\phi6$,以及底板上的通孔 $6×\phi10$ 等。

任务六　第三角投影法

【任务目标】

(1)了解第三角投影法的基本概念。

(2)掌握第一角和第三角投影法的区别。

(3)熟悉第三角投影基本视图的画图方法。

【任务要求】

能 力 目 标	知 识 要 点	相 关 知 识
了解相关知识	第三角投影法	第三角投影法的概念及画法
熟练掌握知识点	第三角投影法	第三角投影法的基本视图和应用

我国国家标准规定,机件的图形按正投影法绘制,并采用第一角投影法。而世界上有些国家,如英、美、日等国,虽然也按正投影法绘制工程图样,但采用的是第三角投影法。

(一)第三角投影法

如图 6-45 所示,将机件放在第一角中用正投影法绘制图形,称为第一角投影法;在第三

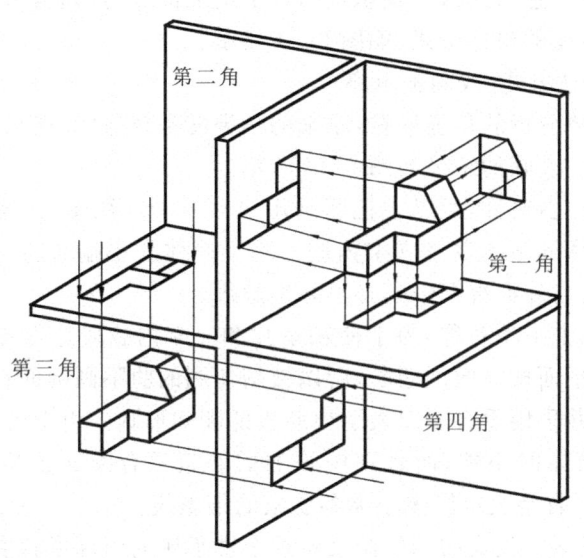

图 6-45 第三角投影法

角中用正投影法绘制图形,称为第三角投影法。

第一角投影法中,机件处于观察者和投影面之间,三视图的配置如图 6-46(a)所示;第三角投影法中,投影面处于观察者和机件之间,其三视图是前视图(由前向后在 V 面上的投影)、顶视图(由上向下在 H 面上的投影)、右视图(由右向左在 W 面上的投影),三视图的配置如图 6-46(b)所示。

第三角投影法中,三视图之间的关系与第一角投影法的一致。但由于第三角投影法的三视图的位置改变了,所以视图与机件的前后方位关系也发生了变化。即以前视图为基准,顶、右视图中靠近前视图的一方为机件的前方,远离前视图的一方为后方,如图 6-46(b)所示。

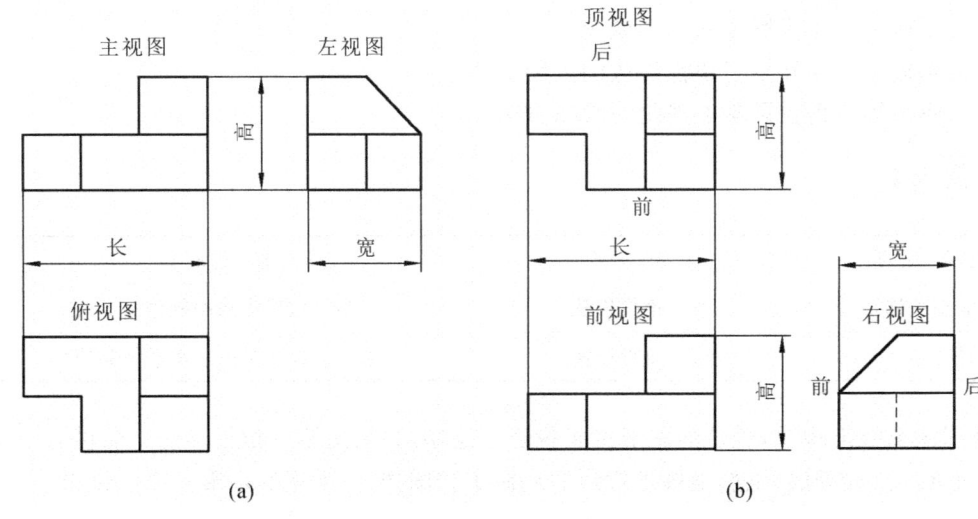

图 6-46 第一角与第三角投影法三视图画法比较
(a)第一角投影法视图画法 (b)第三角投影法视图画法

（二）第三角投影法中的六面基本视图

将机件用正投影法分别向六个基本投影平面投影，除上述三个视图之外，还得到后视图（由后向前投影）、底视图（由下向上投影）、左视图（由左向右投影）。六个投影面的展开方法如图 6-47 所示。六个基本视图的配置如图 6-48 所示。

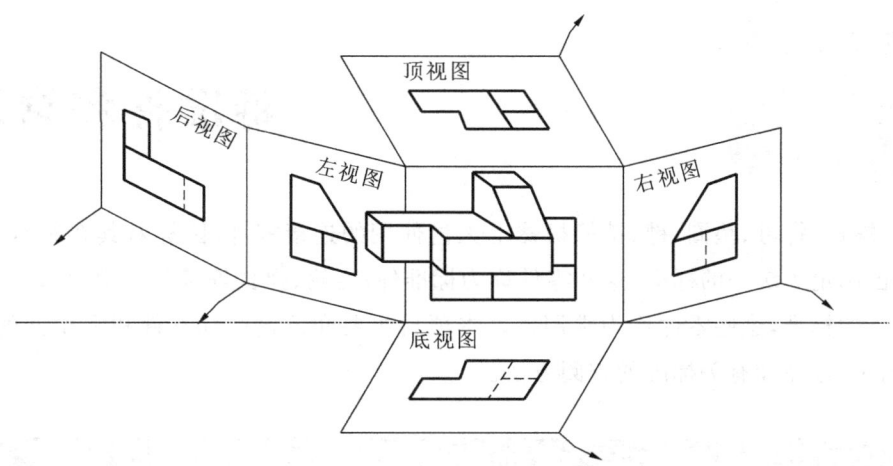

图 6-47　第三角投影法基本投影面展开

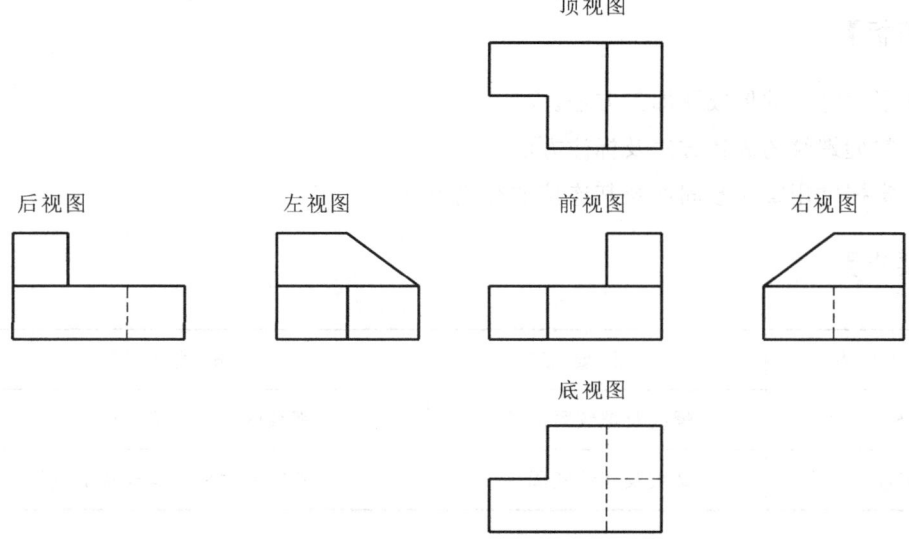

图 6-48　第三角投影法基本视图的配置

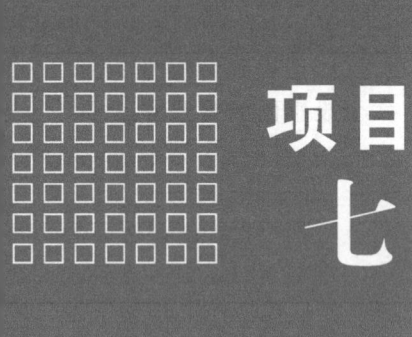

项目七

标准件和常用件

螺钉、螺栓、螺母、垫圈、键、销等机器上大量使用的连接零件,国标对其在结构、尺寸等各方面都已制定了统一的标准,这些零件称为标准件;齿轮、弹簧等零件的部分参数,国标也制定了统一的标准,这些零件称为常用件。本项目主要介绍这些标准件和常用件的规定画法、简化画法、标注和有关标准的查阅方法。

任务一 螺纹的规定画法和标注

【任务目标】

(1) 了解螺纹的形成及加工方法。
(2) 掌握螺纹的表达方法及标注方法。
(3) 掌握常用螺纹紧固件及其连接的绘制方法。

【任务要求】

能 力 目 标	知 识 要 点	相 关 知 识
了解相关知识	螺纹及螺纹紧固件	螺纹的表达方法及标注方法
熟练掌握知识点	螺纹及螺纹紧固件	常用螺纹紧固件及其连接的绘制方法

(一)螺纹的形成和要素

1. 螺纹的形成

螺纹可以看成由一平面图形(如三角形、矩形或梯形等)绕一圆柱做螺旋运动形成的螺旋体,这个平面图形就是螺纹的牙型。如果牙型部分分布在圆柱或圆锥外表面则称为外螺纹,分布在内表面则称为内螺纹,如图 7-1 所示。

2. 螺纹的要素

直径、牙型、线数、螺距和旋向是螺纹的要素。其中牙型、直径和螺距是决定螺纹形状最

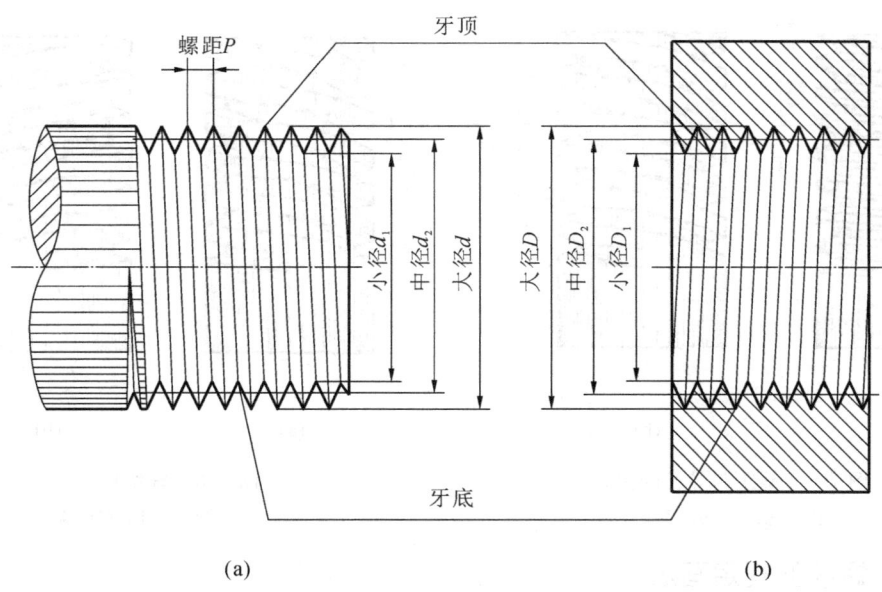

图 7-1 螺纹各部分的名称

（a）外螺纹 （b）内螺纹

基本的三要素。凡是三要素符合国标规定的螺纹都称为标准螺纹。设计时尽量选用标准螺纹。

1）直径

螺纹的直径分为大径、小径和中径。在表示螺纹规格时采用的是公称直径，公称直径指螺纹的大径尺寸（管螺纹除外），用 d（外螺纹）或 D（内螺纹）表示。大径是指外螺纹的螺纹牙顶所在圆柱或内螺纹的螺纹牙底所在圆柱的直径。螺纹的小径是指外螺纹的螺纹牙底所在圆柱或内螺纹的螺纹牙顶所在圆柱的直径，分别用 d_1、D_1 表示。螺纹的中径是指经过牙型上沟槽和凸起宽度相等处所作的假想圆柱的直径，分别用 d_2、D_2 表示。

2）牙型

螺纹牙型指通过螺纹轴线的断面上的轮廓形状。不同的螺纹牙型不同，用途也不同。螺纹的牙型一般有三角形、梯形、锯齿形和矩形等。

3）线数

螺纹的线数（n）指螺纹件上分布的螺纹条数，一般有单线（单头）或多线（多头）之分。连接螺纹常用单线，可不用标注。多线螺纹必须标注线数或螺距、导程。

4）螺距和导程

螺距（P）为相邻两个牙顶之间的轴向距离，导程（P_h）为螺纹转一圈所旋进的轴向距离，如图 7-2 所示。螺距 P 与导程 P_h、线数 n 的关系为：$P=P_h/n$。

5）旋向

螺纹旋向分为左旋和右旋。按顺时针方向旋进的螺纹称右旋螺纹，按逆时针方向旋进的螺纹称为左旋螺纹。也可将螺纹竖起来看，螺纹可见部分向右上升的是右旋螺纹，向左上升的是左旋螺纹，如图 7-3 所示。

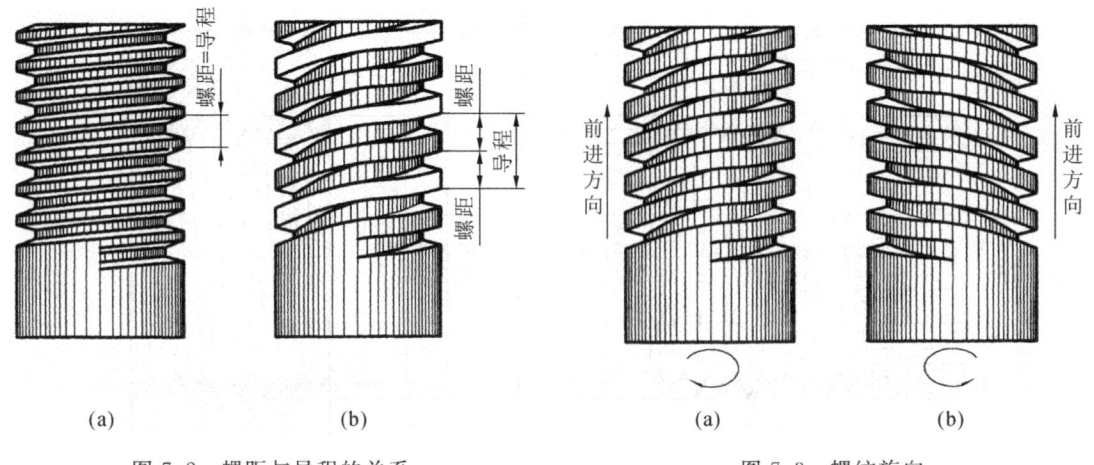

(a)	(b)

图 7-2　螺距与导程的关系
(a) 单线螺纹　(b) 多线螺纹

(a)	(b)

图 7-3　螺纹旋向
(a) 右旋螺纹　(b) 左旋螺纹

（二）螺纹的规定画法

1. 内、外螺纹的规定画法

1）外螺纹

画外螺纹时,在平行于螺纹轴线的投影面视图中,螺纹大径和终止线规定用粗实线表示;作图时表示小径的线按大径的 0.85 倍取值,用细实线表示,并且表示小径的细实线应画入倒角区。在垂直于螺纹轴线的投影面视图中,螺杆上倒角的投影圆略去不画,而表示小径的细实线圆只需画约 3/4 圈,如图 7-4 所示。

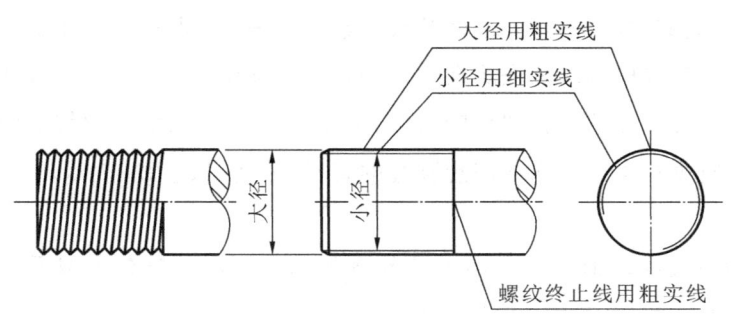

图 7-4　外螺纹的规定画法

2）内螺纹

当内螺纹未被剖切时,所有不可见的螺纹图线均用虚线表示;当画剖视图时,在与螺纹轴线平行的投影面所得的视图中,螺纹大径用细实线表示,螺纹小径和螺纹终止线用粗实线表示,小径同样按大径的 0.85 倍取值,剖面线必须画到螺纹小径所在的粗实线;在垂直于螺纹轴线的投影面视图中,螺纹大径用细实线表示,画约 3/4 圈即可,螺纹小径用粗实线表示;在画不穿通的螺孔时,一般将钻孔深度画成比螺孔深 0.5D,钻孔锥顶角画成 120°,如图 7-5 所示。

2. 螺纹连接的规定画法

一般用全剖视图来表示内外螺纹旋合,实心螺杆按不剖画,旋合处按外螺纹的画法表示,其他部分按各自的规定画法表示,如图 7-6 所示。

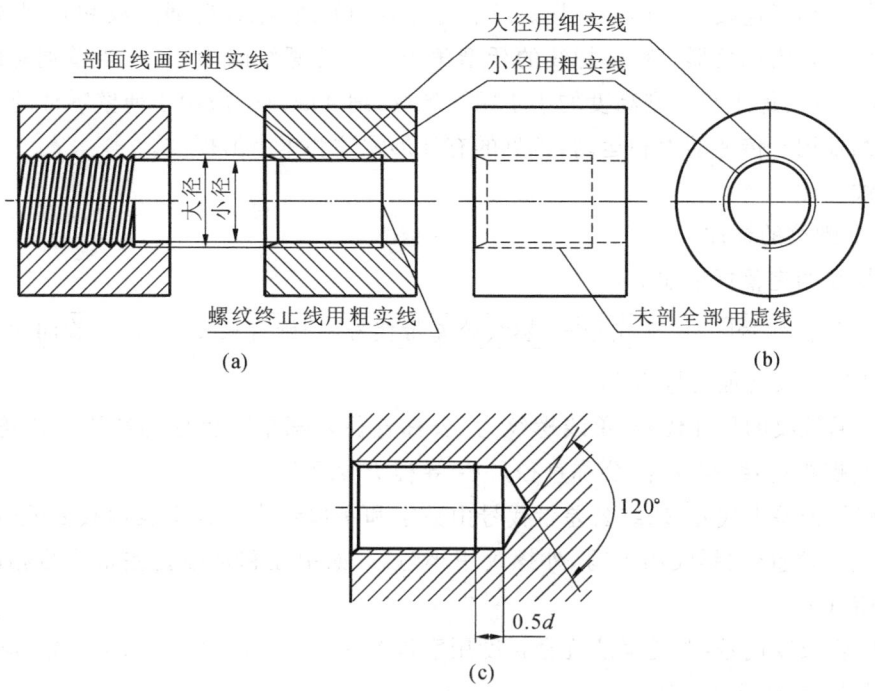

图 7-5 内螺纹的规定画法

（a）剖开画法 （b）不剖画法 （c）不通螺孔的画法

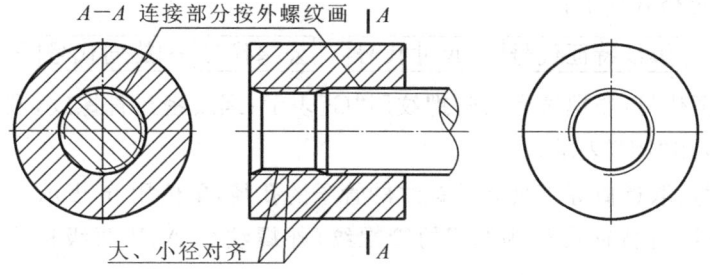

图 7-6 螺纹连接的规定画法

（三）螺纹的种类和标注

1. 螺纹的种类

螺纹一般按用途分成两大类：连接螺纹和传动螺纹。螺纹的类型如表 7-1 所示。

表 7-1 螺纹的类型

种　类	连接螺纹		传动螺纹	
	普通螺纹	管螺纹	梯形螺纹	锯齿形螺纹
牙型符号	M	RC,RP,G	Tr	B
牙型图	60°	55°	30°	30° 3°

117

连接螺纹用于连接。常用的连接螺纹有粗牙普通螺纹、细牙普通螺纹和管螺纹三种,其共同点是牙型均为三角形。普通螺纹的牙型角为 60°,管螺纹的为 55°。当普通螺纹大径相同时,细牙螺纹的螺距与牙型高度均小于粗牙螺纹,细牙螺纹一般用于薄壁零件的连接。

传动螺纹用于传递动力和运动,常见的有梯形螺纹和锯齿形螺纹。

2. 螺纹标注

1)普通螺纹的标注

普通螺纹的完整标记如下:

| 螺纹特征代号 | 尺寸代号 |—| 螺纹公差带代号 |—| 旋合长度代号 |—| 旋向代号 |

(1)普通螺纹特征代号为 M。

(2)普通螺纹的尺寸代号:单线螺纹为"公称直径×螺距",粗牙螺纹不注出螺距,细牙螺纹应注出螺距;多线螺纹为"公称直径×P_h导程 P 螺距"。

(3)螺纹公差带代号:螺纹公差带代号由数字和字母组成。数字表示其公差等级,字母表示其公差带位置(内螺纹用大写,外螺纹用小写)。如中径和顶径公差带代号相同则只注一个公差带代号。

(4)旋合长度代号:普通螺纹旋合长度用字母 S(短型)、N(中型)、L(长型)表示,其中中等旋合长度标记 N 可省略。

(5)螺纹旋向代号:分为右旋和左旋两种,右旋螺纹不注旋向,左旋螺纹必须注写 LH。

2)管螺纹的标注

管螺纹的标记格式如下:

| 螺纹特征代号 | 尺寸代号 | 公差代号 |—| 旋向代号 |

(1)螺纹特征代号:非螺纹密封管螺纹用"G"表示;螺纹密封管螺纹,圆锥外螺纹用"R"表示,圆锥内螺纹用"RC"表示。

(2)尺寸代号:取近似等于具有外螺纹的管子的孔径,单位用 in 表示。

(3)公差代号:对特征代号为"G"的管螺纹,外螺纹分 A、B 两级标准,内螺纹的只有一种。

(4)旋向代号:左旋加标注"LH",右旋不标注。

3)梯形螺纹与锯齿形螺纹的标注

梯形螺纹与锯齿形螺纹的完整标记如下:

| 螺纹特征代号 | 尺寸代号 | 旋向代号 |—| 公差带代号 |—| 旋合长度代号 |

(1)螺纹特征代号:梯形螺纹的特征代号为 Tr,锯齿形螺纹特征代号为 B。

(2)尺寸代号:单线螺纹为"公称直径×螺距",多线螺纹为"公称直径×导程(P 螺距)"。

(3)旋向代号:左旋加标注"LH",右旋不标注。

(4)公差带代号:只标注中径公差带代号。

(5)旋合长度代号:梯形螺纹和锯齿形螺纹的旋合长度仅有中(N)、长(L)两种,其中中等旋合长度标记 N 可省略。

【例 7-1】 M20×2-6g-S-LH 表示公称直径为 20 mm,螺距为 2 mm,公差带等级为 6 级,基本偏差为 g,短旋合长度的左旋向普通细牙螺纹。

【例7-2】 Tr 40×14（P7）LH-8e-L 表示公称直径为 40 mm，导程为 14 mm，螺距为 7 mm，中径公差带代号为 8e，长旋合长度的双线左旋梯形外螺纹。

（四）螺纹紧固件

常用的螺纹紧固件有螺栓、双头螺柱、螺钉、螺母、垫圈等，在工程制图中只需写出它们的标记，而不需画出它们的零件图。下面只介绍它们在连接装配图中的表示方法。

1. 螺栓连接

螺栓用于被连接零件允许钻成通孔或经常拆卸的场合，连接时在制有螺纹的一端加装垫圈并拧上螺母，垫圈的作用是防止零件表面损伤并使其受力均匀。螺栓连接采用如图7-7所示的比例画法。

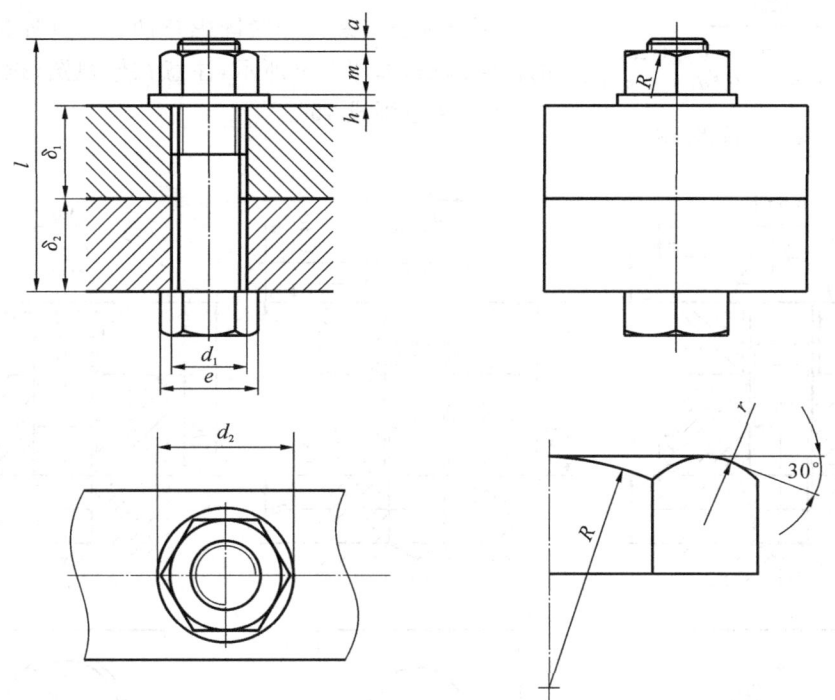

$d_1=1.1d$, $e=2d$, $h=0.15d$, $d_2=2.2d$, $m=0.8d$,
$b_1=(0.2\sim0.3)d$, $b=(1.5\sim2)d$, $R=1.5d$, $R_1=d$, r 由作图决定

图 7-7 螺栓连接的比例画法

装配图中的螺栓连接也可以采用简化画法，省略螺栓和螺母头部的六方倒角和螺栓螺纹端倒角。

螺栓公称长度 l 按下式估算，然后从有关手册中选取相近的标准长度值。

$$l \geqslant \delta_1 + \delta_2 + h + m + a$$

式中：l 为螺栓公称长度；δ_1 为连接件 1 的厚度；δ_2 为连接件 2 的厚度；h 为垫圈的厚度；m 为螺母的厚度；a 为螺栓伸出螺母的长度。

螺栓紧固件的标记见本书附录 B。

2. 螺柱连接

螺柱连接用于连接零件不允许钻成通孔或连接零件之一较厚且不经常拆卸的场合。其一端螺纹旋入较厚零件的螺孔，另一端穿过较薄零件的通孔，加装垫圈并拧上螺母。双头螺

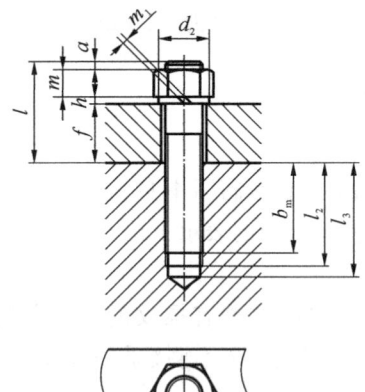

$d_2 = 1.5d$, $m_1 = 0.1d$, $h = 0.2d$, b_m查标准, $l_2 = b_m + 0.5d$, $l_3 = b_m + d$

图 7-8 螺柱连接比例画法

柱公称长度 l 的计算方法与螺栓连接相似,旋入端长度 b_m 则可依据螺孔的被连接零件材料选用,以确保连接可靠。其中铜和青铜为 $b_m = 1d$,铸铁为 $b_m = 1.25 \sim 1.5d$,铝为 $b_m = 2d$。螺柱紧固件的标记见本书附录 B。

螺柱连接的比例画法如图 7-8 所示。图中未标注比例值的尺寸,同螺栓连接比例画法一致。装配图中的螺柱连接也可以采用简化画法,省略螺母头部的六方倒角和螺栓螺纹端倒角。

3. 螺钉连接

螺钉连接用于不常拆卸且受力不大的场合,按用途一般可分为连接螺钉和紧固螺钉两种。其连接装配图中的比例画法,如图 7-9 所示,注意在俯视图(螺钉端视图)中,起子槽应画成 $45°$。

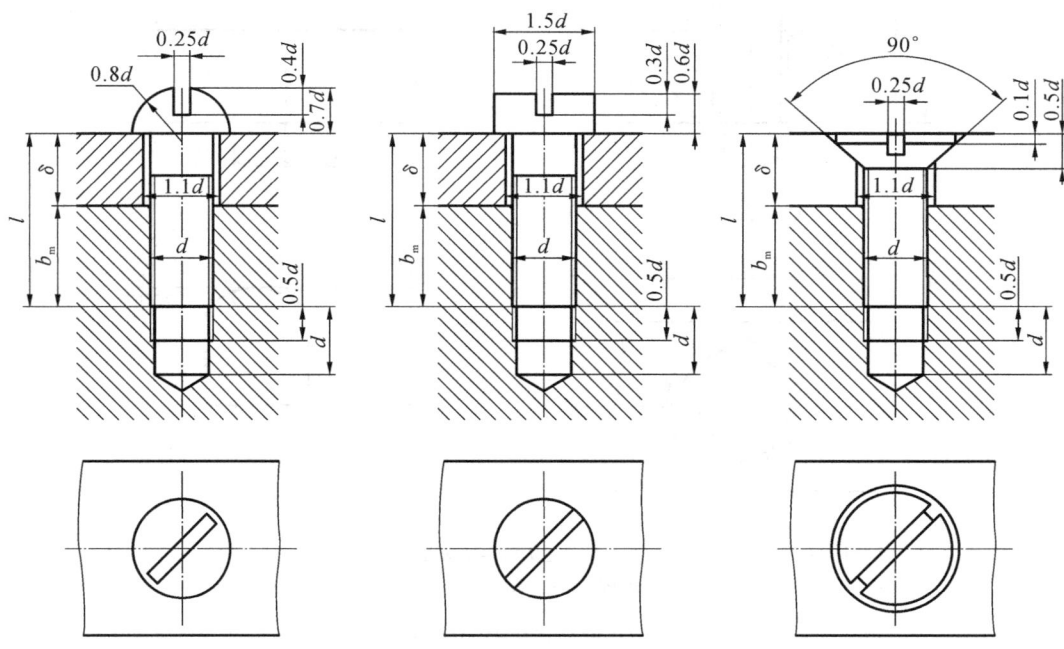

图 7-9 螺钉连接比例画法

4. 螺纹紧固件的规定标记

螺纹紧固件规定标记如下:

| 名称 | 标准号 | 类型及规格 |

【例 7-3】 螺栓 GB/T 5780—2016 M12×50

表示粗牙普通螺纹,其公称直径为 12 mm,公称长度为 50 mm 的六角头螺栓;

螺柱 GB/T 899—1988 M12×50

表示粗牙普通螺纹,其公称直径为 12 mm,公称长度为 50 mm 的双头螺柱;

螺钉 GB/T 67—2016 M10×45

表示粗牙普通螺纹,其公称直径为 10 mm,公称长度为 45 mm 的开槽盘头螺钉。

任务二 齿 轮

【任务目标】

齿轮应用极为广泛,它可用来传递动力,也可改变旋转速度和方向。常见齿轮有圆柱齿轮(用于两平行轴之间的传动)、锥齿轮(用于两相交轴之间的传动)、蜗轮与蜗杆(用于两交叉轴之间的传动),如图7-10所示。

齿轮的齿形有渐开线、摆线、圆弧等形状,本任务介绍渐开线标准齿轮的有关知识和规定画法。

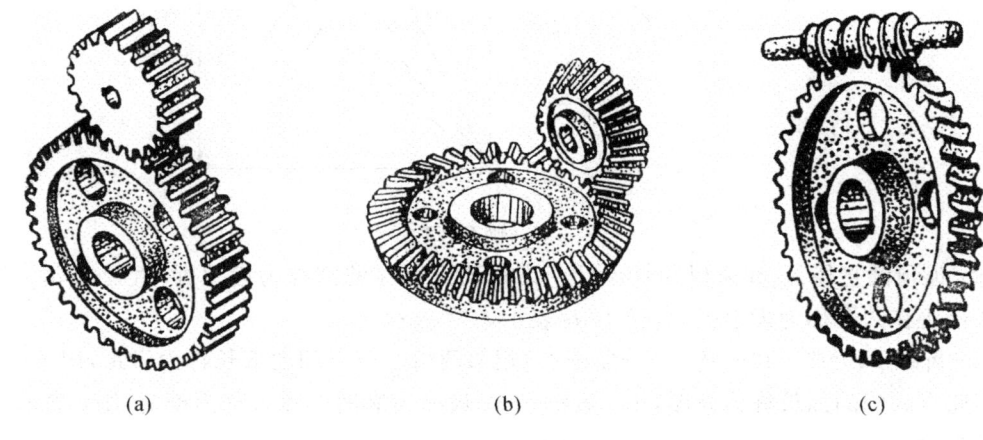

(a)　　　　　　　　(b)　　　　　　　　(c)

图 7-10　齿轮

(a) 圆柱齿轮　(b) 锥齿轮　(c) 蜗轮与蜗杆

【任务要求】

能力目标	知识要点	相关知识
了解相关知识	齿轮的相关概念	标准直齿圆柱齿轮轮齿部分的名称
熟练掌握知识点	齿轮的画法	单个和一对啮合的标准直齿圆柱齿轮、斜齿圆柱齿轮和锥齿轮的规定画法

（一）圆柱齿轮

圆柱齿轮的轮齿主要有直齿、斜齿和人字齿3种。下面主要介绍渐开线齿形的标准齿轮的相关概念和画法。

1. 圆柱齿轮各部分名称及尺寸关系

图7-11所示为互相啮合的两个齿轮的一部分。

（1）节圆直径 d' 和分度圆直径 d。连心线 O_1、O_2 上两相切的圆称为节圆,直径用 d' 表示,而两节圆的切点则称为节点,用 P 来表示。当加工齿轮时,作为齿轮分度的圆称为分度圆,用 d 来表示其直径。对于正确安装的标准齿轮,其节圆和分度圆重合。

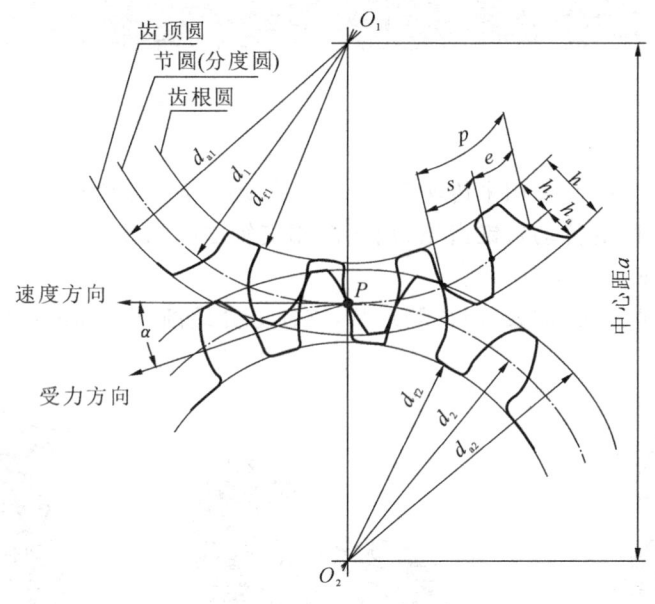

图 7-11　啮合齿轮

（2）齿顶圆直径 d_a 和齿根圆直径 d_f。齿轮顶部所在的圆称为齿顶圆，直径用 d_a 表示；齿轮根部所在的圆称为齿根圆，直径用 d_f 表示。

（3）齿距 p、齿厚 s 和槽宽 e。分度圆上，相邻两齿对应点间的弧长称为齿距，用 p 表示；一个齿轮齿廓间的弧长称为齿厚，用 s 表示；一个齿槽齿廓间的弧长称为槽宽，用 e 表示。对于标准齿轮，$s=e=p/2$。

（4）齿高 h、齿顶高 h_a、齿根高 h_f。齿根圆与齿顶圆间的径向距离称为齿高，用 h 表示；齿根圆与分度圆间的径向距离称为齿根高，用 h_f 表示；齿顶圆与分度圆间的径向距离称为齿顶高，用 h_a 表示。齿高与齿顶高、齿根高的关系为 $h=h_f+h_a$。

（5）齿数 z、模数 m、压力角 α。齿轮的轮齿个数称为齿数，用 z 表示。由于分度圆周长 $\pi d=pz$，故 $d=pz/\pi$。令 $m=p/\pi$，则有 $d=mz$。m 称为齿轮的模数，它反映了齿轮尺寸的大小和齿轮的承载能力，是设计和制造齿轮的主要参数。一对啮合的齿轮模数 m 相等。不同模数的齿轮应由不同模数的模具来加工，为了便于设计和制造，国家标准规定了模数系列值，如表 7-2 所示。相啮合的两轮齿齿廓在 P 点的公法线与节圆的公切线所形成的锐角称为压力角，用 α 表示。标准正常齿直齿圆柱齿轮 $\alpha=20°$。一对啮合齿轮的压力角 α 相等。

表 7-2　齿轮模数系列值（GB/T 1357—2008）　　　　（单位：mm）

第一系列	1	1.25	1.5	2	2.5	3	4	5	6	8	10	12	16	20	25	32	40
第二系列	1.125	1.375	1.75	2.25	2.75	3.5	4.5	5.5	(6.5)	7	9	11	14	18	22	28	36

注：优先选用第一系列，括号内的模数尽可能不用，本表未摘录小于 1 的模数。

（6）中心距 a。啮合两齿轮轴线间的距离称为中心距，用 a 表示。

标准直齿圆柱齿轮各基本尺寸计算公式如表 7-3 所示。

表 7-3 标准直齿圆柱齿轮各基本尺寸计算公式

基本参数:模数 $m=p/\pi$ 齿数 z

序号	名称	符号	计算公式
1	齿顶高	h_a	$h_a=m$
2	齿根高	h_f	$h_f=1.25m$
3	齿高	h	$h=h_a+h_f=2.25m$
4	齿顶圆直径	d_a	$d_a=d+2h_a=m(z+2)$
5	齿根圆直径	d_f	$d_f=d-2h_f=m(z-2.5)$
6	分度圆直径	d	$d=mz$
7	中心距	a	$a=(d_1+d_2)/2=m(z_1+z_2)/2$

2. 规定画法(GB/T 4459.2—2003)

1)单个齿轮的规定画法(见图 7-12)

(1)在表示外形的两视图中,齿顶圆和齿顶线用粗实线来表示;分度圆和分度线用细点画线来表示;齿根圆和齿根线用细实线来表示,也可省略不画。

(2)在与齿轮轴线平行的投影面所得的视图中,一般采用全剖或半剖,此时轮齿部分注意要按不剖处理,齿顶线和齿根线用粗实线表示,分度线用细点画线表示。

(3)若为斜齿或人字齿齿轮,可在外形直观图或者半剖视图的未剖部分画上三条平行的细实线,以表示轮齿的方向。

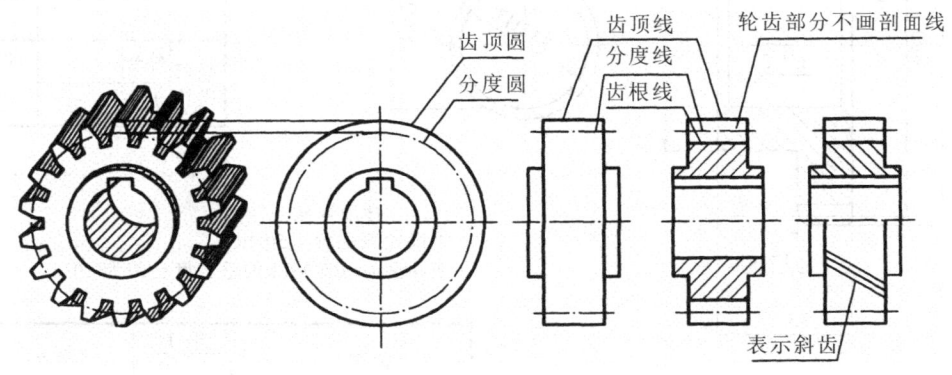

图 7-12 单个齿轮画法

2)啮合画法(见图 7-13)

(1)在剖切平面通过轴的轴线的视图中,节线用一条细点画线表示,齿根线分别用两条粗实线表示;齿顶线的表示法是将一轮齿作为可见,用粗实线画,另一轮齿作为不可见,用细虚线表示,也可省略不画。

(2)在投影为圆的视图中,齿顶圆用粗实线表示,节圆用细点画线表示,啮合区内交线也可省略不画,齿根圆用细实线表示,一般略去不画。图 7-13 表示一对齿轮的啮合画法。

3. 直齿圆柱齿轮零件图

在齿轮零件图中,必须直接标注 d_a 和 d 值,d_f 值不标注,另在图纸右上角参数表中写明 m、z 等基本参数,其他内容与一般零件图相同,如图 7-14 所示。

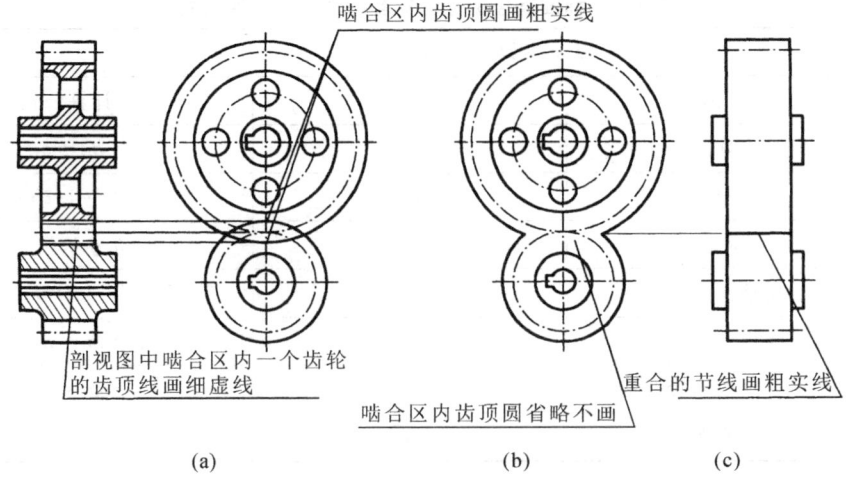

图 7-13　齿轮啮合画法

（a）规定画法　（b）省略画法　（c）外形直观图

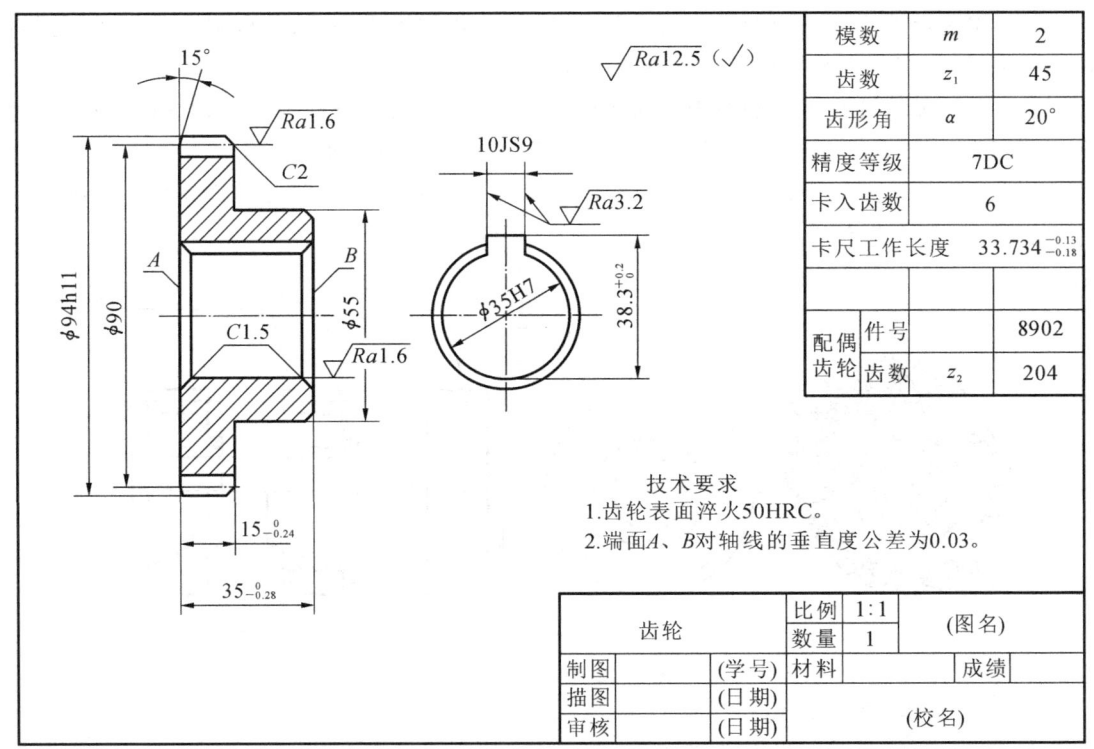

图 7-14　直齿圆柱齿轮零件图

（二）锥齿轮

由于锥齿轮的轮齿在锥面上，因此其齿形及模数沿轴向变化。大端的法向模数为标准模数，法向齿形为标准渐开线。在轴剖面内，大端背锥素线与分度锥素线垂直，轴线与分度锥素线的夹角 δ 称为分度圆锥角，它也是一个基本参数。直齿圆柱齿轮的基本尺寸计算公式仍适用于大端的法向参数计算。

1. 锥齿轮的画法

（1）在剖切平面通过轴的轴线的视图中一般采用全剖。齿顶线和齿根线用粗实线表示，轮齿按不剖处理，分度线用细点画线表示。齿顶线、齿根线和分度线的延长线交于轴线。

（2）在投影为圆的视图中，大端和小端齿顶圆用粗实线表示，大端齿根圆和小端齿根圆不必画出，大端分度圆用细点画线表示，小端分度圆不画，如图 7-15 所示。

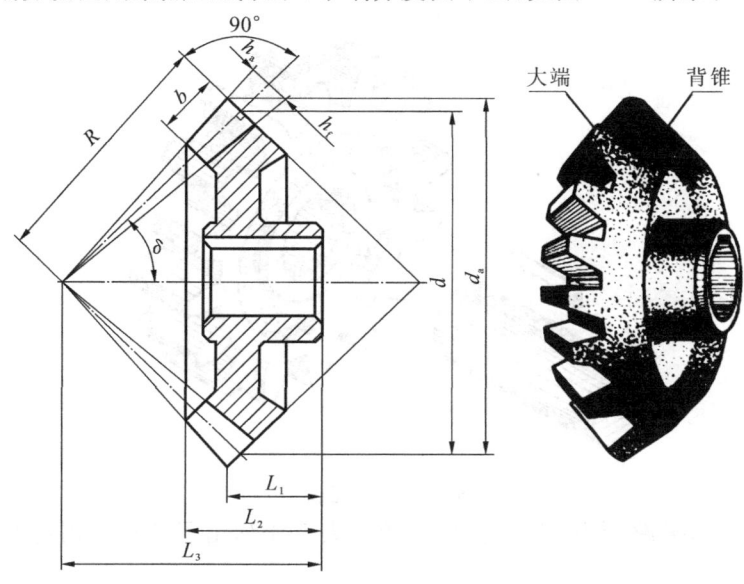

图 7-15　锥齿轮

2. 锥齿轮啮合的规定画法

锥齿轮啮合时，两分度圆锥相切，锥顶交于一点，齿轮轮齿部分和啮合区的画法与直齿圆柱齿轮啮合画法相同。

任务三　键、销、滚动轴承与弹簧

【任务目标】

（1）了解常用键与花键的类型及作用，掌握键与花键的规定画法与标注。

（2）了解滚动轴承的结构和类型，掌握滚动轴承的代号及绘制方法。

（3）了解弹簧的性能及规定画法。

【任务要求】

能 力 目 标	知 识 要 点	相 关 知 识
了解相关知识	（1）键、花键及其连接 （2）滚动轴承 （3）弹簧	（1）键与花键的类型 （2）滚动轴承的结构和类型 （3）弹簧的性能及各部分名称
熟练掌握知识点	（1）键、花键及其连接 （2）滚动轴承 （3）弹簧	（1）键与花键的规定画法及标注方法 （2）滚动轴承的代号及绘制方法 （3）弹簧的规定画法

（一）键

键主要用于轴和轴上的零件（如齿轮、带轮等）间的连接，以传递扭矩。将键嵌入轴上的键槽中，再把齿轮装在轴上，当轴转动时，通过键连接，齿轮也将和轴同步转动，达到传递动力的目的，如图 7-16 所示。

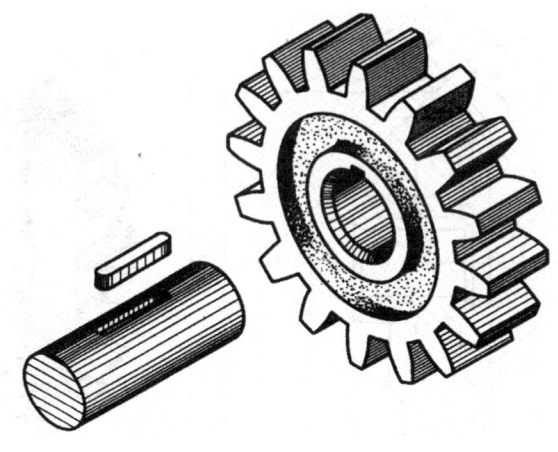

图 7-16　键连接

常用的键有普通平键、半圆键、钩头楔键等。表 7-4 列出了几种常用键的标准代号、形式和标记示例。

表 7-4　几种常用键的标准代号、形式和标记示例

名　　称	图　　例	标　记　示　例
普通平键		GB/T 1096—2003 键 $b \times h \times L$（B 型、C 型平键，在"b"前加 B 或 C）
半圆键		GB/T 1099.1—2003 键 $b \times h \times d_1$
钩头楔键		GB/T 1565—2003 键 $b \times h \times L$

普通平键和半圆键的侧面是工作面，连接时键的侧面与齿轮和轴，键的底面与轴之间皆接触，只画一条线；键的顶面是非工作面，连接时顶面与轮毂间应有间隙，要画两条线。其画法如图 7-17 所示。

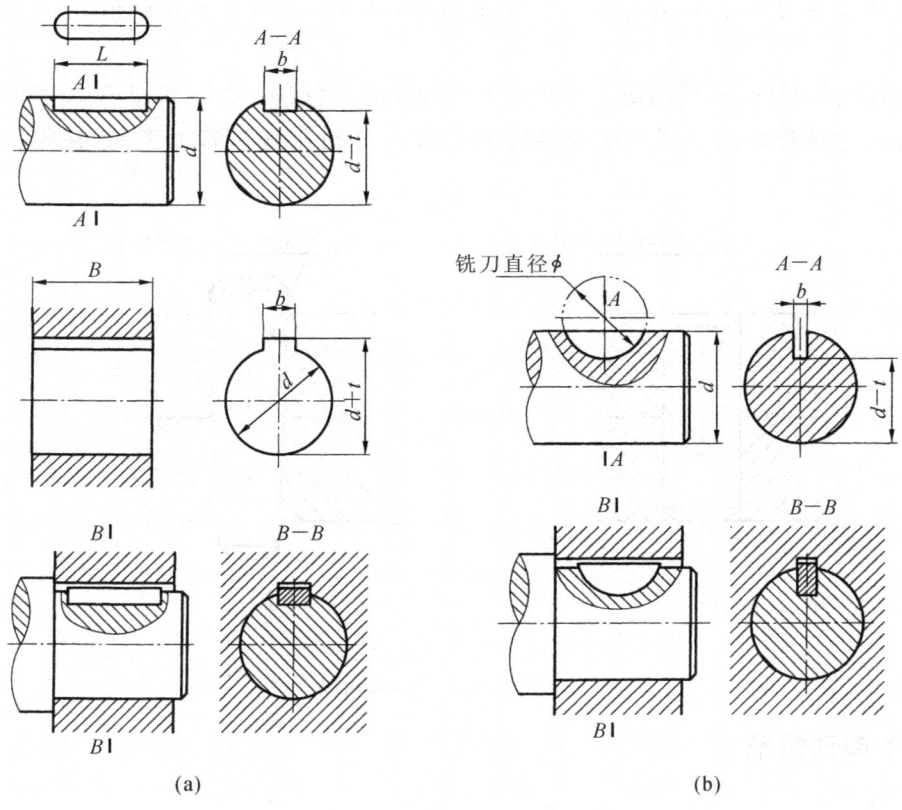

图 7-17 平键、半圆键连接画法示例

(a) 平键 (b) 半圆键

钩头楔键顶面有 1:100 的斜度,顶面和底面同为工作面,与槽底没有间隙,上下两接触面应画一条线;键的两侧为非工作面,与键槽两侧有间隙,应画两条线。其画法如图 7-18所示。

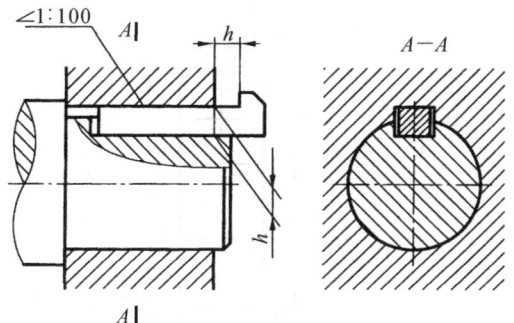

图 7-18 钩头楔键连接画法示例

注意:画键连接时,在剖切平面通过轴的轴线的视图中,一般在轴上作一局部剖视,键按不剖画;在轴反映为圆的视图中,键应按剖切画。

(二)销

销按其作用可分为两种:用来可靠地确定零件间的相对位置的,称为定位销;用来连

接两零件并传递动力的,称为连接销。常用销有圆柱销、圆锥销和开口销等,其形式见附录 C。

在销连接的视图中,当剖切平面通过销孔轴线时,销按不剖画,如图 7-19 所示。圆锥销的公称尺寸是指小端直径。销连接的两零件上的销孔是一起加工的,在零件图上应注明。

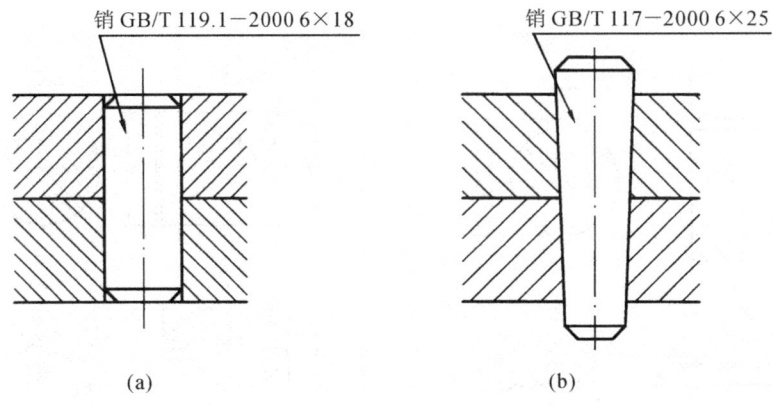

销 GB/T 119.1－2000 6×18   销 GB/T 117－2000 6×25

(a)   (b)

图 7-19   销连接

(a) 圆柱销   (b) 圆锥销

(三) 滚动轴承

轴承是支承传动轴及轴上零件的标准件,使用时应根据设计要求,选用标准型号。轴承通用画法的尺寸比例如表 7-5 所示。常用滚动轴承的类型及其特征画法和规定画法的尺寸比例如表 7-6 所示。

表 7-5   轴承通用画法的尺寸比例示例

通 用 画 法	外圈无挡边	内圈有单挡边
B, A, d, D, $2/3A$, $2/3B$	$B/3$, A, d, D, B	B, A, d, D, $\dfrac{B}{6}$

表 7-6 滚动轴承类型及其特征画法和规定画法的尺寸比例示例

轴承类型	特征画法	规定画法
深沟球轴承 (GB/T 276—2013)		
圆柱滚子轴承 (GB/T 283—2007)		
角接触球轴承 (GB/T 292—2007)		
圆锥滚子轴承 (GB/T 297—2015)		
推力球轴承 (GB/T 301—2015)		

在画滚动轴承时,可采用规定画法,也可采用简单画法中的通用或特征画法。在规定画法中,只画轴承的一半,另一半按通用画法画。

滚动轴承代号由一系列数字和字母组成,包括前置代号、基本代号和后置代号。

前置代号用于表示成套轴承分部件,用字母表示。基本代号共由 5 位数字组成,其中右起第一、二位数字表示轴承内径,右起第三位数字表示轴承直径,右起第四位数字表示轴承宽度,右起第五位数字表示轴承类型。后置代号由字母和数字组成,表示轴承结构、公差及技术要求等。

滚动轴承的标记示例见附录 D。

(四) 弹簧

弹簧常见的形式有螺旋弹簧、板弹簧和涡卷弹簧等，如图 7-20 所示。

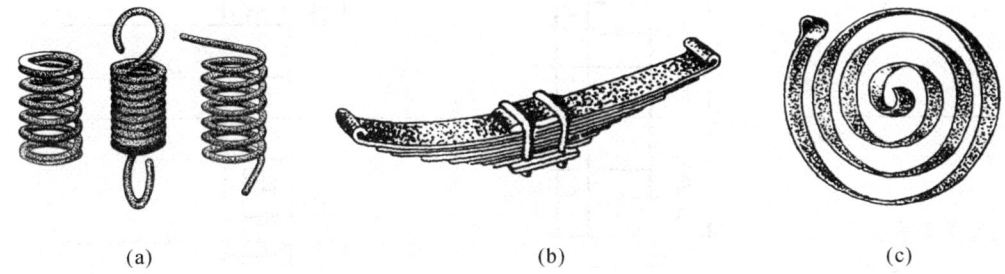

图 7-20　常见的弹簧形式

(a) 螺旋弹簧　(b) 板弹簧　(c) 涡卷弹簧

下面主要介绍圆柱螺旋压缩弹簧。

1. 结构参数

(1) 簧丝直径 d：制造弹簧的钢丝直径。

(2) 弹簧外径 D：弹簧的最大直径。

(3) 弹簧内径 D_1：弹簧的最小直径，$D_1 = D - 2d$。

(4) 弹簧中径 D_2：弹簧的平均直径，$D_2 = (D + D_1)/2$。

(5) 节距 t：除两端支承圈外，相邻两圈的轴向距离。

(6) 支承圈数 n_2、有效圈数 n 和总圈数 n_1：支承圈数为两端并紧磨平的圈数，一般为 1.5、2 和 2.5；有效圈数是中间相等节距的圈数。总圈数为支承圈数与有效圈数之和，即 $n_1 = n + n_2$。

(7) 自由高度 H_0：没有外力作用时弹簧的高度，$H_0 = nt + (n_2 - 0.5) d$。

(8) 展开长度 L：即坯料长度，$L \approx n_1 \sqrt{(\pi D_2)^2 + t^2}$。

(9) 旋向：与螺旋线的旋向含义相同，分右旋和左旋。一般为右旋。

2. 弹簧的规定画法 (GB/T 4459.4—2003)

(1) 在平行于螺旋弹簧轴线的投影面上的视图中，其各圈的轮廓应画成直线。

(2) 有效圈数为 4 圈以上时，可以每端只画 1 圈或 2 圈(支承圈除外)，其余可省略不画。

(3) 螺旋弹簧均可画成右旋，但左旋弹簧不论画成左旋还是右旋，一律要注明"左"字。

(4) 螺旋压缩弹簧如要求两端并紧且磨平时，不论支承圈多少均按支承圈为 2.5 圈绘制，必要时也可按实际结构绘制。

圆柱螺旋压缩弹簧的绘图步骤如图 7-21 所示。

具体如下：① 计算 D_2、H_0，并据此作出中心线如图 7-21(a)所示；② 作支承圈，如图 7-21(b)所示；③ 画出有效圈，如图 7-21(c)所示；④ 按旋向方向作相应圆的公切线及剖面线。

弹簧的表示方法有视图、剖视图和示意画法，如图 7-22 所示。

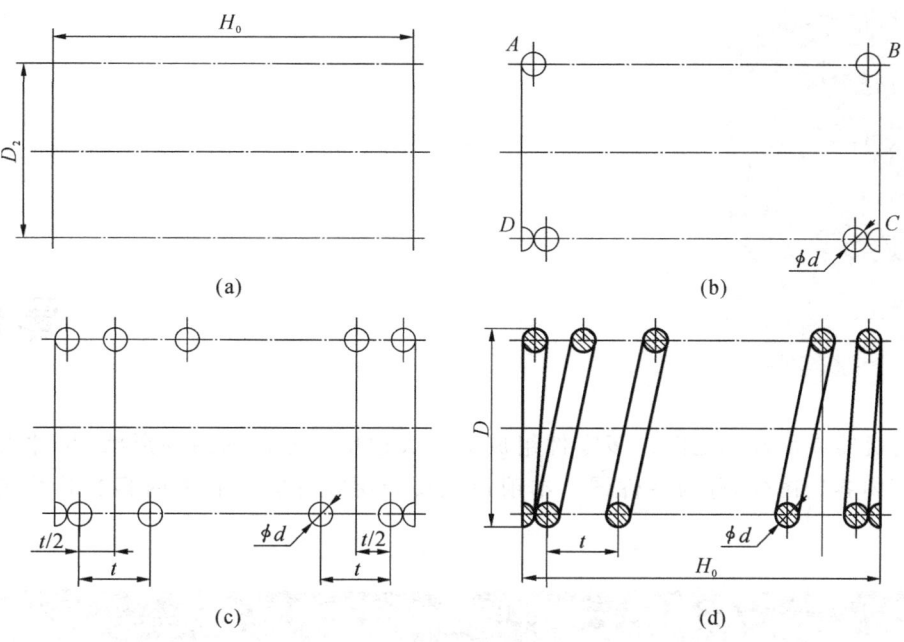

图 7-21 圆柱螺旋压缩弹簧的绘图步骤

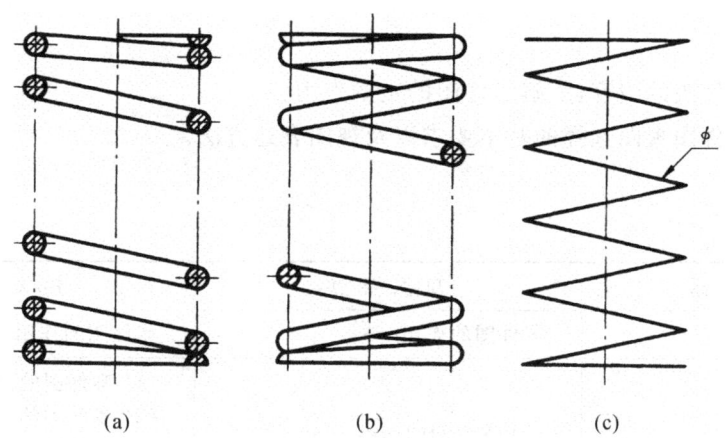

图 7-22 圆柱螺旋压缩弹簧的表达方法

(a) 剖视图　(b) 视图　(c) 示意图

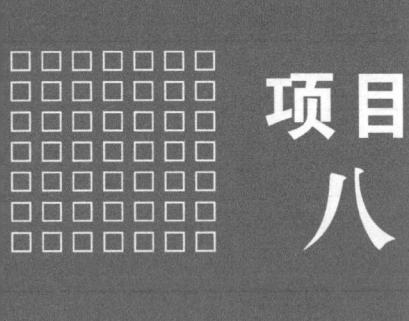

项目
八

零件图

任何机器或部件都是由许多零件组成的。表达单个零件的结构形状、尺寸大小及技术要求等内容的图样,称为零件图。本项目主要介绍零件图的有关内容及其绘制与阅读方法。

任务一　零件图的概念和表达方法

【任务目标】

(1)掌握零件图的内容,了解零件图的主要作用。

(2)掌握零件图视图选择的基本要求以及视图表达方法。

【任务要求】

能 力 目 标	知 识 要 点	相 关 知 识
了解相关知识	零件图的作用	零件图的作用
熟练掌握知识点	(1)零件图的内容 (2)零件图的尺寸标注 (3)零件图的视图表达方式	(1)零件图的内容 (2)零件图的尺寸标注 (3)轴套类零件的表达 (4)轮盘类零件的表达 (5)叉架类零件的表达 (6)箱体类零件的表达

(一)零件图的作用

零件图是制造与检验零件的主要依据,是设计部门提交给生产部门的重要技术文件,也是技术交流中重要的技术资料。

(二)零件图的内容

如图 8-1 所示,轴承座是整体轴承中一个重要的零件,图 8-2 所示是它的零件图。从图中可看出一张完整的零件图必须包括下列内容。

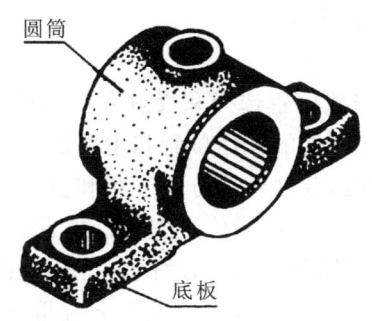

图 8-1 轴承座立体图

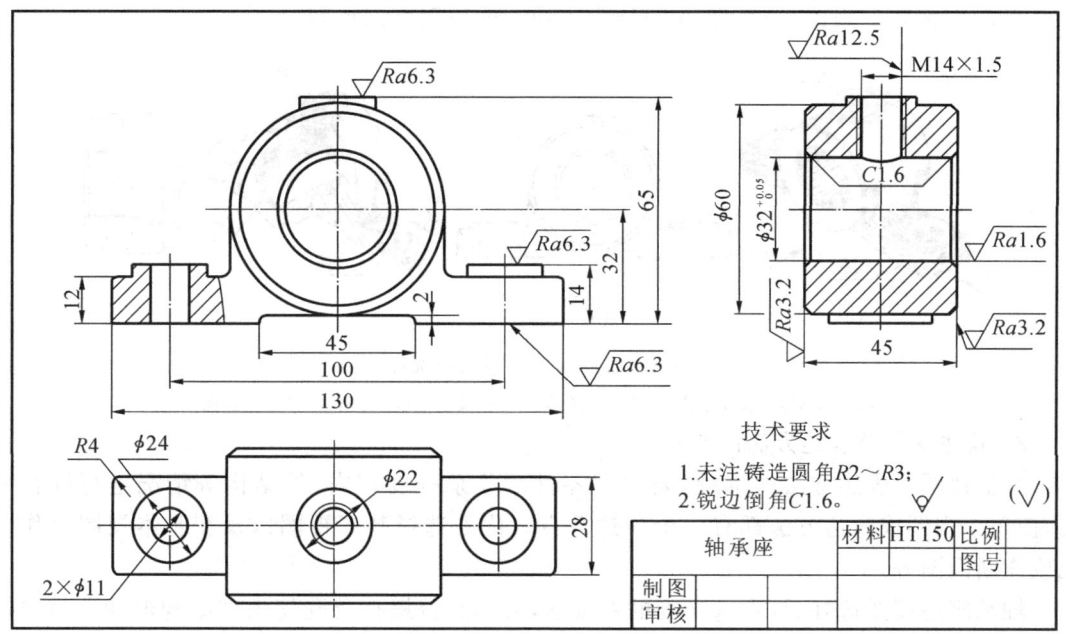

图 8-2 轴承座零件图

1. 一组视图

用各种表达方法完整、清楚地表达出零件的内、外结构形状。

2. 完整的尺寸

应标注出制造和检验零件所需的全部尺寸。

3. 技术要求

用规定的符号、数字、字母或文字注解,说明零件在加工、检验或装配时应达到的一些技术要求,如零件的表面粗糙度、尺寸公差、形状、位置公差以及材料热处理等方面的要求。

4. 标题栏

放在图样的右下角,用来填写零件的名称、材料、比例、图号、有关责任人的签字等内容。

（三）零件表达方案的选择与尺寸标注

1. 零件表达方案的选择

正确、完整、清晰地表达零件内、外结构形状,并且读图方便、画图简单,是选择零件表达方案的基本要求。要达到这些要求,就要分析零件的结构特点,选用恰当的表达方法。首先

选好主视图,再选其他视图及表达方法。

1)主视图的选择

主视图的选择包括零件的安放位置选择和投射方向选择两个方面的内容。

(1)零件的安放位置应符合零件的工作位置和主要加工位置。

(2)主视图的投射方向应突出零件各部分的形状和位置特征。

图 8-1 所示轴承座应按图 8-3(a)所示位置安放。按此位置安放后,主视图的投射方向有 A、B 两个方向。从 A 向投射得到图 8-3(b)所示主视图,这时圆筒和底板结合情况很明显,而且轴承座特征非常突出。如选 B 向作主视方向并取半剖得到图 8-3(c)所示的主视图,虽然凸台与圆筒及圆筒内、外结构都比较清楚,但圆筒与底板的位置及整体形状特征反映不如 A 向清楚。因此,还是选 A 向作为主视图的投射方向比较好。

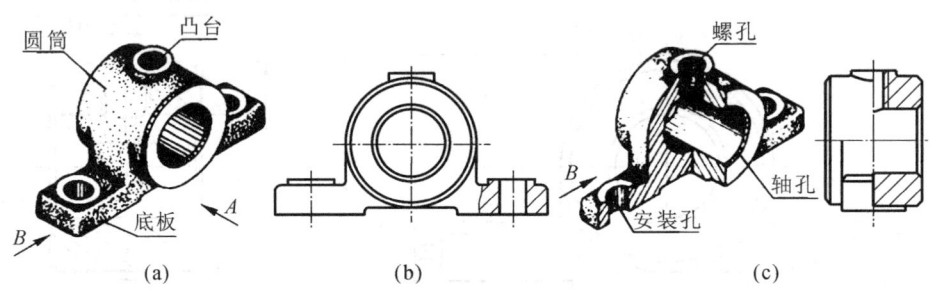

图 8-3 轴承座主视图的选择

(a)轴承座的安放位置 (b)选择 A 向作主视图 (c)选择 B 向作主视图

2)其他视图及表达方法的选择

其他视图及表达方法的选择,要根据零件的复杂程度和内、外结构等情况进行综合考虑,使每个视图或表达方法都有一个表达重点。优先选择基本视图以及在基本视图上作剖视或作断面图等。

轴承座主视图选好后,再选半剖的左视图,表达凸台螺孔及圆筒内部结构形状。另选俯视图补充表达凸台和底板的形状特征。具体表达方案如图 8-4 所示。

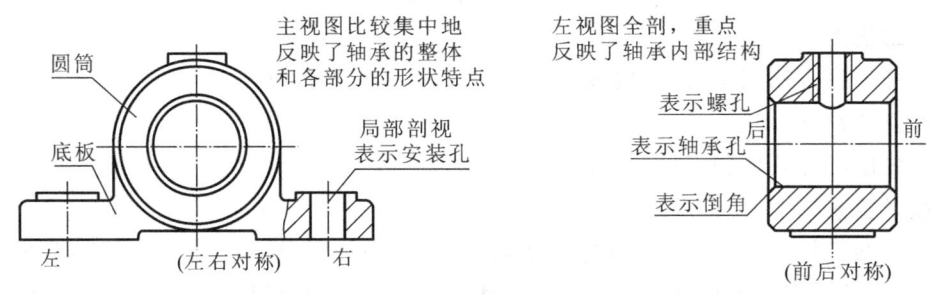

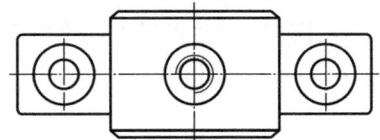

图 8-4 轴承座的表达方案

2. 零件图的尺寸标注

零件图中的尺寸,是加工和检验零件的重要依据。因此,零件图中的尺寸标注要求做到:正确、完整、清晰和合理。为了达到这些要求,除了要严格遵守国家标准有关尺寸标注的基本规定,保证定形、定位尺寸及整体尺寸完整,不多注、漏注尺寸,尺寸配置清晰、醒目、易找到,还应合理地选择尺寸基准,使尺寸标注便于加工和测量。

1) 尺寸基准及其选择

尺寸基准就是确定尺寸位置的几何要素。零件有长、宽、高三个方向,每个方向必须有一个主要尺寸基准,另外有一个或几个辅助尺寸基准。根据基准的作用不同,尺寸基准又分设计基准和工艺基准两种。

(1) 设计基准:根据零件的结构形状和设计要求而确定的基准。一般是机器或部件用以确定零件位置的面和线。

(2) 工艺基准:为便于加工和测量而确定的基准。一般是在加工过程中用以确定零件加工或测量位置的一些面和线。

选择尺寸基准时,尽量使设计基准与工艺基准重合,当两者不能做到统一时,应选择设计基准作为主要基准,工艺基准作为辅助基准。但要注意的是,主要基准与辅助基准之间必须要有一个联系尺寸。

轴承座的尺寸基准选择及尺寸标注如图 8-5 所示。

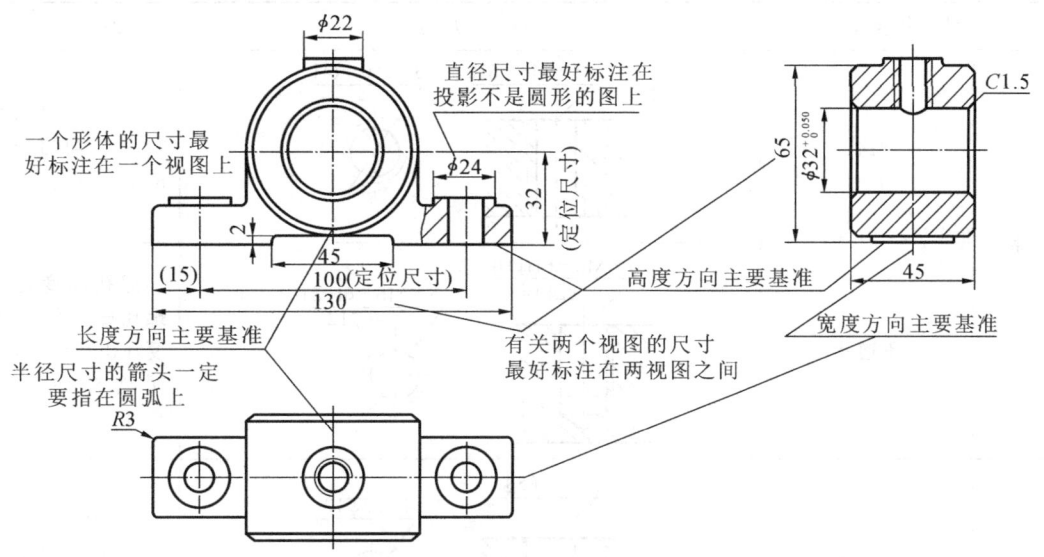

图 8-5 轴承座尺寸基准选择及尺寸标注

2) 零件尺寸标注的一般原则

(1) 零件的重要尺寸应直接标注。零件上的重要尺寸是指影响零件工作性能的尺寸,有配合要求的尺寸,确定各部分结构相对位置的尺寸等。例如,轴承座的定位尺寸 32 和 100 及配合尺寸 $\phi 32_0^{+0.05}$ 等就是重要尺寸,在零件图上应直接标出,如图8-5所示。

(2) 尺寸标注要便于加工和测量,如图8-6所示。

(3) 不要注成封闭尺寸链。图 8-7(a)标注了总长和各段长度 A、B、C,形成了封闭尺寸链,将给加工造成困难。应按如图 8-7(b)所示的形式标注。

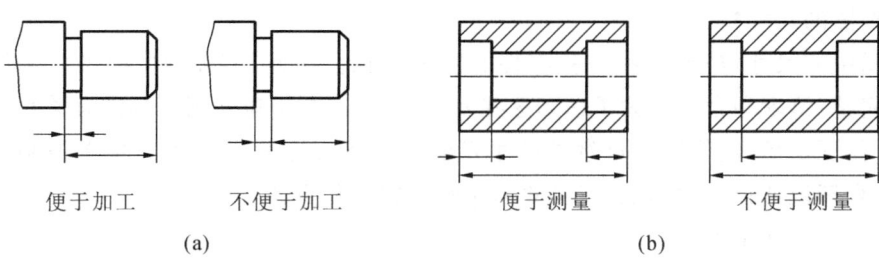

便于加工　　　　　不便于加工　　　　便于测量　　　　不便于测量

(a)　　　　　　　　　　　　　　　　　(b)

图 8-6　尺寸标注要便于加工和测量

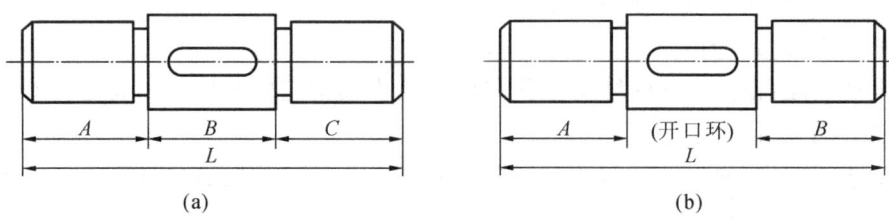

(a)　　　　　　　　　　　　　　　　　(b)

图 8-7　尺寸链

（a）封闭尺寸链　（b）开口尺寸链

（4）零件上常见结构要素的尺寸标注方法如表 8-1 所示。如果是标准结构要素，其尺寸应按有关标准手册确定。

表 8-1　常见结构要素的尺寸注法

零件结构类型		标 注 方 法	说　　明
螺孔	通孔	3×M6—6H　　3×M6—6H	3×M6 表示直径为 6，均匀分布的 3 个螺孔
	不通孔	3×M6—6H↓10 孔↓12　　3×M6—6H↓10 孔↓12	螺孔深度可与螺孔直径连注；需要注出孔深时，应明确标注孔深尺寸
光孔	一般孔	4×φ5↓10　　4×φ5↓10	4×φ5 表示直径为 5，均匀分布的 4 个光孔。孔深与孔径连注
	锥销孔	锥销孔φ5 装时配作　　锥销孔φ5 装时配作	φ5 为与锥销孔相配的圆锥销小头的直径。锥销孔通常是相邻两零件装在一起时加工的

续表

零件结构类型		标 注 方 法	说 明
沉孔	锪平面	4×φ7　□φ16	锪平面 φ16 的深度不需标注,一般锪平到不出现毛面为止
	锥形沉孔	6×φ7　∨φ13×90°	6×φ7 表示直径为7,均匀分布的6个孔
	柱形沉孔	4×φ6　□φ10↓3.5	柱形沉孔的小直径为 φ6,大直径为 φ10,深度为3.5,均需标注
倒角		C1.5　C2　1.5 30°	倒角是 1.5×45°时,可注成 C1.5;倒角不是 45°时,要分开标注

3. 零件表达方案的选择和尺寸标注举例

生产实际中零件的种类繁多,形状和作用各不相同。为了便于分析和掌握,根据它们的结构形状及作用,大致可以将其分为轴套类、轮盘类、叉架类和箱体类等几种类型。

1) 轴套类零件

轴套类零件包括各种轴和套,在机器或部件中大多起传递运动和扭矩以及定位作用。其主体结构为直径不同的回转体,而且一般都在车床上加工。所以,一般只用一个基本视图(轴线水平放置)表达,如图 8-8(a)所示。实心轴不必剖视,对轴上的键槽、销孔及退刀槽等结构,常用移出断面图、局部剖视图和局部放大图等表达方法表示;较长的轴还可以采用折断画法;对空心轴或套,则用全剖或局部剖表示。

标注尺寸时,可选择轴线为高度和宽度的主要尺寸基准,长度的主要基准通常选择比较重要的端面或安装结合面。注意按加工顺序安排尺寸,把不同工序的尺寸分别集中,方便加工和测量。如图 8-8 所示是一传动轴表达方案与尺寸标注的例子。

2) 轮盘类零件

轮盘类零件包括各种手轮、带轮、法兰盘、轴承盖等。其主体结构也为回转体,但其径向尺寸远远大于轴向尺寸,呈盘状,还有轴孔、均匀分布的肋和螺栓孔等辅助结构。它在机器或部件中主要起传动、支承或密封作用。轮盘类零件一般需用 1～2 个基本视图表达,另采用一些局部视图、局部剖视图或移出断面图等方法表达其辅助结构。如图 8-9 所示,轴承盖可选 A 和 B 作为主视图投射方向。取 A 向并全剖作主视图,符合加工位置,标注尺寸后看

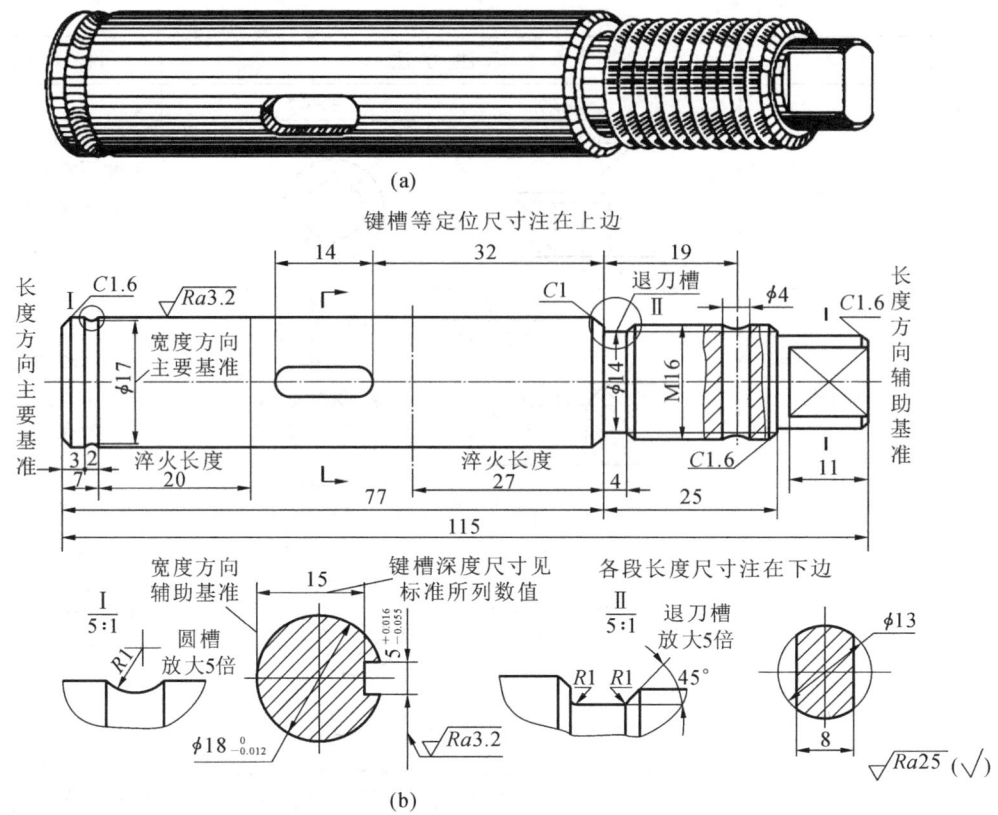

图 8-8 轴的表达方案与尺寸标注

图很方便。如果取 B 向作主视图,虽然形状特征明显,但不如选 A 向看图方便。

轮盘类零件尺寸基准选择与轴套类零件相同。对于均布的孔,其定位尺寸通常要注出定位圆周的直径,如图 8-9 中的 $\phi52$。

轴承盖的表达方案与尺寸标注示例如图 8-9 所示。

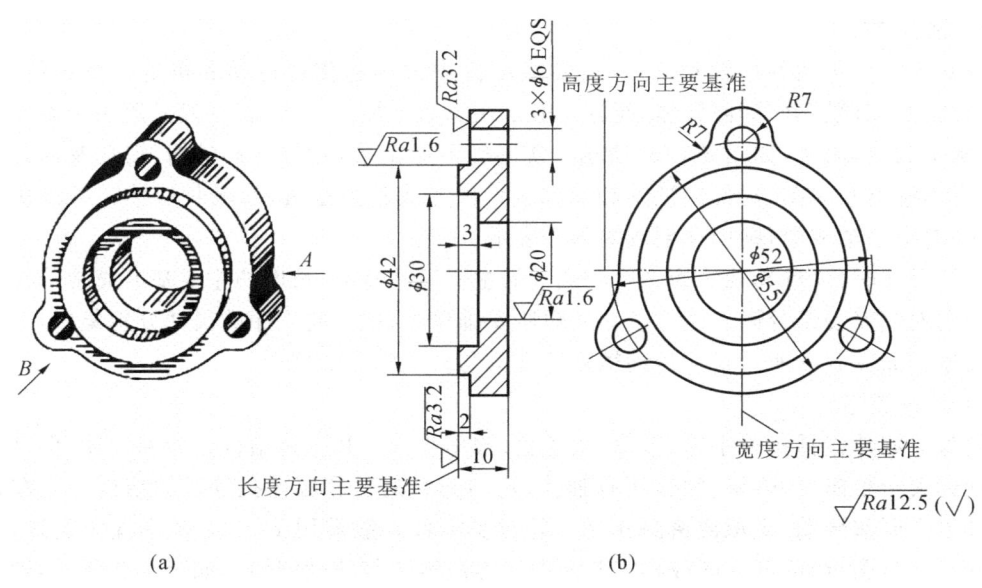

(a)   (b)

图 8-9 轴承盖的表达方案与尺寸标注示例

3）叉架类零件

叉架类零件包括拨叉、支架、连杆和支座等。这类零件一般由支承、安装和连杆三部分组成。支承部分一般为圆筒或半圆筒，或带圆弧的叉；安装部分为方形或圆形底板；连接部分常为各种形状的肋板。由于它们的形状较为复杂、不规则，常具有不完整和歪斜的形体，且其加工工序较多，往往没有不变的加工位置，所以主视图一般按其工作位置或将其倾斜部分摆正来选择。一般用两个或两个以上基本视图表示主要结构形状，并在基本视图上作适当剖视以表达内部形状；而用局部、斜视或局部剖等视图表达歪斜部分形状，复杂的肋板则用断面图表示。

叉架类零件长、宽、高三个方向的主要尺寸基准，一般为对称面、轴线、中心线或较大的加工面。定位尺寸较多，应优先标注出，然后按形体分析法标注各部分定形尺寸。图 8-10 所示为一叉架类零件的表达方案和尺寸标注的示例。

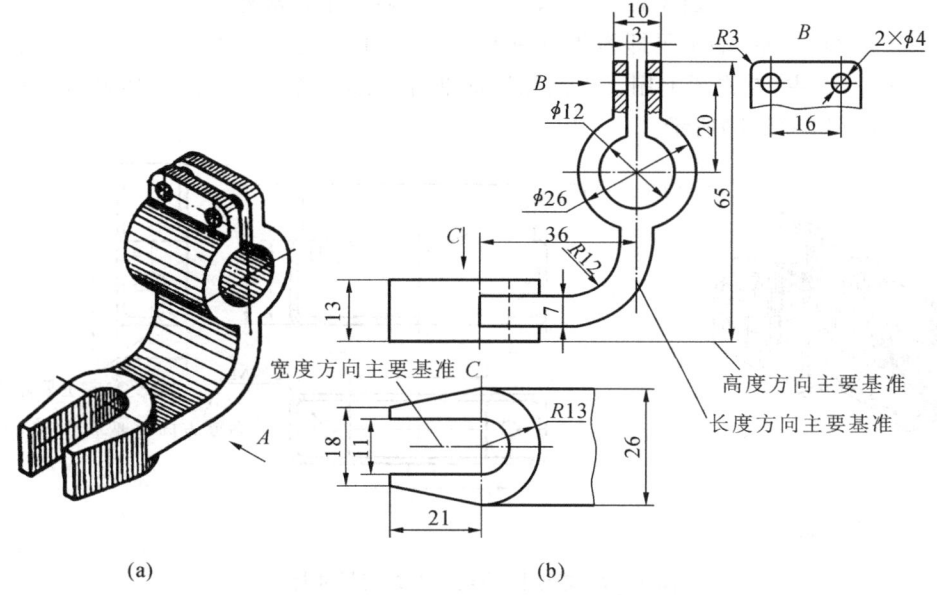

图 8-10　叉架类零件的表达方案与尺寸标注示例

4）箱体类零件

箱体类零件包括阀体、泵体、箱体等，在机器或部件中主要起包容、支承或固定其他零件的作用。其结构较复杂，多为外形简单、内形复杂的箱体。一般要用三个或三个以上的基本视图表达，并在基本视图上作各种剖视图以表达其内部结构，另用局部视图表示尚未表达清楚的结构。

图 8-11 所示为电动机上接线盒的表达方案与尺寸标注示例。

5）其他零件

除了上述四类典型零件外，还有薄板冲压类、镶嵌、注塑类零件等。这里只简要介绍薄板冲压零件的表达特点。

在电子、通信仪器仪表等设备中的底板、支架等零件，大多是用板材剪裁、冲孔、再冲压成形的。这类零件的弯拆处，一般有小圆角，零件的板面上有许多孔和槽，以便安装电气元件或部件，并将该零件安装到机架上。零件板面上的孔一般为通孔，在不致引起看图困难时，只画反映实形的视图，而其他视图中的虚线不必画出。

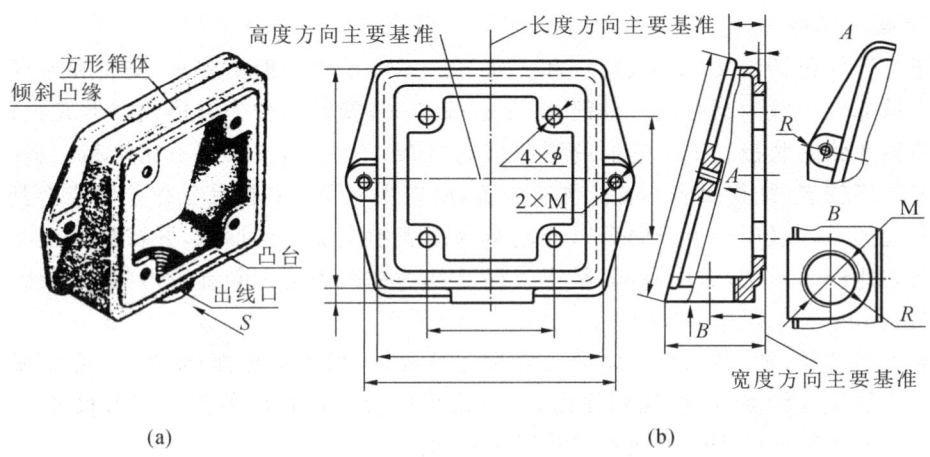

图 8-11　接线盒的表达方案与尺寸标注示例

如图 8-12(a)所示,端子匣即为薄板冲压件,它是用冷轧钢冲压成形的。共采用三个基本视图表达,并在主、左视图上用了半剖和局部剖,使表达比较完整清楚,其表达方案的选择与尺寸标注如图 8-12(b)所示。

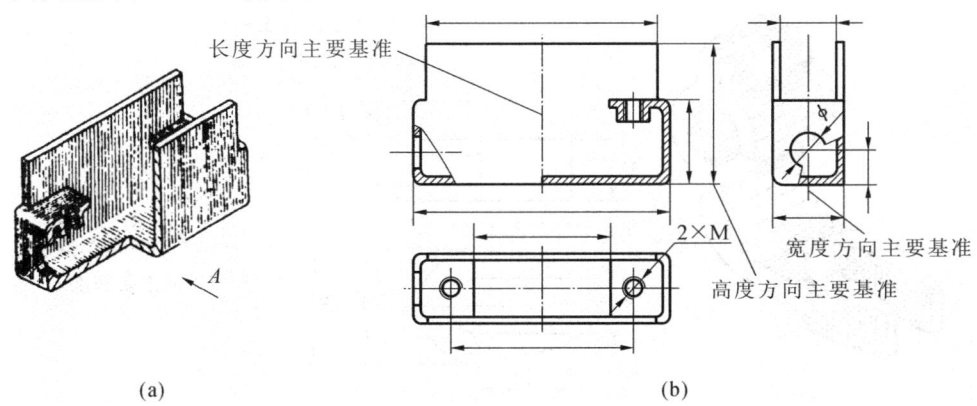

图 8-12　端子匣的表达方案与尺寸标注

任务二　零件的结构形状设计与工艺结构

【任务目标】

(1)掌握常见的零件加工结构形状设计。

(2)掌握零件的加工工艺结构。

【任务要求】

能力目标	知识要点	相关知识
了解相关知识	零件的结构形状设计的内容和作用	零件的结构形状设计的内容和作用
熟练掌握知识点	(1)结构形状设计的作用 (2)零件的加工工艺结构	(1)设计要求 (2)工艺要求 (3)零件的加工工艺结构

（一）零件的结构形状设计简介

零件在机器或部件中的作用不同,其结构形状也各不相同。所以,零件的结构形状是由设计要求、加工方法、装配关系、技术经济思想、工业美学等多方因素确定的。由于零件在机器或部件中都有相应的位置和作用,每个零件上可能具有支承、容纳、传动、连接、定位、密封和防松等一项或几项功能结构,而这些功能结构又要通过相应的加工方法(如铸造、机加工等)来实现;因此,零件的结构形状设计主要考虑设计要求和工艺要求两个方面。

(1) 设计要求决定零件的主体结构。

(2) 工艺要求决定零件的工艺结构。

下面以如图 8-13 所示传动轴为例。说明零件结构形状设计的过程。

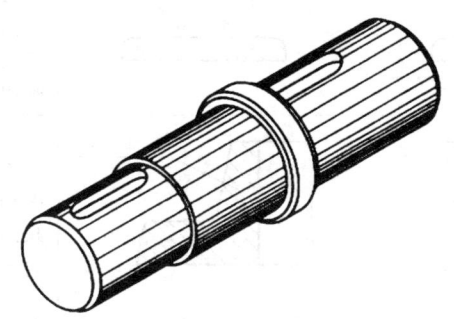

图 8-13　从动轴

如图 8-13 所示,从动轴是某减速器中的零件,其主要功能是装在两个滚动轴承中,用来支承齿轮并传递扭矩,还要求与外部设备连接,传递运动。从动轴的加工方法主要是车削,然后铣键槽。它的结构形状设计过程如表 8-2 所示。

表 8-2　从动轴的结构形状设计过程

结构形状形成过程	主要考虑的问题	结构形状形成过程	主要考虑的问题
(1)	为伸出外部与其他机器相接,形成一轴颈	(4)	为了支承齿轮和用轴承支承轴,轴端做成轴颈
(2)	为了用轴承支承轴,又在左端做一轴颈	(5)	为了与齿轮连接,左端做一键槽;为了与外部设备连接,右端也做一键槽;为使装配方便、保护装配表面,多处做出倒角、退刀槽
(3)	为了固定齿轮的轴向位置,增加一稍大的凸肩		

（二）零件常见的工艺结构

为了使零件的毛坯制造、机械加工、测量和装配更加顺利、方便,零件的主体结构确定之后,还必须设计合理的工艺结构。零件常见的工艺结构如表 8-3 所示。

表 8-3　零件常见工艺结构

内　容	图　例	说　明
铸造圆角和起模斜度	铸造圆角　起模斜度1:20　加工成倒角　加工后出尖角	为防止砂型在尖角处脱落和避免铸件冷却收缩时,在尖角处产生裂纹,铸件各表面相交处应做成圆角。 为使起模方便,铸件表面沿起模方向做出斜度,一般为 1:20。起模斜度若无特殊要求时,图中可不画出,也不作标注
铸件壁厚	逐渐过渡　壁厚均匀	为了避免浇铸后零件各部分因冷却速度不同而产生缩孔、裂纹等缺陷,因此,尽可能使铸件壁厚均匀或逐渐变化
凸台和凹坑		为了使两零件表面接触良好、减少加工面积,常在铸件上设计出凸台和凹坑
倒角和倒圆	C1.6　倒角　C2　R　R　倒圆	为了方便装配和去掉毛刺、锐边,在轴或孔的端部一般都应加工出倒角。 对阶梯形的轴或孔,为了防止应力集中所产生的裂纹,常把轴肩、孔肩处加工成倒圆
退刀槽和砂轮越程槽		在车削加工、磨削加工和车螺纹时,为了便于退出刀具或砂轮越过加工面,经常在待加工面的末端先加工出退刀槽或砂轮越程槽
合理的钻孔结构	90°	用钻头加工时,钻头的轴线应尽量垂直于被加工零件表面,以保证钻孔位置正确和不损坏钻头。同时还要考虑方便钻头加工

任务三 零件的技术要求

【任务目标】

(1)熟练掌握表面粗糙度、极限与配合、几何公差的概念。

(2)掌握各种技术要求在零件图中的标注方式和要求。

【任务要求】

能 力 目 标	知 识 要 点	相 关 知 识
了解相关知识	技术要求在零件图中的标注方式	(1)表面粗糙度的标注方式 (2)极限与配合的标注方式 (3)几何公差的标注方式
熟练掌握知识点	技术要求的概念	(1)表面粗糙度的概念 (2)表面粗糙度的轮廓参数 (3)极限与配合的概念 (4)几何公差的概念 (5)几何公差的常见符号

零件图上除了有表达零件结构形状的图形及尺寸大小外,还必须有加工制造该零件时应达到的一些技术要求。零件的技术要求主要包括表面粗糙度、极限与配合、几何公差、材料热处理等方面的要求。

(一)表面结构

1.表面结构的评定参数

评定表面结构的参数分为轮廓参数(根据 GB/T 3505—2009)、图形参数(根据 GB/T 18618—2009)和支承率曲线参数(基于 GB/T 18778.2—2003 和 GB/T 18778.3—2006)三种。参数定义参见各相关标准。

目前在生产中主要用 R 轮廓的幅度参数 Ra(a 表示轮廓的算术平均偏差)和 Rz(z 表示轮廓的最大高度)来评定表面结构,其中以 Ra 应用最广。

2.评定表面结构的表面粗糙的参数规定数值

表面粗糙度参数从轮廓的算术平均偏差 Ra 和轮廓的最大高度 Rz 中选取。在幅度参数常用的参数值范围(Ra 为 $0.025 \sim 6.3~\mu m$,Rz 为 $0.1~gm \sim 25~\mu m$)内推荐优先选用 Ra 值。Ra、Rz 的数值规定如表 8-4 所示。根据表面功能和生产的经济合理性,当所选的数值系列不能满足要求时,可选表 8-5 中的补充系列值。

表 8-4　轮廓的算术平均偏差 Ra 和轮廓的最大高度 Rz 的数值

（摘自 GB/T 1031—2009）　　　　　　　　　　　　　　　　（单位：μm）

Ra	0.012	0.2	3.2	50	Rz	0.025	0.4	6.3	100	1600
	0.025	0.4	6.3	100		0.05	0.8	12.5	200	—
	0.05	0.8	12.5	—		0.1	1.6	25	400	—
	0.1	1.6	25	—		0.2	3.2	50	80	—

表 8-5　Ra 和 Rz 的补充系列值（摘自 GB/T 1031—2009）　　　（单位：μm）

Ra	0.008	0.080	1.00	10.0	Rz	0.032	0.32	4.0	40	500
	0.010	0.125	1.25	16.0		0.040	0.50	5.0	63	630
	0.016	0.160	2.0	20		0.063	0.63	8.0	80	1000
	0.020	0.25	2.5	32		0.080	1.00	10.0	125	1250
	0.032	0.32	4.0	40		0.125	1.25	16.0	160	—
	0.040	0.50	5.0	63		0.160	2.0	20	250	—
	0.063	0.63	8.0	80		0.25	2.5	32	320	—

3. 表面粗糙度参数的选用

人们根据实践总结了表面粗糙度参数选取的类比原则（见表 8-6），表面粗糙度参数与公差等级、公称尺寸的对应关系（见表 8-7），加工方法与表面粗糙度参数 Ra 的关系（见表 8-8），可供设计参考。

表 8-6　表面粗糙度参数选取的类比原则

表面类别	表面粗糙度参数要求（Ra 值）	
	小一些	大一些
工作面或摩擦面	√	
荷载（或比压）大的表面	√	
受变荷载或应力集中部位	√	
尺寸、几何公差精度高或配合性质要求稳定的表面	√	
同一公差等级时,孔比轴的表面		√
配合相同时,大尺寸比小尺寸的结合面		√
间隙配合比过盈配合的表面		√
防腐、密封要求高的表面	√	

表 8-7　表面粗糙度参数与公差等级、公称尺寸的对应关系

公差等级 IT	公称尺寸/mm	$Ra/\mu m$	$Rz/\mu m$
2	≤10	0.250～0.040	0.16～0.20
	>10～50	0.050～0.080	0.20～0.40
	>50～180	0.10～0.16	0.50～0.80
	>180～500	0.20～0.32	1.0～1.6
3	≤18	0.050～0.080	0.25～0.40
	>18～50	0.10～0.16	0.50～0.80
	>50～250	0.20～0.32	1.0～1.6
	>250～500	0.40～0.63	2.0～3.2
4	≤6	0.050～0.080	0.25～0.40
	>6～50	0.10～0.16	0.50～0.80
	>50～250	0.20～0.32	1.0～1.6
	>250～500	0.40～0.63	2.0～3.2
5	≤6	0.10～0.16	0.50～0.80
	>6～50	0.20～0.32	1.0～1.6
	>50～250	0.40～0.63	2.0～3.2
	>250～500	0.80～1.25	4.0～6.3
6	≤10	0.02～0.32	1.0～1.6
	>10～80	0.40～0.63	2.0～3.2
	>80～250	0.80～1.25	4.0～6.3
	>250～500	1.6～2.5	8.0～10
7	≤6	0.40～0.63	2.0～3.2
	>6～50	0.80～1.25	4.0～6.3
	>50～500	1.6～2.5	8.0～10
8	≤6	0.40～0.63	2.0～3.2
	>6～120	0.80～1.25	4.0～6.3
	>120～500	1.6～2.5	8.0～10
9	≤10	0.80～1.25	4.0～6.3
	>10～120	1.6～2.5	8.0～10
	>120～500	3.2～5.0	12.5～20
10	≤10	1.6～2.5	8.0～10
	>10～120	3.2～5.0	12.5～20
	>120～500	6.3～10	25～40

表 8-8　加工方法与表面粗糙度 Ra 值的关系　　　　　（单位：μm）

加工方法		Ra	加工方法		Ra	加工方法		Ra
砂模铸造		80～20*	铰孔	粗铰	40～20	齿轮加工	插齿	5～1.25*
模型锻造		80～10		半精铰、精铰	2.5～0.32*		滚齿	2.5～1.25*
车外圆	粗车	20～10	拉削	半精拉	2.5～0.63		剃齿	1.25～0.32*
	半精车	10～2.5		精拉	0.32～0.16	切螺纹	板牙	10～2.5
	精车	1.25～0.32	刨削	粗刨	20～10		铣	5～1.25*
镗孔	粗镗	40～10		精刨	1.25～0.63		磨削	2.5～0.32*
	半精镗	2.5～0.63*	钳工加工	粗锉	40～10	镗磨		0.32～0.04
	精镗	0.63～0.32		细锉	10～2.5	研磨		0.63～0.16
圆柱铣和精铣	粗铣	20～5*		刮削	2.5～0.63	精研磨		0.08～0.02
	精铣	1.25～0.63*		研磨	1.25～0.08	抛光	一般抛	1.25～0.16
钻孔，扩孔		20～5	插削		40～2.5		精抛	0.08～0.04
锪孔，锪端面		5～1.25	磨削		5～0.01*			

注：① 表中数据系对钢材加工而言；
　　② * 为该加工方法可达到的 Ra 极限值。

4. 表面结构符号及其参数值的标注方法

在给出表面结构要求时，应标注其参数代号和相应数值，并包括要求解释的以下四项重要信息：

（1）三种轮廓（R、W、P）中的一种；

（2）轮廓特征；

（3）满足评定长度要求的取样长度个数；

（4）要求的极限值。

1）表面结构的图形符号及其含义（见表 8-9）

表 8-9　表面结构的图形符号及其含义（摘自 GB/T 131—2006）

符 号 名 称	符　号	说　明
基本图形符号		表示未指定工艺方法的表面。仅用于简化代号的标注，通过一个注释可单独使用，没有补充说明时不能单独使用
扩展图形符号		要求去除材料的图形符号。表示用去除材料方法获得的表面，如果通过机械加工（车、铣、钻、磨）的表面，仅当其含义是"被加工并去除材料的表面"时可单独使用
		不允许去除材料的图形符号。表示不去除材料的表面，如铸、锻件的表面等。也可用于表示保持上道工序形成的表面，不管这种情况是通过去除材料还是不去除材料形成的

续表

符号名称	符号	说明
完整图形符号	(1) (2) (3)	用于标注表面结构特征的补充信息。(1)、(2)、(3)符号分别用于"允许任何工艺"、"去除材料"、"不去除材料"方法获得的表面标注
工件轮廓各表面的图形符号		在图样某个视图上构成封闭轮廓的各表面有相同的表面结构要求时,应在完整符号上加一圆圈,标注在图样中工件的封闭轮廓线上。如果标注会引起歧义,各表面应分别标注。左图符号是指对图形中封闭轮廓的六个面(不包括前后面)的共同要求

2)表面结构完整图形符号的组成

为了明确表面结构要求,除了标注表面结构参数和数值外,必要时应标注补充要求,补充要求包括加工工艺、表面纹理及方向、加工余量等。

在完整符号中对表面结构的单一要求和补充要求应标注在图 8-14 所示的指定的位置。

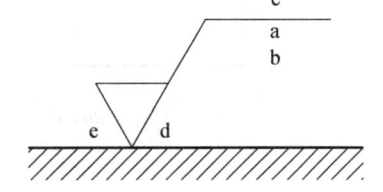

图 8-14 补充要求的标注位置(a~e)

位置 a——标注表面单一的要求,包括表面结构参数代号、极限值、传输带或取样长度。在参数代号和极限值间应插入空格。

位置 a 和 b——标注两个或多个表面结构要求,若位置不够,图形符号应沿垂直方向扩大,以空出足够的空间。

位置 c——标注加工方法、表面处理、涂层或其他加工工艺要求等。

位置 d——标注要求的表面纹理和纹理方向,如"="、"X"等。

位置 e——标注所要求的加工余量。

3)表面结构代号的含义(见表 8-10)

表 8-10　表面结构代号含义(摘自 GB/T 131—2006)

符号	说明
$Rz\,0.4$	表示不允许去除材料,单向上限值,默认传输值,R 轮廓,粗糙度的最大高度为 $0.4\ \mu m$,评定长度为 5 个取样长度(默认),"16%规则"(默认)
$Rz\max 0.2$	表示去除材料,单向上限值,默认传输值,R 轮廓,粗糙度的最大高度为 $0.2\ \mu m$,评定长度为 5 个取样长度(默认),"最大规则"
$0.008-0.8/Ra\,3.2$	表示去除材料,单向上限值,传输带 $0.008\sim0.8$ mm,R 轮廓,算术平均偏差为 $3.2\ \mu m$,评定长度为 5 个取样长度(默认),"16%规则"(默认)

续表

符　　号	说　　明
$\sqrt{\quad}$ $-0.8/Ra\,3\,3.2$	表示去除材料，单向上限值，传输带：根据 GB/T 6062—2009，取样长度为 0.8 mm（λ_s，默认 0.0025 mm）。R 轮廓：算术平均偏差为 3.2 μm，评定长度包含 3 个取样长度，"16%规则"（默认）
$\sqrt{\quad}$ U Ra max 3.2 L Ra 0.8	表示不允许去除材料，双向极限值，两极限值均使用，默认传输带，R 轮廓，上限值：算术平均偏差为 3.2 μm，评定长度为 5 个取样长度（默认），"最大规则"。下限值：算术平均偏差为 0.8 μm，评定长度为 5 个取样长度（默认），"16%规则"（默认）
$\sqrt{\quad}$ $0.8-25/Wz\,3\,10$	表示去除材料，单向上限值，传输带 0.8～25 mm，W 轮廓，波纹最大高度为 10 μm，评定长度为 3 个取样长度（默认），"16%规则"（默认）

4）表面结构要求在图样中的标注方法（见表 8-11）

表 8-11　表面结构要求在图样中的标注方法（摘自 GB/T 131—2006）

标 注 示 例	解　　释
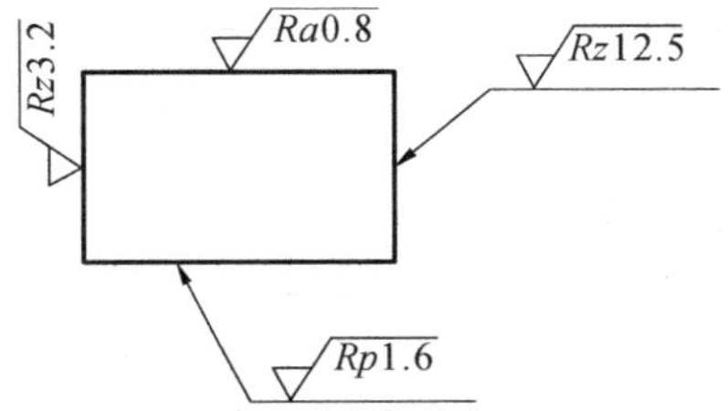 （图：矩形，标注 $Rz3.2$、$Ra0.8$、$Rz12.5$、$Rp1.6$）	应使表面结构的标注和读取方向与尺寸的标注和读取方向一致
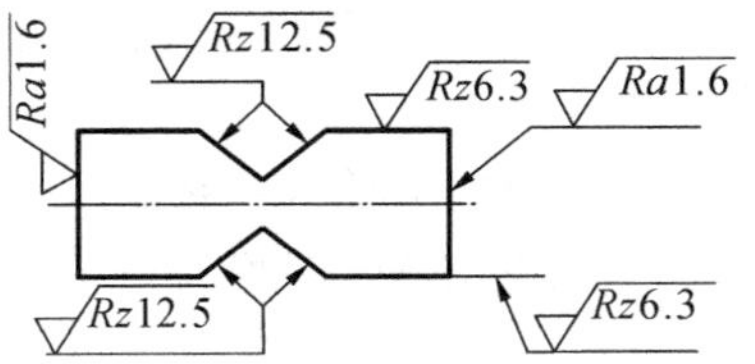 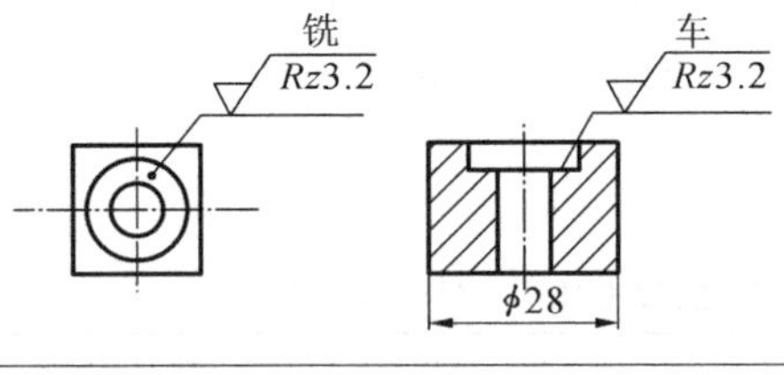 （图：阶梯轴带 V 形槽，标注 $Ra1.6$、$Rz12.5$、$Rz6.3$、$Ra1.6$、$Rz12.5$、$Rz6.3$）	表面结构要求可标注在轮廓线上，其符号应从材料外指向并接触表面，必要时表面结构符号也可以用带箭头或黑点的指引线引出标注
（图：铣 $Rz3.2$，车 $Rz3.2$，$\phi28$）	
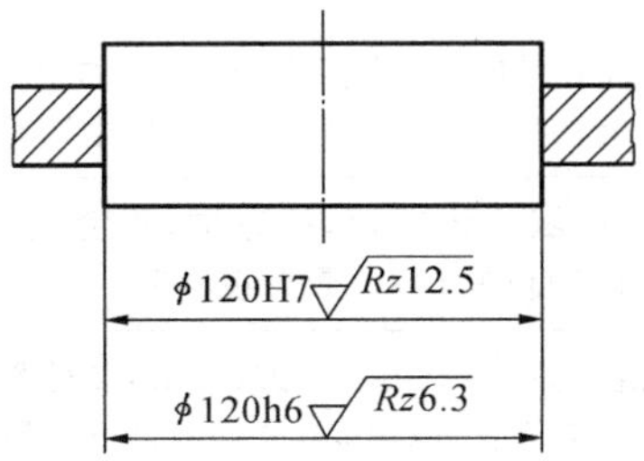 （图：轴类零件，$\phi120H7$ $\sqrt{Rz12.5}$，$\phi120h6$ $\sqrt{Rz6.3}$）	在不致引起误解时，表面结构要求可以标注在给定的尺寸线上

续表

标 注 示 例	解　释
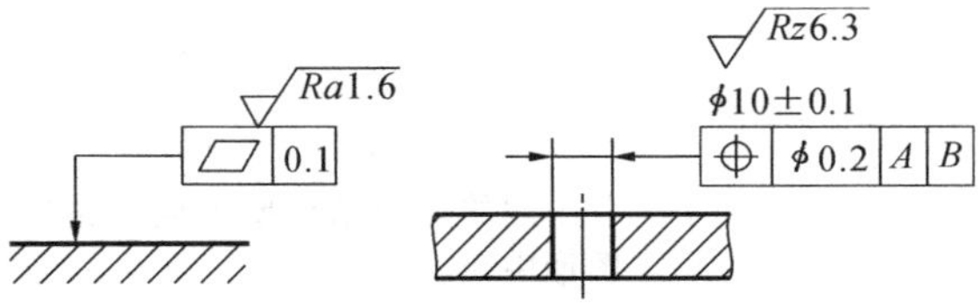 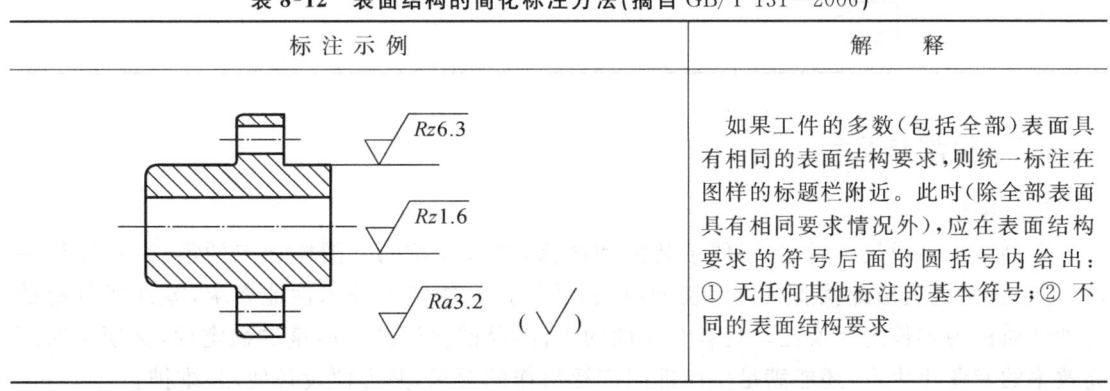	表面结构要求可标注在几何公差框格的上方
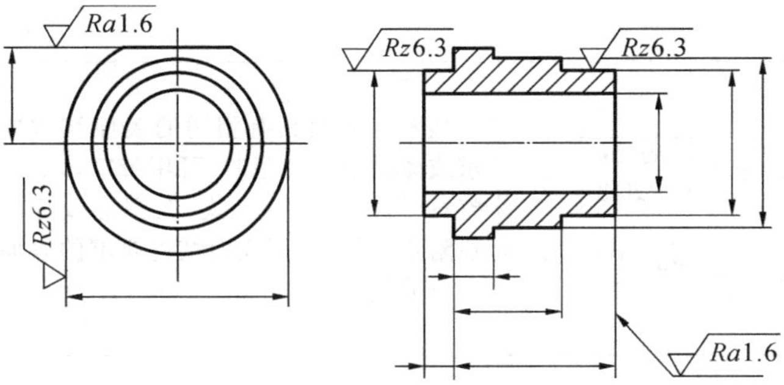	表面结构要求可以直接标注在延长线上，或用带箭头的指引线引出标注
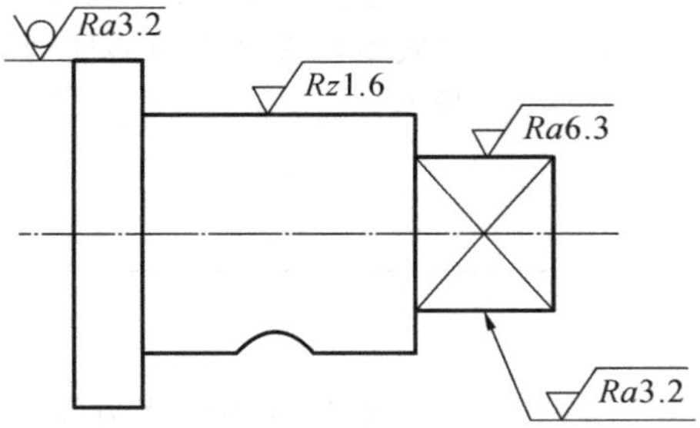	圆柱和棱柱表面的表面结构要求只标注一次，如果棱柱表面有不同的表面结构要求，则应分别单独标注

5）表面结构的简化标注方法（见表 8-12）

表 8-12　表面结构的简化标注方法(摘自 GB/T 131—2006)

标 注 示 例	解　释
	如果工件的多数（包括全部）表面具有相同的表面结构要求，则统一标注在图样的标题栏附近。此时（除全部表面具有相同要求情况外），应在表面结构要求的符号后面的圆括号内给出：①无任何其他标注的基本符号；②不同的表面结构要求

标 注 示 例	解　释
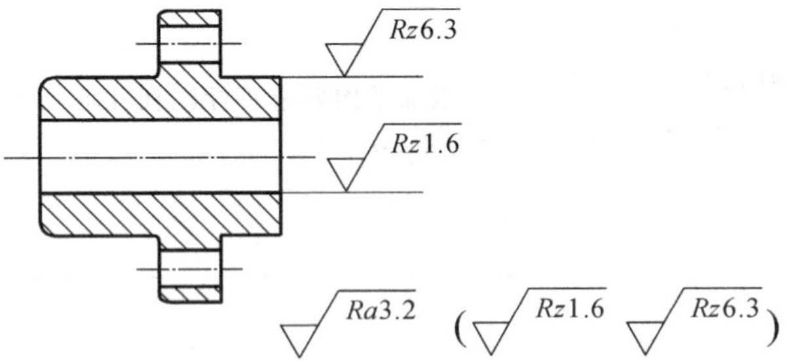	不同的表面结构要求应直接标注在图形中
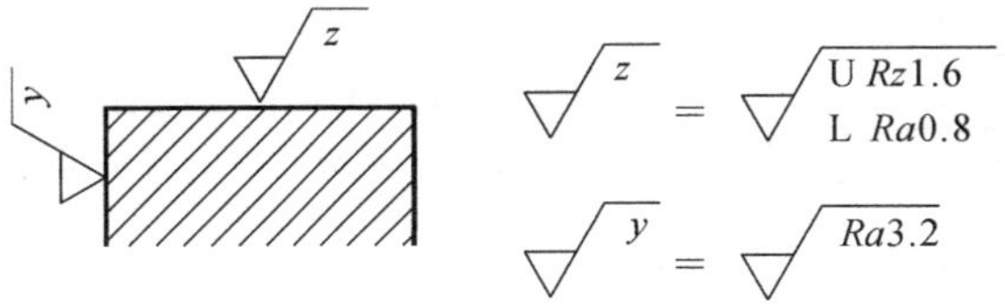	当多个表面具有相同的表面结构要求或图纸空间有限时,可用带字母的完整符号,以等式的形式,在图形或标题栏附近,对有相同表面结构要求的表面进行简化标注
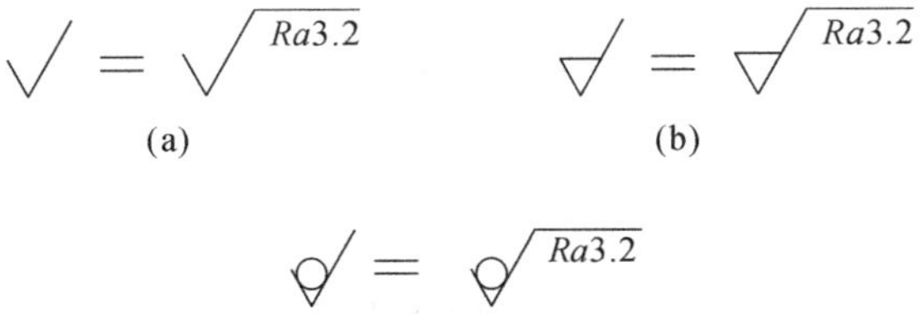	可以用基本符号、扩展符号以等式的形式给出多个表面共同的表面结构要求
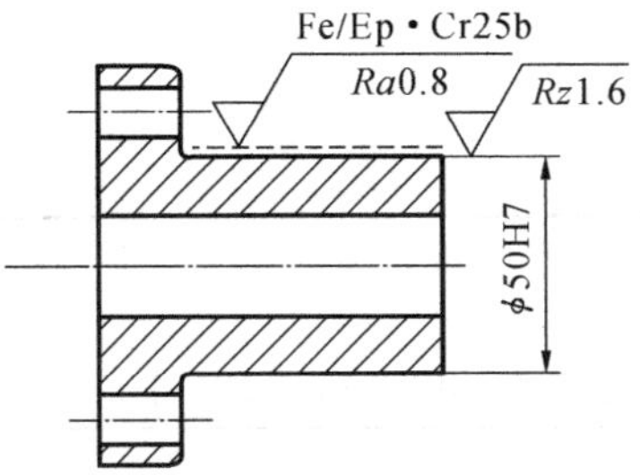	由几种不同的工艺方法获得的统一表面,当需要明确每种工艺方法的表面结构要求时,可按图中所示方法标注。图中同时给出了镀覆前后的表面结构要求

（二）极限与配合

1. 互换性

在制造机器或设备时,为了便于装配和维修,要求在按同一图样加工的零件中,任取一件,不经任何挑选修配就能顺利地装配使用,并能达到规定的技术性能要求,零件所具有的这种性质称为零件的互换性。具有互换性的零件,既能保证产品质量的稳定性,又便于实现高效率的专业化生产,还能满足生产部门广泛协作的要求,并方便设备使用、维护。

2. 极限与配合的概念

实际生产中,零件的尺寸是不可能做到绝对精确的,为了使零件具有互换性,就必须对零件尺寸限定一个变动范围,这个范围既要保证相互结合零件的尺寸之间形成一定的关系,以满足不同的使用要求,又要在制造上经济合理,这就形成了"极限与配合"。

3. 有关极限与配合的术语及定义

下面用图 8-15(GB/T 1800.1—2009)来说明有关极限与配合的术语及定义。

(1) 公称尺寸:设计时给定的尺寸。

(2) 实际尺寸:零件完工后实际测量所得的尺寸。

(3) 极限尺寸:允许尺寸变化的两个界限值。它以公称尺寸为基数来确定,极限尺寸中较大的一个称为上极限尺寸,较小的一个称为下极限尺寸。

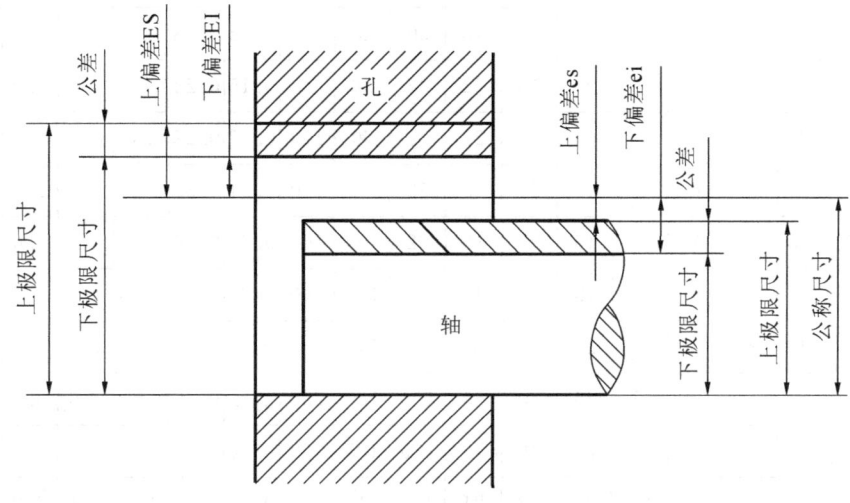

图 8-15　有关极限与配合的术语及定义

(4) 尺寸偏差(简称偏差):某一尺寸减去公称尺寸所得的代数差。尺寸偏差有上偏差和下偏差之分。

上偏差(es 轴,ES 孔)=上极限尺寸-公称尺寸。

下偏差(ei 轴,EI 孔)=下极限尺寸-公称尺寸。

(5) 尺寸公差(简称公差):允许实际尺寸的变动量。

尺寸公差=上极限尺寸-下极限尺寸=上偏差-下偏差

(6) 零线:表示公称尺寸的一条直线,用以确定偏差和公差。

(7) 尺寸公差带(简称公差带):由代表上、下偏差的两条直线所限定的一个区域,如图8-16 所示。

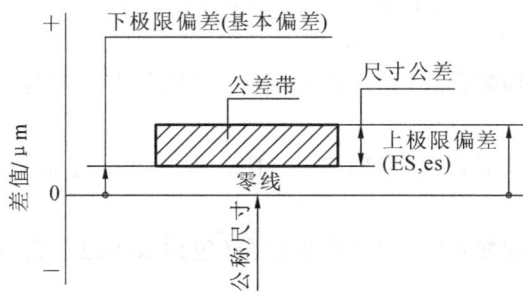

图 8-16　公差带图解

(8) 标准公差:国家标准规定用以确定公差带大小的公差,如表 8-13 所示。标准公差用 IT 表示,IT 后面的阿拉伯数字是标准公差等级。国家标准将公差等级分为 20 级,即 IT01、IT0、IT1 至 IT18。其尺寸精度从 IT01～IT18 依次降低。

表 8-13　标准公差数值(GB/T 1800.1—2009)

公称尺寸/mm		标准公差等级																	
大于	至	IT1	IT2	IT3	IT4	IT5	IT6	IT7	IT8	IT9	IT10	IT11	IT12	IT13	IT14	IT15	IT16	IT17	IT18
		μm											mm						
—	3	0.8	1.2	2	3	4	6	10	14	25	40	60	0.1	0.14	0.25	0.4	0.6	1	1.4
3	6	1	1.5	2.5	4	5	8	12	18	30	48	75	0.12	0.18	0.3	0.48	0.75	1.2	1.8
6	10	1	1.5	2.5	4	6	9	15	22	36	58	90	0.15	0.22	0.36	0.58	0.9	1.5	2.2
10	18	1.2	2	3	5	8	11	18	27	43	70	110	0.18	0.27	0.43	0.7	1.1	1.8	2.7
18	30	1.5	2.5	4	6	9	13	21	33	52	84	130	0.21	0.33	0.52	0.84	1.3	2.1	3.3
30	50	1.5	2.5	4	7	11	16	25	39	62	100	160	0.25	0.39	0.62	1	1.6	2.5	3.9
50	80	2	3	5	8	13	19	30	46	74	120	190	0.3	0.46	0.74	1.2	1.9	3	4.6
80	120	2.5	4	6	10	15	22	35	54	87	140	220	0.35	0.54	0.87	1.4	2.2	3.5	5.4
120	180	3.5	5	8	12	18	25	40	63	100	160	250	0.4	0.63	1	1.6	2.5	4	6.3
180	250	4.5	7	10	14	20	29	46	72	115	185	290	0.46	0.72	1.15	1.85	2.9	4.6	7.2
250	315	6	8	12	16	23	32	52	81	130	210	320	0.52	0.81	1.3	2.1	3.2	5.2	8.1
315	400	7	9	13	18	25	36	57	89	140	230	360	0.57	0.89	1.4	2.3	3.6	5.7	8.9
400	500	8	10	15	20	27	40	63	97	155	250	400	0.63	0.97	1.55	2.5	4	6.3	9.7

(9) 基本偏差:国家标准规定的用以确定公差带相对于零线位置的上偏差或下偏差,即指靠近零线的那个偏差。孔和轴各有 28 个基本偏差,如图 8-17 所示。

由图 8-17 所示可以看出:① 孔的基本偏差用大写字母表示,轴的基本偏差用小写字母表示。② 当公差带在零线上方时,基本偏差为下偏差;当公差带在零线下方时,基本偏差为上偏差。

4. 配合的概念

公称尺寸相同的相互结合孔和轴公差带之间的关系,称为配合。配合分为间隙配合、过盈配合和过渡配合三种,如图 8-18 所示。

(1) 间隙配合:孔与轴配合时,始终产生间隙(包括最小间隙为零)的配合,如图 8-18 所示的 Ⅰ 轴与孔的配合。

(2) 过渡配合:孔与轴配合时,有时产生间隙,有时产生过盈的配合,如图 8-18 所示的 Ⅱ 轴与孔的配合。

(3) 过盈配合:孔与轴配合时,始终产生过盈(包括最小过盈为零)的配合,如图 8-18 所示的 Ⅲ 轴与孔的配合。

5. 配合制度

国家标准规定了两种配合制度,即基孔制配合和基轴制配合。

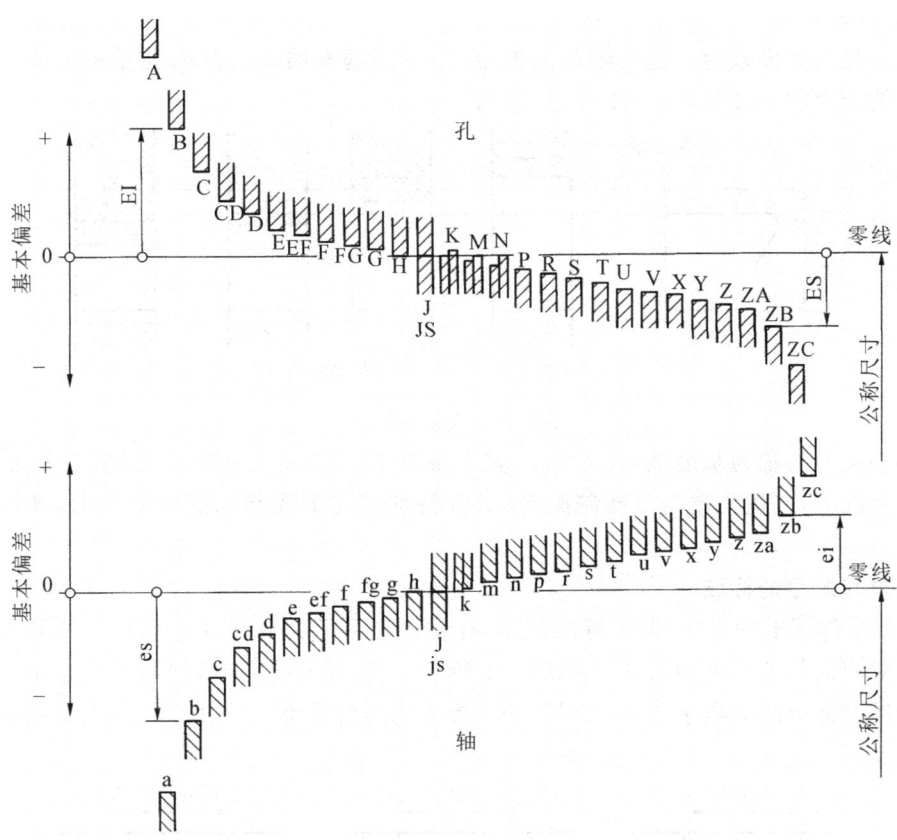

图 8-17　基本偏差系列示意图

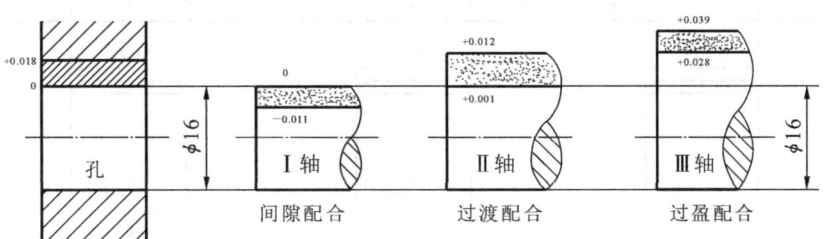

图 8-18　配合的种类

1）基孔制配合

基孔制是基本偏差为一定的孔的公差带，与不同基本偏差的轴的公差带形成各种松紧程度不同的配合的一种制度，如图 8-19 所示。

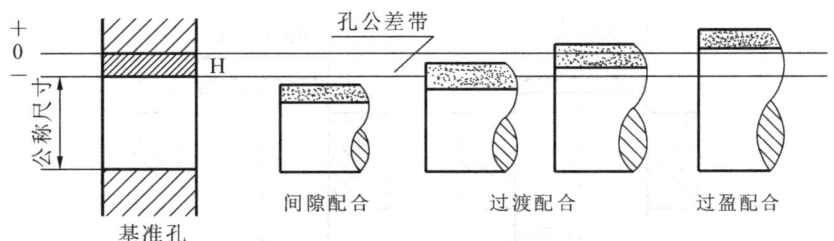

图 8-19　基孔制配合

基孔制配合的孔为基准孔，代号为 H，其下偏差为零，上偏差为正值，由标准公差决定。

2）基轴制配合

基轴制是基本偏差为一定的轴的公差带,与不同基本偏差的孔的公差带形成各种松紧程度不同的配合的一种制度,如图 8-20 所示。

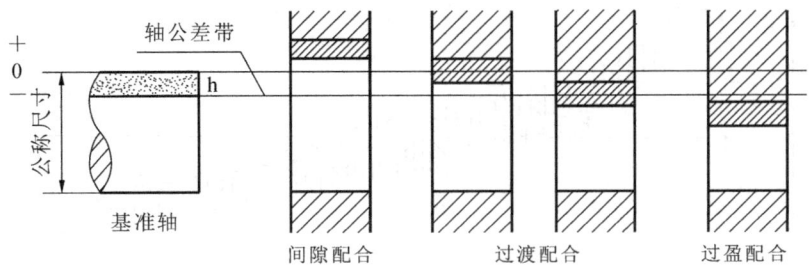

图 8-20　基轴制配合

基轴制配合的轴为基准轴,代号为 h,其上偏差零,下偏差为负值,由标准公差决定。

一般情况下,应优先选用基孔制配合,只在特殊情况下或与标准件配合时,才选用基轴制配合。

6. 极限与配合的标注

（1）在零件图上的标注:国家标准规定,在图样上采用公称尺寸后面标注所要求的公差带代号或对应的偏差数值的形式,如图 8-21 所示。孔、轴的公差带代号,均由基本偏差代号和表示标准公差等级的数字组成,如 H7、K6 等为孔的公差带代号,h6、f7 等为轴的公差带代号。

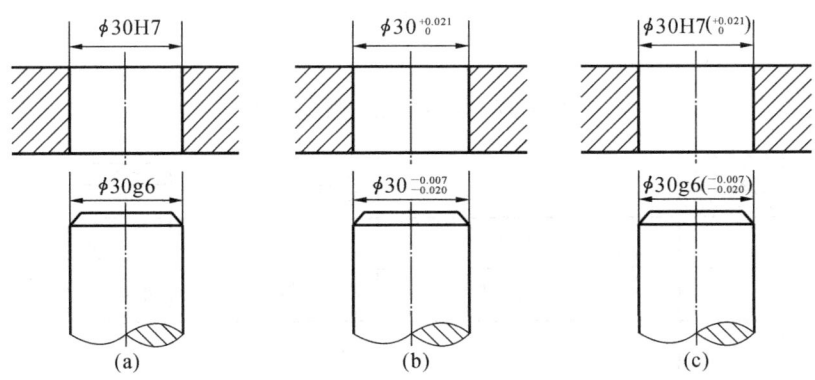

图 8-21　零件图上公差标注方法

（2）在装配图上的标注:国家标准规定,在装配图上采用分数形式标注。分子为孔的公差带代号,分母为轴的公差带代号,如图 8-22 所示。其孔、轴的公差带代号均可采用零件图上标注的三种形式。

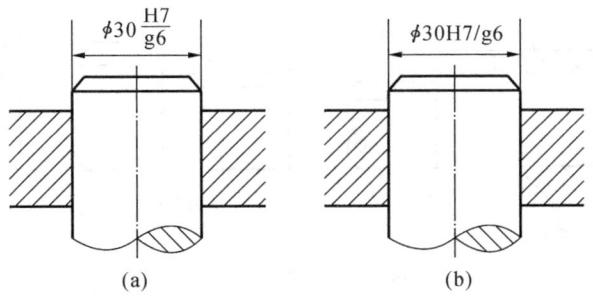

图 8-22　装配图上配合代号标注法

（三）几何公差简介

1. 几何公差的基本概念（GB/T 1182—2008）

几何公差包括形状公差、方向公差、位置公差和跳动公差。形状公差是零件被测要素（如中心线、表面）的实际形状对理想形状的允许变动量。位置公差是零件被测要素（如中心线、表面）的实际位置对理想位置的允许变动量。方向公差是零件被测要素的实际方向对理想方向的允许变动量。跳动公差是根据检测方法来定义的公差项目，以及当被测要素绕基准要素回转时，被测表面法线方向的跳动允许值。

2. 几何公差代号及标注示例

在工程技术图样中，几何公差应采用代号标注。当无法采用代号标注时，允许在技术要求中用文字说明。几何公差代号包括几何公差的项目代号（共有 2 类 14 项）、几何公差框格及指引线、几何公差值，以及其他有关代号、基准符号等，如图 8-23 所示。

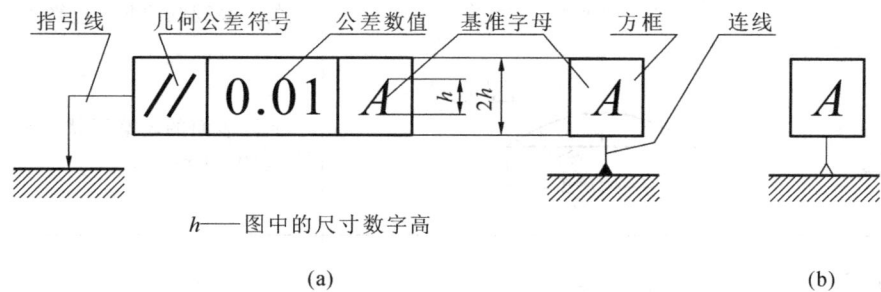

h——图中的尺寸数字高

（a）　　　　　　　　　（b）

图 8-23　几何公差代号与基准符号

（a）几何公差代号　（b）基准符号

各项几何公差符号及代号的标注方法示例如表 8-14 所示。

表 8-14　几何公差符号及代号的标注方法示例

分类	符号	标注示例	说　明
形状公差	直线度 ー		（1）圆柱表面上任一素线的形状所允许的变动全量（0.02 mm）（左图）；（2）$\phi 10$ 轴线的形状所允许的变动全量（$\phi 0.04$ mm）（右图）
	平面度		实际平面的形状所允许的变动全量（0.05 mm）

分类	符号	标注示例	说　明
形状公差	圆度 ◯		在圆柱轴线方向上任一横截面的实际圆所允许的变动全量(0.02 mm)
	圆柱度		实际圆柱面的形状所允许的变动全量(0.05 mm)
	线轮廓度 ⌒		在任一平行于图示投影面的截面内,实际轮廓线应限定在直径等于0.04、圆心位于被测要素理论正确几何形状上的一系列圆的两条包络线之间
	面轮廓度 ⌓		实际表面的轮廓形状所允许的变动全量(0.04 mm)
方向公差	平行度 ∥ 垂直度 ⊥ 倾斜度 ∠		实际要素对基准在方向上所允许的变动全量(平行度为0.05 mm,垂直度为0.05 mm,倾斜度为0.08 mm)
位置公差	同轴度 ◎ 对称度 ⹀ 位置度 ⊕		实际要素对基准在位置上所允许的变动全量(同轴度为0.05 mm,对称度为0.05 mm,位置度为φ0.3 mm)(尺寸线上有方框之尺寸为理想位置尺寸)
跳动公差	圆跳动 全跳动		(1)实际要素绕基准轴线回转一周时所允许的最大跳动量(圆跳动);(2)实际要素绕基准轴线连续回转时所允许的最大跳动量(全跳动)(图中从上至下所注,分别为圆跳动的径向跳动、端面跳动及全跳动的径跳)

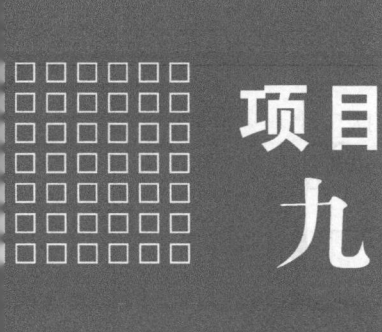

项目
九

装配图

任何机器或部件都是由若干零件,按一定的装配关系和要求装配而成的。表达机器或部件的工作原理、性能要求及各零件间的装配连接关系等内容的图样,称为装配图。本项目将介绍装配图的有关知识、部件的表达方法以及绘制和阅读装配图的基本方法等内容。

任务一 装配图的作用和内容

【任务目标】

(1) 掌握装配图的内容。
(2) 了解装配图的主要作用。

【任务要求】

能 力 目 标	知 识 要 点	相 关 知 识
了解相关知识	装配图的作用	装配图的作用
熟练掌握知识点	装配图的内容	装配图的内容

(一) 装配图的作用

装配图是表达机器或部件的图样。通常用来表达机器或部件的结构形状、工作原理和技术要求,以及零件、部件间的装配、连接关系,是机械设计和生产中的重要技术文件之一。在产品设计中,一般先根据产品的工作原理图画出装配图,然后再根据装配图进行零件设计,并画出零件图;在产品制造中,装配图是制订装配工艺规程、进行装配和检验的技术依据;在机器使用和维修时,也需要通过装配图来了解机器的工作原理和构造。

图 9-1 所示是一个球阀的装配图,图 9-2 所示为该球阀的轴测装配图,可两图互相对照,帮助读图。

在阅读或绘制部件装配图时,必须了解部件的装配关系和工作原理,部件中主要零件的形状、结构与作用,以及各个零件间的相互关系等。下面对图 9-1 所示的球阀作一些简要的介绍。

在管道系统中,阀是用于启闭和调节流体流量的部件。球阀是阀的一种,它的阀芯是球

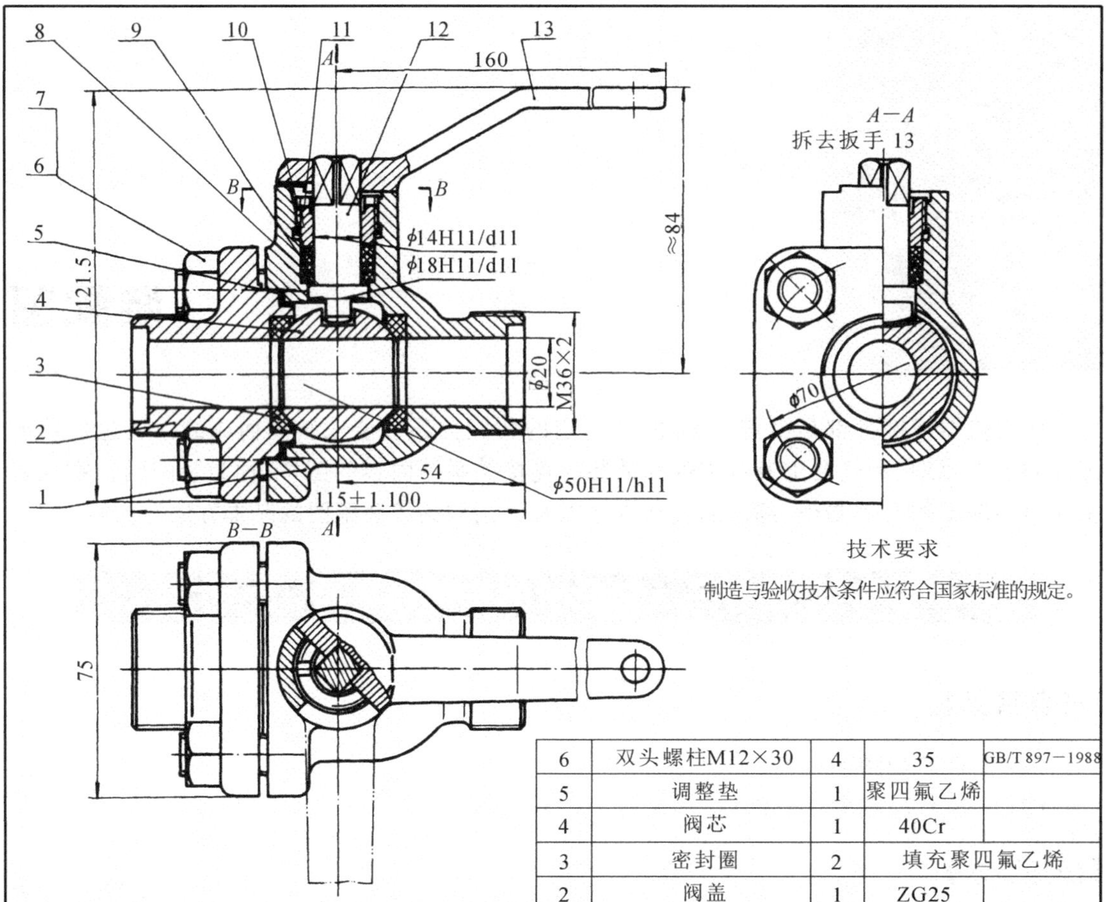

图 9-1 球阀装配图

6	双头螺柱M12×30	4	35	GB/T 897—1988
5	调整垫	1	聚四氟乙烯	
4	阀芯	1	40Cr	
3	密封圈	2	填充聚四氟乙烯	
2	阀盖	1	ZG25	
1	阀体	1	ZG25	

13	扳手	1	ZG25					
12	阀杆	1	40Cr		序号	名称	件数	材料	备注
11	填料压紧套	1	35					
10	上填料	1	聚四氟乙烯		球阀	比例 1:2	01-00
9	中填料	2	聚四氟乙烯			件数	
8	填料垫		40Cr		制图	重量	第1张 共1张
7	螺母M12	4	Q235	GB/T 6170—2015	描图		(厂名)
					审核		

形的。其装配关系是:阀体 1 和阀盖 2 均带有方形的凸缘,它们用四个双头螺柱 6 和螺母 7 连接(注意轴测图已剖去球阀左前方的一部分),并用合适的调整垫 5 调节阀芯 4 与密封圈 3 之间的松紧程度。在阀体上部有阀杆 12,阀杆下部有凸块,榫接阀芯上的凹槽(轴测图中阀杆未剖去,可以看出它与阀芯的关系)。为了密封,在阀体与阀杆之间加进填料垫 8、填料 9 和 10,并且旋入填料压紧套 11。球阀的工作原理是:扳手 13 的方孔套进阀杆上部的四棱柱,当扳手处于如图 9-1 所示的位置时,阀门全部开启,管道畅通(对照装配图与轴测装配图);当扳手按顺时针方向旋转 90°时(扳手处于装配图的俯视图中双点画线所示的位置),阀门全部关闭,管道断流。从俯视图的 B—B 局部剖视图中,可以看到阀体顶部定位凸块的形状(为 90°的扇形),该凸块用以限制扳手的旋转位置。这个球阀中的各个零件的主要形状大多都可以从图 9-1 和图 9-2 中看出。

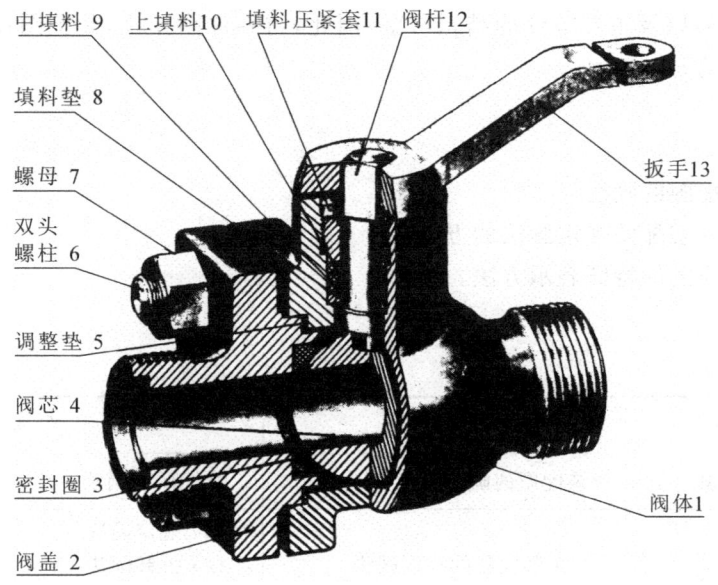

图 9-2　球阀轴测装配图

（二）装配图的内容

一张完整的装配图,必须具有下列内容。

（1）一组视图:用一组视图完整、清晰、准确地表达出机器的工作原理、各零件的相对位置及装配关系、连接方式和重要零件的结构形状。前面所叙述的各种基本表达方法,如视图、剖视图、断面图、局部放大图等,都可以用来表达装配体。

例如,图 9-2 是球阀的轴测装配图。它直观地表示了球阀的结构,但不能清晰地表示各零件的装配关系。图 9-1 是球阀的装配图,图中采用了三个基本视图。由于结构基本对称,所以主视图采用了全剖,左视图采用了半剖,而又因为上述两视图已将球阀的结构和装配关系基本反映清楚,所以在俯视图中只需采用局部剖视。

（2）必要的尺寸:装配图上要有表示机器或部件的规格(性能)的尺寸、零件之间的配合尺寸、外形尺寸、部件和机器的安装尺寸等检验和安装时所需要的一些重要尺寸。

在图 9-1 所示球阀的装配图中,公称直径 $\phi20$ 为规格尺寸,$\phi70$、$\phi54$ 等为安装尺寸,$\phi18\dfrac{H11}{d11}$、$\phi50\dfrac{H11}{h11}$ 等为装配尺寸,121.5、75 为外形尺寸。

（3）技术要求:说明机器或部件的性能、装配、调整、试验等所必须满足的技术条件。

图 9-1 所示的部件,其技术要求是:制造和验收技术条件应符合国家标准的规定。

（4）零部件的序号、明细栏和标题栏:在装配图中,应对每个不同的零部件编写序号,并在明细栏中依次填写每个零件的名称、代号、数量和材料等内容。标题栏一般包括零部件名称、比例、绘图及审核人员的签名等。

任务二　装配图的表达方法

装配图的表达方法和零件图的基本相同,所以零件图中所应用的各种表达方法都适用于装配图。由于部件是由若干零件所组成的,而部件装配图主要用来表达部件的工作原理

和装配、连接关系,以及主要零件的结构形状,因此,与零件图相比,装配图还有一些规定画法和特殊的表达方法。

【任务目标】

(1) 了解装配图的画法。

(2) 掌握阅读装配图规定画法的方法。

(3) 掌握装配图的特殊表示方法。

【任务要求】

能 力 目 标	知 识 要 点	相 关 知 识
了解相关知识	装配图的画法	装配图的画法
熟练掌握知识点	(1) 装配图的规定画法 (2) 装配图的特殊表示方法	(1) 规定画法 (2) 拆卸画法 (3) 假想画法 (4) 简化画法

(一) 装配图的规定画法

(1) 两相邻零件的接触面和配合面只画一条线,如图 9-3(a) 所示。但是,如果两相邻零件的公称尺寸不相同,即使间隙很小,也必须画成两条线,如图 9-3(b) 所示。

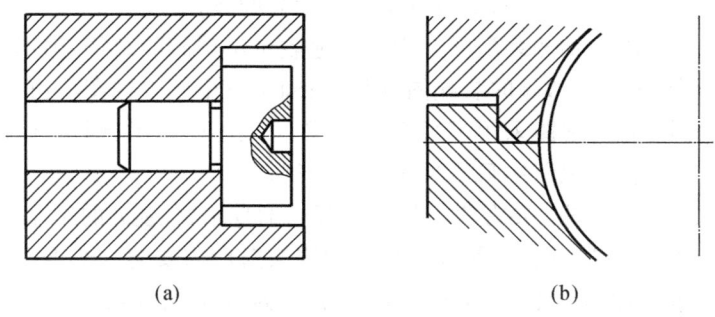

(a)   (b)

图 9-3 接触面和非接触面、剖面线的画法

(2) 相邻两个或多个零件的剖面线应有区别,或者方向相反,或者方向一致但间隔不等,并相互错开,如图 9-3(b) 所示。在同一张装配图中,所有剖视图、断面图中同一零件的剖面线方向、间隔和倾斜角度应一致,这样有利于找出同一零件的各个视图,想象其形状和装配关系。

(3) 对于标准件以及实心的球、手柄、键等零件,若剖切平面通过其对称平面或公称轴线,则这些零件均按不剖绘制。在表示零件的凹槽、键槽、销孔等构造时,可用局部剖视图表示,如图 9-4 所示。

(4) 零件被弹簧挡住的部分,其轮廓线不画。可见部分应从弹簧丝剖切面的中心线往外画,如图 9-5 所示。

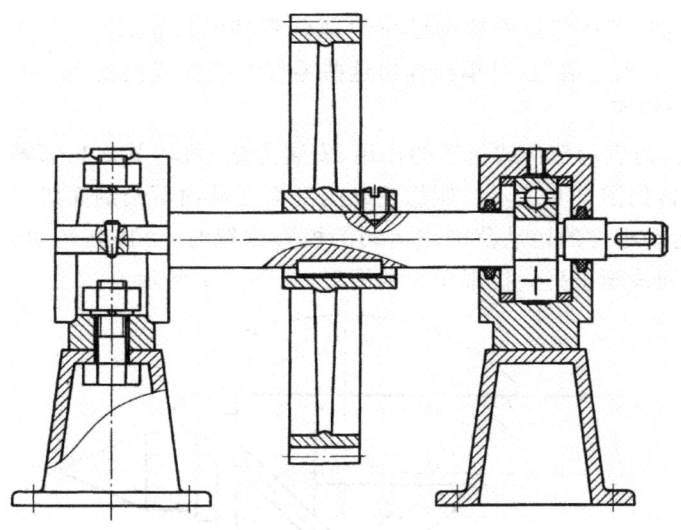

图 9-4 剖视图中不剖零件的画法

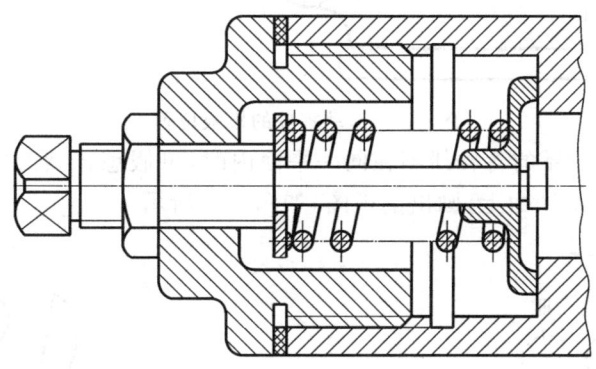

图 9-5 零件被弹簧挡住部分轮廓线的画法

（二）装配图的特殊画法

（1）拆卸画法：为了表示装配体内部结构中被某些零件遮挡住的零件，或在某一视图上不需要画出某些零件时，可拆去某些零件后再画，也可选择沿零件结合面进行剖切。如图 9-6 中 *A—A* 剖视图所示。

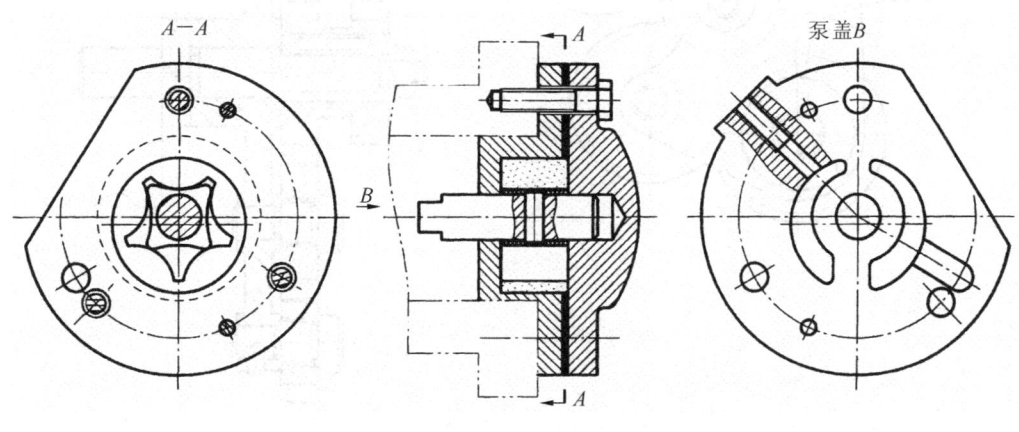

图 9-6 转子油泵

（2）单独表达法：若所选择的视图已将大部分零件的形状、结构表达清楚，但仍有少数零件的某些方面还未表达清楚，可单独画出这些零件的视图或剖视图，如图 9-6 所示的转子油泵中的泵盖 B 向视图。

（3）假想画法：为表示部件或机器的作用、安装方法，可将其他相邻零件、部件的部分轮廓用双点画线画出，如图 9-6 所示。假想轮廓的剖面区域内不画剖面线。

当需要表示运动零件的运动范围或运动的极限位置时，可按其运动的一个极限位置绘制图形，再用双点画线画出另一极限位置的图形，如图 9-7 所示。

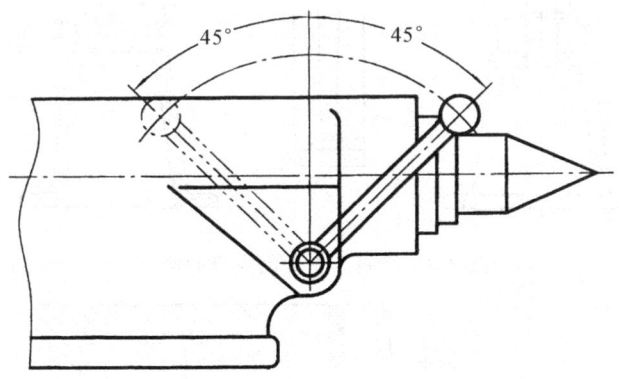

图 9-7　运动零件的极限位置

（4）展开画法：当轮系的各轴线不在同一平面内时，可假想将其沿传动路线上各轴线顺序剖切，然后展开在一个平面上，画出剖视图，如图 9-8 所示。

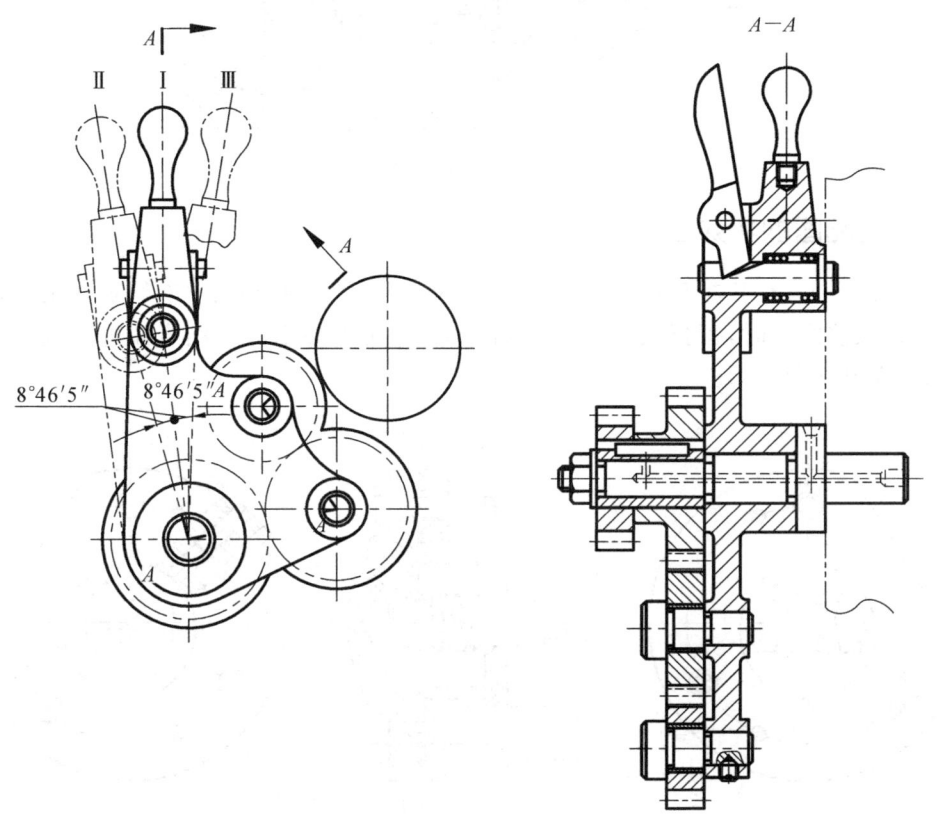

图 9-8　装配图的展开画法

（三）装配图的简化画法

（1）对于装配图中若干相同的零件、部件如螺栓连接等，允许详细地画出一处，其余只需用点画线表示其位置即可，如图 9-9 所示。

（2）在装配图上，零件的工艺结构如小圆角、倒圆、倒角、退刀槽、起模斜度等可不画出，如图 9-9 所示。

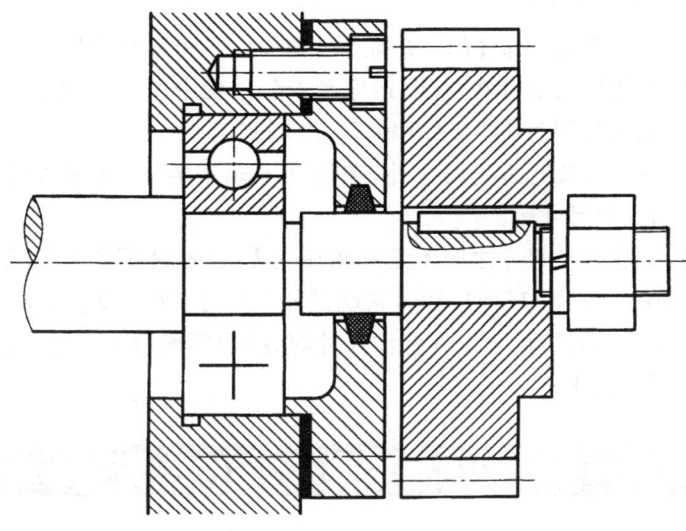

图 9-9　装配图的简化画法

任务三　装配图的尺寸标注

【任务目标】

（1）了解装配图的技术要求。

（2）掌握装配图的尺寸标注要求。

【任务要求】

能 力 目 标	知 识 要 点	相 关 知 识
了解相关知识	装配图的技术要求	装配图的技术要求
熟练掌握知识点	装配图的尺寸标注	（1）规格尺寸 （2）装配尺寸 （3）安装尺寸 （4）外形尺寸 （5）其他重要尺寸

装配图的作用是表达零、部件的装配关系，不是制造零件的直接依据。因此，装配图不需标注零件的全部尺寸，而只需标注一些必要的尺寸。这些尺寸按其作用不同，大致可分为规格尺寸、装配尺寸、安装尺寸、外形尺寸和其他重要尺寸五大类。

（1）规格尺寸：说明机器、部件工作性能或规格的尺寸。它是设计、了解和选用产品时的主要依据，如图 9-1 中球阀的公称直径 $\phi20$。

（2）装配尺寸：包括保证有关零件间装配性质的尺寸、保证零件间相对位置的尺寸、装配时进行加工的有关尺寸等。如图 9-1 中阀盖和阀体的配合尺寸 $\phi50\frac{H11}{h11}$ 等。

（3）安装尺寸：将机器或部件安装到地基上，或部件与其他零部件相连接时所需要的尺寸。如图 9-1 中与安装有关的尺寸：54、M36×2 等。

（4）外形尺寸：表示机器或部件的外形轮廓总长、总宽和总高的尺寸。它反映了机器或部件的体积大小，即该机器或部件在包装、运输和安装过程中所占空间的大小。如图 9-1 中球阀的总长、总宽和总高分别为 115±1.100、75 和 121.5。

（5）其他重要尺寸：除以上四类尺寸外，在设计中确定的、在装配或使用中必须说明的尺寸。如运动零件的位移尺寸等。

需要说明的是，上述五类尺寸之间不是互相孤立无关的，装配图上的某些尺寸有时兼有几种作用，例如球阀中的尺寸 115±1.100，它既是外形尺寸，又与安装有关。此外，一张装配图中也不一定都具有上述五类尺寸。在标注尺寸时，必须明确每个尺寸的作用，对装配图没有意义的结构尺寸不需标注。

任务四　装配图的技术要求、零件序号与明细栏

【任务目标】

（1）了解装配图的识读方法和步骤。
（2）掌握阅读装配图的视图表达方案。
（3）掌握尺寸标注等装配图的其他技术要求。

【任务要求】

能 力 目 标	知 识 要 点	相 关 知 识
了解相关知识	装配图的技术要求	装配图一般规定
熟练掌握知识点	装配图的零、部件编号	（1）一般规定、序号的组成 （2）零件组序号，序号的排列

（一）装配图的技术要求

装配图的技术要求主要是针对该装配体的工作性能、装配要求、检验要求、调试要求及使用与维护要求所提出的，不同的装配体具有不同的技术要求。

装配图技术要求一般采用文字注写在明细栏的上方或图纸下方的空处。

（二）装配图零件序号与明细栏

为便于图纸管理、生产准备、机器装配和看懂装配图，对装配图上各零部件都必须标注

序号。同一装配图中相同的零部件(即每一种零部件)只编写一个序号,并在标题栏上方填写与图中序号一致的明细栏,不能产生差错。

1.零件序号

装配图中的序号标注一般由指引线(细实线)、圆点(或箭头)、横线(或圆圈)和序号数字组成,如图9-10所示。具体要求如下:

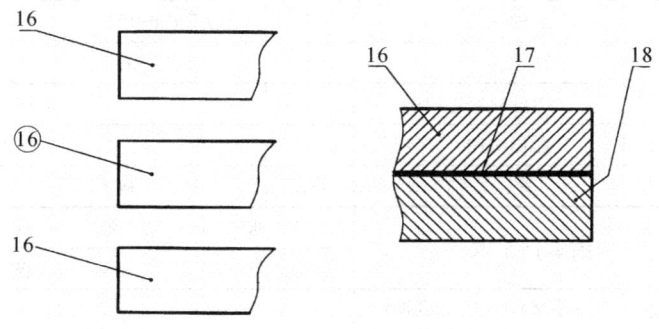

图9-10　序号的组成

(1)指引线不要与轮廓线或剖面线等图线平行,指引线之间不允许相交,但指引线允许弯折一次;

(2)指引线末端不便画出圆点时,可在指引线末端画出箭头,箭头指向该零件的轮廓线;

(3)序号数字比装配图中的尺寸数字大一号;

(4)对紧固件组或装配关系清楚的零件组,允许采用公共指引线,如图9-11所示;

(5)零件的序号应按顺时针或逆时针方向在整个图形外围顺次整齐排列,并尽量使序号间隔相等,如图9-10所示。

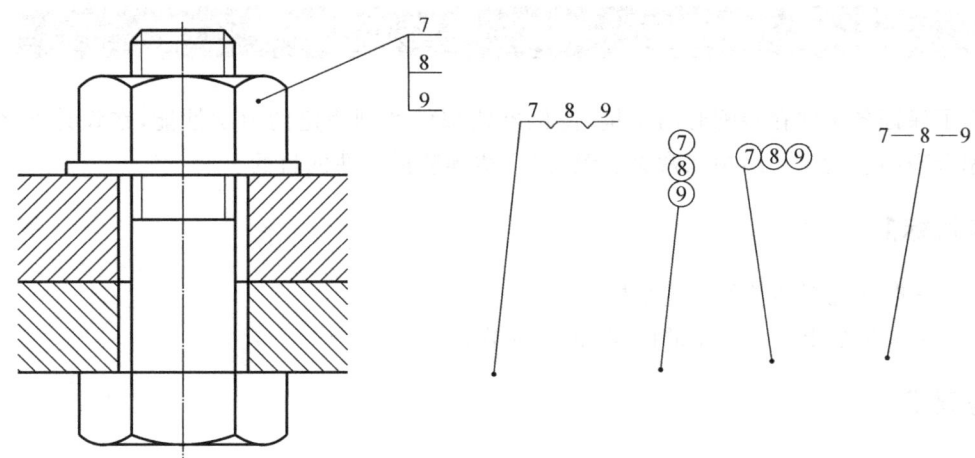

图9-11　公共指引线的标注形式

2.明细栏

明细栏按GB/T 10609.2—2009规定绘制。各工厂、企业有时也有各自的标题栏、明细栏格式,本书推荐的装配图作业格式如图9-12所示。

绘制和填写明细栏时应注意以下问题:

(1)明细栏和标题栏的分界线是粗实线,明细栏的外框竖线是粗实线,明细栏的横线和

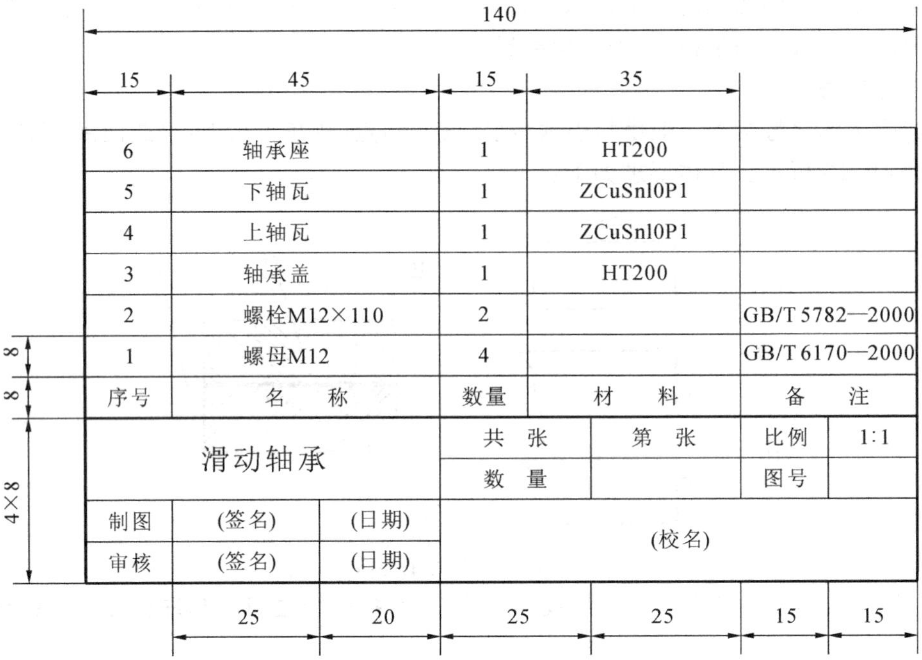

140					
15	45	15	35		
6	轴承座	1	HT200		
5	下轴瓦	1	ZCuSn10P1		
4	上轴瓦	1	ZCuSn10P1		
3	轴承盖	1	HT200		
2	螺栓M12×110	2	GB/T 5782—2000		
1	螺母M12	4	GB/T 6170—2000		
序号	名 称	数量	材 料	备 注	

滑动轴承		共 张	第 张	比例	1：1
		数 量		图号	
制图	(签名)	(日期)	(校名)		
审核	(签名)	(日期)			

25	20	25	25	15	15

左侧标注：8、8、4×8

图 9-12　装配图明细栏格式

内部竖线均为细实线(包括最上一条横线)；

(2) 序号应自下而上顺序填写,如向上延伸位置不够,可以在标题栏紧靠左边的位置自下而上延续；

(3) 标准件的国标代号可写入备注栏。

任务五　常见的装配工艺结构

为了保证各零件在装配时的质量,使机器或部件达到规定的力学性能,在设计绘图时,应考虑合理的装配工艺结构和常见装置,并应达到装拆方便的目的。

【任务目标】

(1) 掌握装配图的常见工艺结构。

(2) 掌握机器上一些常见的固定、密封等装置。

【任务要求】

能 力 目 标	知 识 要 点	相 关 知 识
了解相关知识	装配工艺结构	装配工艺结构
熟练掌握知识点	(1) 装配图的常见工艺结构 (2) 机器上的常见装置	(1) 装配工艺结构 (2) 螺纹防松装置 (3) 滚动轴承的固定装置 (4) 密封装置

（一）装配工艺结构

（1）为了避免装配时表面发生相互干涉，两零件在同一方向（横向或竖向）上只应有一个接触面，如图 9-13 所示。

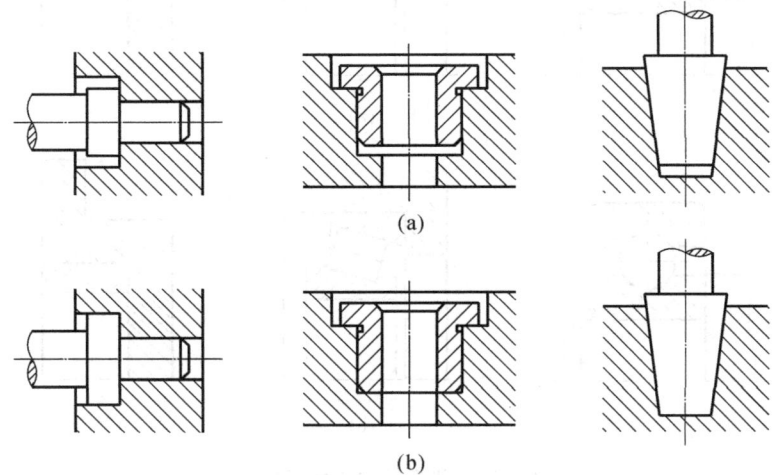

图 9-13　两零件的接触面

（a）正确　（b）不正确

（2）两零件有一对相交的表面接触时，在转角处应绘制出倒角、圆角、凹槽等，以保证表面接触良好，如图 9-14 所示。

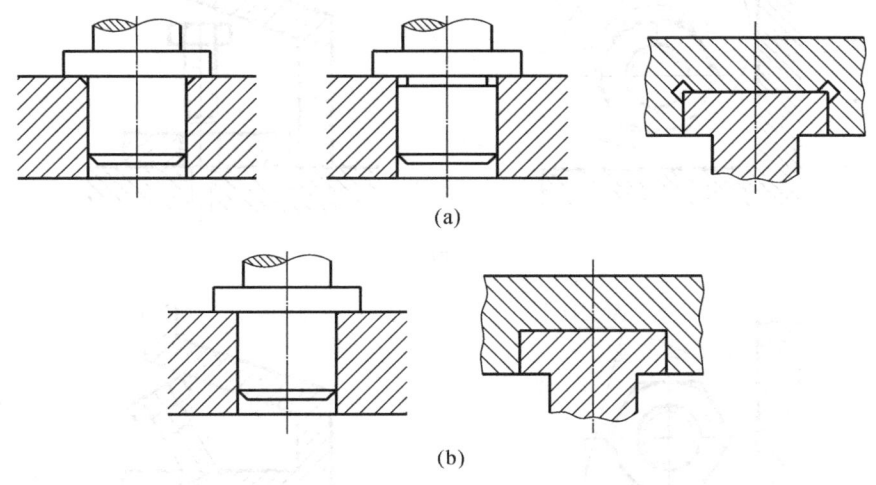

图 9-14　直角接触面处的结构

（a）正确　（b）不正确

（3）零件的结构设计要考虑维修时拆卸方便，如图 9-15 所示。其中图 9-15（a）所示的结构易于拆卸，而图 9-15（b）所示的结构无法拆卸。

（4）用螺栓连接的地方要留足够的活动空间以便于装拆，如图 9-16 所示。

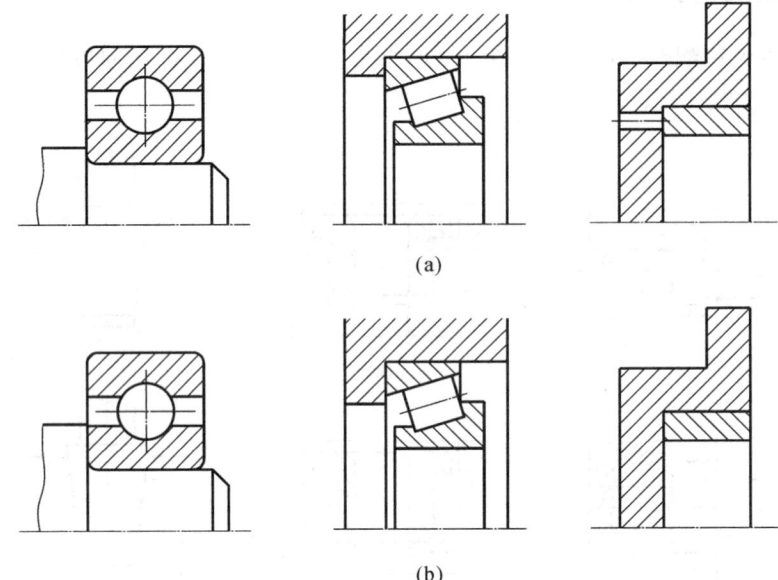

(a)

(b)

图 9-15　装配结构要便于拆卸

（a）正确　（b）不正确

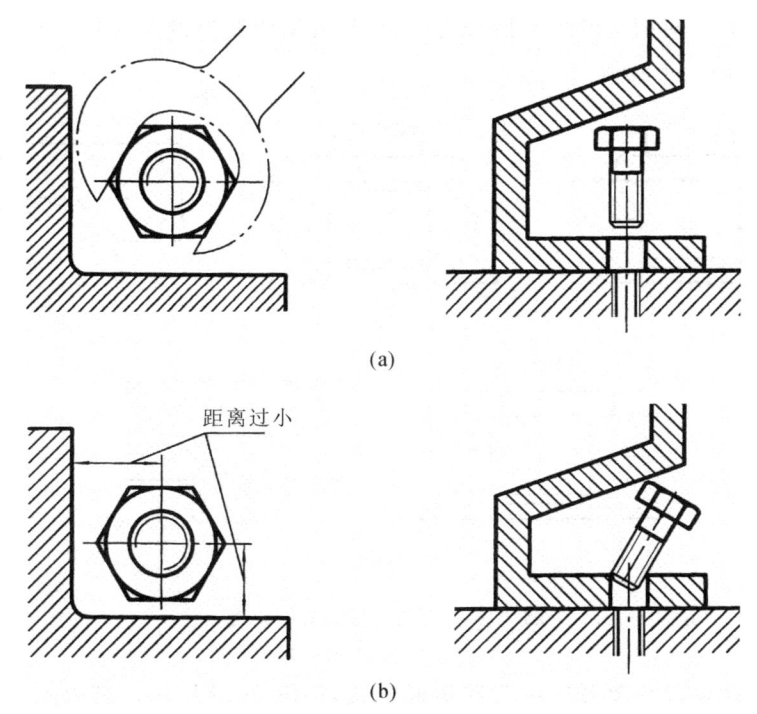

(a)

距离过小

(b)

图 9-16　螺纹连接装配结构

（a）正确　（b）不正确

（二）机器上的常见装置

1. 螺纹防松装置

为防止螺纹紧固件因机器振动而松开，常采用双螺母、弹簧垫圈、止动垫圈和开口销等防松装置，其结构如图 9-17 所示。

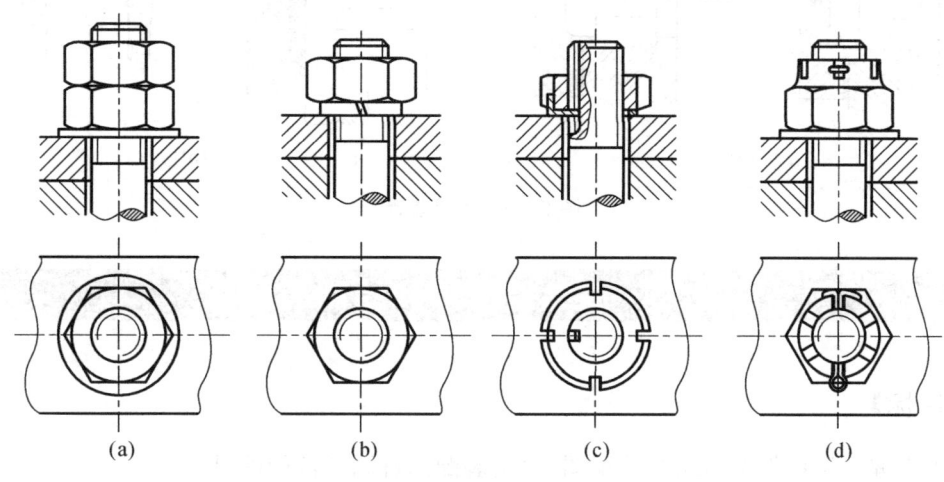

(a)　　　　　(b)　　　　　(c)　　　　　(d)

图 9-17　螺纹防松装置

（a）双螺母防松　（b）弹簧垫圈防松　（c）止动垫圈防松　（d）开口销防松

2. 滚动轴承的固定装置

使用滚动轴承时，须根据受力情况采用一定的结构，将滚动轴承的内、外圈固定在轴上或机体的孔中。考虑到工作温度的变化，会导致滚动轴承工作时卡死，所以应留有少量的轴向间隙。如图 9-18 所示，右端轴承内外圈均做了固定，左端只固定了内圈。

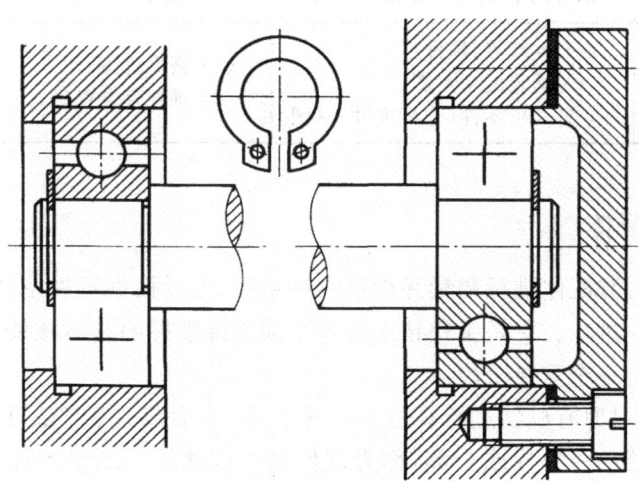

图 9-18　滚动轴承固定装置

3. 密封装置

为了防止灰尘、杂屑等进入轴承，并防止润滑油外溢以及阀门或管路中的气、液体泄漏，通常采用如图 9-19 所示的密封装置。

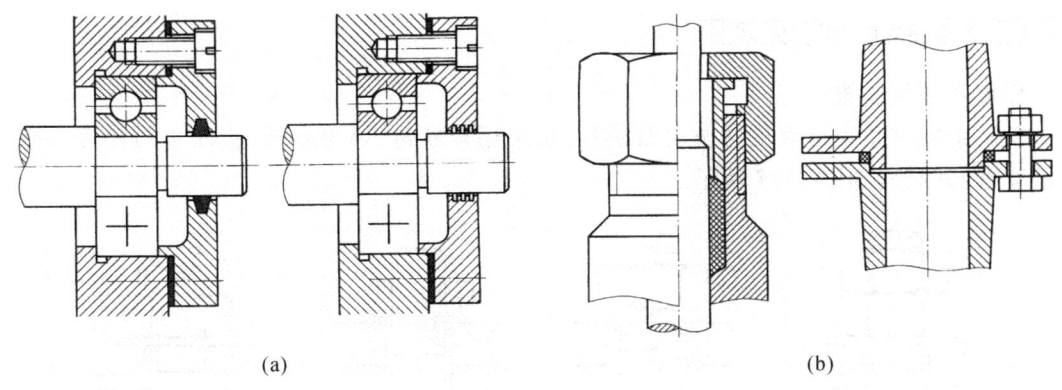

(a)   (b)

图 9-19 密封装置

任务六　测绘装配体和绘制装配图

【任务目标】

(1) 掌握根据零件草图绘制装配图,再由装配图拆画零件图的过程。

(2) 了解部件的装配关系和工作原理。

【任务要求】

能 力 目 标	知 识 要 点	相 关 知 识
了解相关知识	部件的装配关系和工作原理	装配关系和工作原理
熟练掌握知识点	(1) 拆卸零、部件 (2) 画装配示意图 (3) 测绘零件(非标准件)草图	(1) 画零件图 (2) 画部件装配图

(一) 测绘装配体

测绘装配体是对装配体进行测量并绘制零件草图,然后根据零件草图绘制装配图,再由装配图拆画零件图的过程。它是工程技术人员必须熟练掌握的基本技能,也是复习、巩固及应用所学制图知识的一个重要阶段。

在生产实践中,对原有机器进行维修和技术改造,或者设计新产品和仿造原有设备时,往往要测绘有关机器的一部分或全部,称为部件测绘或测绘。测绘的过程大致可按顺序分为以下几个步骤:了解测绘的对象并拆卸零、部件;画装配示意图;测绘零件(非标准件)草图;画部件装配图;画零件图。其中,由零件图画部件装配图与由零件图画装配图所述的方法和步骤相同,由部件装配图画零件图的方法和步骤则将在后面讲述,所以在这里只扼要地说明最前面的两个步骤。

1. 了解测绘对象并拆卸零、部件

通过对实物的观察,了解有关情况和参阅有关资料,了解部件的用途、性能、装配关系和

结构特点等。如球阀部件的情况见图9-1和简要的介绍。

在初步了解部件的基础上,要依次拆卸各零件,通过对各零件的作用和结构的仔细分析,可以进一步了解这个球阀部件中各零件的装配关系。要特别注意零件间的配合关系,弄清其配合是间隙配合、过盈配合,还是过渡配合。拆卸时为了避免零件的丢失和产生混乱,一方面要妥善保管零件,另一方面可对各零件进行编号,并分清标准件和非标准件,进行相应的记录。对标准件只要在测量尺寸后查阅标准,核对并写出规定标记即可,不必画零件草图和零件图。

2. 画装配示意图

装配示意图是通过目测,徒手用简单的线条示意性地画出的部件或机器的图样,可用来表达部件或机器的结构、装配关系、工作原理和传动路线等,可作为重新装配部件或机器和画装配图时的参考。例如,图9-20所示是球阀的装配示意图。画装配示意图时,应采用机械制图国家标准《机械制图　机构运动简图用图形符号》(GB 4460—2013)中所规定的符号。

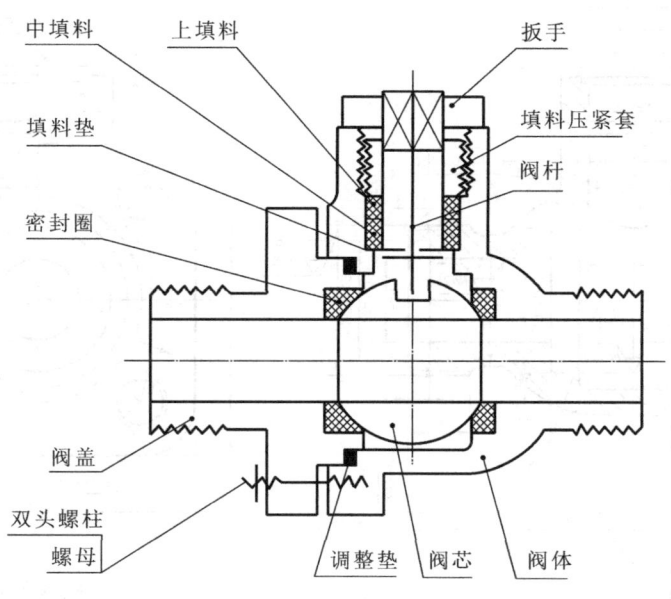

图9-20　球阀的装配示意图

(二)由零件图画装配图

根据部件所属的零件图,可以画出部件的装配图。下面以图9-2所示的球阀为例,说明由零件图画装配图的步骤和方法。主要零件的零件图如图9-21所示,其他非标准件的零件图限于篇幅,不全部列出。

1. 了解部件的装配关系和工作原理

对部件实物(见图9-2)或装配示意图(见图9-20)进行仔细分析,了解各零件间的装配关系和部件的工作原理。这个球阀的各组成零件间的装配关系和球阀的工作原理已经介绍。

2. 确定表达方案

根据已学过的机件的各种表达方法(包括装配图的一些特殊的表达方法),考虑选用何种表达方法,才能较好地反映部件的装配关系、工作原理和主要零件的结构形状。

画装配图与画零件图一样,应先确定表达方法,也就是选择视图。首先选定部件的安放位置和选择主视图,然后选择其他视图。

装配图表达的重点与零件图有所不同,一般都采用剖视图作为主要表达方法,以将装配体的结构特点、工作原理及各零件间的装配关系表示清楚,如图9-1所示。

1)装配图主视图的选择

部件的安放位置应与部件的工作位置相符合,这样对于设计和指导装配都会较方便。当部件的工作位置确定后,接着就选择部件的主视图方向。球阀的工作位置情况多变,但一般是将其通路放成水平位置。当部件的工作位置确定后,经过比较,应选用能清楚地反映主要装配关系和工作原理的那个视图作为主视图,并采取适当的剖视,比较清晰地表达各个主要零件以及零件间的相互关系。在图9-21中所选定的球阀的主视图,就体现了上述选择主视图的原则。

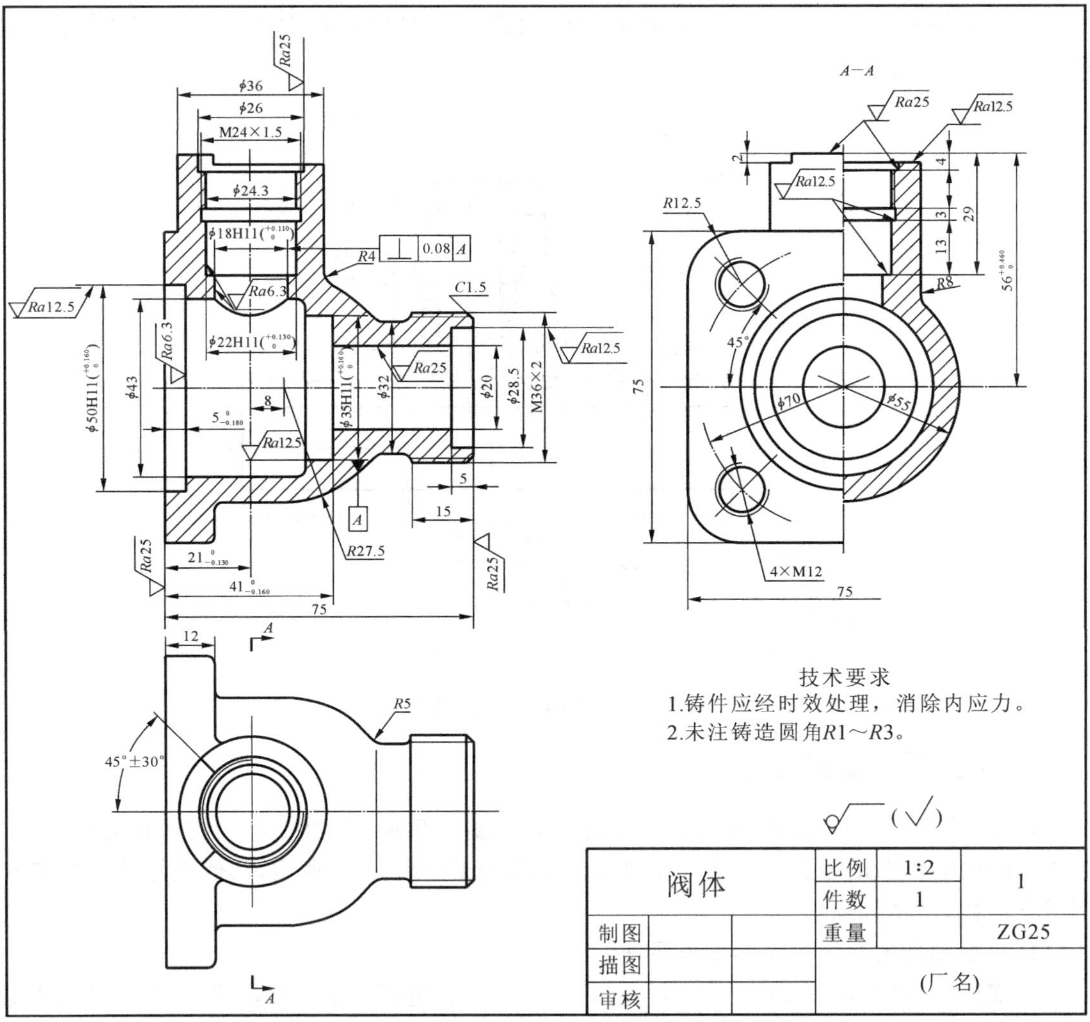

图 9-21　球阀主要零件的零件图

(a)阀体零件图　(b)阀盖零件图　(c)阀杆零件图　(d)阀芯零件图

(e)密封圈零件图　(f)填料压紧套零件图　(g)扳手零件图

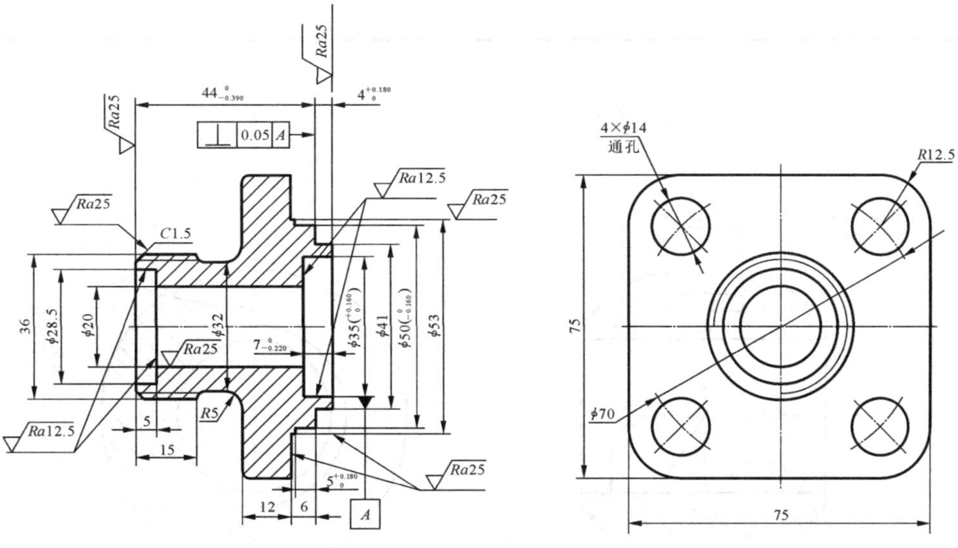

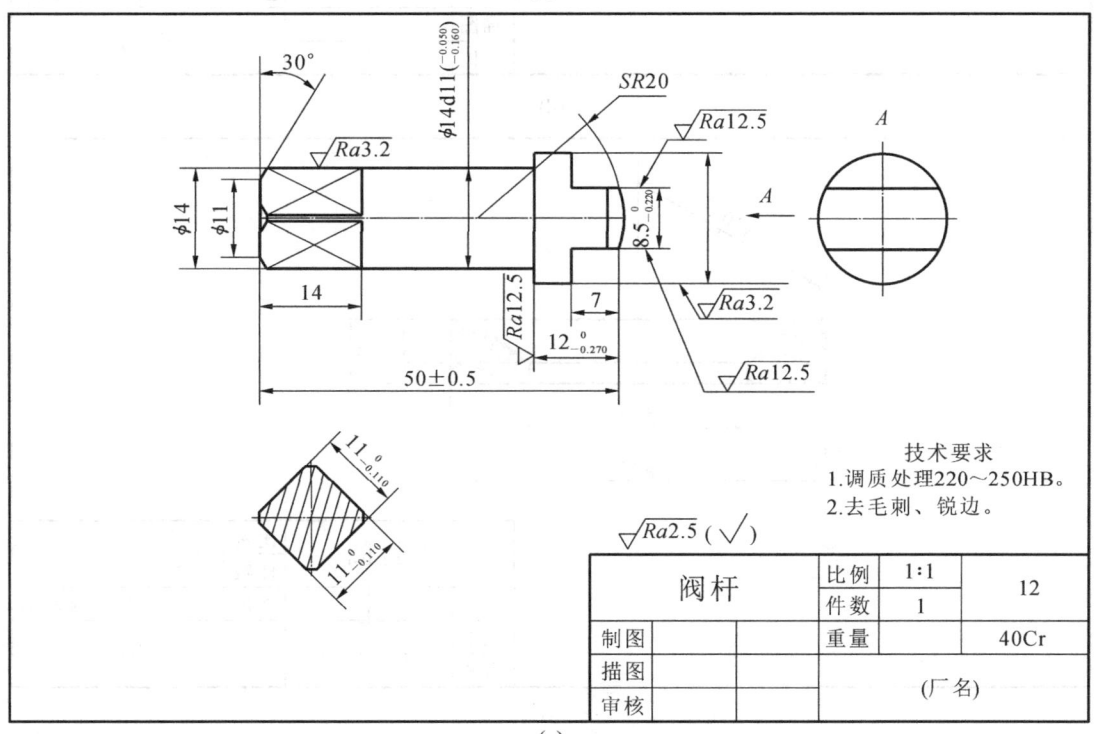

技术要求
1.铸件应经时效处理，消除内应力。
2.未注铸造圆角R1～R3。

阀盖	比例	1:1	2
	件数	1	
制图		重量	ZG25
描图		（厂名）	
审核			

(b)

技术要求
1.调质处理220～250HB。
2.去毛刺、锐边。

阀杆	比例	1:1	12
	件数	1	
制图		重量	40Cr
描图		（厂名）	
审核			

(c)

续图 9-21

173

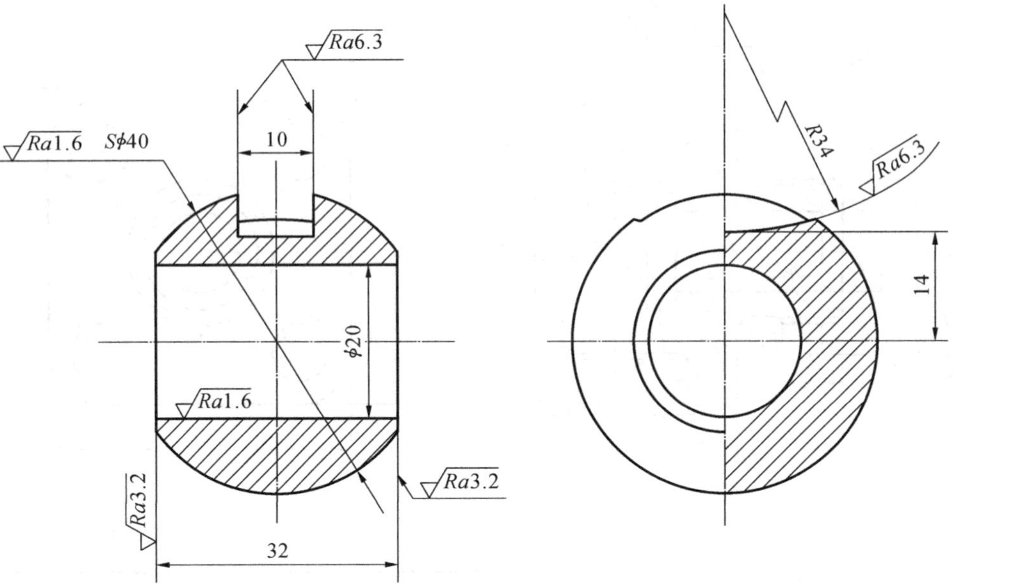

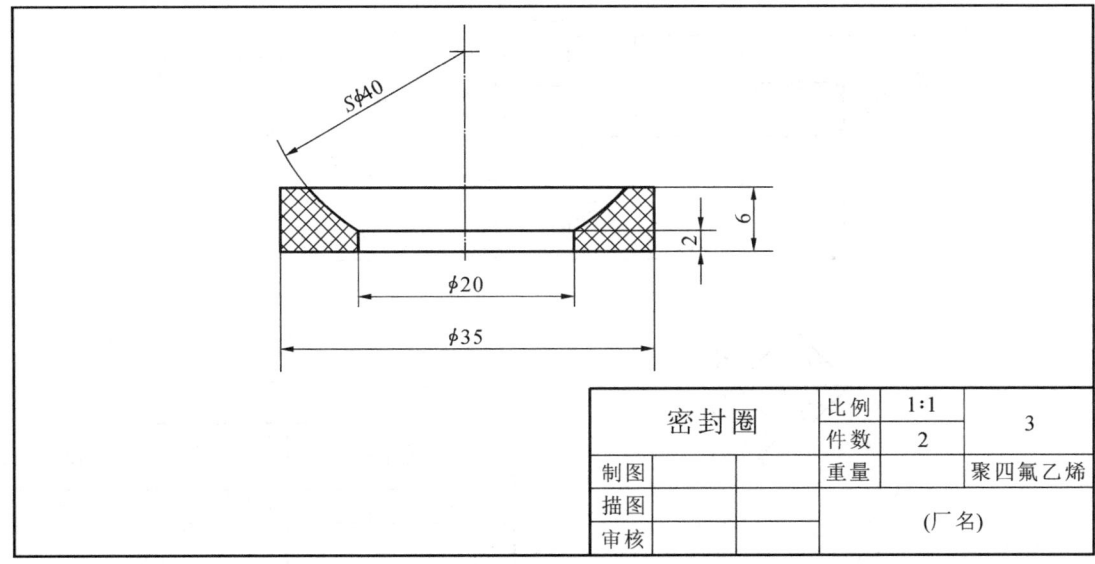

技术要求
1.表面高频淬火50~55HRC。
2.去毛刺、锐边。

阀芯	比例	1:1	4
	件数	1	
制图		重量	40Cr
描图		（厂名）	
审核			

(d)

密封圈	比例	1:1	3
	件数	2	
制图		重量	聚四氟乙烯
描图		（厂名）	
审核			

(e)

续图 9-21

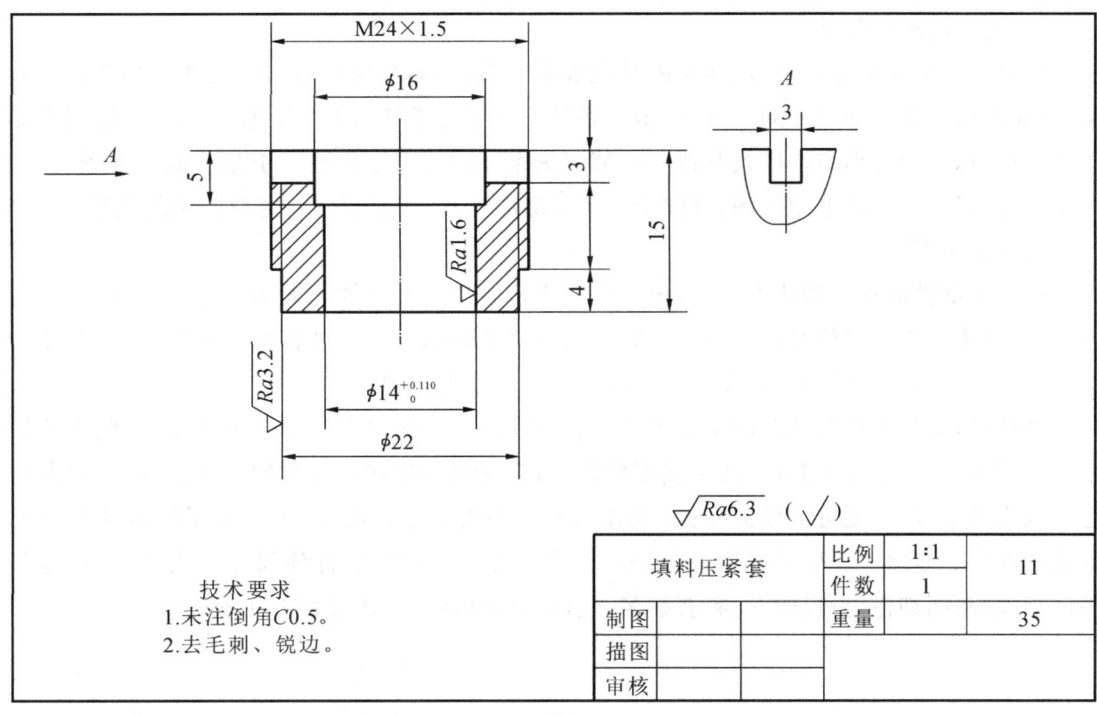

$\sqrt{Ra6.3}$ （$\sqrt{}$）

填料压紧套	比例	1:1	11
	件数	1	
制图		重量	35
描图			
审核			

技术要求
1.未注倒角C0.5。
2.去毛刺、锐边。

(f)

技术要求
1.未注圆角R1～R3。
2.去毛刺、锐边。

扳手	比例	1:1.5	13
	件数	1	
制图		重量	Z625
描图		(厂名)	
审核			

(g)

续图 9-21

175

2）其他视图的选择

根据确定的主视图,再选取能反映其他装配关系、外形及局部结构的视图。如图 9-1 所示,球阀沿前后对称面剖开的主视图,虽清楚地反映了各零件间的主要装配关系和球阀工作原理,可是球阀的外形结构以及其他一些装配关系还没有表达清楚。于是选取左视图,补充反映它的外形结构;选取俯视图,并作 B—B 局部剖视图,反映扳手与定位凸块的关系。

3. 画装配图

确定了部件的视图表达方法后,根据视图表达方法以及部件的大小与复杂程度,选取适当比例,安排各视图的位置,从而选定图幅,便可着手画图。在安排各视图的位置时,要注意留有写零部件序号、明细栏,以及尺寸标注和技术要求的位置。

画图时,应先画出各视图的主要轴线(装配干线)、对称中心线和作图基线(某些零件的基面或端面)。由主视图开始,几个视图配合进行。画剖视图时,以装配干线为准,由内向外逐步画出各个零件,也可由外向里画,视作图方便与否而定。图 9-22 表示了绘制球阀装配图视图底稿的步骤。底稿完成后,需经校核,再加深,画剖面线,标注尺寸。最后,编写零部件序号,填写明细栏,再经校核,签署姓名,完成后的球阀装配图如图 9-1 所示。

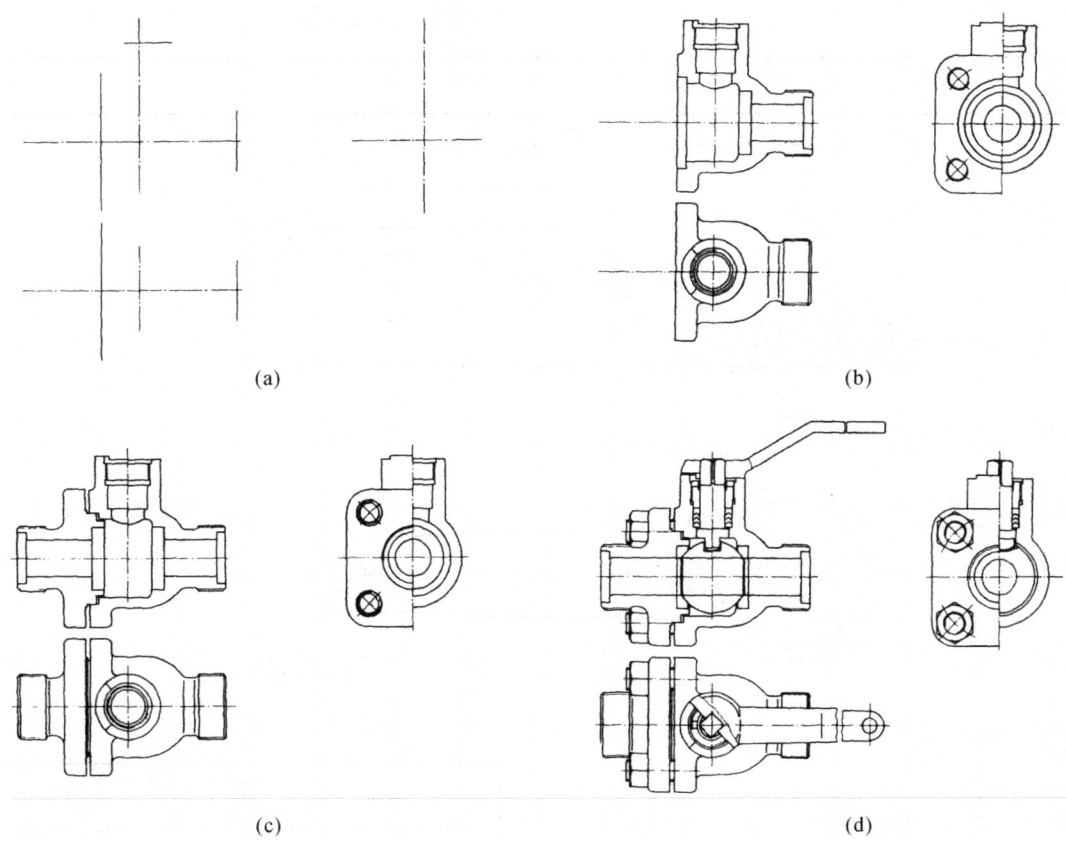

(a)　　　　　　　　　　　　　　　　　　(b)

(c)　　　　　　　　　　　　　　　　　　(d)

图 9-22　画装配图视图底稿的步骤

(a) 画出各视图的主要轴线、对称中心线及作图基线　(b) 画主要零件阀体的轮廓线,三个视图要联系起来

(c) 根据阀盖和阀体的位置画出三视图　(d) 画出其他零件,再画出扳手的极限位置(图中位置不够未画)

任务七　读装配图和拆画零件图

读装配图时应特别注意从机器或部件中分离出每一个零件,并分析其主要结构形状和作用,以及各个零件之间的位置关系、连接关系和装配关系。然后再将各个零件合在一起,分析机器或部件的作用、工作原理及防松、润滑、密封等系统的原理和结构等,必要时还应查阅有关的专业资料。

【任务目标】

掌握装配图的识读方法与步骤。

【任务要求】

能力目标	知识要点	相关知识
了解相关知识	零件之间的位置、连接和装配关系	装配图的识读方法和步骤
熟练掌握知识点	由装配图拆画零件图	装配图的识读方法和步骤

(一)读装配图的方法和步骤

不同的工作岗位的人员,读图的目的是不同的:有的仅需要了解机器或部件的用途和工作原理,有的要了解零件的连接方法和拆卸顺序,有的要拆画零件图,等等。一般按以下方法和步骤读装配图。

1. 概括了解

从标题栏和有关的说明书中了解机器或部件的名称和大致用途,从明细栏和图中的序号了解机器或部件的组成。

2. 对视图进行初步分析

明确装配图的表达方法、投影关系和剖切位置,并结合标注的尺寸,想象出主要零件的主要结构形状。

图 9-23 所示为阀的装配图。该部件装配在液体管路中,用以控制管路的通断。该图采用了主(全剖视)、俯(全剖视)、左三个视图和一个 B 向局部视图。有一条装配轴线,部件通过阀体上的 G1/2 螺纹孔、$\phi12$ 的螺栓孔和管接头上的 G3/4 螺孔装入液体管路中。

3. 分析工作原理和装配关系

在概括了解的基础上,应对照各视图进一步研究机器或部件的工作原理、装配关系。看图时应先从反映装配关系的视图入手,分析机器或部件中零件的运动情况,从而了解其工作原理。然后再根据投影规律,从反映装配关系的视图着手,分析各条装配轴线,弄清零件之间的配合要求、定位、连接方式等。

图 9-23 所示阀的工作原理从主视图看最清楚。当杆 1 受外力作用向左移动时,钢球 4

压缩弹簧 5,阀门被打开;当去掉外力时钢球在弹簧作用下将阀门关闭。旋塞 7 可以调整弹簧作用力的大小。

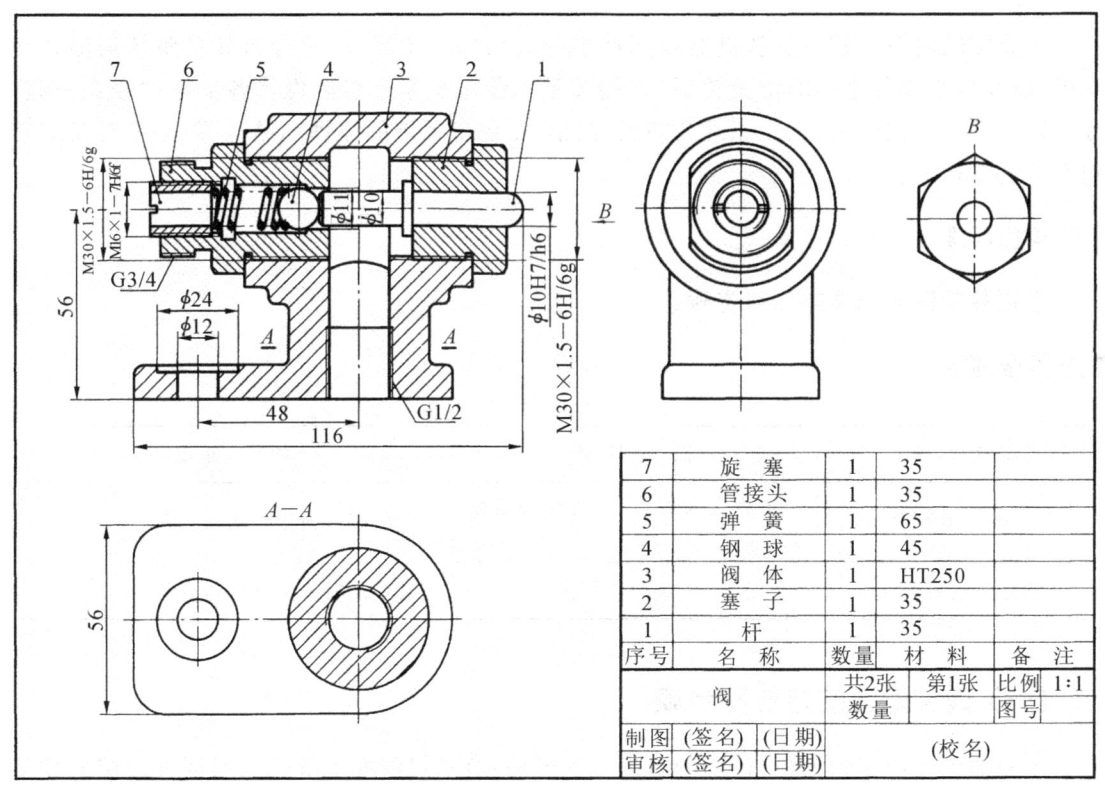

7	旋　塞	1	35	
6	管接头	1	35	
5	弹　簧	1	65	
4	钢　球	1	45	
3	阀　体	1	HT250	
2	塞　子	1	35	
1	杆	1	35	
序号	名　　称	数量	材　料	备　注
	阀		共2张	第1张	比例 1:1
		数量		图号
制图	(签名)	(日期)	(校名)	
审核	(签名)	(日期)		

图 9-23　阀

阀的装配关系从主视图看也最清楚。左侧将钢球、弹簧依次装入管接头 6 中,然后将旋塞拧入管接头,调整好弹簧压力,再将管接头拧入阀体左侧 M30×1.5 的螺孔中。右侧将杆装入塞子 2 的孔中,再将塞子拧入阀体右侧 M30×1.5 的螺孔中。杆和管接头径向有 1 mm 的间隙,管路接通时,液体由此间隙流过。

4. 分析零件结构

对主要的复杂零件要进行投影分析,想象出其主要形状及结构,必要时可画出其零件图。

(二)由装配图拆画零件图

为了看懂某一零件的结构形状,必须先把这个零件的视图从整个装配图中分离出来,然后想象其结构形状。对于表达不清的地方,要根据整个机器或部件的工作原理来进行补充,然后画出其零件图。这种由装配图画出零件图的过程称为拆画零件图,其方法和步骤如下。

1. 看懂装配图

将要拆画的零件从整个装配图中分离出来。例如,要拆画阀装配图(见图 9-23)中阀体 3 的零件图,首先将阀体 3 从主、俯、左三个视图中分离出来,然后想象其形状。对该零件的大致形状进行想象并不困难,但阀体内形腔的形状左、俯视图没有表达,所以还不能最终确定该零件的完整形状。通过主视图中 G1/2 螺孔上方的相贯线形状得知,阀体形腔为圆柱形,轴线垂直放置,且圆柱孔的直径等于 G1/2 螺孔的直径,如图 9-24 所示。

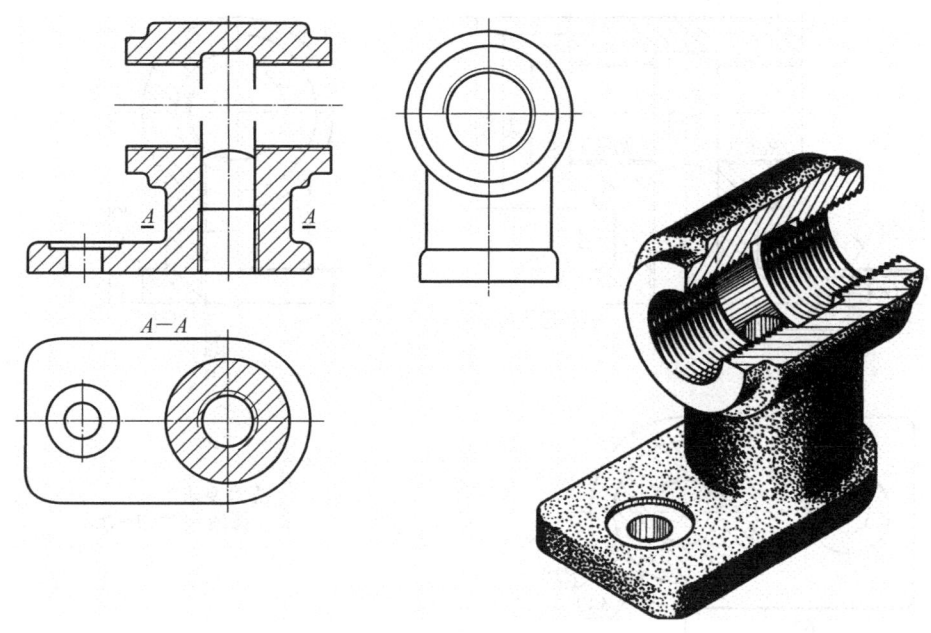

图 9-24 拆画零件图过程

2. 确定视图表达方法

看懂零件的形状后,要根据零件的结构形状及其在装配图中的工作位置或零件的加工位置,重新选择视图,确定表达方法。此时可以参考装配图的表达方法,但要注意不应受原装配图的限制。如图 9-25 所示,阀体表达方法是:主、俯视图和装配图相同,左视图采用半剖视图。同时,注意拆画出零件后要补齐零件图上的线条。

3. 标注尺寸

由于装配图上给出的尺寸较少,而在零件图上则需标注出零件各组成部分的全部尺寸,所以很多尺寸是在拆画零件图时才确定的。此时应注意以下几点:

（1）凡是在装配图上已给出的尺寸,在零件图上可直接标注出;

（2）某些设计时通过计算得到的尺寸(如齿轮啮合的中心距)以及通过查阅标准手册而确定的尺寸(如键槽等尺寸),应按计算所得数据及查表值准确标注,不得取整;

（3）除上述尺寸外,零件的一般结构尺寸,可按比例从装配图上直接量取,并适当取整;

（4）标注零件的表面粗糙度、几何公差及技术要求时,应结合零件各部分的功能、作用及要求,合理选择精度,同时还应使标注数据符合有关标准。阀体的尺寸标注如图 9-25 所示。

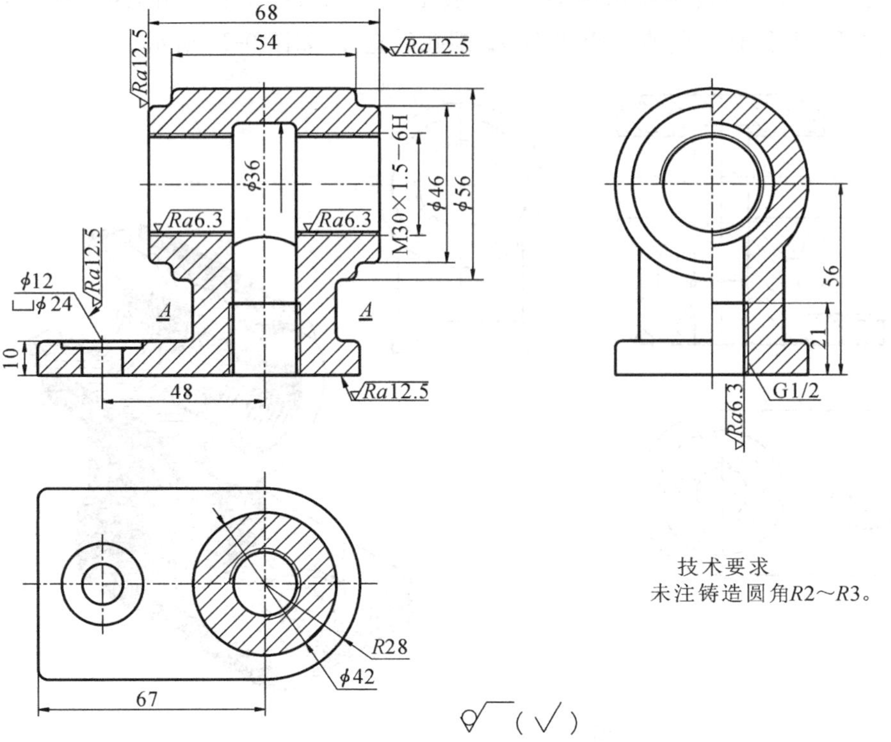

图 9-25 阀体

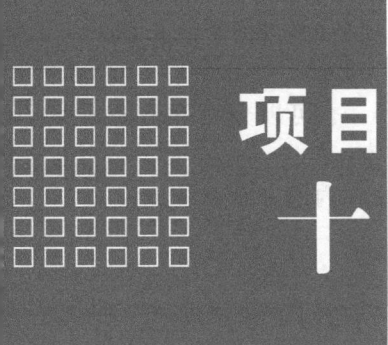

项目十

电气线路图与焊接图

通过对本项目的学习,学生可以掌握电气线路图的分类和各元件的规定画法,熟悉电路图的常见表达方式,了解焊接符号及其各种表示方法。

任务一　电气线路图的概述

【任务目标】

(1)掌握电气线路的基本知识。

(2)熟悉电气线路图的类型及其主要内容。

【任务要求】

能 力 目 标	知 识 要 点	相 关 知 识
了解相关知识	电气线路图的分类	电气线路图的分类
熟练掌握知识点	电路图主要包含内容	电路图的内容

(一)电气线路图

从事电子、信息、自动化专业工作的工程技术人员,在工作中要进行电气线路图的设计,因此,应该掌握绘制电气线路图的基本知识并具备识读电气线路图的初步能力。

电气线路图与机械图的绘制原理与表达方法存在很大差别。在学习本节时,必须弄清这两种图的区别,要熟悉国家标准《电气工程 CAD 制图规则》(GB/T 18135—2008)的有关规定,掌握电气线路图的表达方法和绘图原则。

(二)电气线路图的分类

电气线路图的种类很多,主要包括以下几种。

(1)概略图:表示系统、分系统、装置、部件、设备、软件中各项目之间的主要关系和连接的相对简单的简图,通常采用单线表示法。

(2)功能图:用理论的或理想的电路,不涉及实现方法来详细表示系统、分系统、装置、部件、设备、软件功能的简图。

181

（3）电路图：表示系统、分系统、装置、部件、设备、软件等实际电路的简图，采用按功能排列的图形符号和连接关系来表示各元件，以表示功能，而不需考虑项目的实际尺寸、形状或装置。

（4）接线图：表示或列出一个装置或设备的连接关系的简图（表）。它可以分为单元接线图（表）、连接线图（表）、端子接线图（表）和电缆图（表）。

这里所谓的简图是指采用图形符号和带注释的框来表示包括连线在内的一个系统或设备的多个部件或零件之间关系的图示形式。

（三）电路图主要内容

电路图主要包含以下内容：

（1）表示电路中元件或功能件的图形符号；

（2）元件或功能件之间的连接线；

（3）项目代号；

（4）端子代号；

（5）用于逻辑信号的电平约定；

（6）电路寻迹必需的信息（信号代号、位置检索标记）；

（7）了解功能件必需的补充信息。

图 10-1 所示为简单的数码混响卡拉 OK 无线话筒的电路图。LS889 是一单片数码卡拉 OK 混响专用集成电路，内部包括了话筒放大、振荡、延时等电路，只需少量的外围元件就可组成数码混响电路。混响信号由 IC 的 4 脚输出，经三极管 V 及 L_2、C_{15} 等组成的调频发射电路调制后，由天线发射出去。电路中的电位器 Rp 可用来调节话筒的混响深度。本电路发射距离为 50 m，可用调频收音机接收信号。

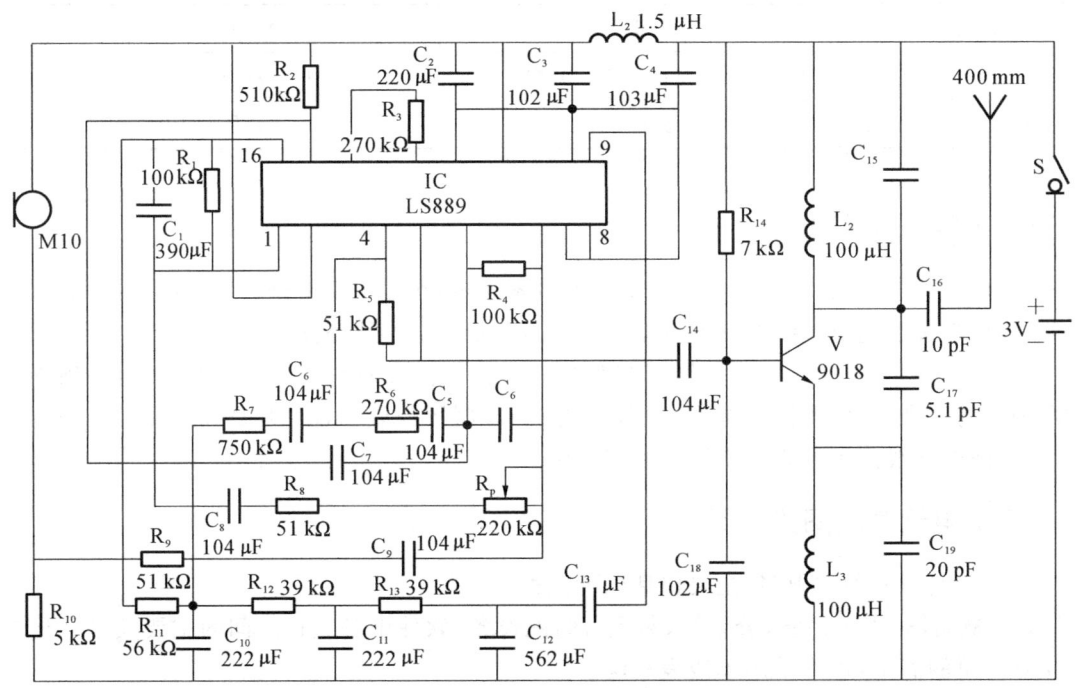

图 10-1　数码混响卡拉 OK 无线话筒电路图

任务二　电路图各种元件的规定画法

【任务目标】

了解电路图的常见符号、电路图绘图规则以及电路图常见表达方法。

【任务要求】

能 力 目 标	知 识 要 点	相 关 知 识
了解相关知识	电路图常见符号	电路图各种元件的规定画法
熟练掌握知识点	（1）电路图的绘图规则 （2）电路图的常见表达方法	（1）电路图的有关国标 （2）电路图的表达方法

（一）电路图常见符号

电路图常见符号如表 10-1 所示。

表 10-1　电路图常见符号

元件名称	图形符号	文字符号	元件名称	图形符号	文字符号
电容器		C	发光二极管		LED
电阻器		R	运算放大器		A
电感器		L	电池		G
晶体管		V	开关		S
扬声器		Y	指示灯		HL
二极管		VD	双绕组变压器		TM
传声器		MIC	插座		XS

（二）电路图绘图规则

（1）绘制电路图应遵守 GB/T 6988.1—2008《电气技术用文件的编制 第 1 部分：规则》的规定。

绘制电路图用线型主要有四种，如表 10-2 所示。

表 10-2 电路图用主要线型

图线名称	图线形式	一般应用	图线宽度
实线	——————	基本线、简图主要内容（图形符号及连线）用线、可见轮廓线、可见导线	0.25、0.35、0.5、0.7、1.0、1.4、2.0
虚线	------------	辅助线、屏蔽线、机械（液压、气动等）连接线、不可见导线、不可见轮廓线	
点画线	—·—·—·—	分界线（表示结构、功能分组用）、围框线、控制及信号线路（电力及照明用）	
双点画线	—··—··—	辅助围框线 50 V 及以下电力及照明线路	

（2）图形符号应遵守 GB/T 4728.1—2005《电气简图用图形符号 第 1 部分：一般要求》的规定。

图形符号旁应标注代号，需要时还可标注主要参数。当电路水平布置时，主要参数标在图形符号的上方；当电路垂直布置时，主要参数标在图形符号左方。不论电路水平还是垂直布置，项目均应水平书写，如图 10-1 所示。

（3）电路图中的信号流主要流向应是从左至右或从上至下。

当单一信号流方向不明确时，应在连接线上画上箭头符号（见 GB/T 4728.2—2005），如图 10-2 所示。

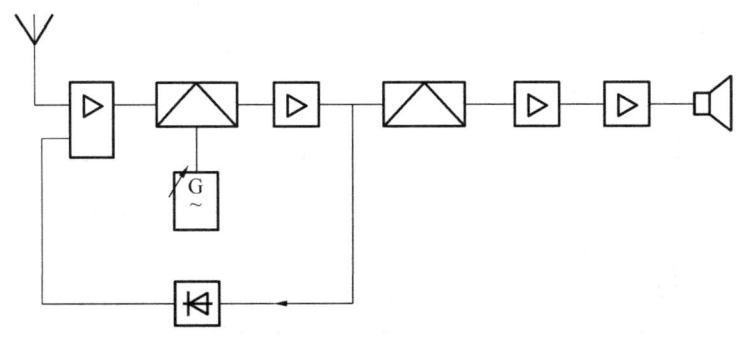

图 10-2 收音机工作过程框图

（4）表示导线或连接线的图线都应是交叉和弯折最少的直线。

图线可水平布置，各个类似项目应纵向对齐，如图 10-3（a）所示；也可垂直布置，此时各个类似项目应横向对齐，如图 10-3（b）所示。一张图中图线宽度应保持一致。

（5）在功能上或结构上属于同一单元的项目，可用点画线围框。

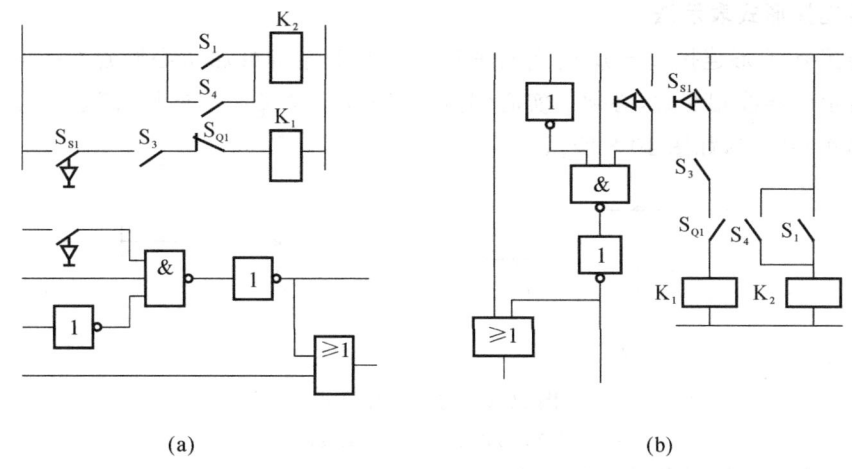

(a)　　　　　　　　　　(b)

图 10-3　图线的布置方式
(a) 水平布置　(b) 垂直布置

（三）电路图常见表达方法

1. 电路电源表示方法

（1）用图形符号表示电源，如图 10-4 所示。

（2）用线条表示电源，如图 10-5 所示。

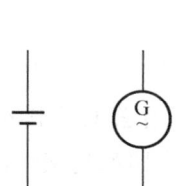

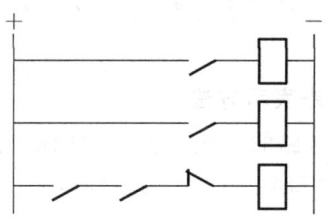

图 10-4　用图形符号表示电源　　　　　图 10-5　用线条表示电源

（3）用电压值表示电源，如图 10-6 所示。

（4）用符号表示电源。在单线表达时，直流符号为"—"，交流符号为"～"；在多线表达时，直流正、负极分别用符号"＋"、"－"表示，三相交流相序用符号"L_1、L_2、L_3"和中性线符号"N"等表示，如图 10-7 所示。

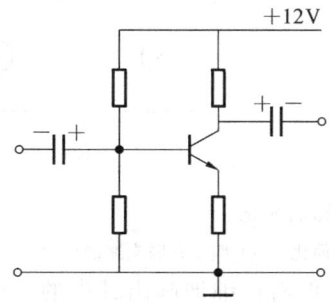

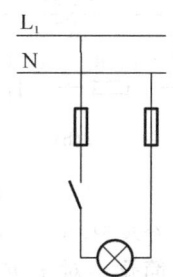

图 10-6　用电压值表示电源　　　　　图 10-7　用符号表示电源

（5）同时用线条和符号表示电源。

2. 导线连接形式表示法

导线连接有 T 形连接和＋形连接两种形式。T 形连接可加实心圆点"·"，也可不加。＋形连接表示两导线相交时，必须加实心圆点"·"；表示交叉而不连接（跨越）的两导线，在交叉处不加实心圆点，如图 10-8 所示。

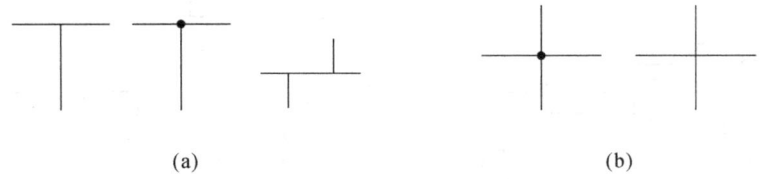

图 10-8 导线连接形式

(a)T 形连接 (b)＋形连接

3. 元器件和设备可动部分的表示方法

元器件和设备的可动部分通常应表示在非激励或不工作的状态或位置。

（1）开关在断开位置。

（2）带零位的手动控制开关在零位位置；不带零位的手动控制开关在规定位置。

（3）继电器、接触器、电磁铁等在非激励位置。

（4）机械操作开关（如行程开关）在非工作状态或位置（搁置时的情况），即没有机械力作用的位置。

多重开关器件的各组成部分必须在互相一致的位置上表示，而不管电路的实际工作状态。

4. 简化电路表示方法

（1）并联电路的简化。多个相同的支路并联时，可用标有公共连接符号的一个支路来表示，公共连接符号如图 10-9(a)所示。符号的弯折方向与支路的连接情况相符。因为简化而未画出的各项目的代号，应在对应的图形符号旁全部标注出来，公共连接符号旁加注并联支路的总数，如图 10-9(b)和图 10-9(c)所示。

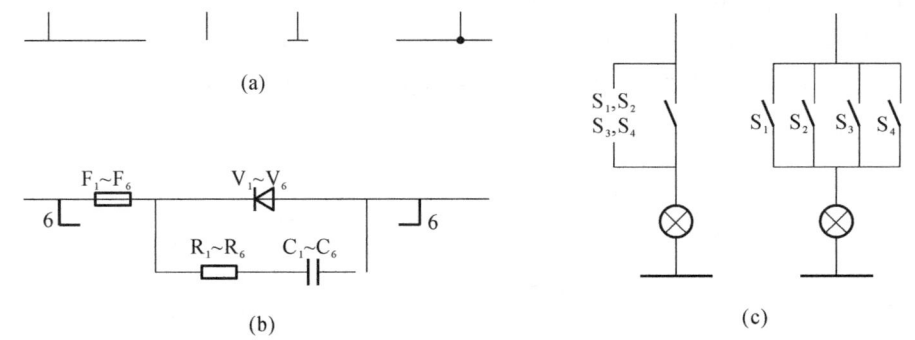

图 10-9 并联电路的简化

(a) 公共连接符号 (b) 六个并联支路的简化 (c) 四个并联支路的简化

（2）相同电路的简化。对于重复出现的电路，仅需详细地画出其中的一个，并加画围框表示范围，相同的电路画出空白的围框，在框内注明必要的文字注释，如图 10-10 所示。

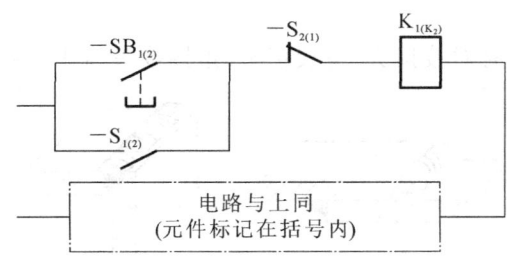

图 10-10 相同电路的简化

5. 元器件技术数据表示方法

技术数据(如元器件型号、规格、额定值等)直接标在图形符号的近旁,必要时,应放在项目代号的下方,如图 10-1 所示。技术数据也可标在继电器线圈、仪表、集成块等的方框符号或简化外形符号内。也可以用表格的形式给出,如表 10-3 所示。

表 10-3 设备表

项目代号	名　　称	型号、技术数据	数　量	备　注
C_1	电容器	0.1 μF/400 V 瓷介电容	1	
C_2	电容器	0.1 μF/400 V 瓷介电容	1	
⋮	⋮	⋮	⋮	⋮

任务三　焊缝的表示方法

【任务目标】

熟悉焊缝的基本符号以及表示方法。

【任务要求】

能 力 目 标	知 识 要 点	相 关 知 识
了解相关知识	焊接的工艺结构要点	焊接的工艺结构
熟练掌握知识点	焊缝的基本符号及表示方法	焊缝的基本符号的国标规定

(一)焊缝符号及表示法

焊缝是生产实际中常见的工艺结构,应用广泛。在技术图样中设计焊缝时,通常应表明焊缝坡口的形式、组装焊接要求、采用的焊接方法、焊缝的质量要求及无损检验方法等。要将这些要求在图样中完整明确地表达出来,通常应用 GB/T 324—2008《焊缝符号表示法》中规定的焊缝符号表示焊缝,也可按照 GB/T 4458.1—2002《机械制图　图样画法　视图》和GB/T 12212—2012《技术制图　焊缝符号的尺寸、比例及简化表示法》中规定的制图方法表示焊缝。

1. 图示法

常见的焊接接头形式有对接接头、搭接接头、角接接头和 T 形接头,如图 10-11 所示。

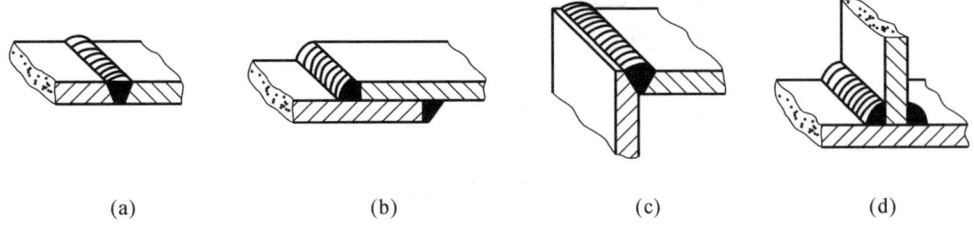

图 10-11　常见的焊接接头

（a）对接接头　（b）搭接接头　（c）角接接头　（d）T 形接头

1）视图、剖视图或断面图

在视图、剖视图或断面图中,焊缝可见面用细波纹线表示(允许徒手绘制),不可见面用粗实线表示,焊缝的断面应涂黑表示。图 10-12 所示为四种常见焊接接头的画法。

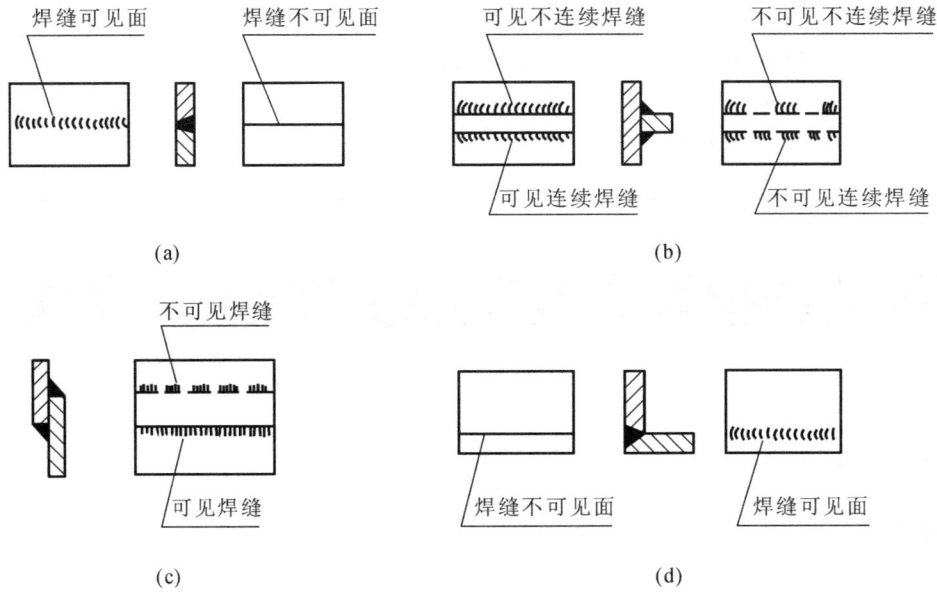

图 10-12　四种常见焊接接头的画法

当焊接件上的焊缝比较简单时,可以简化掉细波纹线,将可见焊缝用粗实线表示,不可见焊缝用虚线表示,如图 10-13（a）所示;当焊缝比较小时,允许不画出断面形状,而是在焊缝处标注焊缝代号加以说明,如图 10-13（b）所示。

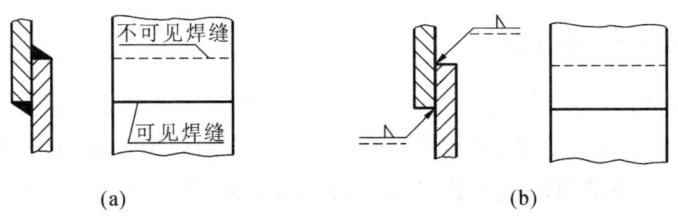

图 10-13　焊缝较简单或较小时的画法

（a）焊缝较简单　（b）焊缝较小

2）局部放大图

需详细表示焊缝的结构形状和尺寸时，要绘制局部放大图。

2. 符号法

焊缝符号一般由指引线和基本符号组成。必要时，可以加上辅助符号、补充符号、焊接方法的数字代号和焊缝的尺寸符号。

1）焊缝的指引线

焊缝指引线由箭头线和两条基准线构成。箭头线用细实线绘制；两条基准线，一条为实线，另一条为虚线，基准线应与主标题栏平行。实基准线的一端与箭头线相接，如图 10-14（a）所示。必要时，在实基准线的另一端画出尾部，以注明其他附加内容，如图 10-14（b）所示。当位置受限时，允许将箭头线弯折一次，如图 10-14（c）所示。

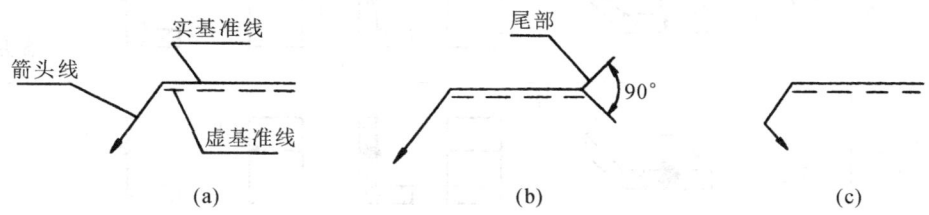

图 10-14　指引线的画法

（a）基准线画法　（b）实基准线画出尾部　（c）位置受限时允许箭头弯折一次

标注非对称焊缝时，虚线可加在实基准线的上方或下方，其意义相同。如果箭头指在焊缝的可见侧，则将基本符号标在基准线的实线侧，如图 10-15（a）所示；如果箭头指在焊缝的不可见侧，则将基本符号标在基准线的虚线侧，如图 10-15（b）所示。

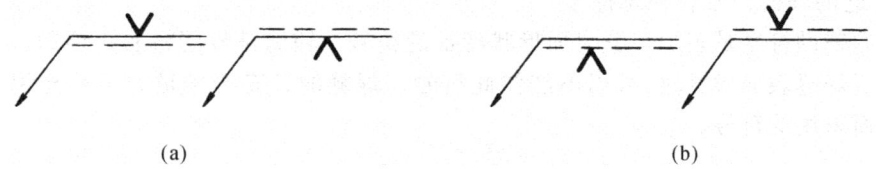

图 10-15　非对称焊缝的标注

（a）箭头指在焊缝的可见侧　（b）箭头指在焊缝的不可见侧

标注对称焊缝及双面焊缝时，可不加虚线，在实基准线的上、下方同时标注基本符号，如图 10-16 所示。

图 10-16　对称焊缝及双面焊缝的标注

2）焊缝的基本符号

焊缝的基本符号是表示焊缝横断面形状的符号。它近似于焊缝横断面的形状，用粗实线绘制。焊缝基本符号的画法及示例如表 10-4 所示。

表 10-4　焊缝基本符号及表示法(摘自 GB/T 324—2008)

类别	名　称	图形符号	示　意　图	图　示　法	焊缝符号表示法	说　明
基本符号	I 形焊缝	‖				焊缝在接头的箭头侧,基本符号标在基准线的实线一侧
	带钝边V 形焊缝	Y				
	V 形焊缝	V				焊缝在接头的非箭头侧,基本符号标在基准线的虚线一侧
	带钝边U 形焊缝	Y				
	角焊缝	△				标注对称焊缝及双面焊缝时,可不画虚线

3) 焊缝的辅助符号和补充符号

焊缝的辅助符号是表示焊缝表面形状特征的符号。辅助符号用粗实线绘制。当不需要确切地说明焊缝表面形状时,可以不加注此符号。焊缝的补充符号是为了补充说明焊缝的某些特征而采用的符号。

(二)化工设备焊缝的表示方法

化工设备一般分为两种,即第一类压力容器及其他常、低压设备,第二、三类压力容器及其他中、高压设备。

1. 第一类压力容器及其他常、低压设备

对于这类设备,一般可直接在视图中按焊缝规定画法绘制,图中可不标注,但需在技术要求中,对焊接接头的设计标准、焊接方法、焊条型号及焊缝检验要求等作出说明。

2. 第二、三类压力容器及其他中、高压设备

对于第二、三类压力容器及其他中、高压设备上重要的或非标准形式的焊缝,需用局部放大的剖视图(又称节点放大图)表达筒体与封头、补强圈与筒体或封头、厚壁筒补强圈、筒体与管板、筒体与裙座等焊缝的结构形状和尺寸,视图上的焊缝仍按规定画法绘制。

对于其他焊接要求,如设计标准、焊接方法、焊条型号、施焊条件、焊缝的检验要求及方法等,可以在技术要求中用文字加以说明。

3. 化工设备中常见的几种焊缝标注示例

化工设备中常见的几种焊缝标注示例如表 10-5 所示。

表 10-5　常见焊缝标注示例

焊缝形式及图示	标注示例	说　明
		用埋弧焊形成的带钝边 V 形连续焊缝在箭头侧。钝边 $p=2$ mm，根部间隙 $b=2$ mm，坡口角度 $\alpha=60°$。 用手工电弧焊形成的连续、对称角焊缝，焊角尺寸 $K=3$
		用埋弧焊形成的带钝边 U 形连续焊缝在非箭头侧，钝边 $p=2$ mm，根部间隙 $b=2$ mm
		表示 I 形断续焊缝在箭头侧。焊缝段数 $n=4$，每段焊缝长度 $l=6$ mm，焊缝间距 $e=4$ mm，焊缝有效厚度 $S=4$ mm

图 10-17 是化工设备常用支座的焊接图。从图中可以看出，支座的主要材料是钢板，采用焊接方法制造。

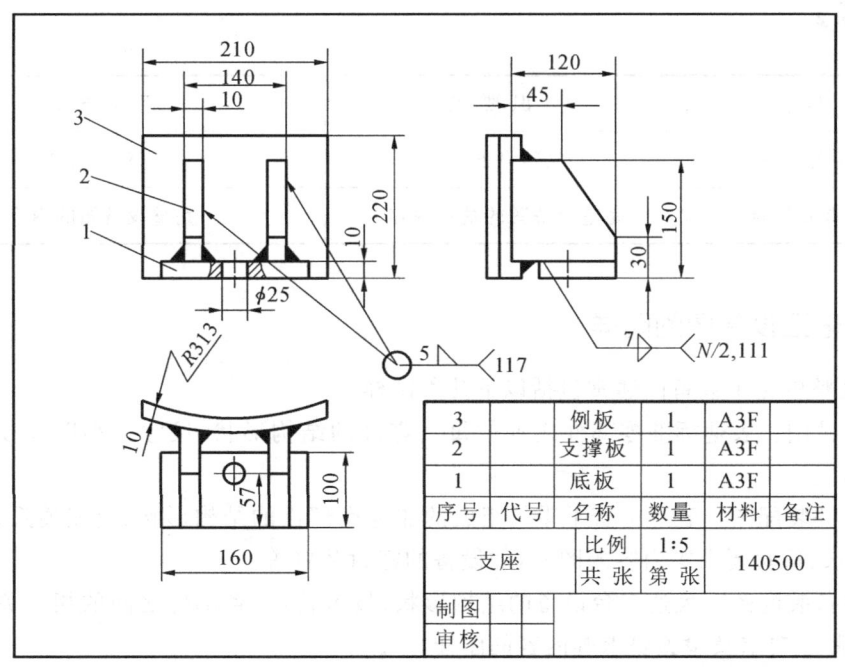

图 10-17　化工设备常用支座的焊接图

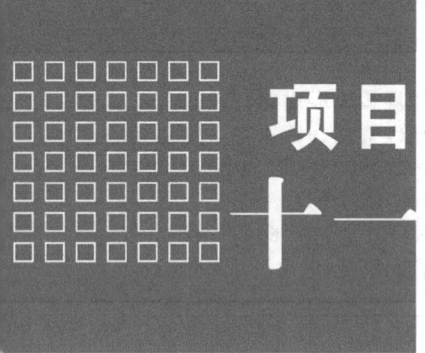

化工设备图

在化学工业生产中，典型的化工设备有容器、换热器、反应罐（釜）和塔。用来表达化工设备结构、技术要求等的图样称为化工设备图。化工设备图是设计、制造、安装、维修及使用化工设备的依据。

【任务目标】

熟练掌握一套完整的化工设备图所包括的图样和基本内容。

【任务要求】

能 力 目 标	知 识 要 点	相 关 知 识
了解相关知识	完整设备图	完整设备图
熟练掌握知识点	完整设备图的基本内容	完整设备图的内容

（一）化工设备图的图样

一套完整的化工设备图通常包括以下几种图样。

（1）零件图。表达标准零部件之外的每一零件的结构形状、尺寸大小以及技术要求等内容的图样。

（2）部件装配图。表达由若干零件组成的非标准部件的结构形状、装配关系、必要的尺寸、加工要求、检验要求等内容的图样，如设备的密封装置等。

（3）设备装配图。表达一台设备的结构形状、技术特性、各部件之间的相互关系以及必要的尺寸、制造要求及检验要求等内容的图样。

（4）总装配图（总图）。表示一台复杂设备或表示相关联的一组设备的主要结构特征、装配连接关系、尺寸、技术特性等内容的图样。

零件图及部件装配图的内容、表达、画法等与一般化工机械图样类似，另外在不影响装配图的清晰度，且装配图能体现总图的内容时，通常就可不画总图，故本项目着重讨论设备装配图的表达特点及绘制阅读方法。为方便起见,这里将化工设备装配图简称为化工设备图。

(二)化工设备图的基本内容

化工设备图通常包括以下几个基本内容。

(1)一组视图。用一组视图表示该设备的结构形状、各零部件之间的装配连接关系。视图是图样中的主要内容。

(2)几类尺寸。图中标注尺寸表示设备的总体大小、规格、装配和安装尺寸等数据,为制造、装配、安装、检验等提供依据。

(3)零部件编号及明细表。组成该设备的所有零部件必须按顺时针或逆时针方向依次编号,并在明细栏内填写每一编号零部件的名称、规格、材料、数量、质量以及有关图号内容。

(4)管口符号及管口表。设备上所有管口均需标注符号,并在管口表中列出各管口的有关数据和用途等内容。

(5)技术特性表。表中列出设备的主要工艺特性,如操作压力、操作温度、设计压力、设计温度、物料名称、容器类别、腐蚀裕量、焊缝系数等。

(6)技术要求。用文字说明设备在制造、检验、安装、运输等方面的特殊要求。

(7)标题栏。用以填写该设备的名称、主要规格、作图比例、图样编号等内容。

(8)其他。如图样目录、修改表、选用表、设备总量、特殊材料质量、压力容器设计许可证(章)等。

任务二 化工设备图的图示特点

【任务目标】

掌握化工设备图的图示特点。

前面项目讨论的机件各种表达方法,如视图、剖视图、断面图和局部放大图等,在表达化工设备图的视图中同样适用。但由于化工设备基本结构有它的特点,因此,化工设备图的视图还有一些相应的图示特点。

【任务要求】

能力目标	知识要点	相关知识
了解相关知识	以化工设备基本形体为主	化工设备的基本结构
熟练掌握知识点	(1)有较多的孔和接管 (2)设备对材料有特殊要求 (3)设备多采用焊接结构 (4)广泛采用标准	(1)设备对材料有特殊要求 (2)设备多采用焊接结构 (3)广泛采用标准

（一）化工设备的基本结构特点

常见化工设备的结构形状、尺寸大小、安装方式各不相同，但构成设备的基本形体，以及所采用的许多通用零部件却有共同的特点。

1. 基本形体以回转体为主

化工设备多为壳体容器，其主体结构（筒体、封头）以及一些零部件（人孔、手孔、接管）多由圆柱、圆锥、圆球或椭球等回转体构成。

2. 有较多的开孔和接管

根据化工工艺的需要，在设备壳体（筒体和封头）上，有较多的开孔和接管，如进（出）料口、放空口、清理口、观察孔、人（手）孔，以及液位、温度、压力、取样检测口等。

3. 尺寸相差悬殊

设备的总体尺寸与壳体厚度或其他细部结构尺寸大小相差悬殊。大尺寸大至几十米，小尺寸只有几毫米。

4. 很多设备对材料有特殊要求

化工设备的材料除考虑强度、刚度外，还应当考虑耐腐蚀、耐高温、耐深冷、耐高压和高真空。因此，化工设备不仅使用碳钢、合金钢、有色金属、稀有金属（钛、钽、锆等）和一些非金属材料（陶瓷、玻璃、石墨、塑料）作为结构材料，还经常使用金属或非金属材料作为喷镀、喷涂或衬里材料，以满足各种设备的特殊要求。

5. 大量采用焊接结构

化工设备中不仅许多零部件采用焊接成形，而且零部件间的连接也广泛使用焊接方法。如筒体、封头、支座等的成形，筒体与封头、壳体与支座、壳体与接管等的连接。

6. 广泛采用标准化零部件

化工设备中许多零部件都已经标准化、系列化，如筒体、封头、支座、管法兰、设备法兰、人（手）孔、视镜、液位计、补强圈等。一些典型设备中部分常用零部件也有相应的标准，如填料箱、搅拌器、波形膨胀节、浮阀及泡罩等。

（二）化工设备图的图示特点

由于化工设备所具备的基本结构特点，化工设备在表达方法上，形成了相应的图示特点。

1. 视图配置灵活

由于化工设备大多是回转体，结构较简单，因此通常采用两个基本视图即可表达设备的主体结构。立式设备通常用主、俯视图，卧式设备通常用主、左视图，而且主视图为表达设备的内部结构常采用全剖视图和局部剖视图。但是，当设备的总高（长）较大时，由于图幅有限，俯、左视图难以安排在基本视图位置，可以按向视图的方式进行配置。也允许将俯、左视图画在另一张图纸上，并分别在两张图纸上注明视图关系。

某些结构形状简单，在装配图上易于表达清楚的零件，其零件图可直接画在装配图中适当位置，注明编号。

在某些装配图中，还可放置其他一些视图，如支座的底板尺寸图，气柜的配重图、标尺图，某零件的展开图等。

有的化工设备比较简单，仅用一个基本视图和一些辅助视图，就可将基本结构表达清楚,此时省略俯(左)视图,只用管口方位图来表达设备的管口及其他附件分布的情况。

2. 细部结构的表达方法

由于化工设备的各部分结构尺寸相差悬殊,按总体尺寸选定的绘图比例,往往无法将细部结构同时表达清楚。因此,化工设备图中较多地采用了局部放大图(节点详图)和夸大画法来表达细部结构并标注尺寸。

1) 局部放大图

当设备部分结构的图形过小时,则采用局部放大图的表达方法。局部放大图可按所放大结构的复杂程度,采用视图、剖视图和断面图等方法进行表达,它与被放大部分的表达方式无关。局部放大图可以用细实线圈出,也可用波浪线、双折线画出界限;可按规定比例画图,也可不按比例画图,但均须注明。

2) 夸大画法

化工设备中的壳体厚度、接管厚度和垫片、挡板、折流板等的厚度,在绘图比例缩小较多时,经常难以画出,对此可采用夸大画法,即不按比例,适当夸大地画出它们的厚度。其余细小结构或较小的零部件,也可采用夸大画法。例如壳体厚度、垫片及管板厚度、丝堵和接管法兰等,均可采用夸大画法。

薄壁部分的剖面符号允许采用涂色的方法,而管板和管法兰仍采用剖面符号进行表达。

3. 断开画法和分段画法

对于高(长)径比大的化工设备,如塔、换热器等,当沿其轴线方向有相当长部分的形状和结构相同,或按一定规律变化时,可采用断开画法,即用双点画线将设备中重复出现的结构或相同结构断开,使图形缩短,简化作图,便于选用较大的作图比例,合理使用图纸幅面。对于较高的塔器设备,在不适于采用断开画法时,可采用分段的表达方法,即把整个塔体分成若干段,以利于绘图时的图面布置和比例选择。

若断开画法和分层画法造成设备总体形象表达不完整,则可采用缩小比例、单线条画出设备的整体外形图或剖视图等方法。

4. 多次旋转的表达方法

化工设备壳体上分布有众多的管口及其他附件,为了在主视图上能清楚地表达它们的结构形状和位置高度,避免各个位置的接管在投影图上产生重叠,允许采用多次旋转的表达方法。即假想将设备周向分布的接管及其他附件,分别旋转到与主视图所在的投影面平行的位置,然后再进行投影,得到反映它们实形的视图或剖视图。

为了避免混乱,在不同的视图中,同一接管或附件应用相同的拉丁字母编号。规格、用途相同的接管或附件可共用同一字母,并用阿拉伯数字作脚标,以示个数。

在化工设备图中采用多次旋转的画法时,允许不作任何标注,但这些结构的周向方位要以俯(左)视图或管口方位图为准。

5. 镀涂层、衬里剖面的画法

1) 薄镀涂层

对于喷镀耐腐蚀金属材料或塑料、涂漆、搪瓷等薄涂层的表达,在需镀涂层表面绘制与其平行、间距1～2 mm的粗点画线,并标注镀涂层内容即可。该镀涂层不编号,详细要求可写入技术要求。

2）薄衬里

对于衬金属薄板、衬橡胶板、衬聚氯乙烯薄膜等的表达，无论衬里是一层还是多层，在所需衬板表面绘制与其平行的间距 1～2 mm 的细实线即可。当衬里是多层且材料相同时，可只编一个号，并在明细栏的备注栏内注明厚度和层数。当衬里是多层但材料不同时，应分别编号，并在明细栏的备注栏内注明衬里的材料、厚度和层数。必要时用局部放大图表示薄衬里的层次结构。

3）厚涂层

对于各种胶泥、混凝土等的厚涂层的表达，在所需涂层表面绘制与其平行的间距为涂层厚度的粗实线，其间填画涂层材料的剖面符号。该涂层应编号，在明细栏中注明材料和涂层厚度。必要时用局部放大图详细表达细部结构和尺寸，如增强结合力所需的铁丝、挂钉等。

4）厚衬里

对于塑料板、耐火砖、辉绿岩板之类厚衬里的表达，在所需衬板表面绘制与其平行的间距为涂层厚度的粗实线，其间填画涂层材料的剖面符号。一般需用局部放大图详细表示其结构尺寸，放大图中一般灰缝以一条粗实线表示，特殊要求的灰缝用双粗实线表示。规格不同的砖、板应分别编号。

6. 化工设备图中的简化画法

根据化工设备的特点，化工设备图中除采用机械制图国家标准所规定的简化画法外，还可采用以下几种简化画法。

1）标准件、外购件及有复用图的简化画法

人(手)孔、填料箱、减速机及电动机等标准件、外购件，在化工设备图中只需按比例画出这些零部件的外形，但应在明细表中写明其名称、规格以及标准号等，外购件还应注写"外购"字样，如图 11-1 所示。

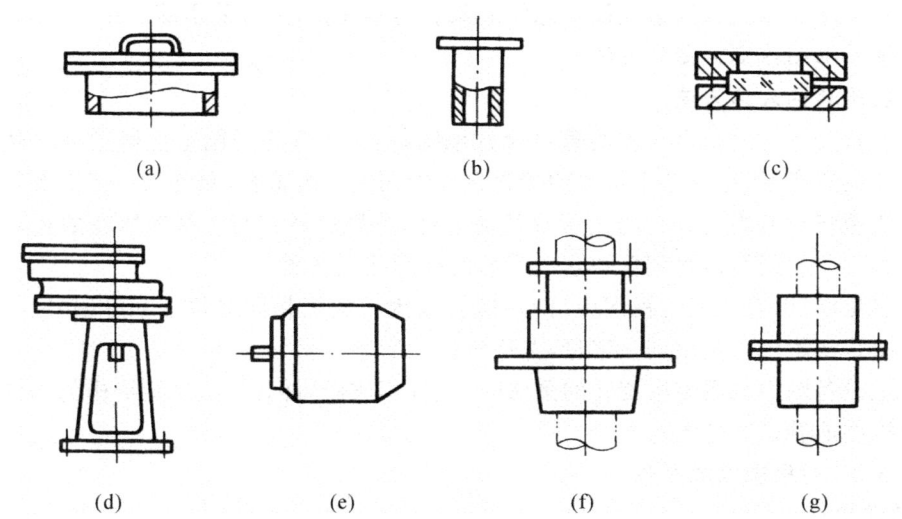

图 11-1　标准件、外购件及有复用图的简化画法
(a) 人(手)孔　(b) 接管　(c) 视镜　(d) 减速机　(e) 电动机　(f) 填料箱　(g) 联轴器

2）法兰的简化画法

法兰有容器法兰和管法兰两大类，法兰连接面形式也多种多样，但不论何种法兰和何种

连接面形式,在装配图中均可用简化画法。法兰的特性可在明细栏及管口表中表示。

设备上对外连接管口的法兰,均不必配对画出。需要指出的是,为安放垫片的方便,增加密封的可靠性,采用凹凸面或榫槽面容器法兰时,立式容器法兰的槽面或凹面必须向上,卧式容器法兰的槽面或凹面应位于筒体上。对于管法兰,容器顶部和侧面的管口应配置凹面或槽面法兰,容器底部的管口应配置凸面或榫面法兰。图 11-2 所示为法兰的简化画法。

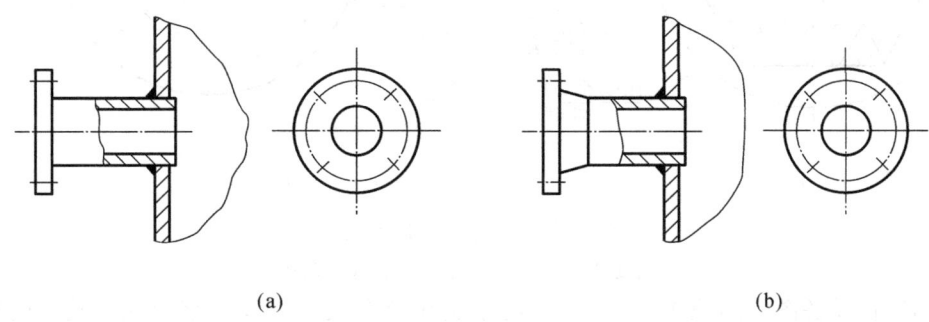

(a)　　　　　　　　　　　　　　　　　(b)

图 11-2　法兰的简化画法

(a) 平焊法兰　(b) 对焊法兰

3）重复结构的简化画法

（1）螺栓孔及螺栓连接。螺栓孔可用中心线和轴线表示,省略圆孔。螺栓的连接如图 11-3(a)所示,其中符号"×"和"＋"用粗实线表示。

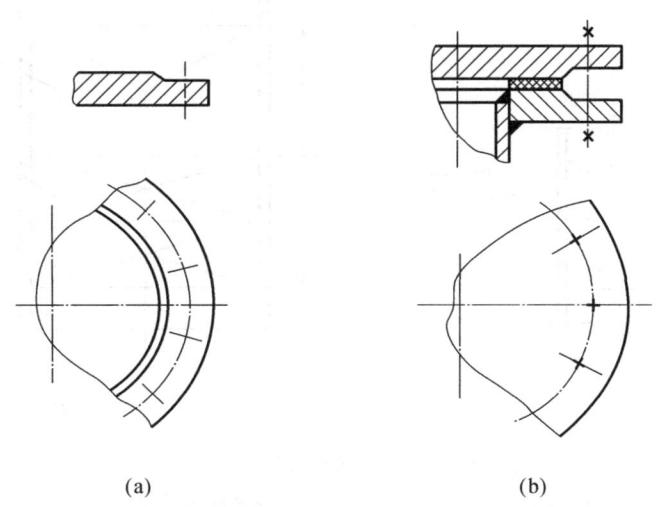

(a)　　　　　　　　　　(b)

图 11-3　螺栓孔及螺栓连接的简化画法

(a) 零件图中螺栓孔　(b) 装配图中螺栓连接

（2）管束。按一定规律排列的管束,可只画一根,其余的用点画线表示其安装位置。

（3）规则排列的孔板。换热器管板上的孔通常按图 11-4 所示的方法,用细实线画出孔眼圆心的连线及孔眼范围线,也可画出几个孔,并标注孔径、孔数和孔间距。

如果孔板上的孔按同心圆排列,则可用简化画法。

多孔板采用剖视图表达时,可仅画出孔的中心线,省略孔眼的投影。

（4）填充物。当设备中装有同一规格、材料和同一堆放方式的填充物(如填料、卵石、木

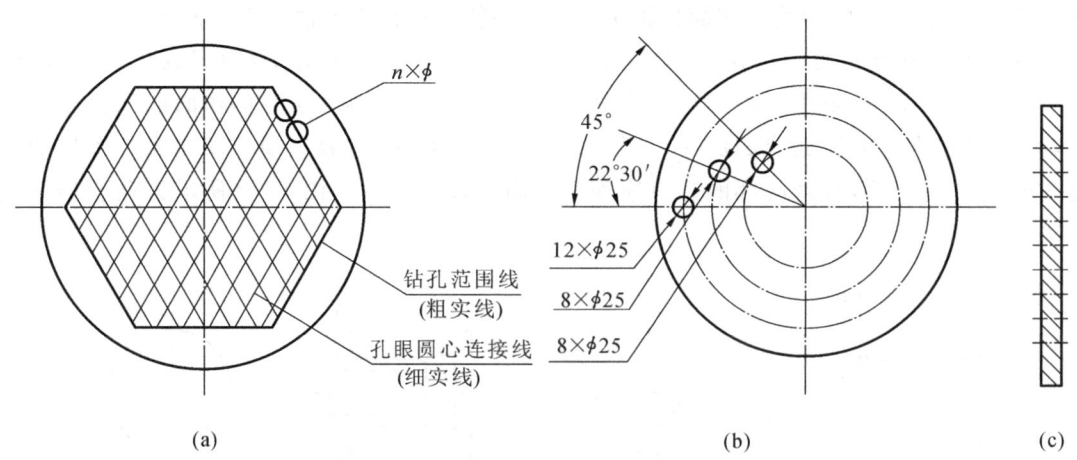

图 11-4　多孔板的简化画法

（a）按角度排列　（b）按同心圆排列　（c）剖视画法

格条等）时，在设备图的剖视中，可用交叉的细实线及有关尺寸和文字简化表达，如图 11-5（a）所示，其中 $50\times50\times5$ 分别表示瓷环的外径、高度和厚度。

若装有不同规格或规格相同但堆放方式不同的填充物，此时则必须分层表示，分别注明规格和堆放方式，如图 11-5(b)所示。

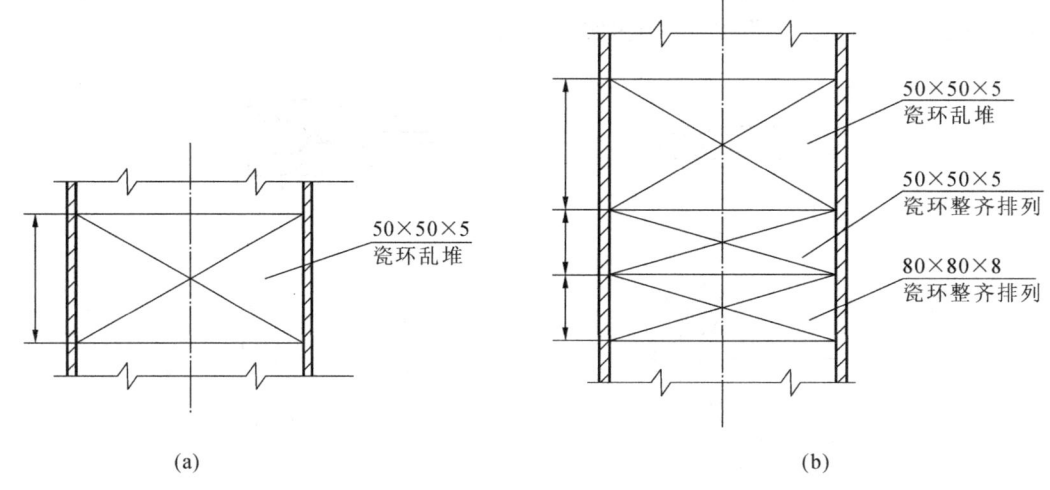

图 11-5　填充物的简化画法

（a）相同材料、规格、堆放方式　（b）不同材料、规格、堆放方式

4）单线表示法

当化工设备上某些结构已有零件图，或者另用剖视图、断面图、局部放大图等方法表达清楚时，则设备装配图中允许用单线表示。其中封头、筒体、折流板、拉杆、定距管、法兰和补强圈等都是用单线条示意表达的。

5）液面计的简化画法

设备图中的液面计（如玻璃管式或玻璃板式等），其投影可采用简化画法，如图 11-6 所示，其中符号"＋"用粗实线表示。

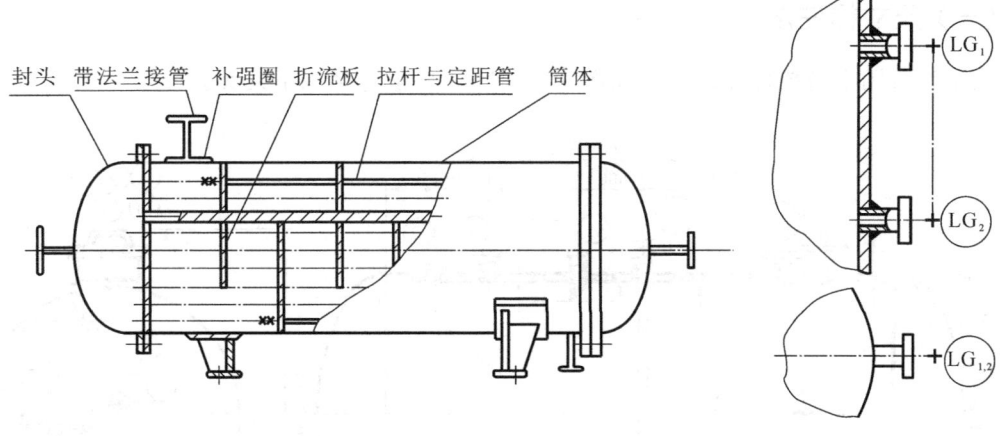

封头　带法兰接管　补强圈　折流板　拉杆与定距管　筒体

图 11-6　液面计的简化画法

任务三　化工设备图的尺寸标注及其他内容

【任务目标】

熟练掌握化工设备图的尺寸标注。

化工设备图的尺寸标注,与一般机械装配图基本相同。但是两者相比较,化工设备图的尺寸数量稍多,而且有的尺寸数字较大,尺寸精度要求较低,允许标注成封闭尺寸链(加近似符号"~")。标注尺寸时,除遵守《机械制图　尺寸注法》(GB/T 4458.4—2003)中的规定外,还要结合化工设备的特点,做到标注正确、完整、清晰、合理,以满足化工设备制造、检验、安装的需要。

【任务要求】

能力目标	知识要点	相关知识
了解相关知识	(1) 尺寸种类 (2) 典型结构的尺寸标注 (3) 技术要求 (4) 管口符号及管口表 (5) 明细表和零部件序号的编排 (6) 标题栏	(1) 尺寸种类 (2) 典型结构的尺寸标注 (3) 技术要求 (4) 管口符号及管口表 (5) 明细表和零部件序号的编排 (6) 标题栏
熟练掌握知识点	(1) 尺寸种类 (2) 典型结构的尺寸标注 (3) 技术要求 (4) 管口符号及管口表 (5) 明细表和零部件序号的编排 (6) 标题栏	(1) 尺寸种类 (2) 典型结构的尺寸标注 (3) 技术要求 (4) 管口符号及管口表 (5) 明细表和零部件序号的编排 (6) 标题栏

（一）尺寸标注法

化工设备图上需要标注的尺寸如图 11-7 所示，一般包括以下几类。

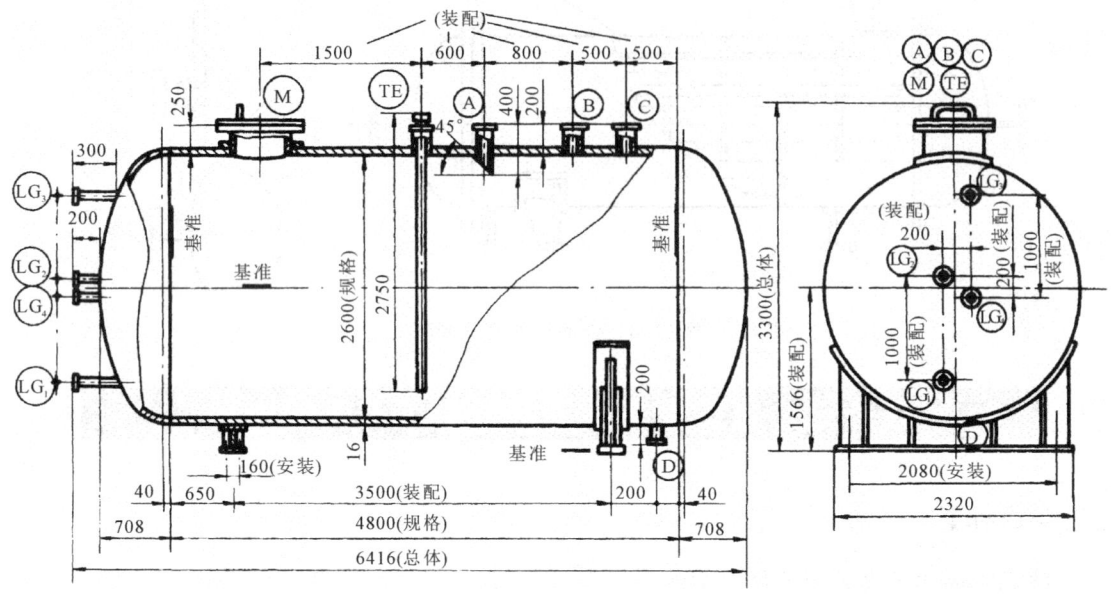

图 11-7　化工设备图上需标注的尺寸

1）规格（特性）尺寸

规格（特性）尺寸是反映化工设备的规格、性能、特征及生产能力的尺寸。这些尺寸是设备设计时确定的，是了解设备工作能力的重要依据。

2）装配尺寸

装配尺寸是反映零部件间相对位置的尺寸。它们是制造化工设备的重要依据。

3）外形（总体）尺寸

外形尺寸是表示设备总长、总高、总宽（或外径）的尺寸。这类尺寸对于设备的包装、运输、安装及厂房设计等，是十分必要的。

4）安装尺寸

安装尺寸是化工设备安装在基础上或与其他设备及部件相连接时所需的尺寸。

5）其他尺寸

（1）零部件的规格尺寸，如：接管尺寸应注写"外径×壁厚"，瓷环尺寸应注写"外径×高×壁厚"。

（2）不另行绘制图样的零部件的结构尺寸或某些重要尺寸。

（3）设计计算确定的尺寸，如主体厚度、搅拌轴直径等。

（4）焊缝的结构形式尺寸，一些重要焊缝在其局部放大图中，应标注横断面的形状尺寸。

（二）尺寸基准

化工设备图中的尺寸标注，既要保证设备在制造安装时达到设计要求，又要便于测量和

检验,因此应正确选择尺寸基准。如图 11-8 所示,化工设备图的尺寸基准一般为:

(1) 设备筒体和封头的轴线;

(2) 设备筒体与封头的环焊缝;

(3) 设备法兰的连接面;

(4) 设备支座、裙座的底面;

(5) 接管轴线与设备表面交点。

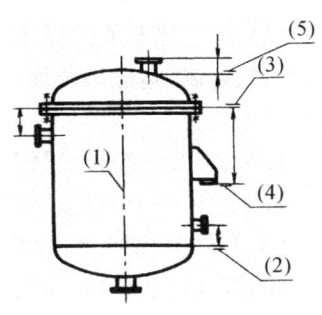

图 11-8   化工设备图的尺寸基准

(三)典型结构的尺寸标注

1. 筒体的尺寸标注

对于钢板卷焊成的筒体,一般标注内径、厚度和高(长)度;而对于使用无缝钢管的筒体,一般标注外径、厚度和高(长)度。

2. 封头的尺寸标注

如图 11-9 所示:椭圆形封头,应标注内直径 DN、厚度 δ、总高 H、直边高度 h;碟形封头,应标注内直径 DN、厚度 δ、总高 H、直边高度 h;大端折边锥形封头,应标注锥壳大端直径 DN、厚度 δ、总高 H、直边高度 h、锥壳小端直径 D_{is};半球形封头,应标注内直径 DN、厚度 δ。

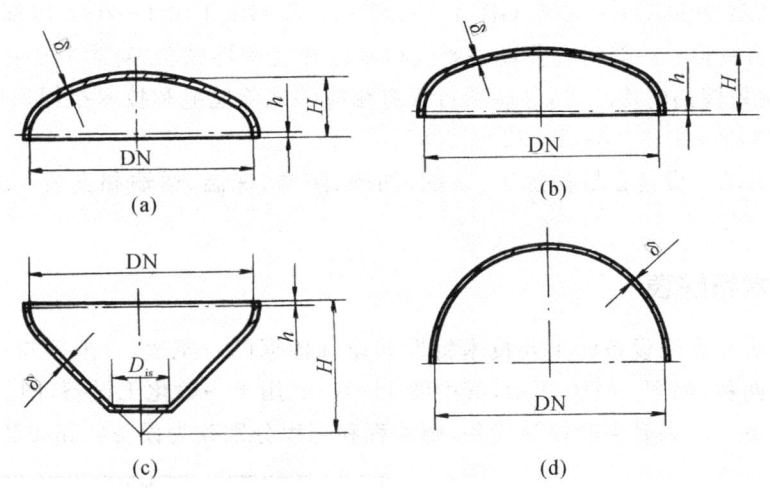

图 11-9   封头的尺寸标注

(a) 椭圆封头   (b) 碟形封头   (c) 锥形封头   (d) 半球形封头

3. 接管的尺寸标注

接管的尺寸,一般标注"外径×壁厚"。

4. 填料的尺寸标注

化工设备中的填料,一般只注出总体尺寸,并注明堆放方法和填料规格尺寸。

(四)技术要求

技术要求用于说明在图中不能(或没有)表达出来的内容,包括设备在制造、试验和验收时须遵循的标准、规范或规定,对材料、表面处理及涂饰、润滑、包装、运输等的特殊要求,以便作为设备制造、装配、验收等方面的技术依据。技术要求通常包括以下几方面的内容。

（1）通用技术条件规范。通用技术条件是同类化工设备在加工、制造、焊接、装配、检验、包装、防腐、运输等方面较详尽的技术规范，已形成标准，在技术要求中直接引用。常用的有以下几种：

HG 20581—2011 《钢制化工容器材料选用规定》

HG 20584—2011 《钢制化工容器制造技术要求》

GB 150.1～150.4—2011 《压力容器》

GB/T 151—2014 《热交换器》

GB/T 11345—2013 《焊缝无损检测 超声检测 技术、检测等级和评定》

GB/T 3323—2005 《金属熔化焊焊接接头射线照相》

GB/T 985.1—2008 《气焊、焊条电弧焊、气体保护焊和高能束焊的推荐坡口》

GB/T 985.2—2008 《埋弧焊的推荐坡口》

JB/T 4711—2003 《压力容器涂敷与运输包装》

在书写技术要求时，只需注写"本设备按×××（具体写标准名称及代号）制造、试验和验收"即可。

（2）焊接要求。焊接工艺在化工设备制造中应用广泛。在技术要求中，一般要对焊接接头形式、焊接方法、焊条（焊丝）、焊剂等提出要求。通常需遵守 HG 20581—2011、HG 20580—2011、GB/T 985.1—2008、GB/T 985.2—2008、GB/T 324—2008 等标准。

（3）设备的检验。一般对主体设备要进行水压和气密性试验，对焊缝要进行射线探伤、超声波探伤、磁粉探伤的检验等，这些项目都有相应的试验规范和技术指标。通常遵守的标准是 GB/T 11345—2013、GB/T 3323—2005。

（4）其他要求。设备在机械加工、装配、油漆、防腐、保温、运输和安装等方面的规定和要求。

（五）技术特性表

技术特性表是表明设备的重要技术特性和设计依据的一览表，一般安排在管口表的上方。其格式有两种，如图 11-10 所示，其中图 11-10(a)用于一般化工设备，图 11-10(b)用于带换热管的设备。如果是夹套换热设备，则管程和壳程分别改为设备内和夹套内。

	管程	壳程	∞
工作压力/MPa			∞
工作温度/℃			∞
设计压力/MPa			∞
设计温度/℃			∞
物料名称			∞
换热面积/m²			∞
焊缝系数			∞
腐蚀裕度/mm			∞
容器类别			∞

工作压力/MPa		工作温度/℃		∞
设计压力/MPa		设计温度/℃		∞
物料名称		介质特性		∞
焊缝系数		腐蚀裕度/mm		∞
容器系数				∞

(a)

(b)

图 11-10 技术特性表的格式和尺寸

技术特性表还有以下特点。

(1) 技术特性表的边框为粗实线,其余线型为细实线;

(2) 技术特性表中的设计压力、工作压力为表压,如果是绝对压力应标注"绝对"字样;

(3) 在技术特性表中需填写的内容,因设备类型的不同会有不同。

① 对于容器类设备,应增加全容积(m^3)和操作容积(m^3);

② 对于热交换器,应增加换热面积(m^2),而且换热面积以换热管外径为基准计算;

③ 对于塔,应填写设计的地震烈度(级)、设计风压(N/m^2)等;对于填料塔还需填写填料体积(m^3)、填料比表面积(m^2/m^3)、处理气量(NM^3/h)和喷淋量(m^3/h)等内容;

④ 对于带夹套(蛇管)和搅拌器的反应釜,应按釜内、夹套(蛇管)内分栏填写,同时还需填写全容积、操作容积、搅拌转速(r/min)、电动机功率(kW)、换热面积等内容;

⑤ 对于其他专用设备,可根据设备的结构与操作特性,填写需特别说明的技术特性内容。

(六)管口符号及管口表

化工设备上的管口数量较多,为了清晰地表达各管口的位置、规格、连接尺寸和用途等,图中应编写管口符号,并在明细栏上方画出管口表。管口表的边框为粗实线,其余线型为细实线。

1. 管口符号的编写

(1) 编写管口符号时,一般应从主视图的左下方或左上方开始,按顺时针(或逆时针)方向依次用大写拉丁字母"A、B、C"或小写拉丁字母"a、b、c"编号。

(2) 对规格、用途、连接面形式完全相同的管口,应编写一个管口符号,但必须在管口符号的右下角加注阿拉伯数字,以示区别,如 A_1、A_2 等。

2. 管口表内一些项目的填写

(1) 管口表中的"符号"应与视图中各管口的符号一致,依 A、B、C 顺序,从上至下填写。当管口规格、连接标准、用途均相同时,可合并为一项填写,如 $A_{1\sim2}$。

(2) "公称尺寸"栏中应填写管口公称直径,公称直径单位为 mm。

对于带衬里的管口,公称直径按实际内径填写;对于带薄衬里的钢管,按钢管的公称直径填写;对于无公称直径的管口,按实形尺寸填写,例如矩形孔填写"长×宽"、椭圆孔填写"长轴×短轴"。

(3) "连接尺寸与标准"栏中应填写对外连接管口的有关尺寸和标准,如果是螺纹连接管口应填写"M24""G1"等螺纹代号。

(4) "连接面形式"栏填写法兰的密封面形式,如"平面""凹面""槽面"或"FF""RF"等;螺纹连接填写"内螺纹";不对外连接的管口,例如人(手)孔、检查孔等,不填写此项,而用从左下至右上的细斜线表示。

(5) "用途或名称"栏应填写标准名称、习惯用名称或简明的用途术语,如"进料口""液面计口""人孔"等。对于标准图或通用图中的对外连接管口,此栏中用从左下至右上的细实线表示。

(七)明细表和零、部件序号的编排

1. 明细表

明细表用于装配图或部件图,说明设备上所有零、部件的名称、材料、数量、质量等内容,

它是工程技术人员看图及图样管理的重要依据。明细表左、右、下边框线型为粗实线,其余线型为细实线。明细表位于标题栏的上方。

1)件号

本栏填写图示设备各零、部件的顺序编号。在表中填写的件号应与图中件号完全一致,且应由下而上按序填写。

2)图号或标准号

本栏填写各零、部件相应的图号或标准号。凡已绘制了零、部件图的零、部件都必须填写相应的图号(没有绘制图样的零、部件,此栏可不填)。若为标准件,则必须填写相应的标准号(材料不同于标准时,此栏可不填);若为通用件,则必须填写相应的通用图图号。

3)名称栏

本栏填写零、部件的名称与规格。填写时零、部件的名称应尽可能采用公认的称谓,并力求简单、明确。同时,还应附上该零、部件的主要规格。如果是标准件,则必须按规定的标注方法填写,如"法兰 C—PⅠ400—1.6";如果是外购件,则需按商品的规格型号填写,如"减速机 BLC 125—5 Ⅰ";如果是不另绘图的零件,在名称之后应给出相关尺寸数据,如"接管 $\phi108\times4, L=150$"(L 也可在备注栏内说明)、"角钢$\angle50\times50\times5, L=500$""筒体 DN400×6,$H=5906$"等。

4)数量栏

本栏填写图示设备上归属同一件号的零、部件的全部件数。对于大量使用的填料、木材、耐火材料等,可采用 m³ 计;而对于大面积的衬里、防腐涂层、金属丝网等,则可采用 m² 计。其采用的单位,在备注栏内可加以说明。

5)材料栏

本栏填写各零、部件所采用的材料名称或代号。材料名称或代号必须按国家标准或部颁标准所规定的名称或代号填写;无标准规定的材料,则应按工程习惯注写相应的名称;由国外企业或国内企业生产的有系列标准的定型材料,应同时注写材料名称和相应的材料代号,并在备注栏内作附加说明。如果该件号的部件由不同材料的零件构成,本栏可填写组合件;如果该件号的零、部件为外购件,本栏可不填,或在本栏画一短细斜线表示。

6)质量栏

本栏填写零、部件的真实质量,以 kg 为单位。一般零、部件准确到小数点后两位,材料为贵重金属时可适当增加小数点后的位数。采用非贵重金属,且质量小、数量少的零件也可不填,或在本栏画一短细斜线表示。

7)备注栏

本栏仅对需要说明的零、部件附加简单的说明,如:对外购件可填写"外购"字样;采用了特殊的数量单位,可填写"单位 m³";对接管可填写接管长度"$L=120$";采用企业标准的零部件可填写"××企业标准"等字样。一般情况下不予填写。

2.零、部件序号的编排

组成设备的所有零件、部件和外购件,无论有图或无图均需编独立的序号,不可省略。序号的编写规则如下。

(1)序号由圆点、指引线、水平线(或圆)及数字组成(见图 11-11)。指引线和水平线(或圆)均为细实线,数字写在水平线上方(或小圆内),数字高度应比尺寸数字高度大一号,指引线应从所指零件的可见轮廓内引出,并在末端画一圆点,当所指部分不宜画圆点(如很薄的零件或涂黑的剖面)时,可在指引线末端画一箭头以代替圆点,如图 11-11(b)所示。

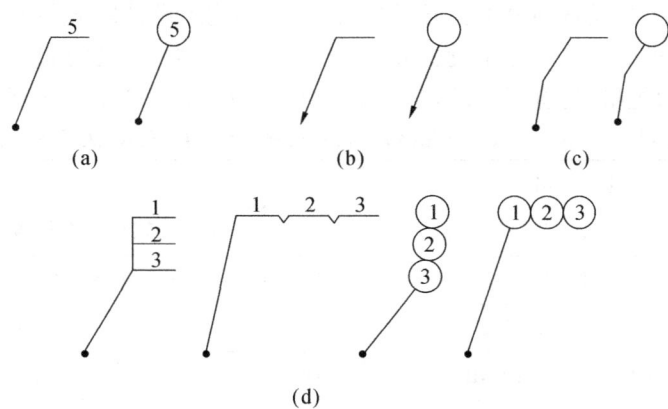

图 11-11　零、部件序号的编排

(2) 指引线应尽量分布均匀,彼此不能相交,当通过剖面线区域时,需避免与剖面线平行。必要时,指引线可曲折一次。

(3) 对于一组装配关系清楚的组件(如螺栓、螺母),允许采用公共指引线。

(4) 序号应尽量编排在主视图上,并由左下方或左上方开始,按序号顺序顺时针整齐地沿垂直和水平方向依次编号。序号可布满四周,但应尽量编排在图形的左方和上方,并安排在外形尺寸的内侧。若有遗漏,增添的序号应在外圈编排补足。

(5) 在装配图中,将直接组成设备的部件、直属零件和外购件以 1、2、3……顺序表示。在部件图中,组成该部件的零件或二级部件的序号由两部分组成;组成二级部件的零件的序号由二级部件的序号及零件顺序号组成。

(八) 标题栏

在化工设备图中常用的标题栏一般有两种:主标题栏和简单标题栏。前者主要用于 A0、A1 和 A2 幅面的装配图,后者则用于零、部件图样。

1. 主标题栏

主标题栏通常都放在图纸的右下角,紧接图框线,用于说明设备的名称及设计等内容。主标题栏边框线型为粗实线,其余线型为细实线。

主标题栏的填写要求如下。

(1) A 栏:填写设计单位名称,推荐采用 4 号字。

(2) B 栏:填写图样名称,推荐采用 5 号字。该栏一般分三行填写,第一行为设备名称,第二行为设备的主要规格尺寸,第三行为图样或技术文件的名称。

化工设备的名称:通常均以化工单元设备的名称作为基本名称,如冷凝器、精馏塔、反应釜等;为使设备名称能如实地表达图示设备,常常在基本名称前面冠以必要的设备特性或用途,如"MA 提纯塔冷凝器""氯乙烯精馏塔""氯乙烯聚合反应釜""盐酸贮槽"等。化工设备的规格数据:对贮槽、反应釜,一般注写设备的公称容积,如"$V=2\ \mathrm{m}^3$";对热交换器、蒸发器,一般注写设备的公称压力和换热面积,如"PN4.0,$F=15\ \mathrm{m}^2$";塔设备则应标注公称压力、公称直径和塔高,如"PN4.0,DN600,$H=6349$";另外,如果是电解槽、电除尘器等设备,还应标注电流大小"$I=\times\times\mathrm{A}$"。

(3) C 栏:填写图样代号(图号),推荐采用 5 号字。图号编写的格式是"××—

××××—××"。

第一部分"××"是设备的分类代号,原石油化工部化工设计院编制的设备设计文件中,将化工设备及其他机械设备和专用设备分为0～9共10大类,常见的有3大类,每大类中又分为0～9种不同的规格,均有不同的代号,如表11-1、表11-2和表11-3所示。

表11-1　1类——容器(包括贮槽、高位槽、计量槽、气瓶、液氨储罐)

代号	规　　格	代号	规　　格
10	压力<0.1 MPa,VN≤50 m³	15	不锈钢(复合钢板)制作的容器
11	压力<0.1 MPa,VN>50 m³	16	有色金属(铜、铝、钛等)制作的容器
12	压力为0.1～1.6 MPa	17	带衬里的容器
13	1.6 MPa<压力<10 MPa	18	非金属容器
14	铸铁、铸钢容器及加热浓缩锅	19	其他特殊容器(如水封)

表11-2　2类——热交换器

代号	规　　格	代号	规　　格
20	列管式换热器、U形管热交换器	25	不锈钢(复合钢板)制作的热交换器
21	套管式、淋洒式、蛇管式、浸流式热交换器	26	有色金属(铜、铝、钛等)制作的热交换器
22	螺旋式、板式、翅片式或其他热交换器	27	带衬里的热交换器
23	废热锅炉或载热体锅炉	28	非金属热交换器
24	蒸发器(包括蒸汽缓冲器和蒸馏器)	29	其他(如大气冷凝器、电加热器等)

表11-3　3类——塔器

代号	规　　格	代号	规　　格
30	泡罩塔、浮阀塔	35	不锈钢(复合钢板)制作的塔
31	填充塔、乳化塔	36	有色金属(铜、铝、钛等)制作的塔
32	筛板、泡沫和膜式塔	37	带衬里的塔
33	空塔	38	非金属塔
34	铸铁塔	39	其他(如排气筒等)

第二部分"××××"是设计文件的顺序号,即本单位同类设备文件的顺序号。

第三部分"××"是图纸的顺序号,可按"设备总图、装配图、部件图、零件图"的顺序编排,如:设备总图01、装配图02、部件图03、零件图04……如果只有一张图纸,则不加尾号,只保留设计文件的顺序号即可。

(4) D栏:一般情况可不填写,在绘制初步设计总图时应填写图示项目的工程名称。

(5) E栏:一般情况可不填写,在绘制初步设计总图时应填写图示项目所在的车间名称或代号。

(6) F栏:填写完成该图纸所处的设计阶段,一般填写"初步设计图"或施工图"。

(7) G栏:一般填写图纸的修改标记,即填写修改次数的符号,如第一次修改填a,第二次修改时可划去 a 另填 b,依此类推。

2. 简单标题栏

简单标题栏主要用于部件图或零件图,以说明图样的名称、比例、图号等内容。简单标题栏的边框线型为粗实线,其余线型为细实线。

简单标题栏中一些项目的填写,应注意以下两点。

(1)"件号""名称""材料""质量"各栏的填写均应与装配图的明细栏中相应零件或部件内容一致。如果直属零件和部件中的零件,或不同的部件中都用同一个零件图,在标题栏的件号栏内应分别填写各零件的件号。

(2)"比例"栏中填写绘图比例。当不按比例绘制零件图时,在比例栏中画细斜线表示。

任务四　化工设备图的绘制和阅读

【任务目标】

熟练掌握化工设备图的绘制和阅读。

化工设备图的绘制有两种方法:一是对已有设备进行测绘,这种方法主要用于对已有设备的仿制或对现有设备进行革新改造;二是依据化工工艺人员提供的"设备设计条件单"进行设计和绘图。

【任务要求】

能力目标	知识要点	相关知识
了解相关知识	(1)化工设备图的绘制 (2)化工设备图的阅读	(1)化工设备图的绘制 (2)化工设备图的阅读
熟练掌握知识点	(1)化工设备图的绘制 (2)化工设备图的阅读	(1)化工设备图的绘制 (2)化工设备图的阅读

(一)化工设备图的绘制

完成化工设备图的绘制,一般包括三个方面的工作:

(1)依据"设备设计条件单"进行设备的设计;

(2)着手绘制化工设备图前,进行视图的选择;

(3)进行化工设备图的绘制。

1. 化工设备图的视图选择

在着手绘制化工设备图之前,首先应确定视图的表达方案,包括选择主视图,确定视图数量和表达方法。选择视图方案时,应充分考虑化工设备的结构特点和图示特点。

1)选择主视图

拟定表达方案,首先应确定主视图。一般情况下主视图应按设备的工作位置选择,并使其充分表达设备的工作原理、主要装配关系及主要零部件的形状结构。主视图一般采用全剖视图,以表达设备上各零部件的装配关系。

2）确定其他基本视图

主视图确定后,应根据设备的结构特点,选定其他基本视图,以补充表达设备的主要装配关系、形状和结构。

3）选择辅助视图和其他表达方法

根据化工设备的结构特点,多采用局部放大图、局部视图、剖视图及断面图等表达方法来补充基本视图表达的不足,将设备各部分的形状结构表达清楚。

2. 化工设备图的绘制方法及步骤

视图表达方案确定后,可按下述步骤着手绘图。

(1) 确定绘图比例、选择图幅和布置图面。

① 确定绘图比例。按照设备的总体尺寸并遵循国家标准《技术制图 比例》(GB/T 14690—1993)的规定确定绘图比例,但是要注意优先选用该标准中的"优先选用比例"。

标注比例时要注意:比例除了在标题栏标注外,当图样中的某些视图,如局部放大图、斜视图、剖视图、断面图,其比例与主视图不同时,应在该图上方进行比例标注。

② 选择图幅。化工设备图样的图纸幅面按国家标准《技术制图 图纸幅面和格式》(GB/T 14689—2008)的规定选用,根据化工设备的特点,必要时可选用加长幅面。

绘制化工设备图时,A1、A2、A3 为常用幅面,A1 加长幅面尽量不用,A3 幅面不允许单独竖放,A4 幅面不允许横放。

化工设备图允许在一张图上绘制多个图样,每一个图样的幅面尺寸应按 GB/T 14689—2008 的规定分割,图纸幅面框用细实线绘制,图框用粗实线绘制。还可以以内边框为准,用细实线划分图纸幅面为接近标准幅面尺寸的图样幅面。

③ 布置图面。化工设备装配图的图面布置除中部留有视图位置外,一般是从右下角主标题栏开始,依次为明细栏、管口表、技术特性表和技术要求。但是,卧式设备的图幅多采用横放形式。

(2) 画图。

依据选定的视图表达方案,先画出主要基准线。绘制视图时应先从主视图画起,左(俯)视图配合一起画。一般是沿着装配干线,先定位,后画形状;先画主体零件,后画其他零部件;先画外件,后画内件。基本视图完成后,再画局部放大图等辅助视图。各视图画好后,应按照"设备设计条件单"认真校核。

(3) 标注尺寸和焊缝代号。

(4) 编零部件及管口序号,注写明细表和管口表。

(5) 编写技术特性表、技术要求或制造检验主要数据表和标题栏等内容。

(二)化工设备图的阅读

化工设备图是化工设备设计、制造、使用和维护中重要的技术文件,是技术思想交流的工具。因此,专业技术人员不仅要具有绘制化工设备图的能力,而且应该具有阅读化工设备图的能力。

1. 阅读化工设备图的基本要求

通过对化工设备图的阅读,应达到以下基本要求:

(1) 了解设备的用途、工作原理、结构特点和技术特性;

(2) 了解设备上各零、部件之间的装配关系和有关尺寸;

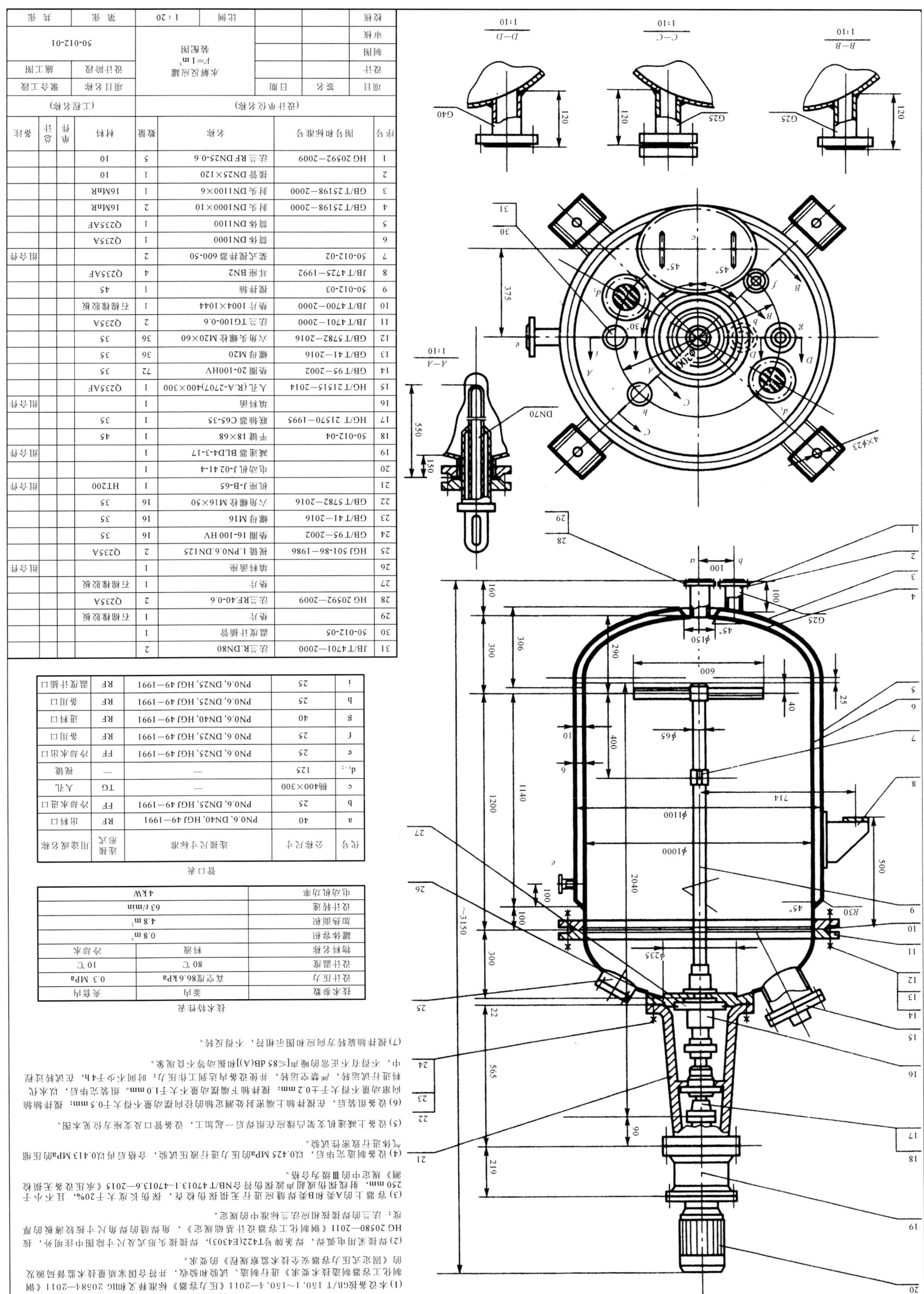

（3）了解设备零、部件的结构、形状、规格、材料及作用；

（4）了解设备上的管口数量及方位；

（5）了解设备在制造、检验、安装等方面的技术要求。

2. 阅读化工设备图的方法和步骤

阅读化工设备图一般可按概括了解、详细分析、归纳总结等步骤进行。

1）概括了解

（1）通过阅读图样的主标题栏，了解设备的名称、规格、绘图比例等内容。

（2）了解图面上各部分内容的布置情况，如图形、明细栏、表格及技术要求等在幅面上的位置。

（3）概括了解图上采用的视图数量和表达方法，如判断采用了哪些基本视图、辅助视图、剖视图、断面图等，以及它们的配置情况。

（4）概括了解该设备的零部件件号数目，判断哪些是非标准零、部件，哪些是标准件或外购件等。

（5）概括了解设备的管口表、技术特性表以及有关设备的制造、安装、检验、运输要求等的基本情况。

2）详细分析

（1）视图分析。通过视图分析，可以看出设备图上共有多少个视图，哪些是基本视图，还有其他什么视图，各视图采用了哪些表达方法，并分析采用各种表达方法的目的。

（2）装配连接关系分析。以主视图为主，结合其他视图分析各部件之间的相对位置及装配连接关系。

（3）零部件结构分析。以主视图为主，结合其他视图，对照明细栏中的序号，将零、部件逐一从视图中分离出来，分析其结构、形状、尺寸及其与主体或其他零件的装配关系。对标准化零、部件，应查阅有关标准，弄清楚其结构。有图样的零、部件，则应查阅相关的零、部件图，弄清楚其结构。

（4）了解技术要求。通过对技术要求的阅读，了解设备在制造、检验、安装等方面所依据的技术规定和要求，以及对焊接方法、装配要求、质量检验等的具体要求。

3）归纳总结

经过详细分析后，将各部分内容加以综合归纳，从而得出设备完整的结构形状，进一步了解设备的结构特点、工作特性、物料的流向和操作原理等。

阅读化工设备图的方法步骤，常因读图者的工作性质、实践经验和习惯的不同而各有差异。一般地说，如能在阅读化工设备图的时候，适当地了解该设备的相关设计资料，了解设备在工艺过程中的作用和地位，则将有助于对设备设计结构的理解。此外，如能熟悉各类化工单元设备典型结构的有关知识，熟悉化工设备常用零部件的结构和有关标准，熟悉化工设备的表达方法和图示特点，必将有助于提高读图的速度和深广度。因此，对初学者来说，应该有意识地学习和熟悉上述各项内容，逐步提高阅读化工设备图的能力和效率。

3. 化工设备图样的阅读示例

【例 11-1】　带搅拌器的反应釜

图 11-11 为在化工生产中常用的带搅拌器水解反应釜装配图，现应用上述的读图方法步骤，逐一看懂该图样所表示的全部内容。

1）概括了解

（1）从主标题栏知道该图为水解反应釜（反应釜的一种具体名称）的装配图，设备容积为 1 m³，绘图比例为 1：20。

（2）由于该反应釜是立式设备，所以采用了主、俯两个基本视图，另外有 4 个局部剖视图"$A—A$""$B—B$""$C—C$"和"$D—D$"。

图纸在标题栏的上方有明细栏、技术特性表、管口表、技术要求等多项内容。

（3）该设备共编了 31 个零、部件件号。从明细栏的"图号或标准号"项内，可知该设备除装配图外尚有 4 张非标准零、部件图（图号为 50-012-02～50-012-05）。

（4）从管口表知道该设备有 a，b，…，i 共 10 个管口符号，俯视图上标示了这些管口的真实方位。

（5）从技术特性表可了解该设备的操作压力、操作温度、操作物料、电动机功率、搅拌转速等技术特性数据。

2）详细分析

（1）图中主视图基本上采用了全剖视（电动机及传动部分未剖，管口采用了多次旋转剖视的画法），以表达水解反应釜的主要结构及各管口和零部件在轴线方向的位置和装配情况。

俯视图表示了各管口及支座的方位（技术要求第五条）。

另外还有四个局部放大剖视图，$A—A$ 剖视图表示了测温管的详细结构，$B—B$、$C—C$ 和 $D—D$ 剖视图表示了备用管和出料管的伸出长度和结构形状。

（2）筒体（件号 6）和顶、底两个椭圆形封头（件号 4），组成了设备的整个釜体。上封头与筒体采用容器法兰的可拆连接方式，以便于搅拌器的安装与检修，下封头与筒体采用焊接连接；在筒体外焊有夹套用于换热，水作为冷却介质，由管 b 加入、管 e 引出；在周围焊有耳座（件号 8）四只，以支承设备及物料；在上封头连接有搅拌器的传动装置，采用填料密封形式。

（3）搅拌轴（件号 9）直径为 65 mm，材料为 45 钢，用 4 kW 的电动机（件号 20），经蜗轮减速器（件号 19）带动搅拌轴运转，其转速为 63 r/min。搅拌轴与减速器输出轴之间用联轴器连接。传动装置安装在机座（件号 21）上，机座用双头螺栓和螺母等固定在顶封头和填料函座（件号 26）上。搅拌轴下端装有两组桨式搅拌器（件号 4），每组间距为 400 mm；桨叶为斜桨，长为 600 mm。

搅拌轴与筒体之间采用填料函（件号 16）密封，其具体结构参阅填料函密封的零、部件图，在总图上只表达了它的外形。

该设备的人孔（件号 15）采用椭圆形回转盖式，它的主要结构形状从主视图和俯视图上可以看出，其管口方位应以俯视图为准。

设备上 4 个支座的螺栓孔中心距为 414，这是安装该设备需要预埋地脚螺栓所必需的安装尺寸。

（4）从管口表可知，该设备共有 a，b，…，i 等 10 个管口。它们的规格、连接形式、用途等均由管口表可知。各管口与筒体、封头的连接结构，a、b、c、d_1、d_2、e 等 6 个管口的情况，可从主视图看出，而 f、g、h、i 另外 4 个管口，则分别在 $A—A$、$B—B$、$C—C$、$D—D$ 等剖视图中才能看清楚。

（5）技术特性表提供了该设备的技术特性数据。例如，设备的设计压力和设计温度分别为设备内 86.6 kPa、80 ℃，夹套内 0.3 MPa、10 ℃；设备内操作物料为料液，夹套内操作物料为冷却水等。

(6) 从图上所注的技术要求中可以了解到以下内容：

① 该设备制造、试验、验收的技术依据是 GB/T 150.1～150.4—2011《压力容器》标准释义和 HG 20584—2011《钢制化工容器制造技术要求》，以及国家质量技术监督局颁发的《固定式压力容器安全技术监察规程》。

② 焊接方法为电弧焊，焊条型号为 T422(E4303)。焊接结构形式按 HG 20580—2011《钢制化工容器设计基础规定》确定，角焊缝的焊角尺寸按较薄板的厚度确定；法兰的焊接符合相应法兰标准中的规定。焊缝总长的 20% 以上要进行无损探伤检查。如果采用射线探伤或超声波探伤，符合 NB/T 47013.1～47013.6—2015《承压设备无损检测》规定中的Ⅲ级才为合格。

③ 设备除需以 0.425 MPa 进行液压试验外，尚需再以 0.413 MPa 的压缩空气进行致密性试验。

④ 在技术要求中还对设备电动机和搅拌轴的安装与调试提出了严格要求。

3) 归纳总结

(1) 该设备应用于物料的反应过程，且该反应过程在真空条件下进行，并需用冷却水降温至 80 ℃条件下搅拌反应。

夹套内的冷却水温度仅为 10 ℃，压力为 0.3 MPa，冷却水由管口 b 进入，管口 e 引出。

(2) 从这个图例的阅读，结合教材的有关内容可以看出，带搅拌反应釜的表达方案，一般是以主、俯两个基本视图为主，主视图一般采用全剖视以表达反应釜的主要结构，俯视图主要表示各接管口的周向方位，然后采用若干局部剖视图，以表示各管口和内件的不同结构。

(3) 结合上述情况也可归纳出，对于一般的反应釜，除了釜体形状（类似于容器的要求）及所附的通用零部件外，主要抓住传热装置、搅拌器形式、传动装置及密封装置四个方面，就能掌握其主要结构特点了。

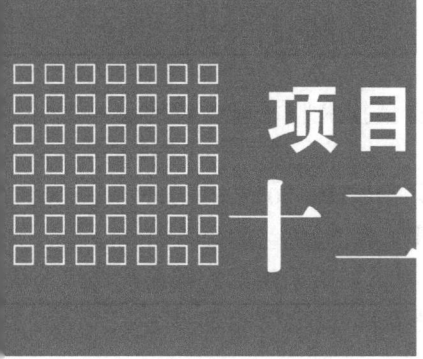

房屋建筑图

本项目主要是让学生了解房屋建筑图的分类和组成,熟悉房屋施工图的分类和绘制要求,从而掌握房屋建筑图的基本知识和识读能力。

任务一　房屋建筑图的概述

【任务目标】

(1) 了解掌握房屋建筑图的基本内容、分类。
(2) 熟悉房屋建筑图的基本符号。

【任务要求】

能 力 目 标	知 识 要 点	相 关 知 识
了解相关知识	房屋建筑图的基本内容	建筑施工图的基本内容
熟练掌握知识点	(1) 建筑施工图的内容 (2) 房屋建筑图的常见符号	(1) 建筑施工图的内容 (2) 房屋建筑图的基本符号

从事电子、化工、仪表、矿冶以及机械制造等专业工作的工程技术人员,在工艺设计的过程中,应对厂房建筑设计提出工艺方面的要求。因此,工艺人员应该掌握房屋建筑的基本知识,具备识读房屋建筑图的基本能力。

(一)房屋建筑图的分类

房屋建筑图通常分为以下三大类。

1. 建筑施工(简称"建施")图

反映房屋的内外形状、大小、布局、建筑节点的构造和所用材料等情况。包括总平面图、建筑平面图、立面图、剖面图和详图等。

2. 结构施工(简称"结施")图

反映房屋的承重构件的布置,构件的形状、大小、材料及其构造等情况。包括结构计算说明书、基础图、结构布置平面图以及构件的详图等。

3. 设备施工(简称"设施")图

反映各种设备、管道和线路的布置、走向、安装要求等情况。包括给水排水、采暖通风与空调、电气等设备的布置平面图、系统图以及各种详图等。

这里主要介绍建筑施工图的形成和内容,以及阅读和绘制方法。

(二)建筑施工图的形成和内容

现以如图 12-1 所示的传达室为例,简要地说明平面图、立面图、剖面图的形成和内容。

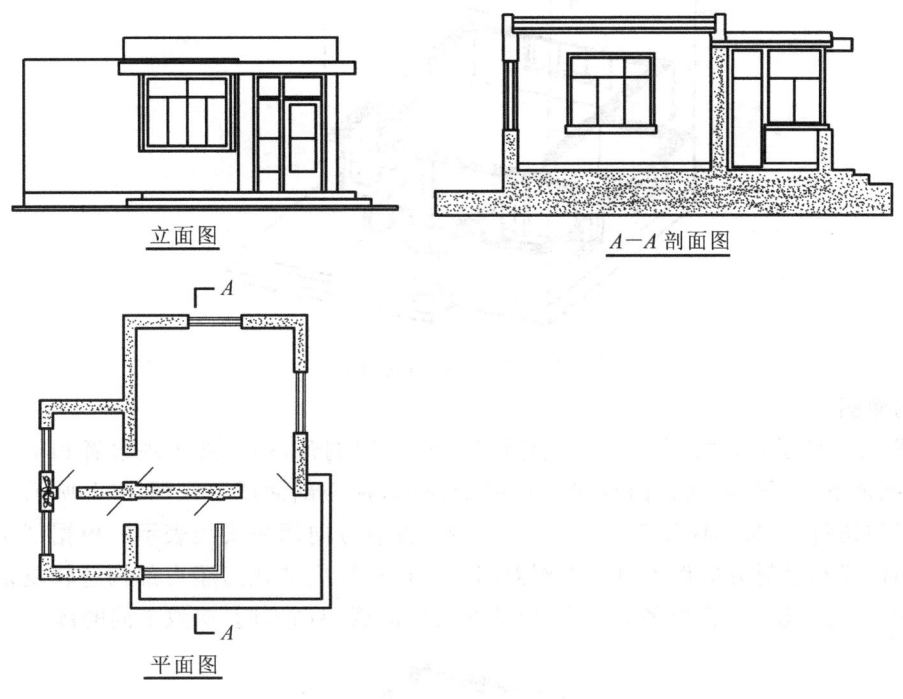

图 12-1　某传达室的平面图、立面图、剖面图

1. 平面图

如图 12-2 所示,假想经过门窗洞沿水平面将房屋剖开,移去上部,由上向下投射所得到的水平剖视图,称为平面图。如果是楼房,沿底层剖开所得到的剖视图称为底层平面图,沿二层、三层依次剖开所得到的剖视图则分别称为二层平面图、三层平面图,等等。

平面图表示房屋的平面布局,反映各个房间的分隔、大小、用途,门、窗以及其他主要构配件和设施的位置等内容。如果是楼房,还应展示出楼梯的位置、形式和走向。

2. 立面图

在与房屋立面平行的投影面上所作出的房屋的正投影图,称为立面图。图 12-1 中的立面图是从房屋的正面(即反映房屋的主要出入口或比较显著地反映房屋外貌特征的那个立面)由前向后投射所得的正立面图。从房屋的左侧面由左向右投射或右侧面由右向左投射所得的是左侧立面图或右侧立面图;而从房屋的背面由后向前投射所得的则是背立面图。立面图也可按房屋的朝向分别称为东立面图、南立面图、西立面图和北立面图。

立面图表示房屋的外貌,反映房屋的高度,门窗的形式、大小和位置,屋面的形式和墙面的做法等内容。

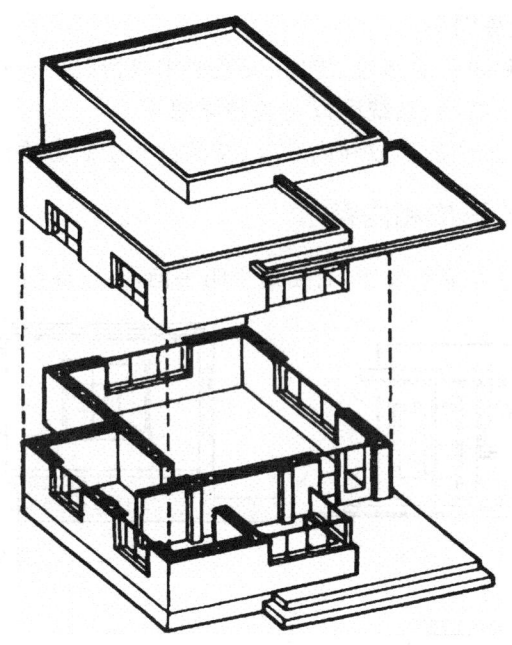

图 12-2　平面图的形成

3. 剖面图

如图 12-3 所示,假想用侧平面(或正平面)将房屋剖开,移去处于观察者和剖切面之间的部分,把余下的部分向投影面投射所得的剖视图,称为剖面图。在图 12-1 所示的平面图中画出了剖切符号(按 GB/T 50001—2010 规定,投射方向用粗实线表示),根据剖切符号所示的剖切位置和投射方向作了 A—A 剖面图。剖切位置应选在房屋内部构造较复杂和典型的部位,并通过门窗洞,若为多层房屋,应选在楼梯间或层高不同、层数不同的部位。

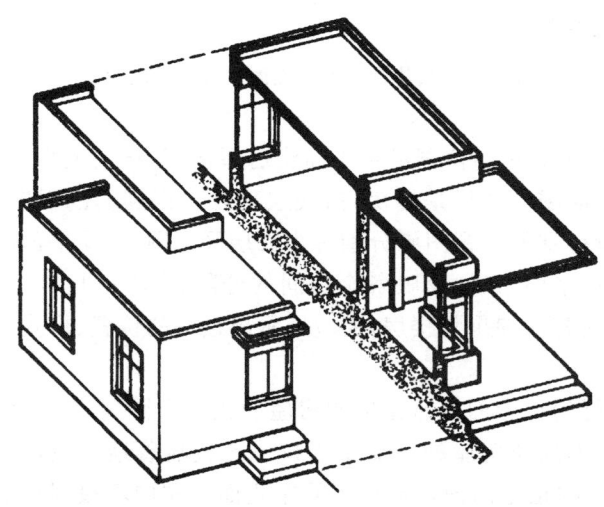

图 12-3　剖面图的形成

剖面图表示房屋内部的结构形式、主要构配件之间的相互关系,以及地面、门窗、屋面的高度等内容。

图 12-4 所示是传达室的建筑施工图,该图从施工的角度出发,细化了如图 12-1 所示的平面图、立面图、剖面图的内容,用于指导房屋的施工。

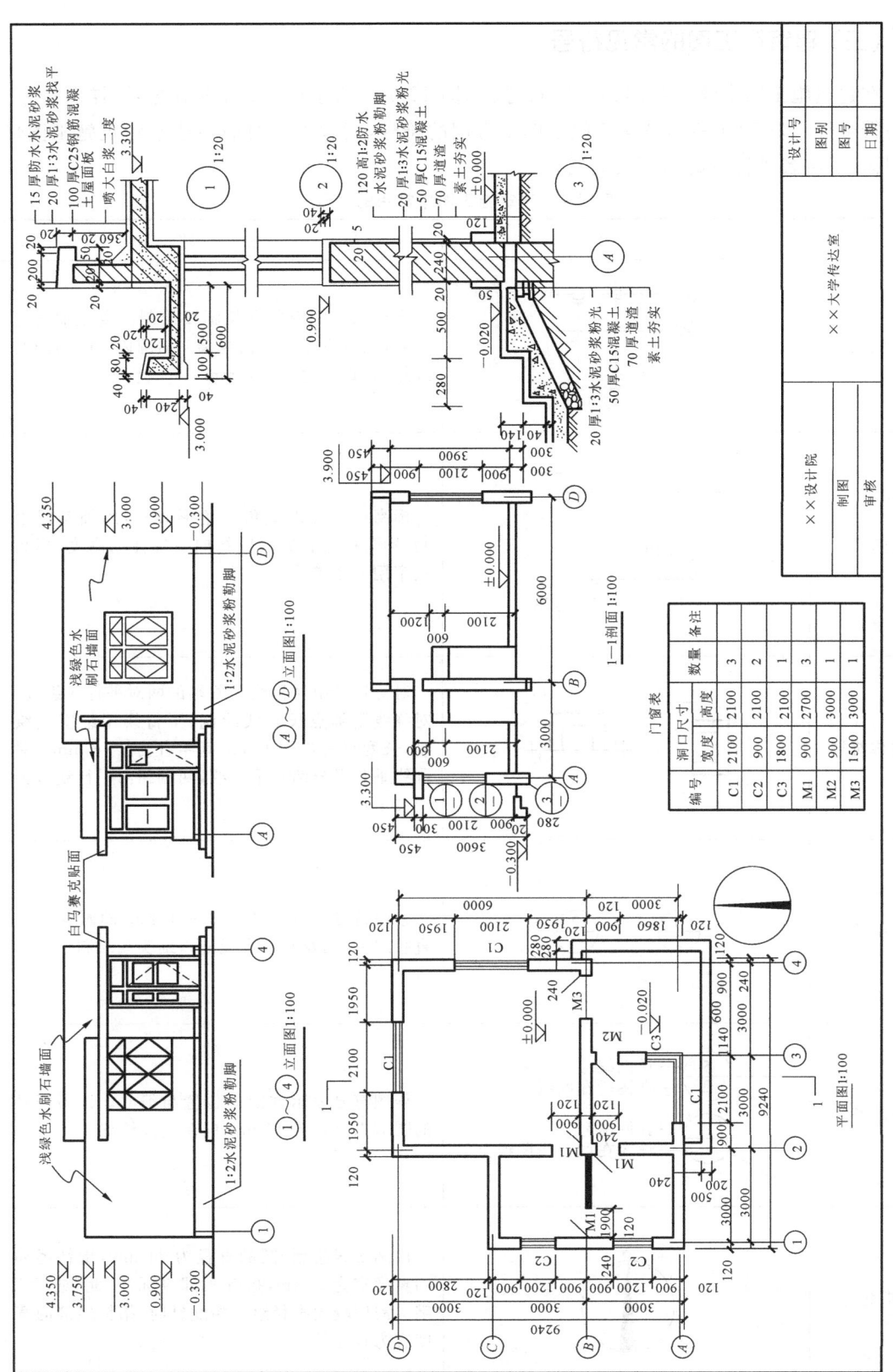

图 12-4 传达室的建筑施工图

（三）建筑施工图的常见符号

在建筑施工图中经常会用到一些符号,如图 12-3 中的定位轴线、索引符号、详图符号、标高符号等。表 12-1 所列是建筑施工图中常用的符号,读者可以对照传达室建筑施工图仔细阅读,了解各种符号的画法及应用。

表 12-1　建筑施工图中常用的符号

名　　称	画　　法	说　　明
定位轴线		定位轴线用细单点长画线绘制。定位轴线应编号,编号应注写在轴线端部的圆内。圆用细实线绘制,直径为 8～10 mm
标高符号		标高符号应以直角三角形表示,用细实线绘制,标高符号的尖端应指向被标注的高度,标高数字用 m 为单位
对称符号		对称符号由对称线和两端的两对平行线组成。对称线用细点长画线绘制;平行线用细实线绘制,长度宜为 6～10 mm,间距宜为 2～3 mm。对称线垂直平分两对平行线,两端超出平行线宜为 2～3 mm
索引符号		索引符号是由直径为 8～10 mm 的圆和水平直径组成,圆及水平直径应以细实线绘制
详图符号	5 —详图编号 2 —详图所在图纸号 2 —详图编号 —详图在同一张图纸上	详图符号表示详图的位置与编号。详图符号的圆应以直径为 14 mm 的粗实线绘制
指北针	N	用细实线绘制,圆的直径为 24 mm,指针尾部的宽度宜为 3 mm,指针头部应标注"北"或"N"字。需用较大直径绘制指北针时,指针尾部的宽度宜为直径的 1/8

任务二 房屋建筑图的绘图规则

【任务目标】

掌握房屋建筑图图样的名称、比例、图线、尺寸标注及绘制方法和步骤。

【任务要求】

能力目标	知识要点	相关知识
了解相关知识	房屋建筑图的绘制规则	图样的比例、图线、尺寸标注
熟练掌握知识点	房屋建筑图的绘制方法与步骤	房屋建筑图的绘制方法与步骤

（一）房屋建筑图的绘制规则

1. 图样的名称与配置

房屋建筑图与机械图的图样名称的区别如表 12-2 所示。

表 12-2 房屋建筑图与机械图的图样名称区别

图 样	名 称				
房屋建筑图	正立面图	侧立面图	平面图	剖面图	断面图
机械图	主视图	左视图或右视图	俯视图投射方向的全剖视图	剖视图	断面图

房屋建筑图的视图配置（排列）：通常将平面图画在正立面图的下方，如果需要绘制左、右侧立面图，也常将左侧立面图画在正立面图的左方，右侧立面图画在正立面图的右方。也可以将平面图、立面图分别画在不同的图纸上。剖面图或详图，可根据需要用不同的比例画在图纸的空白处或另外的图纸上，如图 12-4 所示。

房屋建筑图的每个图样都应标注图名，图名标注在图样的下方或一侧，并在图名下绘一粗横线，如图 12-4 所示。

2. 比例

由于房屋建筑的形体庞大，所以施工图一般都用较小的比例绘制。如房屋的平面图、立面图、剖面图常用的比例是 1∶50、1∶100、1∶200；又因为房屋建筑的内部构造比较复杂，在小比例的平面图、立面图、剖面图中无法表达清楚，所以详图选用的比例要大一些，常用的比例是 1∶1、1∶2、1∶5、1∶10、1∶20、1∶50 等。图 12-4 所示的平、立、剖面图的比例均采用1∶100，外墙剖面节点详图采用的比例为 1∶20。比例应注写在图名的右侧，比例的字高应比图名的字高小一号或两号。

3. 图线

房屋建筑图所采用的线形、线宽及各图线用途如表 12-3 所示。

表 12-3　建筑图的线型

名　称	线　型	线　宽	用　途
粗实线	——————	b	平面图、剖面图中被剖切的主要建筑构造（包括构配件）的轮廓线； 建筑立面图的外轮廓线； 建筑构造详图中被剖切的主要部分的轮廓线； 建筑构配件详图中构配件的外轮廓线
中粗实线	——————	$0.7b$	平面图、剖面图中被剖切的次要建筑构造（包括构配件）的轮廓线； 建筑平、立、剖面图中建筑构配件的轮廓线； 建筑构造详图及建筑构配件详图中的一般轮廓线
细实线	——————	$0.35b$	小于 $0.5b$ 的图形线、尺寸线、尺寸界线、图例线、索引符号、标高符号等
中粗虚线	— — — —	$0.7b$	建筑构造及建筑构配件不可见的轮廓线； 平面图中的起重机（吊车）轮廓线； 拟扩建的建筑物轮廓线
细虚线	- - - - -	$0.35b$	图例线，小于 $0.5b$ 的不可见轮廓线
粗单点长画线	—— ·—— ·——	b	起重机（吊车）轨道线
细单点长画线	—— · —— · ——	$0.25b$	中心线、对称线、定位轴线
折断线	—⌐∨——	$0.25b$	不需画全的断开界线
波浪线	～～～	$0.25b$	不需画全的断开界线； 构造层次的断开界线

4. 尺寸标注

　　如图 12-5 所示，房屋建筑图上的尺寸标注应包括尺寸界线、尺寸线、尺寸起止符号和尺寸数字。尺寸界线用细实线绘制，其一端应距离图样轮廓线不小于 2 mm，另一端宜超出尺寸线 2～3 mm；尺寸线用细实线绘制，应与被注长度平行，且不宜超出尺寸界线；尺寸起止符号用中粗斜短线绘制，其倾斜方向应与尺寸界线成 45°夹角（顺时针），长度为 2～3 mm；尺寸数字应根据读数方向在靠近尺寸线的上方中部注写。尺寸单位除标高及总平面图以"m"为单位外，均以"mm"为单位。

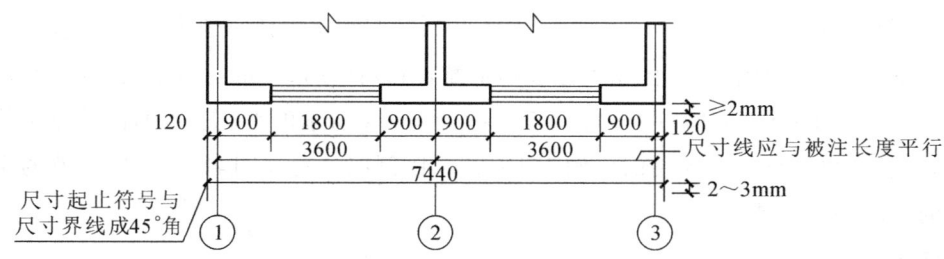

图 12-5　尺寸标注

5.建筑构配件的图例

由于建筑平面图、立面图、剖面图是采用小比例绘制的,有些内容不可能按实际情况画出,因此,常采用各种规定的图例来表示各种建筑构配件和建筑材料。表 12-4 所列的是几种常用的构配件的图例。

表 12-4　常用的建筑构造及配件图例

名称	图例	说明	名称	图例	说明
楼梯		1.上图为底层楼梯平面,中图为中间层楼梯平面,下图为顶层楼梯平面 2.楼梯及栏杆扶手的形式及踏步数应按实际情况绘制	检查孔		左图为可见检查孔;右图为不可见检查孔
			孔洞		
			坑槽		
			烟道		
			通风道		
单扇门（包括平开或单面弹簧）		1.门的名称代号用 M 表示 2.在剖面图中,左为外,右为内;在平面图中,下为外,上为内 3.在立面图中,开启方向线交角的一侧为安装合页的一侧。实线为外开,虚线为内开 4.平面图上门线应90°或45°开启,开启弧线宜画出 5.立面形式应按实际情况绘制	单层固定窗		1.窗的名称代号用 C 表示 2.立面图中的斜线表示窗的开启方向,实线为外开,虚线为内开;开启方向线交角的一侧为安装合页的一侧,一般设计图中可不表示 3.在剖面图中,左为外,右为内;在平面图中,下为外,上为内 4.平、剖面图中的虚线,仅说明开关方式,在设计图中不需要表示 5.窗的立面形式应按实际情况绘制
双扇门（包括平开或单面弹簧）			单层外开上悬窗		
对开折叠门			单层中悬窗		
墙外单扇推拉门		同单扇门说明中的1、2、5	单层外开平开窗		
单扇双面弹簧门		同单扇门说明	双层内外开平开窗		
双扇双面弹簧门					

（二）绘制建筑平面图、立面图、剖面图的方法与步骤

在初步掌握房屋建筑基本表达形式和图示方法的基础上，通过绘制建筑平面图、立面图、剖面图，进一步理解房屋建筑图的图示内容和表达特点。绘图过程中应注意以下几点。

（1）绘图的顺序一般从平面图开始，再画立面图和剖面图。绘图时先用 2H 或 H 铅笔画出轻淡的底稿。画底稿时可将同一方向的尺寸一次量出，以提高绘图速度。底稿完成并经检查无误后，按规定的线型用 B 或 2B 铅笔加深粗线，用 H 或 2H 加深细线。加深的次序是先从上到下画相同线型的水平方向直线，再从左到右画相同线型的垂直方向直线和斜线。先画粗线再画细线。最后标注尺寸和注写有关文字说明。

（2）绘图过程中应注意平面图、立面图、剖面图之间的对应关系。如立面图的定位轴线、外墙上门窗的位置与宽度应与平面图保持一致；剖面图的定位轴线、房屋总宽应与平面图一致；剖面图的高度以及外墙上门窗的高度应与立面图一致；平面图表明房屋的内部布局，立面图反映房屋的外形，剖面图表达房屋的内部构造，三者互相补充，完整表达房屋的内外形状和结构。

（3）选择合适的比例（平面图、立面图、剖面图通常采用 1：100），合理布置。平面图、立面图、剖面图可以分别画在不同的图纸上，但尺寸和各部分的对应关系必须保持一致，并且注写图名。对于小型建筑，如果平面图、立面图、剖面图画在同一张图纸内，则按照"长对正、高平齐、宽相等"的投影关系来画图，更为方便。

现以如图 12-1 所示的传达室为例，说明绘制建筑平面图、立面图、剖面图的步骤。

1. 平面图的画法

（1）画定位轴线，如图 12-6（a）所示。

（2）画墙身线和门窗位置，如图 12-6（b）所示。

（3）画门窗图例、编号，画尺寸线、标高以及其他各种符号，如图 12-6（c）所示。经检查无误，擦去多余作图线，按规定加深图线、注写尺寸和文字。

平面图上的线形有三种：墙身线画粗实线（b），门、窗图例和台阶等画中粗线（$0.5b$），其余的均为细实线（$0.25b$）。

2. 立面图的画法

（1）画定位轴线，地坪线，屋面和外墙轮廓线，如图 12-7（a）所示。

（2）画门窗、台阶、雨篷、雨水管等细部，如图 12-7（b）所示。

（3）检查无误后按规定线型加深并注写尺寸、标高和文字说明，如图 12-7（c）所示。

为了使立面图的外形清晰、重点突出、层次分明，通常用粗实线（b）画房屋的外墙轮廓；用中实线（$0.5b$）画门窗洞、窗台、檐口、雨篷、台阶和勒脚等轮廓线；用细实线（$0.25b$）画门窗扇、雨水管等；有时也将地坪线画成特粗线（$1.4b$）。

3. 剖面图的画法

（1）画定位轴线、地坪线、屋面及墙身轮廓线，如图 12-8（a）所示。

（2）画门窗位置、屋面板厚度以及女儿墙、雨篷等细部，如图 12-8（b）所示。

（3）经检查无误后按与平面图相同的线型加深，注写尺寸、标高和有关文字说明，如图12-8（c）所示。完成后的平面图、立面图、剖面图即图 12-4 所示的传达室平面图、①～④立面图和 1—1 剖面图。

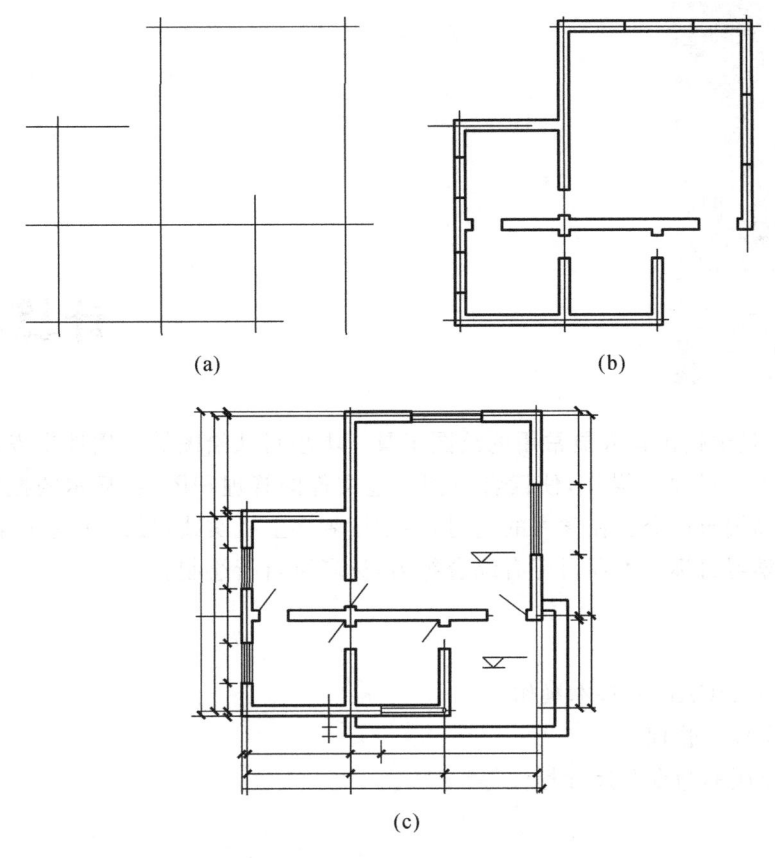

(a)　　　　　　　　　　　(b)

(c)

图 12-6　平面图的画法

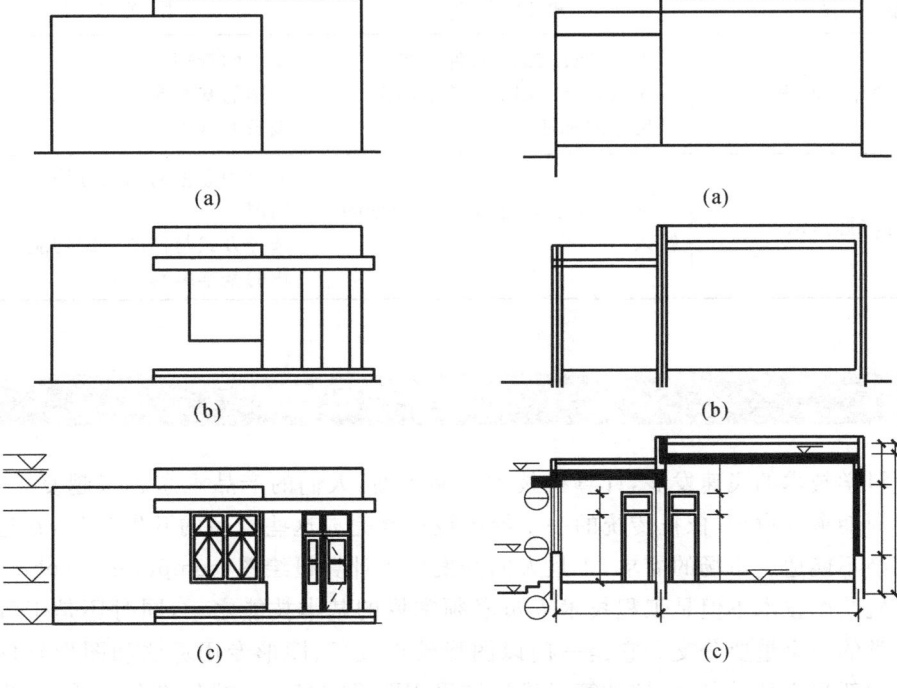

(a)　　　　　　　　　　　(a)

(b)　　　　　　　　　　　(b)

(c)　　　　　　　　　　　(c)

图 12-7　立面图的画法　　　　　图 12-8　剖面图的画法

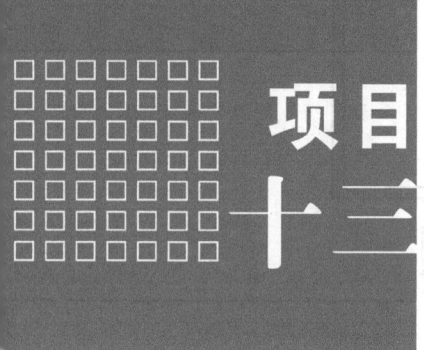

计算机绘图

AutoCAD 是现代工程人员常用的绘图工具。本项目从绘图的实用性出发,主要介绍软件 AutoCAD 2015 的基本操作,使读者掌握一些文件的管理和图层、显示的控制,并熟悉一些基本的绘图和编辑命令。在学习的同时,要求读者多上机实践,最终达到快速轻松地完成一张工程图的学习目标。本项目配有综合练习,读者可自行绘制。

【任务目标】

(1) 掌握 AutoCAD 的基本操作。
(2) 掌握文件的管理。
(3) 掌握绘图的命令和尺寸标注等。

【任务要求】

能力目标	知识要点	相关知识
了解相关知识	AutoCAD 2015 软件概述 AutoCAD 2015 的基本操作 尺寸的标注	文件的管理 绘图的基本命令 编辑的基本命令
熟练掌握知识点	图层、显示的控制命令、数据的输入	命令和数据的输入方法 图层 选择方式与作图辅助功能 块的基本编辑

任务一　计算机绘图概述

随着科学技术的飞速发展,计算机技术不断更新,人们的产品观念越来越复杂,产品更新换代的周期愈来愈短,依托传统的手工绘图设计来完成这些产品的开发工作,在速度及精度上已逐渐不能适应市场的需求,于是人们开发出了计算机绘图(computer graphics)。

计算机绘图技术不但是工程技术人员必须掌握的基本技能之一,同时还是工程图学与计算机科学的一个重要分支。它是一门以图形硬件设备、图形专用算法和图形软件系统为研究对象的新兴交叉学科,它把计算机设计结果用图形在显示器或绘图仪上输出,也可把已有的图形或文字通过专门设备输入计算机中进行增删,修改后再输出。

由于计算机运行速度快,处理信息能力强,修改存储图形方便、灵活,加之应用软件日益丰富,所以计算机绘图目前应用非常广泛,而且越来越普及,在科研、技术、教育、国防、军工及民用等各方面,计算机绘图已成为不可缺少的辅助手段。例如:飞机、汽车、船舶、机械、电子、动力产品的设计与制造,各种动态模型,以及建筑、气象、测绘、艺术、印刷、服装等各领域都用到了计算机绘图技术。在设计一种新的产品时除了必要的计算外,绘图占用了大量的时间。为了缩短计算周期,使工程设计人员把主要精力放在改进设计和提高产品的性能与质量上,一旦有了新的设计方案就能及时地用图形表达出来,并能便于修改使之更加完善,以便快速投入生产占领市场,从而增强企业的竞争力,计算机绘图软件的使用越来越广泛。

本项目仅从计算辅助绘制工程图的需要出发,介绍市场通用的计算机辅助绘图软件 AutoCAD 2015。该软件不仅具备完善的二维功能,而且其三维造型功能也很完善,并能支持 Internet 功能,是目前我国广泛使用的软件之一。

任务二　AutoCAD 2015 软件概述

1. AutoCAD 2015 的初始界面

当已正确安装了 AutoCAD 2015 时,双击桌面上的 AutoCAD 2015 的快捷图标，即可启动 AutoCAD 2015,显示如图 13-1 所示的 AutoCAD 2015 初始界面。界面各部分介绍分别如下。

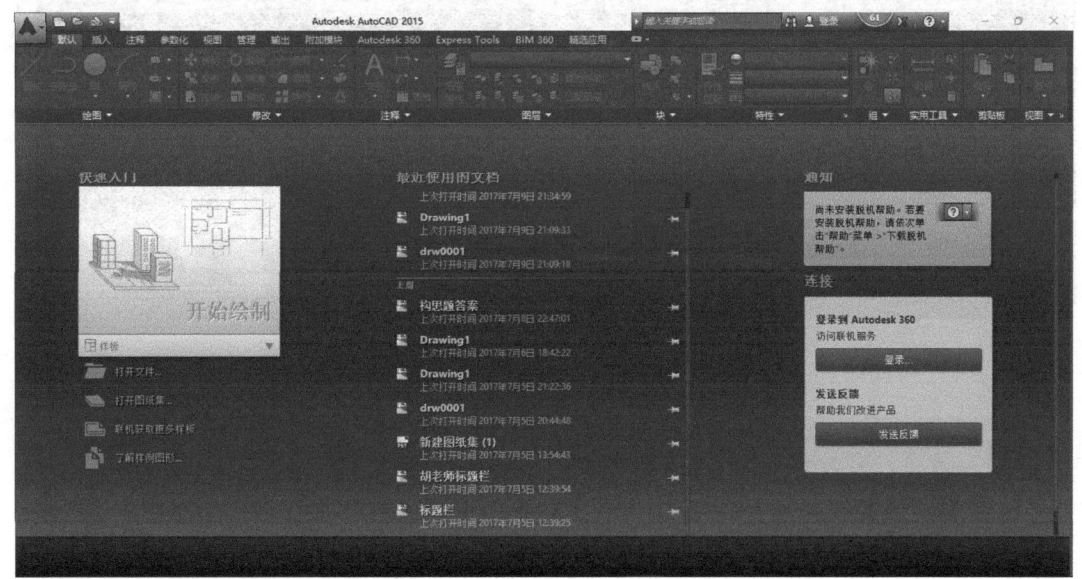

图 13-1　AutoCAD 2015 初始界面

(1) 打开文件:打开已保存的图形文件。

(2) 开始绘图:创建一个新文件。创建文件有 2 种方式,分别为:① 样板,从预定义的样板文件中选用一种绘图模板,有的包括边框、标题栏及尺寸的设置;② 默认设置,直接单击开始绘图选择默认模板。

2. AutoCAD 2015 **的主界面**

根据需要可以单击相应的按键及确定按键,进入 AutoCAD 2015 主界面,如图 13-2 所示。AutoCAD 2015 主界面包括如下几部分。

(1)标题及工具区:显示当前所用软件的信息及图形文件名。

(2)菜单工具区:包括各菜单选项、对话框或子菜单选项,每个选项代表一个命令,可选取需要的工具。

(3)绘图区:用来显示和编辑图形区域,其左下角箭头代表坐标系及原点。

(4)命令区:用于输入相应的命令。在命令区直接键入命令,然后系统给出相应的反馈提示的信息,缺省为三行,可单击菜单条上某个选项或工具条上相应的提示或选项,以显示更多的信息。如"命令:_Line✓",则指定第一点。

(5)状态栏:位于屏幕的底部,它的左边是不断变化的数字,记录着鼠标指针当前所在的位置,右边是一些常用的工具按键,如表示绘图时是否打开了"正交"、"捕捉模式"、"栅格显示"等功能,用户可以通过单击这些按键在打开和关闭两种状态间转换。

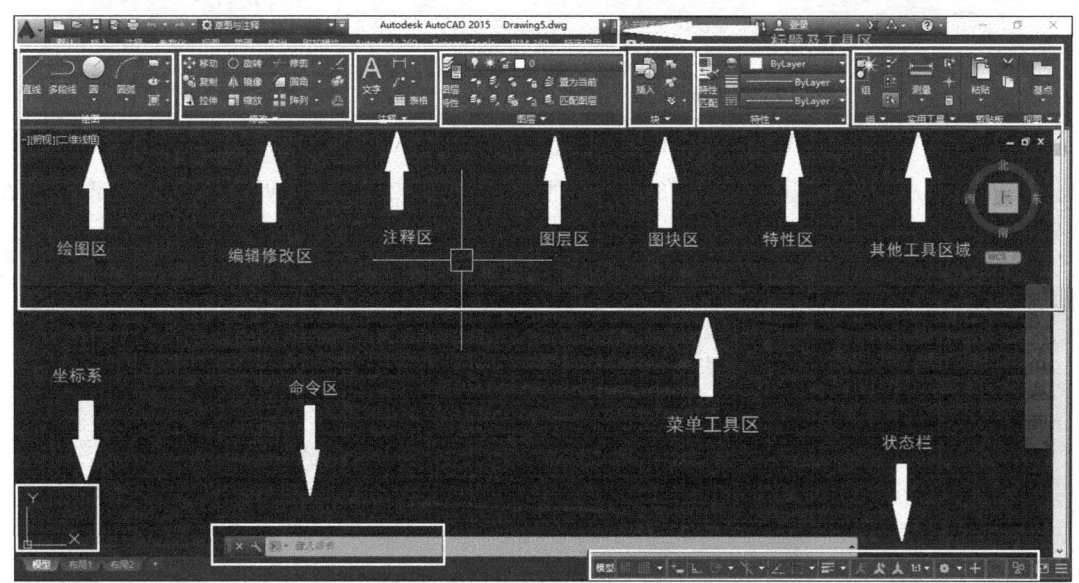

图 13-2 AutoCAD 2015 主界面

任务三　文件的管理

(一)新建文件

当需要创建一张新的图纸时,只需单击标准工具栏中的第一个按键 ⬜ "新建",此时会弹出"新建"对话框,一般情况下在"创建图形"的"默认设置"里选择"公制(Metric)"即可创建一张新的图纸。

(二)保存文件

当已经完成了一张工程图,并想将这张工程图保存下来时,只需要单击 💾 "保存"按键。

如果事先没有给文件取名,此时只需要在"保存"对话框中给图形文件取个名字,并单击"确定"即可把这张图保存下来。

(三) 打开已有文件

在工程上有时一张图纸要进行反复的修改或使用,为了方便,只需要将事先保存好的图纸调出来即可。这时只需要单击 ![]"打开"按键,在"打开"对话框中找到所需要的文件。

任务四 命令和数据的输入方法

(一) 命令的输入方法

AutoCAD 2015 提供了三种主要方式来输入命令:一是从工具栏上单击所需命令的按键;二是从命令行中输入每个命令的英文;三是从菜单栏上单击每个命令所在的菜单选项。

常用键的功能如下。

鼠标左键——当光标在绘图区时,起到选取对象的作用;当光标在工具栏上时,则起到发出命令的作用。

鼠标右键——当光标指向任何一个工具条的按键边界时,单击右键,则弹出工具条快捷菜单,从中可以选取所要用的工具;当要结束某一命令时,单击右键即可,此时右键在 Auto-CAD 2015 中起确定作用,相当于回车键(Enter);右键还有设置一些功能的作用。

Enter——结束命令或数据、文字的输入,在"命令:"后直接按"Enter"键,则重复上一次输入的命令。

Esc——按一次或两次可中止正在执行的命令或取消图中蓝色的"夹点"。

U(Undo)——取消上一次操作。

F1——获得帮助。

F2——实现绘图窗口与文本窗口的切换。

F3——控制是否实现对象的自动捕捉。

F4——数字化仪控制。

F5——等轴测平面的切换。

F6——控制状态行上坐标的显示方式。

F7——删格显示模式控制。

F8——正交模式控制。

F9——捕捉模式控制。

F10——极轴模式控制。

F11——对象追踪模式控制。

(二) 坐标和数据的输入方法

AutoCAD 2015 中常用三种方式表示点的坐标,分别如下。

绝对直角坐标——在绝对直角坐标系(相当于数学中的坐标系)中,在输入点的坐标时,始终以(0,0,0)为相对原点。例如坐标(50,35,0)表示 X,Y,Z 相对于原点的距离分别为 50 mm,35 mm,0 的点。

相对直角坐标——该点相对于前一点在 X,Y,Z 方向的位移量,其格式为"@△X,△Y,△Z"。例如"@60,-30"表示后一点相对于前一点右移 60 mm,下移 30 mm,@表示相对的意思,△Z 默认为 0。

相对极坐标——用该点与前一点的直线距离和该直线与 X 轴的夹角表示该点的相对坐标。其格式为"@距离<角度","<"表示角度,以逆时针表示正方向。例如"@100<135",表示后一点相对于前一点的直线距离为 100 mm,同时该两点的连线与 X 轴呈 135°角。

数据的输入方法有两种,分别如下。

数据输入法——直接用键盘输入点的坐标、角度、半径、高度、行列距、位移量等。

鼠标输入法——将鼠标移到所要求的位置后,单击左键确定点的坐标,也可以用鼠标选定两点表示长度(如半径、位移量等)、角度(起点与终点的连线与 X 轴的夹角)等。

任务五　图　　层

每一个图形对象都有颜色、线型、线宽等特征属性。在绘制比较复杂的图形时,为了使图形的结构更加清晰,通常可以将图形分布在不同的层上。比如,图形实体在一层,尺寸标注在另一层,而文字说明又在另一个层上,这些不同的层就叫图层。我们可以把图层想象为没有厚度的透明纸,将不同性质的图形内容绘制在不同的透明纸上,然后将这些透明纸重叠在一起就会得到完整的图形。可以对每个图层进行打开、关闭、冻结、解冻等操作。图形的绘制在当前层上进行,在"随层(Bylayer)"的情况下,在某一图层中生成的图形对象都具有这个图层定义的颜色、线型和线宽等特征。通过对图层进行有序的管理,用户可以提高绘图效率。

(一)图层的设置

启动 AutoCAD 2015 后,系统自动建立一个名为"0"的图层,图层的设置情况都显示在"对象特性"工具栏中,如图 13-3 所示。

在 AutoCAD 2015 中,我们可以通过"Layer ↙"命令自行设置新的图层。此时弹出"图层特性管理器"对话框,如图 13-4 所示。在该对话框中可进行如下设置。

图 13-4　"图层特性管理器"对话框

设置新图层——单击按键,在图层列表中出现一个名为"图层1"的新图层。单击该图层的名字之后,可以修改图层名。

设置当前层——图形的绘制只能在当前层上进行。选中某一图层后,单击"当前"按键,或者在"对象特性"工具栏的"图形控制"下拉列表中,单击该图层的名字,即可将该图层设置为当前层。

删除图层——选中某一图层后,单击"删除"按键即可将其删除。(注:0层和当前层不能被删除。)

显示图层的详细信息——选中某一图层后,单击"显示细节"按键即在对话框下方显示该图层的详细信息。

(二) 图层的颜色

所谓图层的颜色,实际上是指绘制在该图层上的图形对象的颜色。在如图13-4所示的"图层特性管理器"对话框中,先选中一个图层,然后单击该图层的"颜色"栏,弹出"选择颜色"对话框,通过该对话框可以设置图层的颜色。

在"对象特性"工具栏的"图层控制"下拉列表中,单击某图层的颜色标志,也可以弹出"选择颜色"对话框。

可以通过"对象特性"工具栏的"颜色控制"下拉列表,控制图形对象的颜色是否随层。在"对象特性"工具栏的"颜色控制"下拉列表中,如果选中"随层",则在该图层上绘制的图形都具有该图层的颜色;如果希望图形的颜色有别于其所属的图层,可在"颜色控制"下拉列表中选择适当的颜色。

(三) 图层的线型

在绘制图形的过程中,常常需要采用不同的线型,如细实线、细虚线、细点画线等。所谓图层的线型,也是指绘制在该图层上的图形对象的线型。在如图13-4所示的"图层特性管理器"对话框中,先选中一个图层,然后单击该图层的"线型"栏,弹出"选择线型"对话框,如图13-5所示。在该对话框的线型列表中选择需要的线型,单击"确定"按键即可。

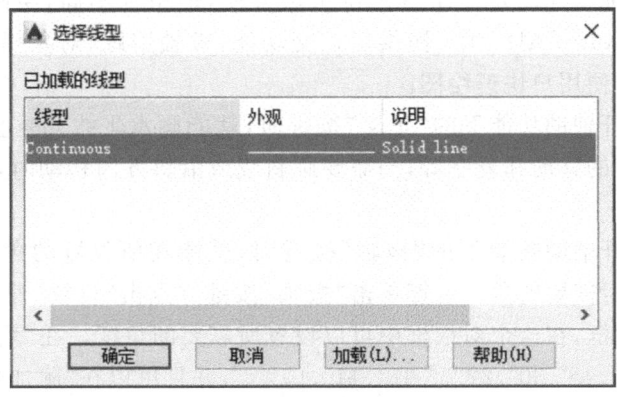

图13-5　"选择线型"对话框

如果在已装载的线型列表中没有需要的线型,可单击"加载"按键自行装载。单击"加载"按键后弹出"加载或重载线型"对话框,选择需要的线型,单击"确定"按键,即返回"选择

线型"对话框,并将选中的线型装载到列表中。

另外,可以通过"对象特性"工具栏的"线型控制"下拉列表,控制图形对象的线型是否随层。

(四) 图层的线宽

"线宽"是指图形线条的粗细。在如图 13-4 所示的"图层特性管理器"对话框中,先选中一个图层,然后单击该层的"线宽"栏,弹出"线宽"对话框,通过该对话框可以设置图层的线宽。

另外,可以通过"对象特性"工具栏的"线宽控制"下拉列表,控制图形对象的线宽是否随层。"状态栏"中右侧的"线宽"按键可以控制是否在屏幕上以实际的线宽显示图形对象。

任务六　选择方式与作图辅助功能

(一) 选择对象的方式

在编辑和修改图形时,经常遇到"选择对象:"的提示,鼠标的光标也由十字光标变为拾取光标。选取的方法有多种,常用的有单个选取和窗口选取。

单个选取:用拾取光标一个一个地选取被选择的对象,被选中的对象会变为点线。

窗口选取:窗口选取分为实窗口和虚窗口,按住鼠标左键不放从左上角往右下角拉的为实窗口,窗口内的完整实体均被选中;由右上角向左下角拉的窗口为虚窗口,窗口内的完整实体和与虚窗口相交的非完整实体都被选中。

高级选取方式:当要将屏幕上所有的对象都选中时,只要在"选择对象:"后输入 all,并按回车键即可实现选取所有对象;当要选择最后一个实体时,只要在"选择对象:"后输入 L,并按回车键即可实现选取。

(二) 精确作图的主要辅助工具

在绘图中,用鼠标这样的定点工具定位虽然方便,但精度不高,绘制的图形很不精确。为了解决这一问题,AutoCAD 2015 提供了正交功能、极轴追踪、对象捕捉和对象追踪等一些绘图辅助功能以方便用户快速绘图。

正交功能:当打开辅助功能下的"正交"按键时,就能画水平线和垂直线,或者对选中的实体进行水平或垂直的移动和复制等;当需要画斜线或沿斜方向移动时,必须将此按键关闭或用坐标控制。

极轴追踪:当打开辅助功能下的"极轴"按键时,就能在所设置的角度内出现一条追踪线,以方便捕捉一些所需要的角。右键单击"极轴"按键并点击"设置"即弹出如图 13-6 所示的极轴追踪设置对话框,在这个对话框中可以设置所需要的角度。在"增量角"中,可以找到一些特殊角度,如 90°、45°、30°、22.5°、18°、11°、10°、5°,并且可以在"附加角"中新建一些不常用角度,以便临时追踪。

对象捕捉:当打开辅助功能下的"对象捕捉"按键时,就能方便、精确地捕捉一些特殊角度;当"对象捕捉"按键处于关闭状态时,可以通过"对象捕捉"工具条临时捕捉一些特殊点,如图 13-7 所示。

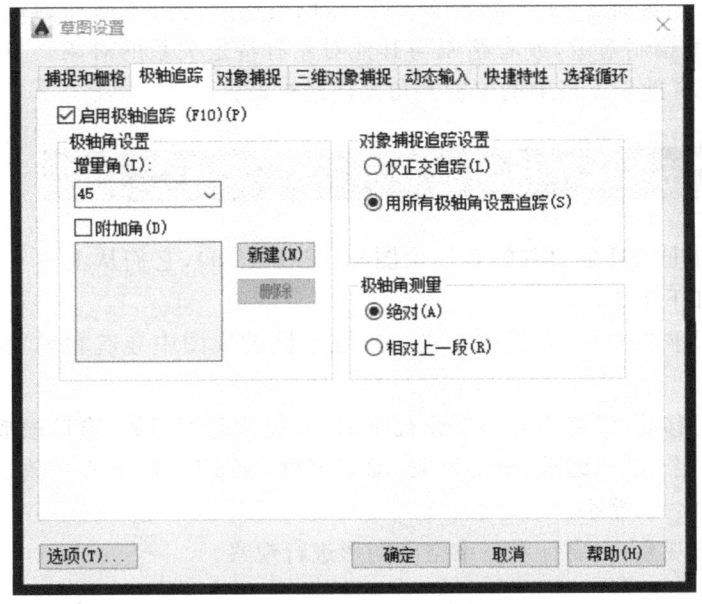

图 13-6　极轴追踪设置对话框　　　　　　　　图 13-7　"对象捕捉"工具条

"对象捕捉"工具条从上到下各项意义分别如下：捕捉端点、捕捉中点、捕捉圆心、捕捉由 Point 生成的节点、捕捉圆的象限点、捕捉交点、从……开始捕捉、捕捉块的插入基点、捕捉垂足、捕捉切点、捕捉最近点、捕捉外观交点、捕捉平行线。右键单击辅助功能下的"对象捕捉"按键并点击"设置"，弹出如图 13-8 所示的对象捕捉对话框，在这里可以选择所需要的捕捉特征，在绘图时即可自动捕捉所设置的点。

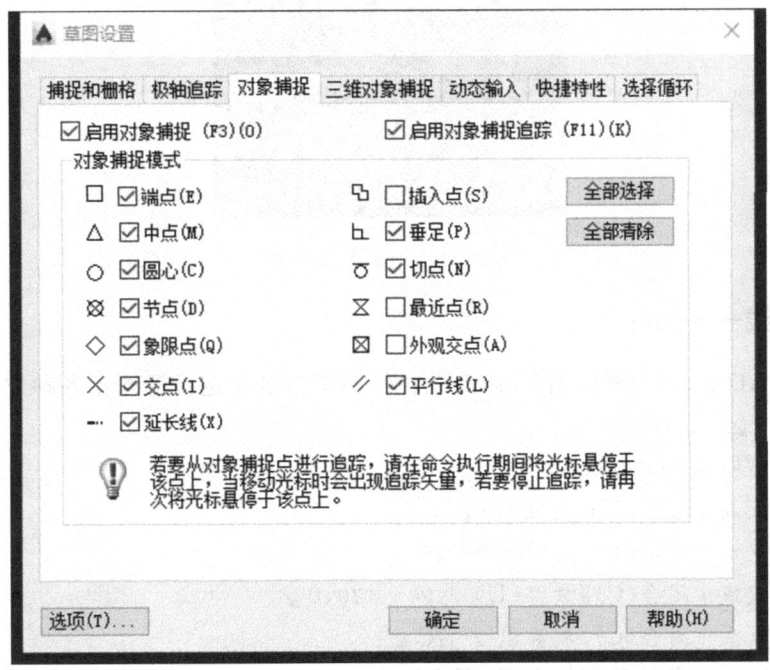

图 13-8　对象捕捉对话框

对象追踪：所谓对象追踪功能，就是 AutoCAD 可以自动追踪记忆同一命令操作中光标

所经过的捕捉点,从而以其中某一捕捉点的 X 轴或 Y 轴坐标控制用户所需要选择的定位点。自动追踪可以用指定的角度绘制对象,或者绘制与其他对象有特定关系的对象。当自动追踪打开时,临时的对齐路径有助于以精确的位置和角度创建对象。

任务七　视图的显示

在标准工具条的右侧有三块图标(见图 13-9),它们从上到下分别表示如下含义。

全导航控制盘:通过控制盘可以在不同的视图中导航和设置模型方向。

实时移动:沿屏幕方向平移视图缩放,包括范围缩放、窗口缩放、缩放上一个、实时缩放、全部缩放、动态缩放、缩放比例、中心缩放、缩放对象、放大、缩小。

图 13-9　视图显示图标　　动态观察:主要针对三维空间图形进行观察。

任务八　绘图的基本命令

在 AutoCAD 2015 中,"绘图"工具条共有 20 个按键,如图 13-10 所示。工具条上每个小图标都代表一个命令,本任务对常用的命令分别做如下介绍。

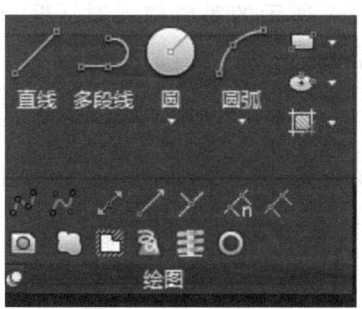

图 13-10　"绘图"工具条

(一) 直线——line

在 AutoCAD 2015 中可以用 Line 命令在绘图窗口的指定位置绘制各种方向上的直线。

命令:_line↙

指定直线第一点:0,0↙

指定下一点或 [放弃(U)]:420,0↙

指定下一点或 [放弃(U)]:@0,297↙

指定下一点或 [闭合(C)/放弃(U)]:@−420,0↙

指定下一点或 [闭合(C)/放弃(U)]:C↙

若极轴追踪与对象追踪都打开了,用户输入坐标时就不必这样烦琐,直接输入单个坐标值即可。当哪一点画错了,立即键入 U 并按回车键即可将最后的点删除。用上述程序画出的四边形如图 13-11 所示。

(420,297)

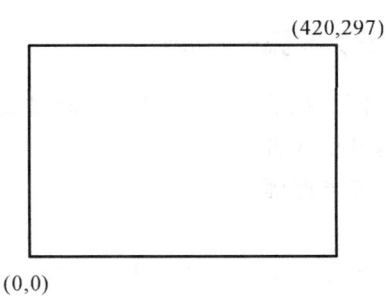

(0,0)

图 13-11　画四边形

（二）圆——circle

绘制圆的方法有 6 种,画圆菜单如图 13-12 所示,下面举例说明其中 2 种方法。

1. 方法一

命令:_circle ↙

circle 指定圆的圆心或［三点(3P)/两点(2P)/相切、相切、半径(T)］:100,50 ↙

指定圆的半径或［直径(D)］:30 ↙

得到圆 C_1,圆心坐标为(100,50),半径为 30。若要用直径来表示,只要在"指定圆的半径或［直径(D)］"后输入 D。

2. 方法二

命令:_circle ↙

circle 指定圆的圆心或［三点(3P)/两点(2P)/相切、相切、半径(T)］:3P ↙

指定圆上的第一点:100,50 ↙

指定圆上的第二点:200,60 ↙

指定圆上的第三点:180,80 ↙

得到圆 C_2,此圆是利用三点画圆的方法绘制的,三点的坐标分为(100,50)、(200,60)、(180,80),并且这三点都分布在 C_2 的圆周上。

采用圆心半径和三点画圆两种方法绘制的圆分别如图 13-13(a)、(b)所示。

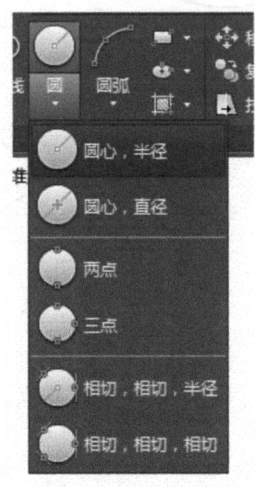

图 13-12　画圆菜单

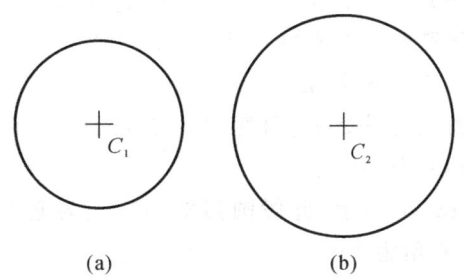

(a)　　　　　　(b)

图 13-13　圆心半径和三点画圆

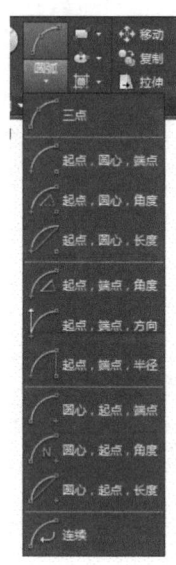

（三）圆弧——arc

绘制圆弧的方法有 11 种，画圆弧菜单如图 13-14 所示，下面举例讲解其中 3 种。

1. 三点画弧

命令：_arc ↙

指定圆弧的起点或〔圆心（CE）〕：50,50 ↙

指定圆弧的第二点或〔圆心（CE）/端点（EN）〕：100,0 ↙

指定圆弧的端点：100,100 ↙

如图 13-15 所示，圆弧的第一点坐标为（50,50），第二点坐标为（100,0），第三点坐标为（100,100）。这是绘制圆弧的第一种方法，其三点分别分布在此圆弧上。

2. 起点、圆心、端点画弧

当某段圆弧的已知条件为起点、圆心、端点，那么此时可用绘制

图 13-14 画圆弧菜单   圆弧的第二种方法。

命令：_arc ↙

指定圆弧的起点或〔圆心（CE）〕：_arc ↙

指定圆弧的第二点或〔圆心（CE）/端点（EN）〕：_c ↙

指定圆弧的端点或〔角度（A）/弦长（L）〕：↙

如图 13-16 所示，此段圆弧的第一点为起点，第二点为圆心，第三点为端点。

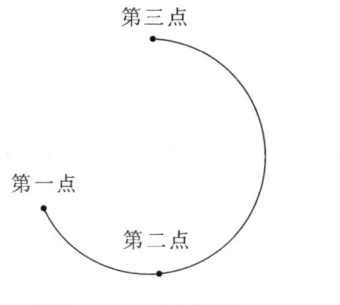

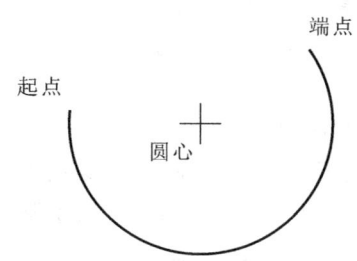

图 13-15 三点画弧   图 13-16 起点、圆心、端点画弧

3. 起点、端点、角度画弧

当某段圆弧的已知条件为起点、端点、角度，那么此时可用绘制圆弧的第三种方法。

命令：_arc ↙

指定圆弧的起点或〔圆心（CE）〕：_arc ↙

指定圆弧的第二点或〔圆心（CE）/端点（EN）〕：_e ↙

指定圆弧的端点：↙

指定圆弧的圆心或〔角度（A）/方向（D）/半径（R）〕：_a ↙

指定圆心角：160 ↙

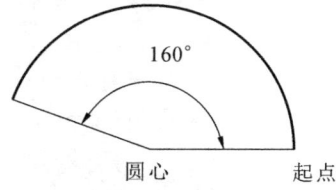

图 13-17 起点、端点、角度画弧

如图 13-17 所示，此段圆弧的第一点为起点，第二点为端点，且圆心角为 160°。

（四）正多边形——polygon

由三条或三条以上的线段组成的封闭图形称为多边形。在工程上应用正多边形的情况很多，为此 AutoCAD 2015 提供了正多边形命令，以便用户快速绘图。

1. 方法一

命令：_polygon ↙

指定多边形的中心点或［边（E）］：100,100 ↙

输入选项［内接于圆（I）/外切于圆（C）］<I>：↙

指定圆的半径：50 ↙

这是绘制正多边形的第一种方法。按此程序绘制的正五边形（见图 13-18（a））内接于 $\phi50$ 的圆。但有时工程上是以多边形的边长为已知条件的，为此 AutoCAD 2015 提供了另一种绘制多边形的方法。

2. 方法二

命令：_polygon ↙

POLYGON 输入边的数目 <4>：6 ↙

指定多边形的中心点或［边（E）］：E ↙

指定边的第一个端点：↙

指定边的第二个端点：50 ↙

按此方法绘制的正六边形如图 13-18（b）所示。

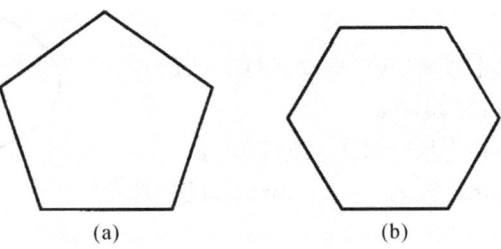

(a)　　　　　　　　(b)

图 13-18　两种方法绘制的多边形

（五）矩形——rectang

绘制矩形的方法如下。

命令：_rectang ↙

指定第一个角点或［倒角（C）/标高（E）/圆角（F）/厚度（T）/宽度（W）］：50,50 ↙

指定另一个角点：@200,120 ↙

矩形的左下角的坐标为（50,50），右上角的坐标用相对坐标表示，相对于左下角 X 方向增加 200 个单位长度，Y 方向增加 120 个单位长度，如图 13-19 所示。

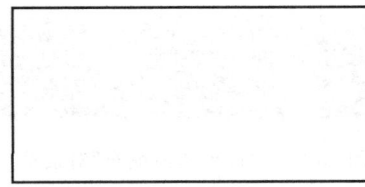

图 13-19　绘制的矩形

（六）样条曲线——spline

在工程图中，为了方便、简洁地把机件的形状清晰地表达出来，在断裂、视图与剖视图的分界线等处都要用波浪线来表示，为此 AutoCAD 2015 提供了绘制波浪线的功能。

命令：_spline↙
指定第一个点或［对象(O)］：↙
指定下一点：↙
指定下一点或［闭合(C)/拟合公差(F)］＜起点切向＞：↙
指定下一点或［闭合(C)/拟合公差(F)］＜起点切向＞：↙
指定下一点或［闭合(C)/拟合公差(F)］＜起点切向＞：↙

指定起点切向：↙
指定端点切向：↙

此样条曲线一共用 5 个点来确定，具体如图 13-20 所示。

图 13-20　绘制的样条曲线

（七）椭圆——ellipse

在工程图中，椭圆是一种非常重要的图形。椭圆与圆的差别在于椭圆圆周上的点到中心的距离是变化的。在 AutoCAD 2015 中，椭圆的形状主要用中心、长轴和短轴三个参数来描述。

命令：_ellipse↙
指定椭圆的轴端点或［圆弧(A)/中心点(C)］：↙
指定轴的另一个端点：@25,0↙
指定另一条半轴长度或［旋转(R)］：@15,0↙

椭圆的长轴为 50 mm，短轴为 30 mm，如图 13-21 所示。

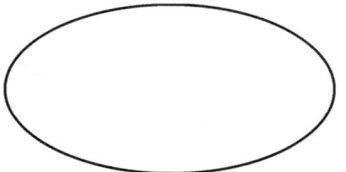

图 13-21　绘制的椭圆

任务九　填充图案及文本的输入

（一）填充图案

为了区分复杂剖面图形的各部分零件，可使用不同的图案加以体现，AutoCAD 2015 可使用图案填充命令来完成这些工作。

命令：_bhatch↙

启动 bhatch 命令后，AutoCAD 2015 打开"边界图案填充"对话框，如图 13-22 所示。

图 13-22　"边界图案填充"对话框

点击▨按键，则会弹出"填充图案调色板"对话框，如图 13-23 所示。

若从图 13-22 中的"图案"下拉列表中选择"ANSI31"图案,输入比例及角度值,单击左边的"拾取点"按键,则"边界图案填充"对话框会暂时关闭。然后在需要填充区域内部任选一点,系统分析后会显示填充边界,全部选定需要填充的区域后按回车键,又会弹出填充对话框,单击"预览"按键可显示填充的效果,单击"确定"按键即可完成填充。

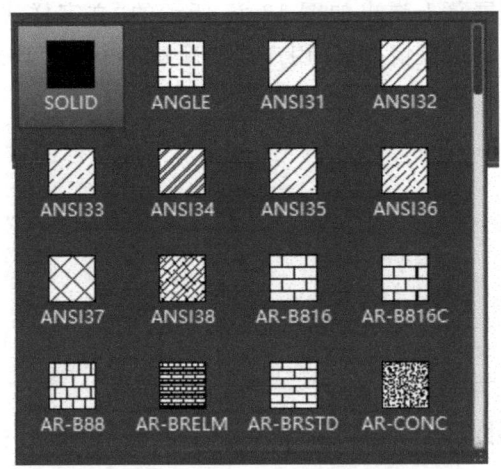

图 13-23　"填充图案调色板"对话框

图 13-24(a)、(b)分别表示选择填充边界(按"选择对象")和填充区域内部点两种情况。注意:选择填充边界时,相连的边界线必须是封闭图形,即各线段必须是首尾相连接的,否则会提示填充无效。对多重封闭的嵌套图形进行填充时,可单击相应的选项,从弹出的对话框中选择填充方式——一般式、最外层和忽略式进行填充,其效果如图 13-24(c)所示。

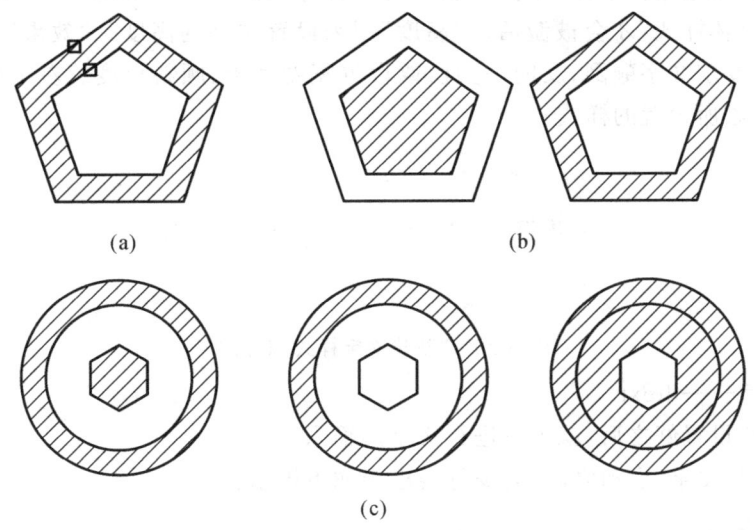

图 13-24　填充图案

(a) 选择填充边界　(b) 选择填充区域内部点　(c) 三种填充方式

(二) 文字的输入

为完成一张完整的工程图,不免需要输入一些文字,AutoCAD 2015 提供了强大的文字功能。

1. 文字样式设置——style

在标注文本之前,要先给文本字体定义一个样式。样式是字体、大小、宽度因子等参数的综合。当样式设置好之后,就可用所设置的样式进行文本的输入。定义文字样式的命令如下:

命令:_style↙

启动 style 命令后,在屏幕上弹出如图 13-25 所示的"文字样式"对话框,在该对话框中可以设置文字样式的参数。一般情况下,用户需要新建一个文字样式来设置这些参数。

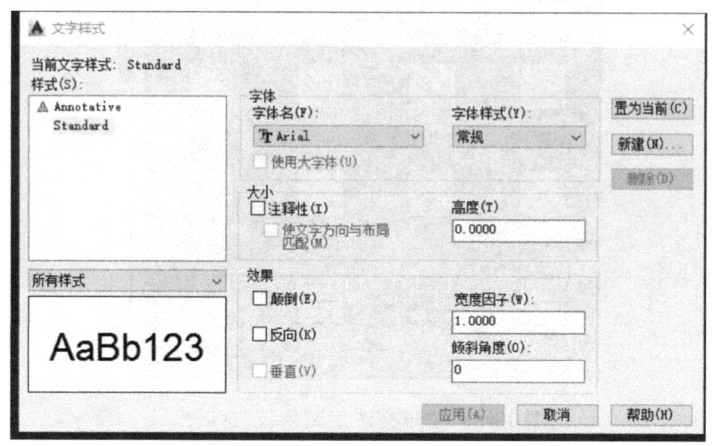

图 13-25 "文字样式"对话框

单击"新建"按键弹出如图 13-26 所示的"新建文字样式"对话框,在样式名中可以为新建的文字样式命名(如命名为"样式 1"),然后点击"确定"。下面就可以对"样式 1"进行样式设置。"字体名"用来选择字体,下拉列表中有各种样式的字体。当选中"使用大字体"复选框时,右边的"字体样式"才会被激活。"高度"用来设置文字的高度。"效果"用来设置文字的特殊要求,如要求文字颠倒、反向、垂直,或设置宽度因子、倾斜角度。左下角的框中为预览效果,用来观察所设置的样式。

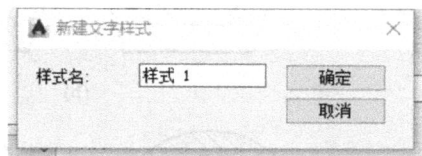

图 13-26 "新建文字样式"对话框

2. 单行文字——dtext

文字的样式设置好之后,就可以进行文字的输入。

dtext 为单行文字,启动之后,命令行会出现如下提示:

命令:_dtext↙

当前文字样式:样式 1↙

当前文字高度:2.5000↙

指定文字的起点或 [对正(J)/样式(S)]:J↙

[对齐(A)/调整(F)/中心(C)/中间(M)/右(R)/左上(TL)/中上(TC)/右上(TR)/左中(ML)/正中(MC)/右中(MR)/左下(BL)/中下(BC)/右下(BR)]:C↙

指定文字的中心点:(指定一点)↙

指定高度 ＜2.5000＞:8↙

指定文字的旋转角度 ＜0＞:↙

输入文字:AutoCAD 2015↙

输入文字:↙

对正的方式有很多种,上述例子使用其中的一种,即以中心来确定文字的方位。

在制图中有许多特殊的符号,如直径符号、角度符号、公差符号,这些符号在键盘上是无法输入的,为此,AutoCAD 2015 提供了一些特殊的代码,下面就对这些代码的功能进行如下说明,如表 13-1 所示。

表 13-1 AutoCAD 2015 特殊代码

代　　码	功　　能	举　　例
％％C	绘制直径符号	φ60 需要输入"％％C60"
％％D	绘制角度符号	135°需要输入"135％％D"
％％P	绘制公差符号	70±0.05 需要输入"70％％P0.05"
％％O	文字的上划线功能	$\overline{60}$需要输入"％％O60"
％％U	文字的下划线功能	$\underline{80}$需要输入"％％U80"

注:％％％代表的特殊符号,只有在按回车键之后,控制码才会变成相应原特殊字符。

以上是单行文字的输入方法,下面介绍多行文字的输入方法。

3. 多行文字——mtext

mtext 命令可以将若干文字段落创建为一个图形单元,可以对其进行各种编辑操作。命令启动后,依次指定两个对角点,由这两个点所确定的矩形区域即为输入文字的宽度区域。

命令:_mtext↙

当前文字样式:"样式 1"↙

当前文字高度:5↙

指定第一角点:↙

指定对角点或［高度(H)/对正(J)/行距(L)/旋转(R)/样式(S)/宽度(W)］:↙

当矩形的两个对角点确定后,弹出"多行文字编辑器"对话框,如图 13-27 所示。从对话框中可以选择字体、字高、颜色、对齐方式和各种符号,输入文本后单击"确定"按键即可。

图 13-27 "多行文字编辑器"对话框

特殊字符在多行文字中同单行文字一样,输入好了之后,点击"确定"即可。当用户对输入的字符不满意时,可用 AutoCAD 2015 提供的两种文本基本编辑方法快速便捷地编辑所需的文本。这两种方法是 ddedit 命令和 properties 命令。

命令:_ddedit↙

选择注释对象或［放弃(U)］:↙

选择所要修改的对象,此时会弹出编辑文字对话框,用户可以重新对文字进行编辑,按自己所需要的要求设置。注意:当原先所输入的文字为"多行文本"时,要修改时弹出的则是"多行文字"对话框,如图13-28所示。

命令:properties↙

在执行此命令时,事先要将对象选中,再输入此命令,则弹出如图13-29所示的对象管理器对话框。此对话框中的选项较多,用户可以选择里面的任何一个选项进行对象的编辑,如表13-2所示。

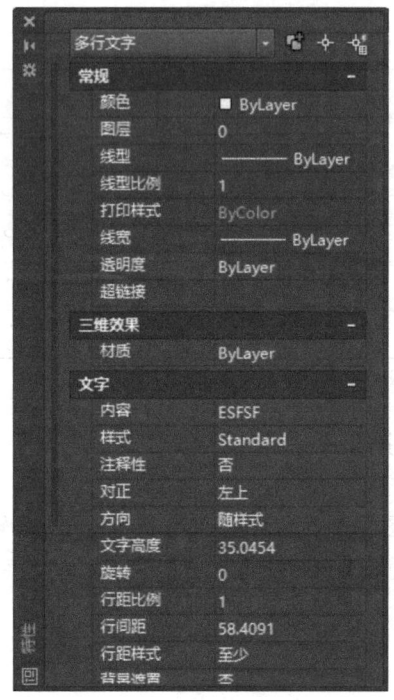

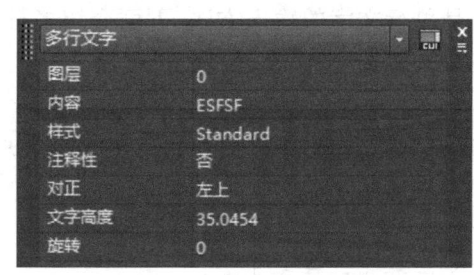

图13-28 "多行文字"对话框　　　　图13-29 对象管理器对话框

表13-2 对象管理器中的选项

选　　项	功　　能
内容	修改文本的内容
样式	修改文本的文字样式
对正	修改文本的排列方式
高度	修改文本字符的字高
旋转	修改文本的倾斜角度
宽度比例	修改文本字体的宽度比例系数
倾斜	修改字体本身的倾斜角度,但文本位置不会改变

任务十　编辑的基本命令

在绘制一张工程图时,不免要对图形进行一些简单的编辑,例如修剪、镜像、移动等,为此 AutoCAD 2015 提供了一系列的编辑命令,如图 13-30 所示的"修改"工具栏,一共有 27 个按键,下面分别介绍常用的命令。

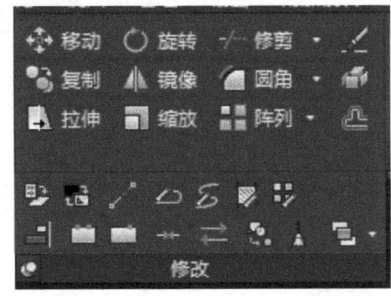

图 13-30　"修改"工具栏

(一)删除——erase

在绘制一张工程图时,不免会出现一些错误。当出了错误时,应及时删除它或修改它。下面就对如何删除一些对象进行如下分析。

命令:_erase↙

选择对象:↙

选择了对象之后,用户只需要单击右键或按回车键确定即可;也可以先选择对象,再单击删除按键。

注:在选择对象时,用户可以单个选取也可用矩形选取。在必要的情况下还可以用多边形选取,只需在"选择对象:"后输入 Wp 并按回车键,即可实现多边形选取。当要选取的实体是最后一个特征时,只需在"选择对象:"后输入 L 并按回车键。

(二)复制——copy

在许多软件中都有复制的功能,在 AutoCAD 2015 中也不例外。

命令:_copy↙

选择对象:↙

选择对象:↙

指定基点或位移,或者[重复(M)]:↙

指定位移的第二点或 <用第一点作位移>↙

如图 13-31 所示,图 13-31(a)为源对象,图 13-31(b)为复制后的对象。如果要在一次命令中复制多个对象,我们要在"指定基点或位移,或者[重复(M)]:"后输入相应数据并按回车键进行多重复制。

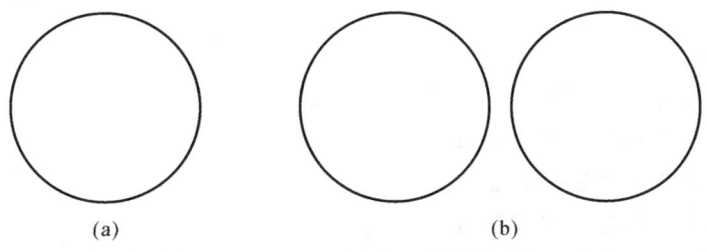

(a)　　　　　　　　　　　　　　　　　(b)

图 13-31　使用复制命令绘图

(a)复制前　(b)复制后

（三）镜像——mirror

镜像含有复制的意义,只不过所复制的对象在相对位置上发生了变化,镜像后的对象与镜像前的对象是关于某条轴对称的。

命令:_mirror ↙

选择对象:↙

指定对角点:找到 4 个↙

选择对象:↙

指定镜像线的第一点:↙

指定镜像线的第二点:↙

是否删除源对象?［是(Y)/否(N)］＜N＞:↙

如图 13-32(a)所示,不难发现,这里的文字也发生了变化,但工程上一般并不需要文字的镜像。在这里用户只需要设置一个内部参数,即在命令行中输入 mirrtext 来设置参数,具体如下:

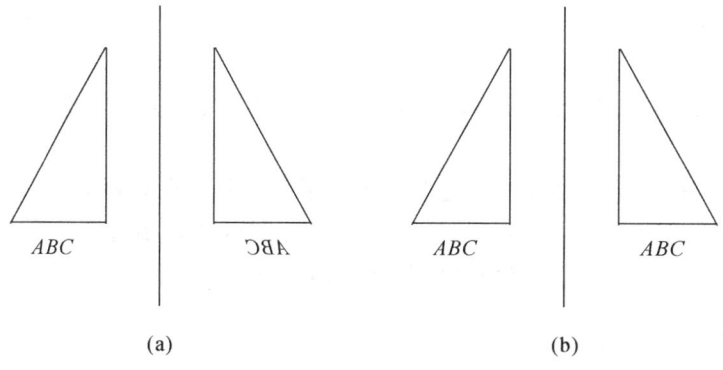

图 13-32　使用镜像命令绘图

(a) 参数值为 1　(b) 参数值为 0

命令:mirrtext ↙

输入 MIRRTEXT 的新值 ＜1＞:0 ↙

将图 13-32(a)所示的"文字镜像"参数从 1 设为 0,即可得到图 13-32(b)。也就是说,当 mirrtext＝1 时,文本"全部镜像";当 mirrtext＝0 时,文本"部分镜像"。

（四）偏移——offset

偏移命令用于复制一个等距离的实体,如等距离线(或多段线)、同心圆或多边形等,具体如下。

命令:_offset ↙

指定偏移距离或［通过(T)］＜1.0000＞:5 ↙

选择要偏移的对象或 ＜退出＞:↙

指定点以确定偏移所在一侧:↙

选择要偏移的对象或 ＜退出＞:↙

如图 13-33 所示,矩形和圆弧偏移后的物体与偏移前的物体在形状上相似,但不相同。

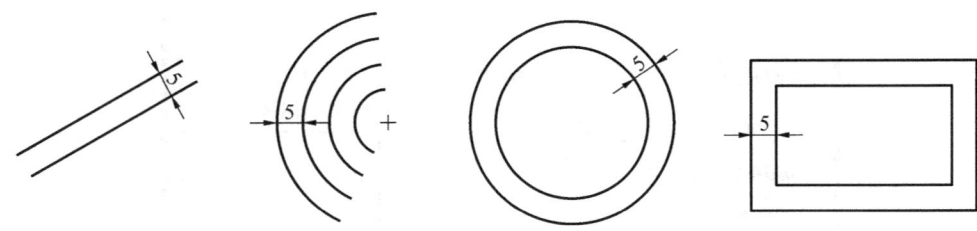

图 13-33 使用偏移命令绘图

(五)移动——move

在绘制图形的过程中,如果所绘制图形的位置不满足要求,可以使用 move 命令将要移动的图形对象移动到所需要的位置。

命令:_move ↙

选择对象:↙

指定对角点:找到 10 个 ↙

选择对象:↙

指定基点或位移:↙

指定位移的第二点或 ＜用第一点作位移＞:↙

如图 13-34 所示,第一个五角星在直线段的左端,移动后的五角星在直线段的右端。如果要求将图形对象移动到一个具体的位置,可在"指定位移的第二点"后输入一个具体的数据,在这里可以用绝对直角坐标或者相对直角坐标,具体可根据需要而定。

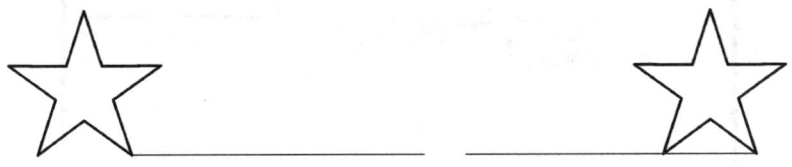

图 13-34 使用移动命令绘图

(六)阵列——array

阵列也是复制的一种特征,但阵列与普通复制不同,它可以复制呈规则分布的实体,以方便用户快速绘图。阵列分为两种,即矩形阵列、环形阵列。

1. 矩形阵列

命令:_arrayclassic ↙

输入矩形阵列命令后,弹出阵列对话框,选中"矩形阵列"复选框,如图 13-35 所示。点击"选择对象"按键,执行如下命令。

选择对象:↙

指定对角点:找到 1 个 ↙

在"矩形阵列"对话框中输入如图 13-35(a)所示的数据,并单击"确定"按键,即可得到如图 13-36(a)所示的图形。

图 13-36(a)是由"要阵列的对象"阵列而成的,图中一共有 4 行 5 列(与 X 轴平行的为行,与 Y 轴平行的为列),行间距为 10 mm,列间距为 18 mm。

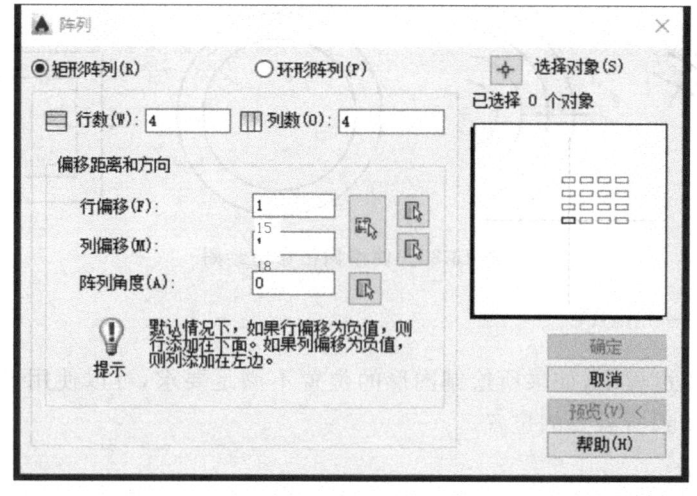

(a)

(b)

图 13-35　"矩形阵列"对话框

如果在"矩形阵列"对话框中的"阵列角度"中输入 30，如图 13-35（b）所示，仍选择小矩形作为被阵列的对象，并单击"确定"按键，得到矩形阵列后的图形如图 13-36（b）所示。

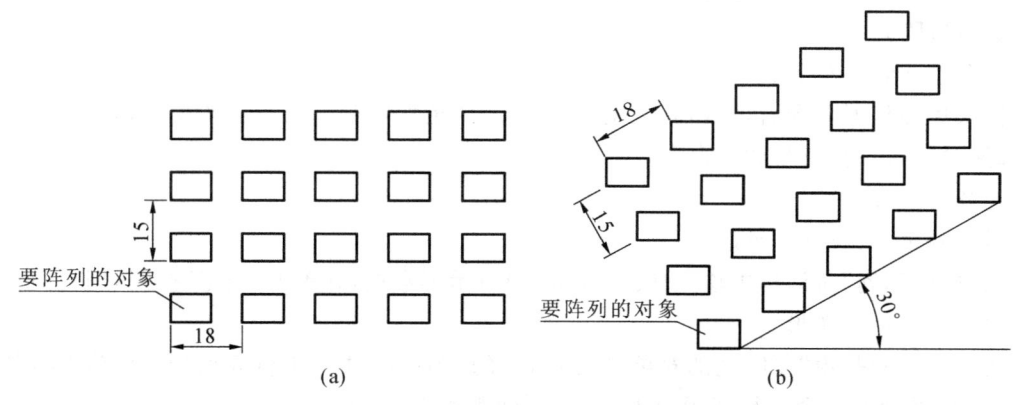

图 13-36　使用矩形阵列命令绘图

2. 环形阵列

命令：_array ↙

输入环形阵列命令后，弹出阵列对话框，选中"环形阵列"复选框，如图 13-37 所示。点击"选择对象"按键，执行如下命令。

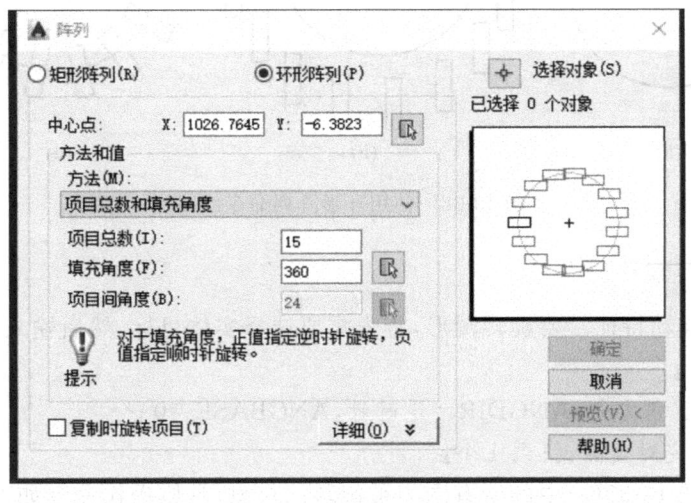

(a)

(b)

图 13-37 "环形阵列"对话框

选择对象：↙

指定对角点：找到 1 个（选择 13-37(a)所示的小矩形）↙

指定大圆的中心为阵列中心点，并在"环形阵列"对话框中，输入如图 13-37(b)所示的数据，并单击"确定"按键，即可得到如图 13-38(b)所示的图形。

注意：当选中"复制时旋转项目"复选框时，单击"确定"按键，得到环形阵列后的图形如图 13-38(c)所示，即小矩形在自身阵列时，同时还绕着大圆的圆心旋转。

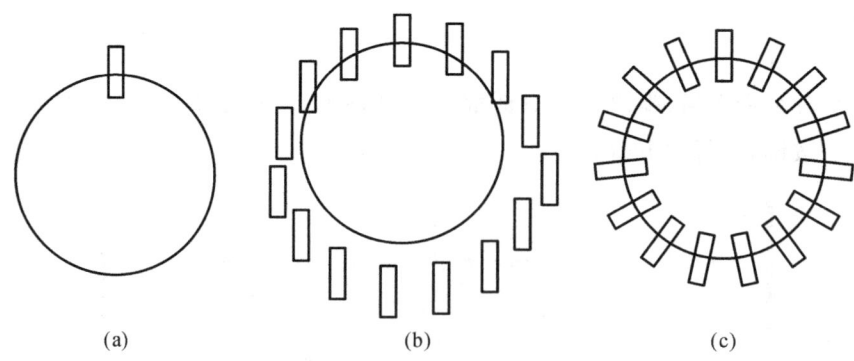

图 13-38　使用环形阵列命令绘图

（七）旋转——rotate

旋转是一种移动特征。要旋转图形,首先需要选择实体目标,然后输入所旋转的角度。

命令:_rotate↙

UCS 当前的正角方向:ANGDIR＝逆时针,ANGBASE＝0↙

选择对象:指定对角点:找到 1 个↙

【例】　选择图 13-39(a)中的所有图为被旋转的对象,具体操作命令如下。

选择对象:↙

指定基点:(指定图中所标注的点为基点)↙

指定旋转角度或［参照(R)］:45↙

得到旋转后的对象如图 13-39(b)所示。

注意:逆时针为正方向,顺时针为负方向。

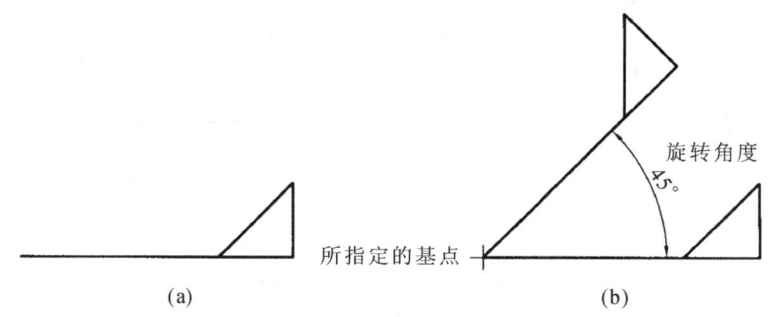

图 13-39　使用旋转命令绘图

（八）缩放——scale

在工程制图中,经常需要按比例缩放图形中的实体。比如在商讨某一设计方案时,通常需要工艺流程图;在重点确定某一部分时,常常要将该部分按一定的比例放大。另外对于某一复杂图形,当结构表达不清楚时,需要用局部视图来表示。为此,AutoCAD 2015 提供了缩放命令,并在 X 轴、Y 轴和 Z 轴方向上按同一比例放大或缩小图形对象。以图 13-40(a)为例进行下列命令操作,可分别得到如图 13-40(b)和图 13-40(c)所示的图形。

命令:_scale↙

选择对象:↙

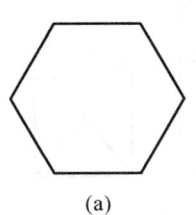(a)　　　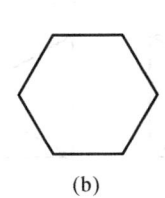(b)　　　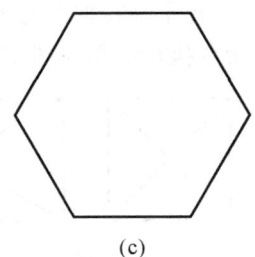(c)

图 13-40　使用缩放命令绘图

指定对角点:找到 1 个(选择(a)图)↙

选择对象:↙

指定基点:(指定六边形的左下角为基点)↙

指定比例因子或 [参照(R)]:0.8 ↙

上述命令执行结果如图 13-40(b)所示,其是缩放前的 0.8 倍。

命令:_scale ↙

选择对象:↙

指定对角点:找到 1 个↙

选择对象:↙

指定基点:(指定六边形的左下角为基点)↙

指定比例因子或 [参照(R)]:1.5 ↙

上述命令执行结果如图 13-40(c)所示,其是缩放前的 1.5 倍。

也可以用鼠标输入任意比例。

(九) 拉伸——stretch

AutoCAD 提供了 stretch 命令,以方便用户对图形进行拉伸和压缩。下面分别介绍拉伸和压缩命令。

命令:_stretch ↙

以交叉窗口或交叉多边形选择要拉伸的对象。

选择对象:↙

指定对角点:找到 3 个↙

选择对象:↙

指定基点或位移:(指定正方形的右下角为基点)↙

指定位移的第二个点或 <用第一个点作位移>:20 ↙

上述命令执行结果如图 13-41(a)所示,即拉伸前与拉伸后的实体。

命令:_stretch ↙

以交叉窗口或交叉多边形选择要拉伸的对象。

选择对象:↙

指定对角点:找到 3 个↙

选择对象:↙

指定基点或位移:(指定长方形的右下角为基点)↙

指定位移的第二个点或 <用第一个点作位移>:-25 ↙

注：当选择了被拉伸的对象时，AutoCAD 2015 以鼠标所指定的方向为正方向。

上述命令执行结果如图 13-41(b)所示，即压缩前与压缩后的实体。

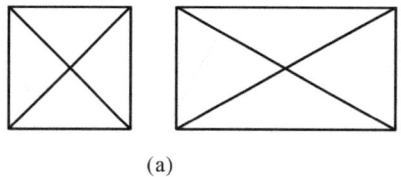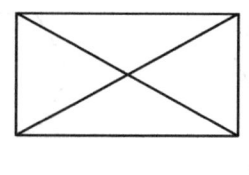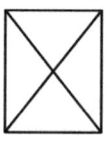

(a)   (b)

图 13-41　使用拉伸命令绘图

（十）修剪——trim

在绘图时，当若干线条相交且需在交点处精确地剪去多余的线段，可用 trim 命令实现：先选择剪切边界，再选择被剪的实体。可以修剪的对象为：直线、开放的二维和三维多段线、射线、参照线、样条线、构造线、圆、圆弧、椭圆及椭圆弧。

命令：_trim↙

当前设置：投影＝UCS，边＝无↙

选择剪切边界：↙

选择对象：↙

指定对角点：找到 3 个（要想将图 13-42(a)剪为图 13-42(b)，这 3 条线都应为剪切边界）↙

选择对象：↙

选择要修剪的对象，按住 Shift 键选择要延伸的对象，或［投影(P)/边(E)/放弃(U)］:↙

选择要修剪的对象，按住 Shift 键选择要延伸的对象，或［投影(P)/边(E)/放弃(U)］:↙

选择要修剪的对象，按住 Shift 键选择要延伸的对象，或［投影(P)/边(E)/放弃(U)］:↙

选择要修剪的对象，按住 Shift 键选择要延伸的对象，或［投影(P)/边(E)/放弃(U)］:↙

选择要修剪的对象，按住 Shift 键选择要延伸的对象，或［投影(P)/边(E)/放弃(U)］:↙

选择要修剪的对象，按住 Shift 键选择要延伸的对象，或［投影(P)/边(E)/放弃(U)］:↙

上述命令执行结果如图 13-42(b)所示。

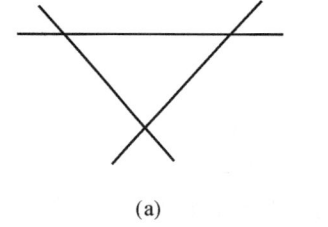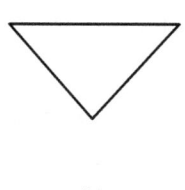

(a)   (b)

图 13-42　使用修剪命令绘图

命令：_trim↙

当前设置：投影＝UCS，边＝无↙

选择剪切边界：↙

选择对象：找到 1 个↙

选择对象：找到 1 个，总计 2 个（依次选择两个圆为剪切边界）↙

选择对象：↙

选择要修剪的对象,按住 Shift 键选择要延伸的对象,或［投影(P)/边(E)/放弃(U)］:↙
选择要修剪的对象,按住 Shift 键选择要延伸的对象,或［投影(P)/边(E)/放弃(U)］:↙
选择要修剪的对象,按住 Shift 键选择要延伸的对象,或［投影(P)/边(E)/放弃(U)］:↙
上述命令执行结果如图 13-43(b)所示。

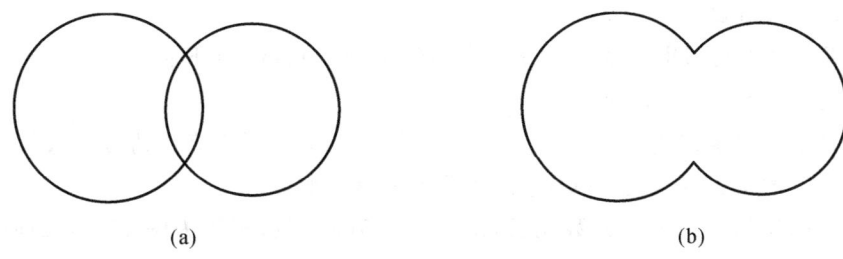

(a)　　　　　　　　　　　　(b)

图 13-43　使用修剪命令绘图

(十一)延伸——extend

AutoCAD 2015 中的 extend 命令用于延伸各类曲线。在进行延伸操作时,首先要选择一个延伸边界,然后选择被延伸到该边界的对象,如图 13-44(a)所示。

命令:_extend↙
当前设置:投影＝UCS,边＝无↙
选择边界的边界:↙
选择对象:找到 1 个(选中图 13-44(b)中的垂线)↙
选择对象:↙
选择要延伸的对象,按住 Shift 键选择要修剪的对象,或［投影(P)/边(E)/放弃(U)］:↙
选择要延伸的对象,按住 Shift 键选择要修剪的对象,或［投影(P)/边(E)/放弃(U)］:↙
选择要延伸的对象,按住 Shift 键选择要修剪的对象,或［投影(P)/边(E)/放弃(U)］:↙
图 13-44(b)执行上述命令结果如图 13-44(c)所示。

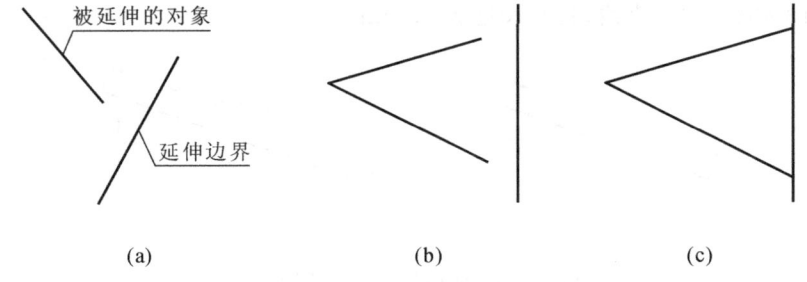

被延伸的对象
延伸边界
(a)　　　　　　　　(b)　　　　　　　　(c)

图 13-44　使用延伸命令绘图

(十二)拉长——lengthen

lengthen 命令和 trim 及 extend 命令的功能相似,它用于改变直线、多段线、圆弧、椭圆弧等非封闭曲线的长度。

命令:_lengthen↙
选择对象或［增量(DE)/百分数(P)/全部(T)/动态(DY)］:DE↙
输入长度增量或［角度(A)］<0.0000>:15↙

选择要修改的对象或［放弃(U)］:(选择如图 13-45(a)所示直线的右端)↙

选择要修改的对象或［放弃(U)］:(如图 13-45(b)所示)↙

上述的拉长方式为增量拉长,即图 13-45(b)所示直线与图 13-45(a)的相比,增长了 15 mm,在增量设置中,我们可以任意输入一个所需要的增量。

命令:_lengthen↙

选择对象或［增量(DE)/百分数(P)/全部(T)/动态(DY)］:P↙

输入长度百分数 ＜100.0000＞:80↙

选择要修改的对象或［放弃(U)］:(选择如图 13-45(a)所示直线的右端)↙

选择要修改的对象或［放弃(U)］:(如图 13-45(c)所示)↙

这里所用的拉长方式为百分数拉长,即图 13-45(c)所示直线为图 13-45(a)所示直线的 0.8 倍。如果在百分数后输入 100,直线的长度将保持不变;大于 100,为增长;小于 100,为缩短。

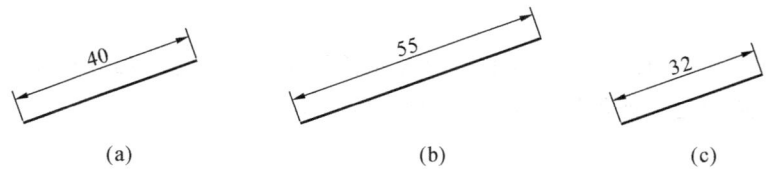

图 13-45　使用拉长命令绘图(1)

命令:_lengthen↙

选择对象或［增量(DE)/百分数(P)/全部(T)/动态(DY)］:T↙

指定总长度或［角度(A)］＜1.0000＞:45↙

选择要修改的对象或［放弃(U)］:↙

选择要修改的对象或［放弃(U)］:↙

此处用的拉长方式为全部拉长,在"指定总长度"后所输入的数为最终直线的总长度,图 13-45(a)中直线的总长为 40 mm,当我们将总长度设为 45 mm,并选择图 13-45(a)中的直线后就得到图 13-46(a)中的直线,且其长度为 45 mm。

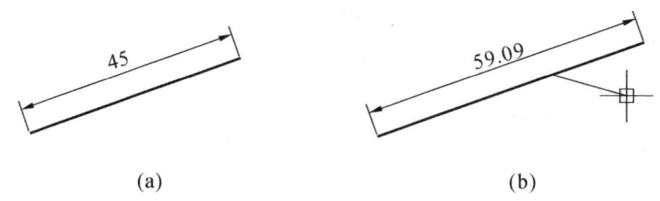

图 13-46　使用拉长命令绘图(2)

命令:_lengthen↙

选择对象或［增量(DE)/百分数(P)/全部(T)/动态(DY)］:DY↙

选择要修改的对象或［放弃(U)］:↙

指定新端点:↙

选择要修改的对象或［放弃(U)］:↙

这里所用的拉长方式为动态拉长,选择被拉长的对象后,即可用鼠标任意确定所要的长度,如图 13-46(b)所示。这种拉长方式不能得到某一具体长度。

注:对于上述所有拉长方式,在选择要修改的对象时,我们选中哪端即在哪端拉长或缩短。

(十三) 打断——break

在绘图过程中,有时需要将一个实体(如直线、圆等)从某一点断开,甚至需要删掉实体的某一部分,为此 AutoCAD 2015 为用户提供了打断命令。

命令:_break ↙

选择对象:↙

指定第二个打断点或[第一点(F)]:↙

在这种方式中,选择对象的点为打断第一点,第二点为打断第二点,如图 13-47(a)所示。

命令:_break ↙

选择对象:↙

指定第二个打断点或[第一点(F)]:F ↙

指定第一个打断点:(起点)↙

指定第二个打断点:(终点)↙

与上一种方式不同的是,此方式中选择对象的点不是被打断点,如图 13-47(b)所示。

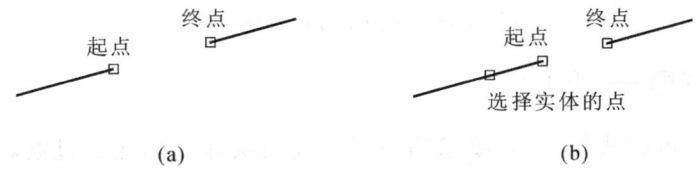

(a)　　　　　　　　　　(b)

图 13-47　使用打断命令绘图

(十四) 倒直角——chamfer

只要两条直线已相交于一点(或可以相交于一点),就可以使用倒直角命令为这两条直线倒角。

命令:_chamfer ↙

("修剪"模式) 当前倒角距离 1=10.0000,距离 2=10.0000。

选择第一条直线或[多段线(P)/距离(D)/角度(A)/修剪(T)/方法(M)]:D ↙

指定第一个倒角距离 <10.0000>:5 ↙

指定第二个倒角距离 <5.0000>:↙

选择第一条直线或[多段线(P)/距离(D)/角度(A)/修剪(T)/方法(M)]:↙

选择第二条直线:↙

命令:_chamfer ↙

("修剪"模式) 当前倒角距离 1=5.0000,距离 2=5.0000。

选择第一条直线或[多段线(P)/距离(D)/角度(A)/修剪(T)/方法(M)]:↙

选择第二条直线:(如图 13-48(a)所示)↙

被倒角的倒角距离为 5 mm,当第一个倒角距离设置好以后,第二个倒角距离默认与第一个相等。当需要设置不同的值时,只要在"指定第二个倒角距离"后输入所要的值。

命令:_chamfer↙

("修剪"模式)当前倒角距离 1=5.0000,距离 2=5.0000。

选择第一条直线或[多段线(P)/距离(D)/角度(A)/修剪(T)/方法(M)]:T↙

输入修剪模式选项[修剪(T)/不修剪(N)]<修剪>:N↙

选择第一条直线或[多段线(P)/距离(D)/角度(A)/修剪(T)/方法(M)]:↙

选择第二条直线:↙

命令:_chamfer↙

("不修剪"模式)当前倒角距离 1=5.0000,距离 2=5.0000。

选择第一条直线或[多段线(P)/距离(D)/角度(A)/修剪(T)/方法(M)]:↙

选择第二条直线:↙

这里设置为"不修剪"模式,如图 13-48(b)所示。

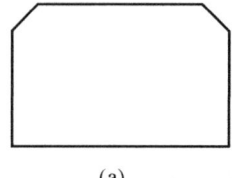

(a)

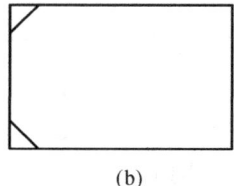

(b)

图 13-48　使用倒直角命令绘图

(十五) 倒圆角——fillet

倒圆角和倒直角有些相似,它要求用一段弧在两实体之间光滑过渡。AutoCAD 2015 提供了倒圆角命令以实现圆角连接功能。

命令:_fillet↙

当前模式:模式=修剪,半径=10.0000。

选择第一个对象或[多段线(P)/半径(R)/修剪(T)]:R↙

指定圆角半径 <10.0000>:6↙

选择第一个对象或[多段线(P)/半径(R)/修剪(T)]:↙

选择第二个对象:↙

命令:_fillet↙

当前模式:模式=修剪,半径=6.0000。

选择第一个对象或[多段线(P)/半径(R)/修剪(T)]:↙

选择第二个对象:↙

所设的圆角半径为 6 mm,如图 13-49(a)所示。

命令:_fillet↙

当前模式:模式=修剪,半径=6.0000。

选择第一个对象或[多段线(P)/半径(R)/修剪(T)]:T↙

输入修剪模式选项[修剪(T)/不修剪(N)]<修剪>:N↙

选择第一个对象或[多段线(P)/半径(R)/修剪(T)]:↙

选择第二个对象:↙

命令:_fillet↙

当前设置：模式＝不修剪，半径＝6.0000。

选择第一个对象或［多段线(P)/半径(R)/修剪(T)］:↙

选择第二个对象:↙

这里设置为"不修剪"模式，如图 13-49(b)所示。

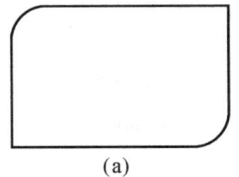　　　　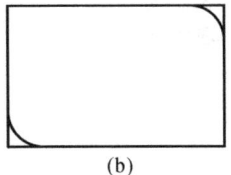

　　　　(a)　　　　　　　　　　　　　　　　　(b)

图 13-49　使用倒圆角命令绘图

任务十一　图块的基本编辑

图块是一组图形实体的总称。在一个图块中，各图形实体均有各自的图层、线型、颜色等特征，但 AutoCAD 2015 总是把图块作为一个单独的、完整的对象来操作。用户可以根据实际需要将图块按给定的缩放系数和旋转角度插入到指定的任一位置，也可以对整个图块进行复制、旋转、移动、缩放、镜像、阵列、删除等操作。图块必须定义块名，一旦命名后，就可以作为一个整体按需要多次插入到当前图形中的任何位置。创建图块的目的是提高绘图效率和节省存储空间。

（一）创建图块

要定义一个图块，首先要绘制组成图块的实体，然后用创建图块命令定义图块的插入点，并选择构成图块的实体。

如果要把粗糙度符号建成图块，应首先在绘图区中将它画好，过程如下所示。

命令:_line↙

指定第一点:(指定点 A 为第一点，如图 13-50 所示)↙

指定下一点或［放弃(U)］:@−5＜0 ↙

指定下一点或［放弃(U)］:@5＜−60 ↙

指定下一点或［闭合(C)/放弃(U)］:@10＜60 ↙

指定下一点或［闭合(C)/放弃(U)］:↙

命令:_block↙

上述命令执行后，弹出"块定义"对话框，如图 13-51 所示。

命令:_block↙

指定插入基点:↙

选择对象:找到 1 个↙

选择对象:找到 1 个，总计 2 个↙

选择对象:找到 1 个，总计 3 个↙

选择对象:↙

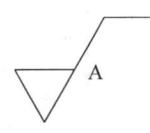

插入点

图 13-50　粗糙度符号

在"名称"中输入块的名字"BJD"，单击"拾取点"按键，拾取图 13-50 所示的插入点，再单击"选择对象"按键，拾取粗糙度符号的四条边，确定后，该粗糙度符号创建为图块。

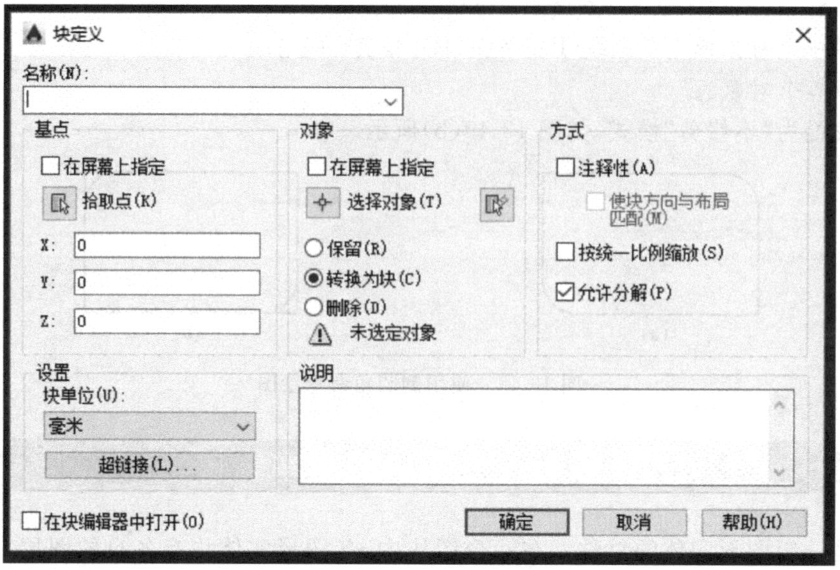

图 13-51 "块定义"对话框

（二）插入图块

图块的重复使用是通过插入图块的方式实现的。所谓插入图块，就是将已经定义好的图块插入到当前图形文件中。在插入图块（或文件）时，用户必须确定 4 组特征参数，即插入的图块名、插入点的位置、插入比例系数和图块的旋转角度。图 13-52 所示的"插入图块"对话框，根据具体的条件输入所需要的参数。下面是插入图块的命令。

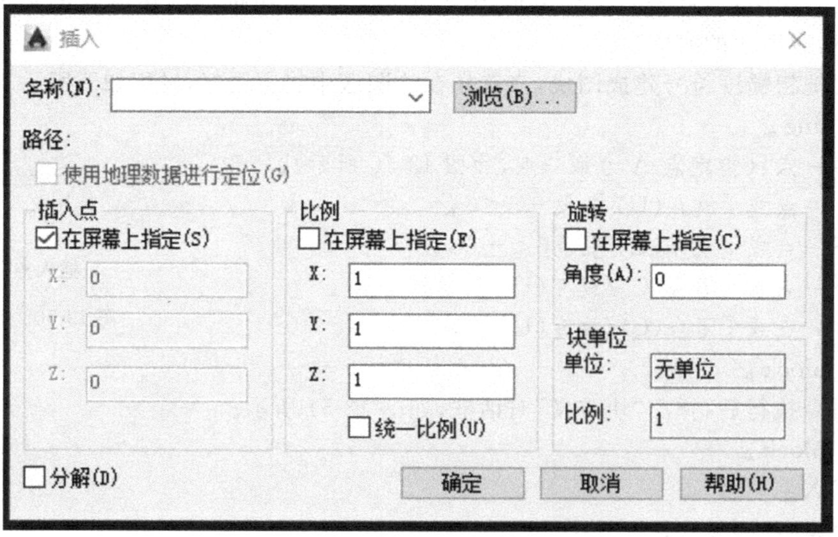

图 13-52 "插入图块"对话框

命令：_insert ↙

指定插入点或［比例（S）/X/Y/Z/旋转（R）/预览比例（PS）/PX/PY/PZ/预览旋转（PR）］：↙

输入 X 比例因子，指定对角点，或［角点（C）/XYZ］＜1＞：1 ↙

输入 Y 比例因子或＜使用 X 比例因子＞:1✓

指定旋转角度＜0＞:✓

任务十二　尺寸的标注

尺寸是工程图中表达一个零件形状的重要参数。在标注尺寸之前首先要确定尺寸数字的字体、字高、对齐方式、箭头的形状和大小、尺寸线间距、尺寸精度等内容,这就需要设置尺寸标注样式。标注样式是一组标注系统变量的集合,可以通过对话框直观地修改这些变量。

(一)尺寸标注样式的设置

首先从菜单栏"格式"中选择"标注样式"选项,则会弹出如图 13-53 所示的"标注样式管理器"对话框,在对话框中显示当前所用的 ISO-25 样式,但不一定适合,如箭头、数字过大,需要重新设置。在"标注样式管理器"对话框中单击"新建"按键,则会弹出如图 13-54 所示的"创建新标注样式"对话框,新样式名为"副本 ISO-25"(可改为其他的名字),选择"用于(U):所有标注",然后根据需要从其右边下拉列表中对半径、直径、角度尺寸标注分别进行设置。再单击"继续"按键,则会弹出创建该副本样式对话框,如图 13-55 所示。

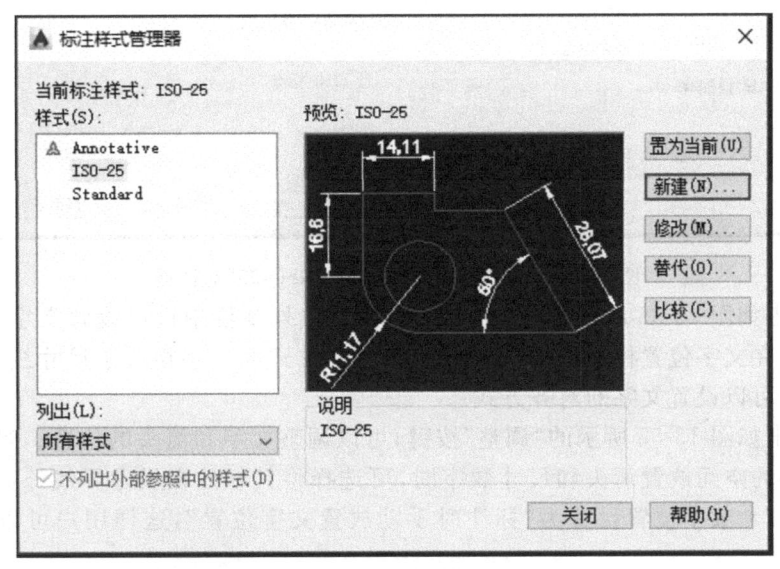

图 13-53　"标注样式管理器"对话框

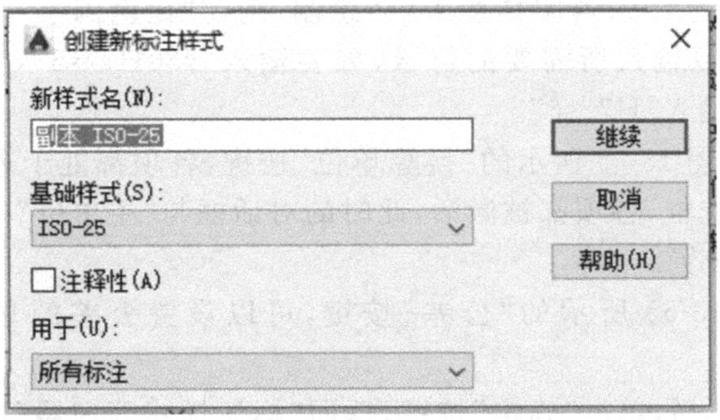

图 13-54　"创建新标注样式"对话框

线、符号和箭头：单击"线"和"符号和箭头"按键，如图 13-55 所示，可以设置基线间距（两平行尺寸线的间距）；确定是否要消除一侧或两侧尺寸线及箭头；确定尺寸界线超出尺寸线的距离，尺寸界线与标注起点的偏移量；确定是否要消除一侧或两侧的尺寸界线；并能选择箭头式样和大小，圆心标记的大小。

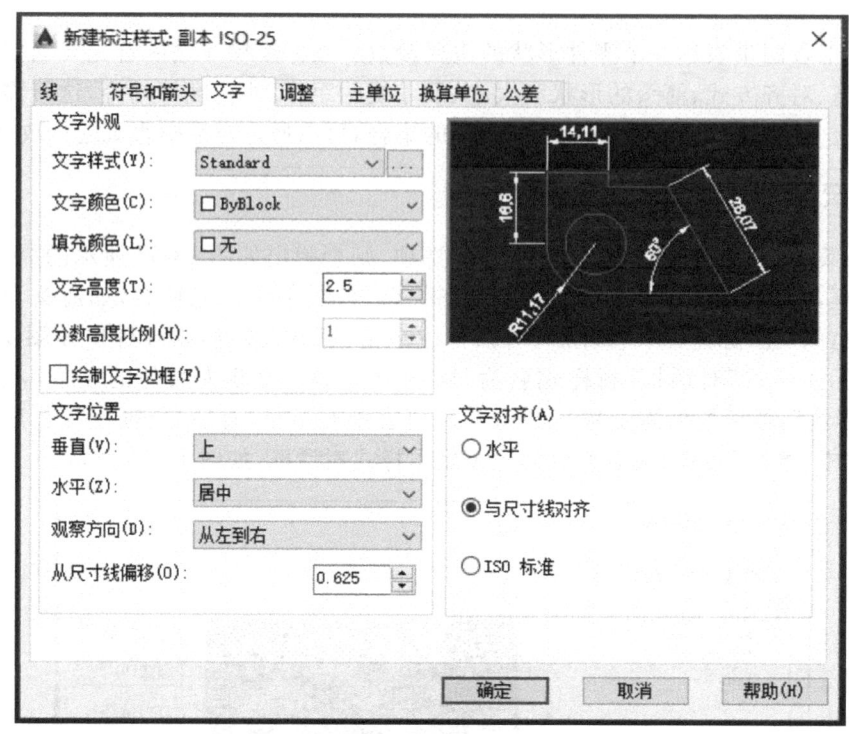

图 13-55　"新建标注样式：副本 ISO-25"对话框

文字：单击如图 13-55 所示的"文字"按键，在文字外观栏中可以设置文字样式、文字颜色、文字高度；在文字位置栏中可以设置文字的放置方式和文字相对于尺寸线的偏移量；在文字对齐栏中可以设置文字的对齐方式。

调整：单击如图 13-55 所示的"调整"按键，可以调整文字和箭头的位置。当两尺寸界线之间没有足够的空间放置箭头和尺寸数字时，可选择将其标注在尺寸界线外面。此外，"调整"栏中可将尺寸数字位置设置为"标注时手动放置文字位置"，这样用户可以按要求随意拖放。

主单位：单击如图 13-55 所示的"主单位"按键，可设置尺寸标注精度。若只需标注整数尺寸，则在"精度"栏里选取 0；若图样按 1∶2 绘制，则在"比例因子"栏里设置其值为 2；在"前缀"与"后缀"中可以输入所需要的符号，如要输入"ϕ80H7/s6"，只需在前缀框中输入"％％C"，在后缀框中输入"H7/s6"。

换算单位：单击如图 13-55 所示的"换算单位"按键，各项都处于未被激活的状态，当选中"显示换算单位"复选框，各项都被激活，此时的对话框与"主单位"中的选项相似，用户可以根据自己的需要来设置。

公差：单击如图 13-55 所示的"公差"按键，可以设置公差的显示方式、精度、偏差值等。

以上各项设置完毕后，单击"确定"按键，返回"标注样式管理器"对话框，如图 13-53 所示。若要改变角度尺寸标注，可单击管理器左侧"副本 ISO-25"标注样式，再单击"新建"，再次弹出"创建新标注样式"对话框,如图 13-54 所示,打开"用于(U):所有标注"下拉列表,选择"角度标注",单击"继续"按键,在弹出的"角度"对话框中,点击"文字"按键,在弹出的新页面上,将"文字对齐"设置为"水平",按"确定"按键后,把新的标注样式"置为当前",如图 13-53 所示,并关闭该对话框。

(二)尺寸标注方法

为了能精确地标注尺寸,一般需要与捕捉工具配合便用,如捕捉交点、端点等。此外,要使用如图 13-56 所示的尺寸标注工具条,从下拉列表中选择"ISO-25"。尺寸标注命令如表 13-3 所示。

图 13-56 尺寸标注工具条

表 13-3 尺寸标注命令

序号	命 令	含 义
1	dimlinear	标注水平或垂直的线性尺寸
2	dimaligned	标注倾斜的线性尺寸
3	dimordinate	按坐标标注尺寸,须用 UCS、OR 命令在零件上指定原点以后使用
4	dimradius	标注圆或圆弧的半径
5	dimdiameter	标注圆或圆弧的直径
6	dimangular	标注角度,其尺寸线为圆弧,可以标注两直线的夹角、圆弧的中心角及三点确定的角
7	qdim	快速标注尺寸
8	dimbaseline	基线标注
9	dimcontinue	连续标注
10	qleader	快速创建引线标注和引线注释
11	dimcenter	标注圆或圆弧的十字中心符号
12	dimedit	尺寸标注的文字可进行更新、旋转,或设置线性尺寸中尺寸界线的倾斜角度
13	dimtedit	整个尺寸标注的位置可随鼠标移动,尺寸数字可转角和移动
14	dimupdate	尺寸标注样式修改后,用其对图中已标注的尺寸样式进行更新,按"Exit"键可退出该命令
15	dimstyle	打开"尺寸标注样式(Dimension Style)"对话框

下面介绍一些常用的尺寸标注命令。

1. 线性标注

标注水平尺寸和垂直尺寸。

命令：_dimlinear↙

指定第一条尺寸界线原点或＜选择对象＞：↙

指定第二条尺寸界线原点：↙

指定尺寸线位置或

［多行文字(M)/文字(T)/角度(A)/水平(H)/垂直(V)/旋转(R)］：↙

标注文字＝27。

命令：_dimlinear↙

指定第一条尺寸界线原点或＜选择对象＞：↙

指定第二条尺寸界线原点：↙

指定尺寸线位置或

［多行文字(M)/文字(T)/角度(A)/水平(H)/垂直(V)/旋转(R)］：↙

标注文字＝36。

上述命令执行结果如图 13-57 所示。

2. 对齐标注

标注与任意两点连线相平行的尺寸，也可标注圆的直径、弧的弦长，如图 13-58 所示。

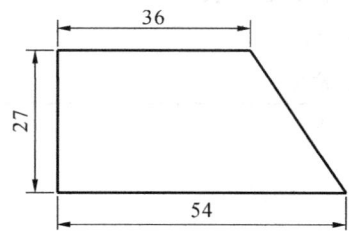

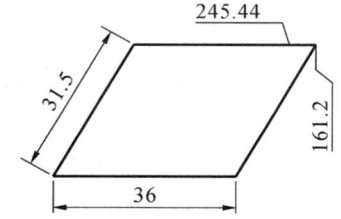

图 13-57　线性标注　　　　　图 13-58　对齐标注与坐标标注

命令：_dimaligned↙

指定第一条尺寸界线原点或＜选择对象＞：↙

指定第二条尺寸界线原点：↙

指定尺寸线位置或［多行文字(M)/文字(T)/角度(A)］：↙

标注文字＝31.5。

命令：_dimaligned↙

指定第一条尺寸界线原点或＜选择对象＞：↙

指定第二条尺寸界线原点：↙

指定尺寸线位置或［多行文字(M)/文字(T)/角度(A)］：↙

标注文字＝36。

3. 坐标标注

标注任意一点相对于原点的坐标值，如图 13-58 所示。

命令：_dimordinate↙

指定点坐标：↙

指定引线端点或［X 基准(X)/Y 基准(Y)/多行文字(M)/文字(T)/角度(A)］：X↙

指定引线端点或〔X 基准(X)/Y 基准(Y)/多行文字(M)/文字(T)/角度(A)〕:↙

标注文字=161.2。

命令:_dimordinate ↙

指定点坐标:↙

指定引线端点或〔X 基准(X)/Y 基准(Y)/多行文字(M)/文字(T)/角度(A)〕:Y↙

指定引线端点或〔X 基准(X)/Y 基准(Y)/多行文字(M)/文字(T)/角度(A)〕:↙

标注文字=245.44。

4. 半径与直径标注

标注圆弧或圆的半径和直径。

命令:_dimradius ↙

选择圆弧或圆:↙

标注文字=10。

指定尺寸线位置或〔多行文字(M)/文字(T)/角度(A)〕:↙

命令:_dimradius ↙

选择圆弧或圆:↙

标注文字=8。

指定尺寸线位置或〔多行文字(M)/文字(T)/角度(A)〕:↙

命令:_dimdiameter ↙

选择圆弧或圆:↙

标注文字=18。

指定尺寸线位置或〔多行文字(M)/文字(T)/角度(A)〕:

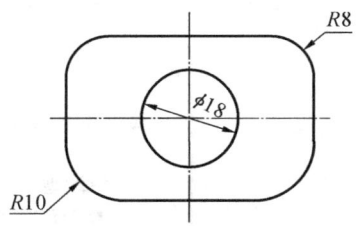

图 13-59　半径与直径标注

上述命令执行结果如图 13-59 所示。

5. 角度标注

标注直线与直线之间的锐角或其补角、圆弧的中心角,如图 13-60 所示。

命令:_dimangular ↙

选择圆弧、圆、直线或 <指定顶点>:↙

选择第二条直线:↙

指定标注弧线位置或〔多行文字(M)/文字(T)/角度(A)〕:↙

标注文字=30。

命令:_dimangular ↙

选择圆弧、圆、直线或 <指定顶点>:↙

指定标注弧线位置或〔多行文字(M)/文字(T)/角度(A)〕:↙

标注文字=110。

6. 快速引线标注

快速创建引线标注和引线注释。

命令:_qleader ↙

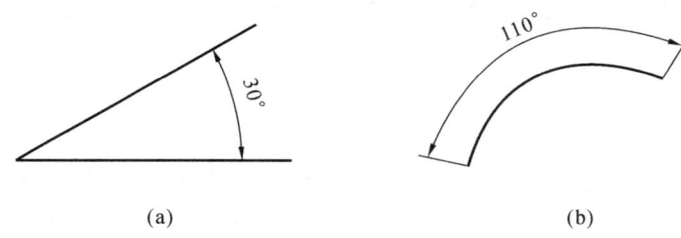

(a)   (b)

图 13-60 角度标注

指定第一个引线点或［设置(S)］＜设置＞:S↙

弹出如图 13-61 所示的"引线设置"对话框,在"注释"中按如图 13-61 所示进行设置;在"引线和箭头"中将箭头设置为"无",角度中的第一段设置为"45°";在"附着"中将"最后一行加下划线"复选框选中。快速引线标注如图 13-62 所示。

指定第一个引线点或［设置(S)］＜设置＞:↙

指定下一点:↙

指定下一点:↙

指定文字宽度＜0＞:↙

输入注释文字的第一行＜多行文字(M)＞:2×45 %%D↙

输入注释文字的下一行:↙

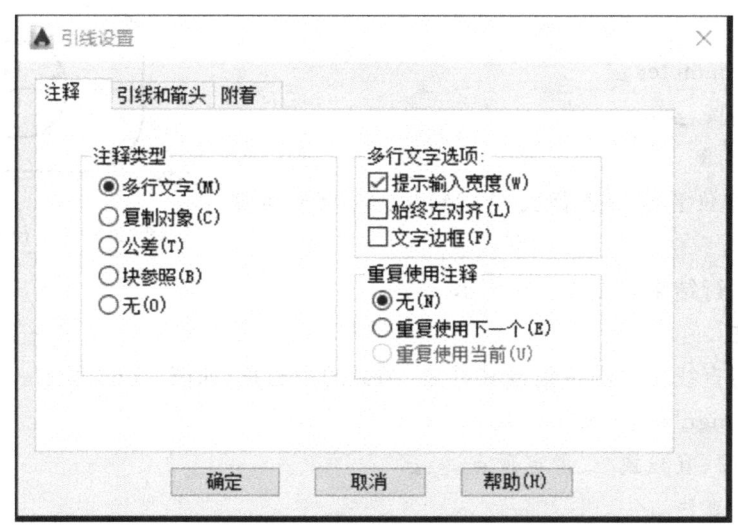

图 13-61 "引线设置"对话框

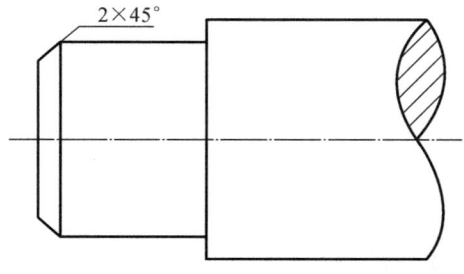

图 13-62 快速引线标注

7. 圆心标记

标注圆或圆弧的十字中心符号，如图 13-63 所示。

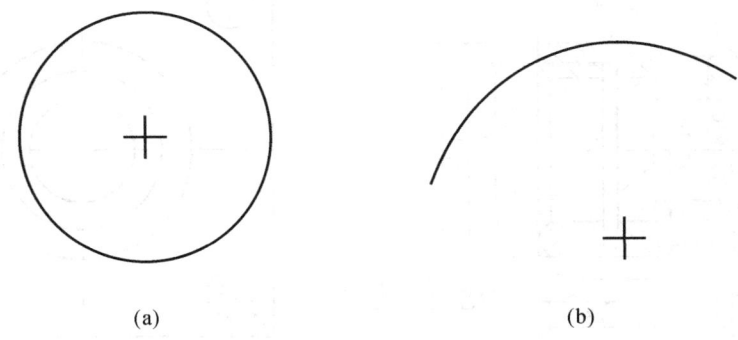

(a)	(b)

图 13-63　圆心标记

命令：_dimcenter ↙

选择圆弧或圆：↙

命令：_dimcenter ↙

选择圆弧或圆：↙

任务十三　综合练习

绘制如图 13-64、图 13-65 所示的零件图。

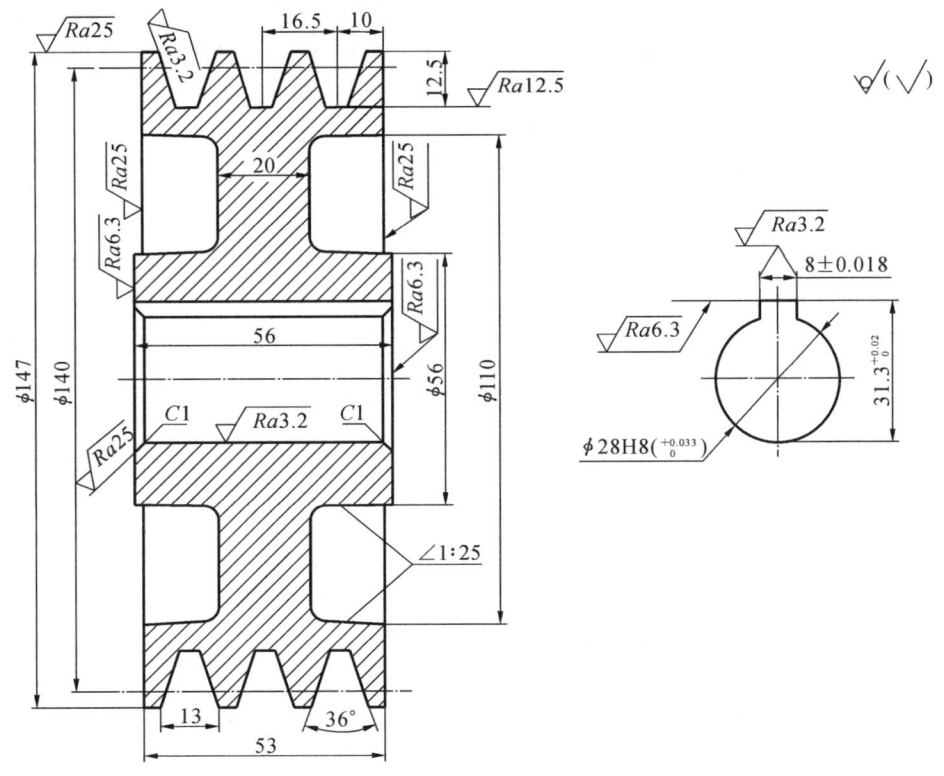

图 13-64　皮带轮

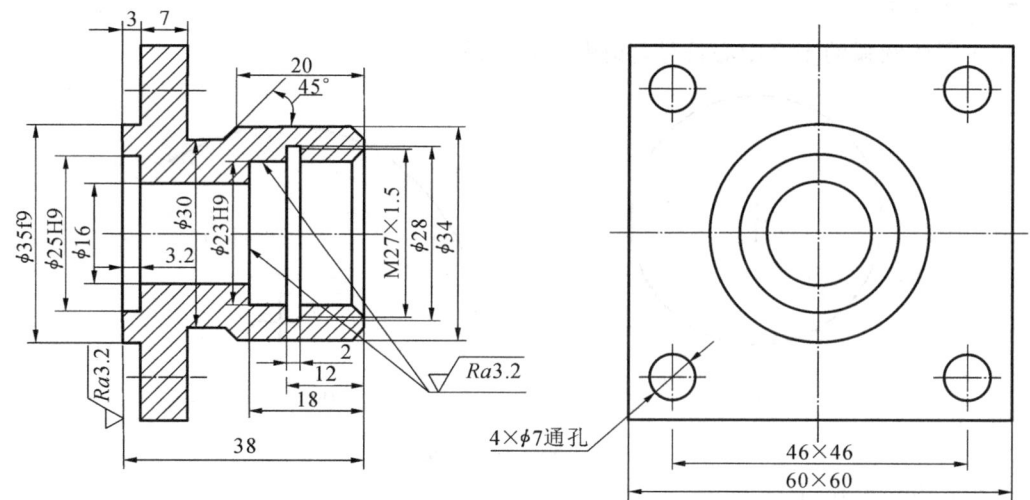

图 13-65　端盖

对于图层、线型、线宽、文字样式、标注样式,读者可以根据自己的喜好去设置。(建议使用前面所介绍的样式及绘图方法。)

附　　录

附录A　螺　　纹

附表 A-1　普通螺纹　直径与螺距系列(GB/T 193—2003,GB/T 196—2003)　（单位:mm）

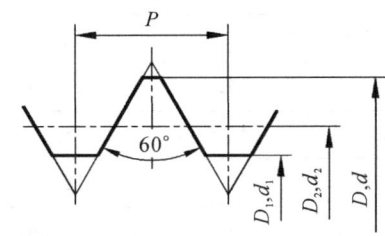

标记示例

公称直径为 24 mm,螺距为 3 mm 的粗牙右旋普通螺纹:M24

公称直径为 24 mm,螺距为 1.5 mm 的细牙左旋普通螺纹:M24×1.5LH

公称直径 D、d		螺距 P		小径 D_1、d_1	公称直径 D、d		螺距 P		小径 D_1、d_1
第一系列	第二系列	粗牙	细牙		第一系列	第二系列	粗牙	细牙	
3		0.5	0.35	2.459		22	2.5	2、1.5、1	19.294
	3.5	0.6		2.850	24		3	2、1.5、1	20.752
4		0.7	0.5	3.242		27	3	2、1.5、1	23.752
	4.5	0.75		3.688	30		3.5	(3)、2、1.5	26.211
5		0.8		4.134		33	3.5	(3)、2、1.5	29.211
6		1	0.75	4.917	36		4	3、2、1.5	31.670
8		1.25	1、0.75	6.647		39	4		34.670
10		1.5	1.25、1、0.75	8.376	42		4.5		37.129
12		1.75	1.25、1	10.106		45	4.5		40.129
	14	2	1.5、1.25、1	11.835	48		5	4、3、2、1.5	42.587
16		2	1.5、1	13.835		52	5		46.587
	18	2.5	2、1.5、1	15.294	56		5.5		50.046
20		2.5		17.294		60	5.5		54.046

注:① 优先选用第一系列,括号内尺寸尽可能不用;第三系列未列入。

② M14×1.25 仅用于火花塞。

③ 中径 D_2、d_2 未列入。

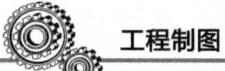

附表 A-2　55°非密封管螺纹 (GB/T 7307—2001)

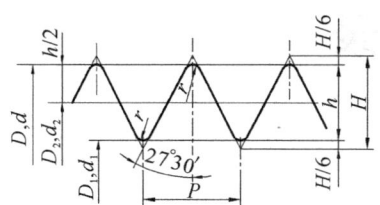

标记示例
内螺纹 G1 1/2
A 级外螺纹 G1 1/2A
B 级外螺纹 G1 1/2B
左旋 G1 1/2B-LH

$H = 0.960491P$　$h = 0.640327P$
$r = 0.137329P$

尺寸代号	每 25.4 mm 内所包含的牙数 n	螺距 P/mm	牙高 h/mm	基本直径/mm		
				大径 $d = D$	中径 $d_2 = D_2$	小径 $d_1 = D_1$
1/16	28	0.907	0.581	7.723	7.142	6.561
1/8	28	0.907	0.581	9.728	9.147	8.566
1/4	19	1.337	0.856	13.157	12.301	11.445
3/8	19	1.337	0.856	16.662	15.806	14.950
1/2	14	1.814	1.162	20.955	19.793	18.631
5/8	14	1.814	1.162	22.911	21.749	20.587
3/4	14	1.814	1.162	26.441	25.279	24.117
7/8	14	1.814	1.162	30.201	29.039	27.877
1	11	2.309	1.479	33.249	31.770	30.291
1 ⅛	11	2.309	1.479	37.897	36.418	34.939
1 ¼	11	2.309	1.479	41.910	40.431	38.952
1 ½	11	2.309	1.479	47.803	46.324	44.845
1 ¾	11	2.309	1.479	53.746	52.267	50.788
2	11	2.309	1.479	59.614	58.135	56.656
2 ¼	11	2.309	1.479	65.710	64.231	62.752
2 ½	11	2.309	1.479	75.184	73.705	72.226
2 ¾	11	2.309	1.479	81.534	80.055	78.576
3	11	2.309	1.479	87.884	86.405	84.926
3 ½	11	2.309	1.479	100.330	98.851	97.372
4	11	2.309	1.479	113.030	111.551	110.072
4 ½	11	2.309	1.479	125.730	124.251	122.772
5	11	2.309	1.479	138.430	136.951	135.472
5 ½	11	2.309	1.479	151.130	149.651	148.172
6	11	2.309	1.479	163.830	162.351	160.872

附表 A-3　梯形螺纹直径与螺距(GB/T 5796.2—2005)　　　　　　(单位:mm)

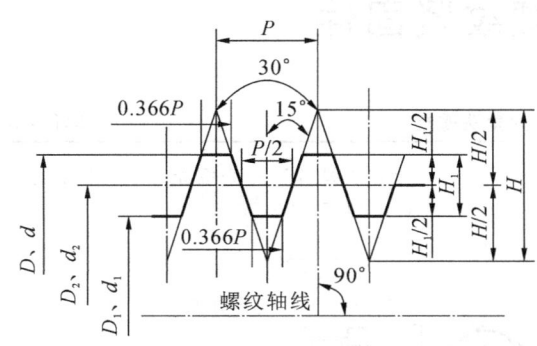

标记示例

公称直径为 40 mm、螺距为 7 mm、右旋、中径公差代号为 7e、中等旋合长度的外螺纹:

Tr40×7-7e

公称直径为 40 mm、螺距为 7 mm、左旋、中径公差代号为 7H、长旋合长度的内螺纹:

Tr40×7LH-7H-L

公称直径		螺距	公称直径		螺距
第一系列	第二系列		第一系列	第二系列	
8		1.5	32		10、6、3
	9	2、1.5		34	10、6、3
10		2、1.5	36		10、6、3
	11	3、2		38	10、7、3
12		3、2	40		10、7、3
	14	3、2		42	10、7、3
16		4、2	44		12、7、3
	18	4、2		46	12、8、3
20		4、2	48		12、8、3
	22	8、5、3		50	12、8、3
24		8、5、3	52		12、8、3
	26	8、5、3		55	14、9、3
28		8、5、3	60		14、9、3
	30	10、6、3			

附录 B　螺纹紧固件

| 附表 B-1　六角头螺栓 | （单位：mm） |

六角头螺栓——A 和 B 级
（GB/T 5782—2016）

六角头螺栓——全螺纹——A 和 B 级
（GB/T 5783—2016）

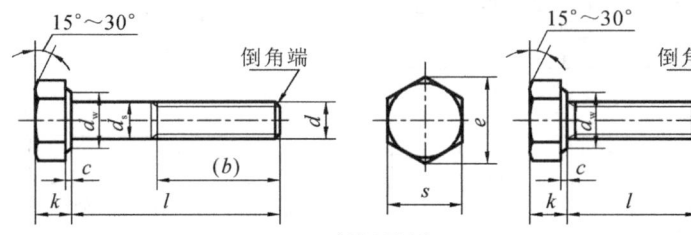

标记示例

螺纹规格 d ＝M12，公称长度 l ＝80 mm，性能等级为 8.8 级，表面氧化，A 级的六角头螺栓：
螺栓 GB/T 5782 M12×80

螺纹规格 d ＝ M12，公称长度 l ＝80 mm，性能等级为 8.8 级，表面氧化，全螺纹，A 级的六角头螺栓：
螺栓 GB/T 5783 M12×80

螺纹规格	d	M4	M5	M6	M8	M10	M12	M16	M20	M24	M30	M36	M42	M48
b 参考	$l\leqslant125$	14	16	18	22	26	30	38	46	54	66	—	—	—
	$125 < l\leqslant200$	20	22	24	28	32	36	44	52	60	72	84	96	108
	$l > 200$	33	35	37	41	45	49	57	65	73	85	97	109	121
c_{max}		0.4	0.5		0.6				0.8				1.0	
k		2.8	3.5	4	5.3	6.4	7.5	10	12.5	15	18.7	22.5	26	30
d_{smax}		4	5	6	8	10	12	16	20	24	30	36	42	48
s_{max}		7	8	10	13	16	18	24	30	36	46	55	65	75
e_{min}	A	7.66	8.79	11.05	14.38	17.77	20.03	26.75	33.53	39.98	—	—	—	—
	B	7.50	8.63	10.89	14.20	17.59	19.85	26.17	32.95	39.55	50.85	60.79	71.3	82.6
d_{wmin}	A	5.88	6.88	8.88	11.63	14.63	16.63	22.49	28.19	33.61	—	—	—	—
	B	5.74	6.74	8.74	11.47	14.47	16.47	22	27.7	33.25	42.75	51.11	59.95	69.45
l 范围	GB 5782	25～40	25～50	30～60	40～80	45～100	50～120	65～160	80～200	90～240	110～300	140～360	160～440	180～480
	GB 5783	8～40	10～50	12～60	16～80	20～100	25～120	30～150	30～150	50～150	60～200	70～200	80～200	100～200
l 系列	GB 5782	20～70(5 进位)、70～160(10 进位)、180～500(20 进位)												
	GB 5783	8、10、12、16、20～70(5 进位)、70～160(10 进位)、180～200(20 进位)												

注：① P 为螺距。
　　② 螺纹公差：6g。力学性能等级：8.8。
　　③ 产品等级：A 级用于 $d\leqslant24$ mm 和 $l\leqslant10d$ 或者 $l\leqslant150$ mm(按较小值)；
　　　　　　　　B 级用于 $d >24$ mm 或 $l>10d$ 或 $l>150$ mm(按较小值)。

附表 B-2　双头螺柱　　　　　　　　　　　　　　　　　　　　（单位：mm）

$$b_\mathrm{m}=d(\text{GB/T } 897\text{—}1988)\quad b_\mathrm{m}=1.25d(\text{GB/T } 898\text{—}1988)$$
$$b_\mathrm{m}=1.5d(\text{GB/T } 899\text{—}1988)\quad b_\mathrm{m}=2d(\text{GB/T } 900\text{—}1988)$$

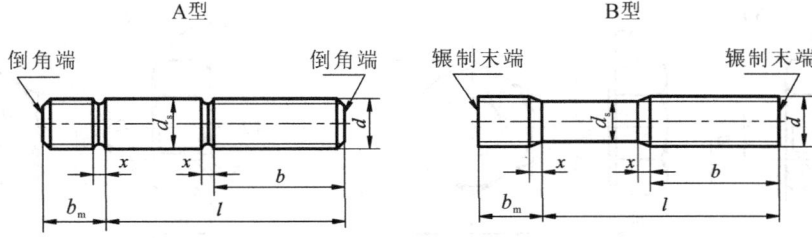

标记示例

两端均为粗牙普通螺纹，$d=10$ mm，$l=50$ mm，性能等级为 4.8 级，B 型，$b_\mathrm{m}=d$ 的双头螺柱：螺柱 GB/T 897 M10×50

旋入一端为粗牙普通螺纹，旋入螺母一端为螺距 $P=1$mm 的细牙普通螺纹，$d=10$ mm，$l=50$ mm，性能等级为 4.8 级，A 型，$b_\mathrm{m}=d$ 的双头螺柱：螺柱 GB/T 897 AM10—M10×1×50

旋入一端为过渡配合的第一种配合，旋入螺母一端为粗牙普通螺纹，$d=10$ mm，$l=50$ mm，性能等级为 8.8 级，B 型，$b_\mathrm{m}=d$ 的双头螺柱：螺柱 GB/T 897 GM10—M10×50—8.8

螺纹规格 d		M4	M5	M6	M8	M10	M12	M16	M20	M24	M30	M36	M42	M48
b_m	GB 897	—	5	6	8	10	12	16	20	24	30	36	42	48
	GB 898	—	6	8	10	12	15	20	25	30	38	45	52	60
	GB 899	6	8	10	12	15	18	24	30	36	45	54	63	72
	GB 900	8	10	12	16	20	24	32	40	48	60	72	84	96
d_s		A 型 d_s=螺纹大径　　　B 型 d_s≈螺纹中径												
x		$1.5P$												
$\dfrac{l}{b}$		$\dfrac{16\sim22}{10}$	$\dfrac{16\sim22}{10}$	$\dfrac{18\sim22}{10}$	$\dfrac{18\sim22}{12}$	$\dfrac{25\sim28}{14}$	$\dfrac{25\sim30}{16}$	$\dfrac{30\sim38}{20}$	$\dfrac{35\sim40}{25}$	$\dfrac{45\sim50}{30}$	$\dfrac{60\sim65}{40}$	$\dfrac{65\sim75}{45}$	$\dfrac{70\sim80}{50}$	$\dfrac{80\sim90}{60}$
		$\dfrac{25\sim40}{14}$	$\dfrac{25\sim50}{16}$	$\dfrac{25\sim30}{14}$	$\dfrac{25\sim30}{16}$	$\dfrac{30\sim38}{16}$	$\dfrac{32\sim40}{20}$	$\dfrac{40\sim55}{30}$	$\dfrac{45\sim65}{35}$	$\dfrac{55\sim75}{45}$	$\dfrac{70\sim90}{50}$	$\dfrac{80\sim110}{60}$	$\dfrac{85\sim110}{70}$	$\dfrac{95\sim110}{80}$
				$\dfrac{32\sim75}{18}$	$\dfrac{32\sim90}{22}$	$\dfrac{40\sim120}{26}$	$\dfrac{45\sim120}{30}$	$\dfrac{60\sim120}{38}$	$\dfrac{70\sim120}{46}$	$\dfrac{80\sim120}{54}$	$\dfrac{95\sim120}{60}$	$\dfrac{120}{78}$	$\dfrac{120}{90}$	$\dfrac{120}{102}$
						$\dfrac{130}{32}$	$\dfrac{130\sim180}{36}$	$\dfrac{130\sim200}{44}$	$\dfrac{130\sim200}{52}$	$\dfrac{130\sim200}{60}$	$\dfrac{130\sim200}{72}$	$\dfrac{130\sim200}{84}$	$\dfrac{130\sim200}{96}$	$\dfrac{130\sim200}{108}$
											$\dfrac{210\sim250}{85}$	$\dfrac{210\sim300}{97}$	$\dfrac{210\sim300}{109}$	$\dfrac{210\sim300}{121}$
l 系列		16、(18)、20、(22)、25、(28)、30、(32)、35、(38)、40、45、50、55、60、65、70、75、80、85、90、95、100、110、120、130、140、150、160、170、180、190、200、210、220、230、240、250、260、280、300												

附表 B-3　1 型六角螺母　　　　　　　　　　　　　　　　　（单位：mm）

1 型六角螺母——A 级和 B 级（GB/T 6170—2015）　1 型六角螺母——C 级（GB/T 41—2016）
允许制造的形式

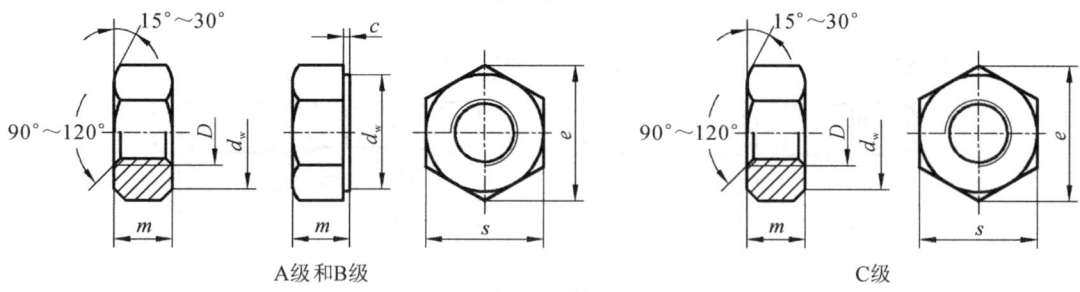

A 级和B级　　　　　　　　　　　　　　　　　　　C 级

标记示例

螺纹规格为 M12，性能等级为 8 级，不经表面处理，A 级的 1 型六角螺母：螺母 GB/T 6170 M12
螺纹规格为 M12，性能等级为 5 级，不经表面处理，C 级的 1 型六角螺母：螺母 GB/T 41 M12

螺母规格 D		M4	M5	M6	M8	M10	M12	M16	M20	M24	M30	M36	M42	M48
c_{max}		0.4	0.5		0.6			0.8					1	
s_{max}		7	8	10	13	16	18	24	30	36	46	55	65	75
e_{min}	A、B 级	7.66	8.79	11.05	14.38	17.77	20.03	26.75	32.95	39.55	50.85	60.79	71.30	82.6
	C 级	—	8.63	10.89	14.2	17.59	19.85	26.17	32.95	39.55	50.85	60.79	72.30	82.6
m_{max}	A、B 级	3.2	4.7	5.2	6.8	8.4	10.8	14.8	18	21.5	25.6	31	34	38
	C 级	—	5.6	6.4	7.9	9.5	12.2	15.9	19	22.3	26.4	31.9	34.9	38.9
d_{wmin}	A、B 级	5.9	6.9	8.9	11.6	14.6	16.6	22.5	27.7	33.3	42.8	51.1	60	69.5
	C 级	—	6.7	8.7	11.5	14.5	16.5	22	27.7	33.3	42.8	51.1	60	69.5

注：① A 级用于 $D \leqslant 16$ mm 的螺母；B 级用于 $D > 16$ mm 的螺母；C 级用于 $D \geqslant 5$ mm 的螺母。
　② 螺纹公差：A、B 级为 6H，C 级为 7H。力学性能等级：A、B 级为 6、8、10 级，C 级为 5 级。

附表 B-4　平垫圈　　　　　　　　　　　　　　　　　　　（单位：mm）

平垫圈——A 级（GB/T 97.1—2002）　　平垫圈　倒角型　A 级（GB/T 97.2—2002）
去毛刺

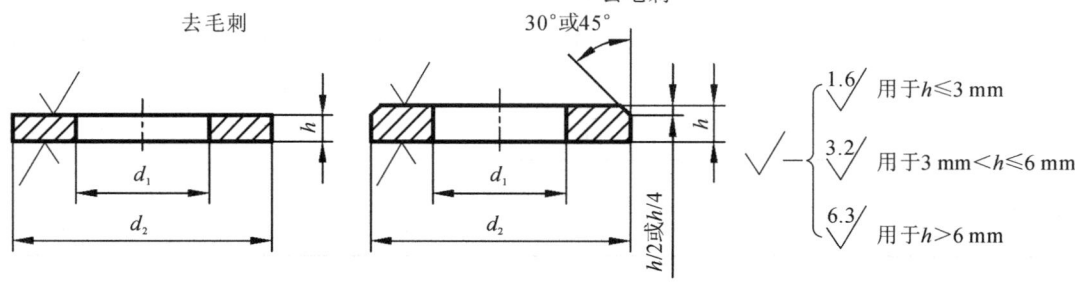

标记示例

标准系列，公称尺寸 $d=8$，由钢制造的硬度等级为 140 HV 级，不经表面处理的平垫圈：
垫圈　GB/T 97.1　8

续表

公称尺寸 (螺纹规格)d	5	6	8	10	12	16	20	24	30	36
内径 d_1	5.3	6.4	8.4	10.5	13	17	21	25	31	37
外径 d_2	10	12	16	20	24	30	37	44	56	66
厚度 h	1	1.6	1.6	2	2.5	3	3	4	4	5

附表 B-5　标准型弹簧垫圈(GB/T 93—1987)　　　　(单位:mm)

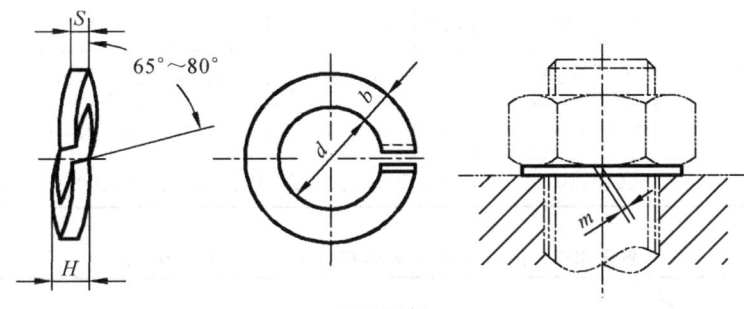

标记示例

规格 16 mm,材料为 65Mn,表面氧化的标准型弹簧垫圈:垫圈 GB/T 93—1987　16

规格(螺纹大径)	4	5	6	8	10	12	16	20	24	30	36	42	48
d_{min}	4.1	5.1	6.1	8.1	10.2	12.2	16.2	20.2	24.5	30.5	36.5	42.5	48.5
S(b)	1.1	1.3	1.6	2.1	2.6	3.1	4.1	5	6	7.5	9	10.5	12
$m\leqslant$	0.55	0.65	0.8	1.05	1.3	1.55	2.05	2.5	3	3.75	4.5	5.25	6
H_{max}	2.75	3.25	4	5.25	6.5	7.75	10.25	12.5	15	18.75	22.5	26.25	30

附表 B-6　螺钉　　　　　　　　　　　(单位:mm)

开槽圆柱头螺钉(GB/T 65—2016)　　　开槽盘头螺钉(GB/T 67—2016)

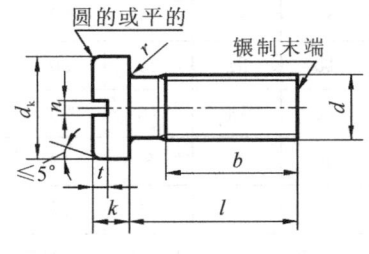

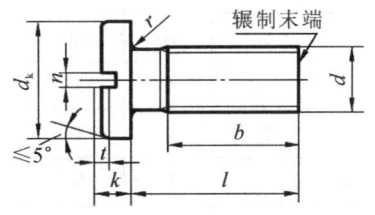

开槽沉头螺钉(GB/T 68—2016)　　　开槽半沉头螺钉(GB/T 69—2016)

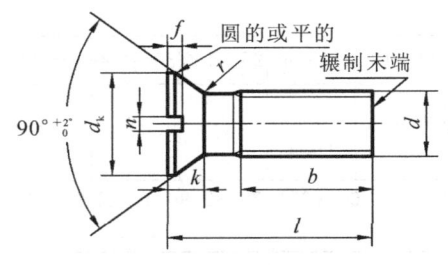

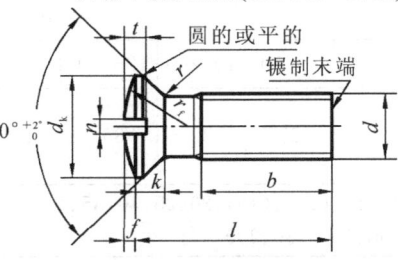

无螺纹部分杆径约等于螺纹中径或允许等于螺纹大径

标记示例

螺纹规格为 M5,公称长度 $l=$ 20 mm,性能等级为 4.8 级,表面不经处理的 A 级开槽圆柱头螺钉:

螺钉 GB/T 65 M5×20

续表

螺纹规格 d	P	b_{min}	n公称	f	r_f	k_{max}			d_{kmax}			t_{min}				l 范围	
				GB69	GB69	GB65	GB67	GB68 GB69	GB65	GB67	GB68 GB69	GB65	GB67	GB68	GB69	G65	G67
M3	0.5	25	0.8	0.7	6	2	1.8	1.65	5.5	5.6	5.5	0.85	0.7	0.6	1.2	4～30	
M4	0.7	38	1.2	1	9.5	2.6	2.4	2.7	7	8	8.4	1.1	1	1	1.6	5～40	
M5	0.8	38	1.2	1.2	9.5	3.3	3.0	2.7	8.5	9.5	9.3	1.3	1.2	1.1	2	6～50	
M6	1	38	1.6	1.4	12	3.9	3.6	3.3	10	12	11.3	1.6	1.4	1.2	2.4	8～60	
M8	1.25	38	2	2	16.5		4.8	4.65	13	16	15.8	2	1.9	1.8	3.2	10～80	
M10	1.5	38	2.5	2.3	19.5	6	6	5	16	20	18.3	2.4	2.4	2	3.8	12～80	
l 系列			4、5、6、8、10、12、(14)、16、20、25、30、35、40、45、50、(55)、60、(65)、70、(75)、80															

附表 B-7　内六角圆柱头螺钉(GB/T 70.1—2008)　　　　　　　　　　　　(单位:mm)

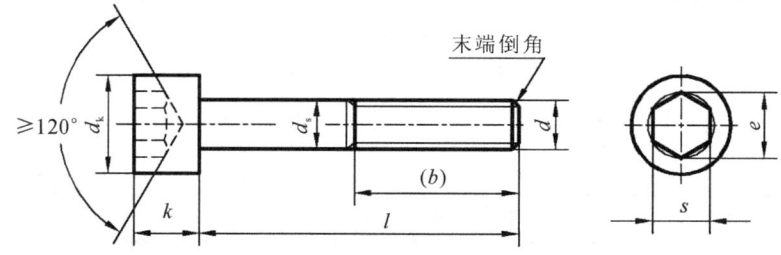

标记示例

螺纹规格 d＝M5,公称长度 l＝20 mm,性能等级为 8.8 级,表面氧化的 A 级内六角圆柱头螺钉:
螺钉　GB/T 70.1　M5×20

螺纹规格 d	M3	M4	M5	M6	M8	M10	M12	(M14)	M16	M20	M24
P(螺距)	0.5	0.7	0.8	1	1.25	1.5	1.75	2	2	2.5	3
b(参考)	18	20	22	24	28	32	36	40	44	52	60
d_{kmax}	5.5	7	8.5	10	13	16	18	21	24	30	36
k_{max}	3	4	5	6	8	10	12	14	16	20	24
t_{min}	1.3	2	2.5	3	4	5	6	7	8	10	12
s(公称)	2.5	3	4	5	6	8	10	12	14	17	19
e_{min}	2.873	3.443	4.583	5.723	6.863	9.149	11.429	13.716	15.996	19.437	21.734
d_{smax}					$d_s=d$						
l 范围	5～30	6～40	8～50	10～60	12～80	16～100	20～120	25～140	25～160	30～200	40～200
l≤表中数值时,制出全螺纹	20	25	25	30	35	40	45	55 (65)	55	65	80
l 系列	5、6、8、10、12、(14)、(16)、20、25、30、35、40、45、50、(55)、60、(65)、70、80、90、100、110、120、130、140、150、160、180、200										

注:括号内规格尽可能不采用。

附表 B-8　紧定螺钉　　　　　　　　　　　　　（单位：mm）

开槽锥端紧定螺钉　　　　　开槽平端紧定螺钉　　　　开槽长圆柱端紧定螺钉
（GB/T 71—1985）　　　　　（GB/T 73—2017）　　　　（GB/T 75—1985）

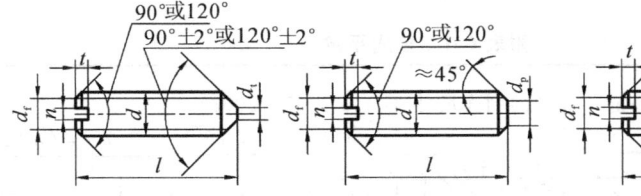

标记示例

螺纹规格 d＝M10，公称长度 l＝20 mm，性能等级为 14H 级，表面氧化的开槽锥端紧定螺钉：
螺钉 GB/T 71—1985　M10×20

螺纹规格 d	P	$d_{f}\approx$	d_{tmax}	d_{pmax}	n 公称	t		z_{min}	l 公称 (GB/T 71)
						min	max		
M3	0.5	螺纹小径	0.3	2	0.4	0.8	1.05	1.5	4～16
M4	0.7		0.4	2.5	0.6	1.12	1.42	2	6～20
M5	0.8		0.5	3.5	0.8	1.28	1.63	2.5	8～25
M6	1		1.5	4	1	1.6	2	3	8～30
M8	1.25		2	5.5	1.2	2	2.5	4	10～40
M10	1.5		2.5	7	1.6	2.4	3	5	12～50
M12	1.75		3	8.5	2	2.8	3.6	6	14～16
l 系列	4、5、6、8、10、12、(14)、16、20、25、30、40、45、50、(55)、60								

附录C 键 和 销

附表 C-1　普通平键　　　　　　　　　　　　　　　　（单位:mm）

平键　键槽的剖面尺寸(GB/T 1095—2003)

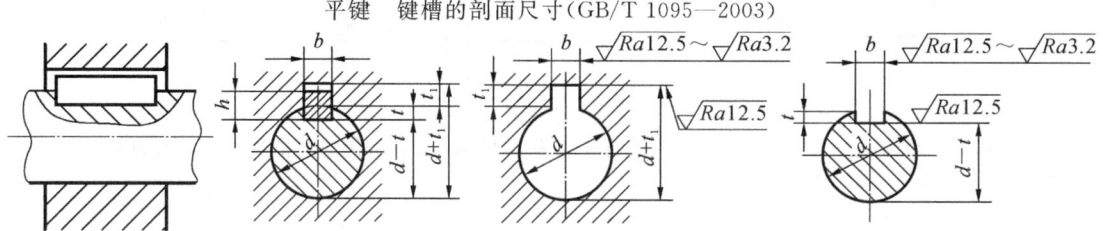

注:在工作图中,轴槽深用 t 或 $d-t$ 标注,轮毂槽深用 $d+t_1$ 标注。

普通型　平键(GB/T 1096—2003)

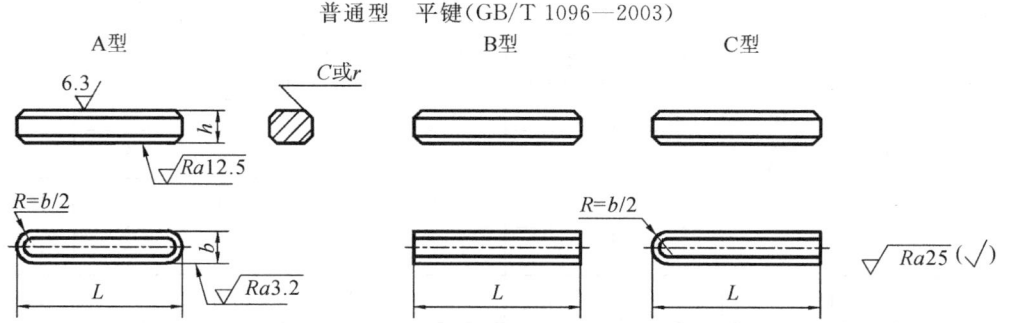

标记示例

圆头普通平键(A 型)$b=16$ mm,$h=10$ mm,$L=100$ mm:GB/T 1096—2003　键　16×10×100

平头普通平键(B 型)$b=16$ mm,$h=10$ mm,$L=100$ mm:GB/T 1096—2003　键　B16×10×100

单圆头普通平键(C 型)$b=16$ mm,$h=10$ mm,$L=100$ mm:GB/T 1096—2003　键　C16×10×100

键尺寸 $b×h$	长度 L	键槽										
		宽度						深度				半径 r
		公称尺寸 b	极限偏差					轴 t		毂 t_1		
			正常连接		紧密连接	较松连接		公称尺寸	极限偏差	公称尺寸	极限偏差	
			轴 N9	毂 JS9	轴和毂 P9	轴 H9	毂 D10					最小	最大
2×2	6~20	2	−0.004 −0.029	±0.0125	−0.006 −0.031	+0.025 0	+0.060 +0.020	1.2	+0.1 0	1.0	+0.1 0	0.08	0.16
3×3	6~36	3						1.8		1.4		
4×4	8~45	4	0 −0.030	±0.015	−0.012 −0.042	+0.030 0	+0.078 +0.030	2.5		1.8		
5×5	10~56	5						3.0		2.3		
6×6	14~70	6						3.5		2.8		

键尺寸 $b \times h$	长度 L	键槽										
		宽 度						深 度				半径 r
		公称尺寸 b	极限偏差					轴 t		毂 t_1		
			正常连接		紧密连接	较松连接		公称尺寸	极限偏差	公称尺寸	极限偏差	
			轴 N9	毂 JS9	轴和毂 P9	轴 H9	毂 D10					最小	最大
8×7	18~90	8	0 −0.036	±0.018	−0.015 −0.051	+0.036 0	+0.098 +0.040	4.0		3.3		0.16	0.25
10×8	22~110	10						5.0		3.3		
12×8	28~140	12	0 −0.043	±0.0215	−0.018 −0.061	+0.043 0	+0.120 +0.050	5.0	+0.2 0	3.3	+0.2 0	
14×9	36~160	14						5.5		3.8		
16×10	45~180	16						6.0		4.3		0.25	0.40
18×11	50~200	18						7.0		4.4		
20×12	56~220	20	0 −0.052	±0.026	−0.022 −0.074	+0.052 0	+0.149 +0.065	7.5		4.9		
22×14	63~250	22						9.0		5.4		
25×14	70~280	25						9.0		5.4		0.40	0.60
28×16	80~320	28						10.0		6.4		
32×18	80~360	32	0 −0.062	±0.031	−0.026 −0.088	+0.062 0	+0.180 +0.080	11.0		7.4		
36×20	100~400	36						12.0		8.4		
40×22	100~400	40						13.0	+0.3 0	9.4	+0.3 0	0.70	1.0
45×25	110~450	45						15.0		10.4		

注：L 系列：6、8、10、12、14、16、18、20、22、25、28、32、36、40、45、50、56、63、70、80、90、100、110、125、140、160、180……

附表 C-2　圆柱销　不淬硬钢和奥氏体不锈钢(GB/T 119.1—2000)
圆柱销　淬硬钢和奥氏体不锈钢(GB/T 119.2—2000)　　　(单位：mm)

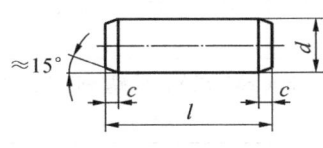

标记示例

公称直径 $d = 6$ mm、其公差为 m6、公称长度 $l = 30$ mm、材料为钢、不经淬火、不经表面处理的圆柱销：

　　　销　GB/T 119.1—2000　6m6×30

公称直径 $d = 6$ mm、其公差为 m6、公称长度 $l = 30$ mm、材料为 A1 组奥氏体不锈钢、表面简单处理的圆柱销：

　　　销　GB/T 119.1—2000　6m6×30—A1

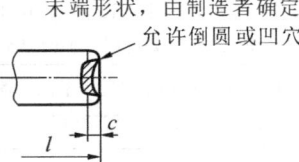

末端形状，由制造者确定
允许倒圆或凹穴

标记示例

公称直径 $d = 6$ mm、其公差为 m6、公称长度 $l = 30$ mm、材料为钢、普通淬火(A 型)、表面氧化处理的圆柱销：

　　　销　GB/T 119.2—2000　6×30

公称直径 $d = 6$ mm、其公差为 m6、公称长度 $l = 30$ mm、材料为 C1 组马氏体不锈钢、表面简单处理的圆柱销：

　　　销　GB/T 119.2—2000　6×30—C1

d(m6~h8)	0.6	0.8	1	1.2	1.5	2	2.5	3	4	5	6	8	10	12	16	20	25	30	40	50
$C\approx$	0.12	0.16	0.2	0.25	0.3	0.35	0.4	0.5	0.63	0.8	1.2	1.6	2	2.5	3	3.5	4	5	6.3	8
商品规格 l	2~6	2~8	4~10	4~12	4~16	6~20	6~24	8~30	8~40	10~50	12~60	14~80	18~95	22~140	26~180	35~200	50~200	60~200	80~200	95~200
1 m 长的质量/kg	0.002	0.004	0.006	—	0.014	0.024	0.037	0.054	0.097	0.147	0.221	0.395	0.611	0.887	1.57	2.42	3.83	5.52	9.64	15.2

附表 C-3　圆锥销(GB/T 117—2000)　　　　　　　　　　　(单位:mm)

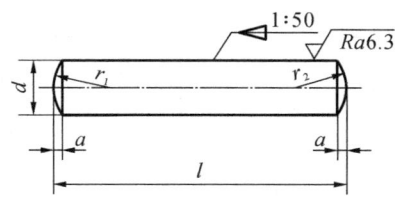

$$r_2 = \frac{a}{2} + d + \frac{(0.02l)^3}{8a}$$

d(h10)	0.6	0.8	1	1.2	1.5	2	2.5	3	4	5	6	8	10	12	16	20	25	30	40	50
$a\approx$	0.08	0.1	0.12	0.16	0.2	0.25	0.3	0.4	0.5	0.63	0.8	1	1.2	1.6	2	2.5	3	4	5	6.3
商品规格 l	4~8	5~12	6~16	6~20	8~24	10~35	10~35	12~45	14~55	18~60	22~90	22~120	26~160	32~180	40~200	45~200	50~200	55~200	60~200	65~200
单位长度质量(kg/m)	0.003	0.005	0.007	—	0.015	0.027	0.04	0.062	0.11	0.16	0.30	0.50	0.74	1.03	1.77	2.66	4.09	5.85	10.1	15.7
l 系列	2、3、4、5、6、8、10、12、14、16、18、20、22、24、26、28、30、32、35、40、45、50、55、60、65、70、75、80、85、90、95、100、120、140、160、180、200																			
技术条件 材料	易切钢:Y12、Y15;碳素钢:35、45;合金钢:30CrMnSiA;不锈钢:1Cr13、2Cr13、Cr17Ni2、0Cr18Ni9Ti																			
技术条件 表面处理	① 钢:不经处理;氧化;磷化;镀锌钝化。② 不锈钢:简单处理。③ 其他表面镀层或表面处理,由供需双方协议。④ 所有公差仅适用于涂、镀前的公差																			

注:① d 的其他公差,如 a11、c11、f8 由供需双方协议。

　　② 公称长度大于 200 mm,按 20 mm 递增。

附录 D　滚　动　轴　承

附表 D-1　深沟球轴承(GB/T 276—2013)　　　　　　　　　　　　　(单位:mm)

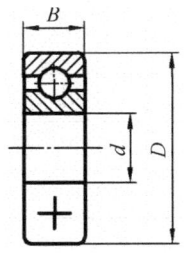

类型代号　　　　　　　　　　　标记示例
　　6　　　　　　　　　　滚动轴承　6012　GB/T 276—2013

轴承型号	外形尺寸			轴承型号	外形尺寸		
	d	D	B		d	D	B
6004	20	42	12	6304	20	52	15
6005	25	47	12	6305	25	62	17
6006	30	55	13	6306	30	72	19
6007	35	62	14	6307	35	80	21
6008	40	68	15	6308	40	90	23
6009	45	75	16	6309	45	100	25
6010	50	80	16	6310	50	110	27
6011	55	90	18	6311	55	120	29
6012	60	95	18	6312	60	130	31
6013	65	100	18	6313	65	140	33
6014	70	110	20	6314	70	150	35
6015	75	115	20	6315	75	160	37
6016	80	125	22	6316	80	170	39
6017	85	130	22	6317	85	180	41
6018	90	140	24	6318	90	190	43
6019	95	145	24	6319	95	200	45
6020	100	150	24	6320	100	215	47

（10系列，左侧；03系列，右侧）

轴承型号	外形尺寸			轴承型号	外形尺寸		
	d	D	B		d	D	B
6204	20	47	14	6404	20	72	19
6205	25	52	15	6405	25	80	21
6206	30	62	16	6406	30	90	23
6207	35	72	17	6407	35	100	25
6208	40	80	18	6408	40	110	27
6209	45	85	19	6409	45	120	29
6210	50	90	20	6410	50	130	31
6211	55	100	21	6411	55	140	33
6212	60	110	22	6412	60	150	35
6213	65	120	23	6413	65	160	37
6214	70	125	24	6414	70	180	42
6215	75	130	25	6415	75	190	45
6216	80	140	26	6416	80	200	48
6217	85	150	28	6417	85	210	52
6218	90	160	30	6418	90	225	54
6219	95	170	32	6419	95	240	55
6220	100	180	34	6420	100	250	58

注：左侧为 02 系列，右侧为 04 系列。

附表 D-2　圆锥滚子轴承(GB/T 297—2015)　　　　　　　　　（单位：mm）

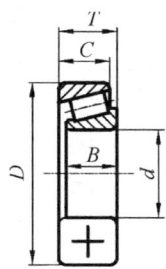

类型代号
3

标记示例
滚动轴承　30205　GB/T 297—2015

续表

轴承型号	外形尺寸					轴承型号	外形尺寸				
	d	D	T	B	C		d	D	T	B	C
30204	20	47	15.25	14	12	32204	20	47	19.25	18	15
30205	25	52	16.25	15	13	32205	25	52	19.25	18	16
30206	30	62	17.25	16	14	32206	30	62	21.25	20	17
30207	35	72	18.25	17	15	32207	35	72	24.25	23	19
30208	40	80	19.75	18	16	32208	40	80	24.75	23	19
30209	45	85	20.75	19	16	32209	45	85	24.75	23	19
30210	50	90	21.75	20	17	32210	50	90	24.75	23	19
30211	55	100	22.75	21	18	32211	55	100	26.75	25	21
30212	60	110	23.75	22	19	32212	60	110	29.75	28	24
30213	65	120	24.75	23	20	32213	65	120	32.75	31	27
30214	70	125	26.25	24	21	32214	70	125	33.25	31	27
30215	75	130	27.25	25	22	32215	75	130	33.25	31	27
30216	80	140	28.25	26	22	32216	80	140	35.25	33	28
30217	85	150	30.50	28	24	32217	85	150	38.50	36	30
30218	90	160	32.50	30	26	32218	90	160	42.50	40	34
30219	95	170	34.50	32	27	32219	95	170	45.50	43	37
30220	100	180	37	34	29	32220	100	180	49	46	39
30304	20	52	16.25	15	13	32304	20	52	22.25	21	18
30305	25	62	18.25	17	15	32305	25	62	25.25	24	20
30306	30	72	20.75	19	16	32306	30	72	28.75	27	23
30307	35	80	22.75	21	18	32307	35	80	32.75	31	25
30308	40	90	25.25	23	20	32308	40	90	35.25	33	27
30309	45	100	27.25	25	22	32309	45	100	38.25	36	30
30310	50	110	29.25	27	23	32310	50	110	42.25	40	33
30311	55	120	31.50	29	25	32311	55	120	45.50	43	35
30312	60	130	33.50	31	26	32312	60	130	48.50	46	37
30313	65	140	36	33	28	32313	65	140	51	48	39
30314	70	150	38	35	30	32314	70	150	54	51	42
30315	75	160	40	37	31	32315	75	160	58	55	45
30316	80	170	42.50	39	33	32316	80	170	61.50	58	48
30317	85	180	44.50	41	34	32317	85	180	63.50	60	49
30318	90	190	46.50	43	36	32318	90	190	67.50	64	53
30319	95	200	49.50	45	38	32319	95	200	71.50	67	55
30320	100	215	51.50	47	39	32320	100	215	77.50	73	60

02系列：30204–30220

22系列：32204–32220

03系列：30304–30320

23系列：32304–32320

附表 D-3　推力球轴承(GB/T 301—2015)　　　　　　　　　　(单位:mm)

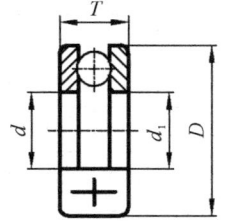

类型代号
5

标记示例
滚动轴承　51210　GB/T 301—2015

轴承型号	外形尺寸				轴承型号	外形尺寸			
	d	D	T	d_{1min}		d	D	T	d_{1min}
11系列 51104	20	35	10	21	13系列 51304	20	47	18	22
51105	25	42	11	26	51305	25	52	18	27
51106	30	47	11	32	51306	30	60	21	32
51107	35	52	12	37	51307	35	68	24	37
51108	40	60	13	42	51308	40	78	26	42
51109	45	65	14	47	51309	45	85	28	47
51110	50	70	14	52	51310	50	95	31	52
51111	55	78	16	57	51311	55	105	35	57
51112	60	85	17	62	51312	60	110	35	62
51113	65	90	18	67	51313	65	115	36	67
51114	70	95	18	72	51314	70	125	40	72
51115	75	100	19	77	51315	75	135	44	77
51116	80	105	19	82	51316	80	140	44	82
51117	85	110	19	87	51317	85	150	49	88
51118	90	120	22	92	51318	90	155	50	93
51120	100	135	25	102	51320	100	170	55	103
12系列 51204	20	40	14	22	14系列 51405	25	60	24	27
51205	25	47	15	27	51406	30	70	28	32
51206	30	52	16	32	51407	35	80	32	37
51207	35	62	18	37	51408	40	90	36	42
51208	40	68	19	42	51409	45	100	39	47
51209	45	73	20	47	51410	50	110	43	52
51210	50	78	22	52	51411	55	120	48	57
51211	55	90	25	57	51412	60	130	51	62
51212	60	95	26	62	51413	65	140	56	68
51213	65	100	27	67	51414	70	150	60	73
51214	70	105	27	72	51415	75	160	65	78
51215	75	110	27	77	51416	80	170	68	83
51216	80	115	28	82	51417	85	180	72	88
51217	85	125	31	88	51418	90	190	77	93
51218	90	135	35	93	51420	100	210	85	103
51220	100	150	38	103	51422	110	230	95	113

附录 E 常用的零件结构要素

附表 E-1 紧固件通孔及沉头座尺寸

(GB/T 152.2—2014,GB 152.3—1988,GB 152.4—1988,GB/T 5277—1985) （单位：mm）

螺纹规格 d			4	5	6	8	10	12	14	16	20	24
通孔直径 d_1 GB/T 5277—1985	精装配		4.3	5.3	6.4	8.4	10.5	13	15	17	21	25
	中等装配		4.5	5.5	6.6	9	11	13.5	15.5	17.5	22	26
	粗装配		4.8	5.8	7	10	12	14.5	16.5	18.5	24	28
六角头螺栓和螺母用沉孔 GB 152.4—1988	用于螺栓及六角螺母	d_2 (H15)	10	11	13	18	22	26	30	33	40	48
		d_3	—	—	—	—	—	16	18	20	24	28
		t	只要能制出与通孔轴线垂直的圆平面即可									
圆柱头用沉孔 GB 152.3—1988	用于内六角圆柱头螺钉	d_2 (H13)	8	10	11	15	18	20	24	26	33	40
		d_3	—	—	—	—	—	16	18	20	24	28
		t (H13)	4.6	5.7	6.8	9	11	13	15	17.5	21.5	25.5
	用于开槽圆柱头及内六角圆柱头螺钉	d_2 (H13)	8	10	11	15	18	20	24	26	33	
		d_3	—	—	—	—	—	16	18	20	24	
		t (H13)	3.2	4	4.7	6	7	8	9	10.5	12.5	
沉头用沉孔 GB/T 152.2—2014	用于沉头及半沉头螺钉	d_2 (H13)	9.6	10.65	12.85	17.55	20.3	—	—	—	—	—
		$t \approx$	2.55	2.58	3.13	4.28	4.65					

注：尺寸下带括号的为其公差带。

附表 E-2　零件倒圆与倒角(GB/T 6403.4—2008)　　　　　　　（单位：mm）

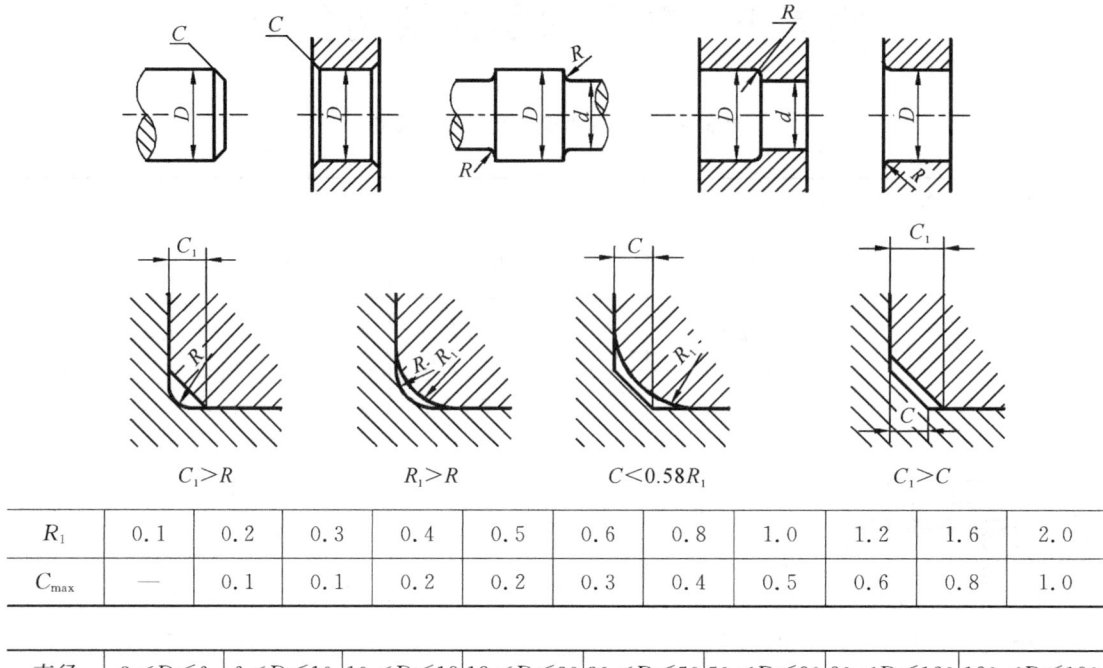

$C_1>R$　　　　$R_1>R$　　　　$C<0.58R_1$　　　　$C_1>C$

R_1	0.1	0.2	0.3	0.4	0.5	0.6	0.8	1.0	1.2	1.6	2.0
C_{max}	—	0.1	0.1	0.2	0.2	0.3	0.4	0.5	0.6	0.8	1.0

直径	$3<D\leqslant6$	$6<D\leqslant10$	$10<D\leqslant18$	$18<D\leqslant30$	$30<D\leqslant50$	$50<D\leqslant80$	$80<D\leqslant120$	$120<D\leqslant180$
R 或 C	0.4	0.6	0.8	1	1.6	2	2.5	3

注：倒角一般采用45°，也可采用30°或60°。

附表 E-3　砂轮越程槽(GB/T 6403.5—2008)　　　　　　　（单位：mm）

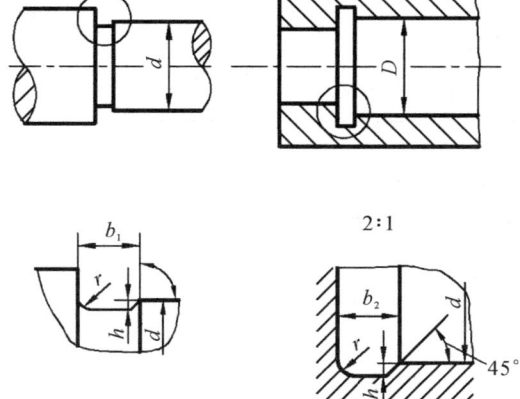

2:1

d	~10			$10\sim50$		$50\sim100$		100	
b_1	0.6	1.0	1.6	2.0	3.0	4.0	5.0	8.0	10
b_2	2.0	3.0		4.0		5.0		8.0	10
h	0.1	0.2		0.3		0.4	0.6	0.8	1.2
r	0.2	0.5		0.8		1.0	1.6	2.0	3.0

附录 F 公差与配合

附表 F-1 基本尺寸小于 500 mm 的标准公差　　　　　　　　（单位：μm）

基本尺寸/mm		公差等级																			
大于	至	IT01	IT0	IT1	IT2	IT3	IT4	IT5	IT6	IT7	IT8	IT9	IT10	IT11	IT12	IT13	IT14	IT15	IT16	IT17	IT18
—	3	0.3	0.5	0.8	1.2	2	3	4	6	10	14	25	40	60	100	140	250	400	600	1000	1400
3	6	0.4	0.6	1	1.5	2.5	4	5	8	12	18	30	48	75	120	180	300	480	750	1200	1800
6	10	0.4	0.6	1	1.5	2.5	4	6	9	15	22	36	58	90	150	220	360	580	900	1500	2200
10	18	0.5	0.8	1.2	2	3	5	8	11	18	27	43	70	110	180	270	430	700	1100	1800	2700
18	30	0.6	1	1.5	2.5	4	6	9	13	21	33	52	84	130	210	330	520	840	1300	2100	3300
30	50	0.7	1	1.5	2.5	4	7	11	16	25	39	62	100	160	250	390	620	1000	1600	2500	3900
50	80	0.8	1.2	2	3	5	8	13	19	30	46	74	120	190	300	460	740	1200	1900	3000	4600
80	120	1	1.5	2.5	4	6	10	15	22	35	54	87	140	220	350	540	870	1400	2200	3500	5400
120	180	1.2	2	3.5	5	8	12	18	25	40	63	100	160	250	400	630	1000	1600	2500	4000	6300
180	250	2	3	4.5	7	10	14	20	29	46	72	115	185	290	460	720	1150	1850	2900	4600	7200
250	315	2.5	4	6	8	12	16	23	32	52	81	130	210	320	520	810	1300	2100	3200	5200	8100
315	400	3	5	7	9	13	18	25	36	57	89	140	230	360	570	890	1400	2300	3600	5700	8900
400	500	4	6	8	10	15	20	27	40	63	97	155	250	400	630	970	1550	2500	4000	6300	9700

附表 F-2　基本尺寸至 500 mm 优先常用配合轴的极限偏差表

（单位：μm）

基本尺寸/mm 大于	至	公差带 c 11	d 8	d 9	e 7	e 8	f 7	f 8	g 6	g 7	h 5	h 6	h 7	h 8	h 9	h 10	h 11	js 6
—	3	−60 −120	−20 −34	−20 −45	−14 −24	−14 −28	−6 −16	−6 −20	−2 −8	−2 −12	0 −4	0 −6	0 −10	0 −14	0 −25	0 −40	0 −60	±3
3	6	−70 −145	−30 −48	−30 −60	−20 −32	−20 −38	−10 −22	−10 −28	−4 −12	−4 −16	0 −5	0 −8	0 −12	0 −18	0 −30	0 −48	0 −75	±4
6	10	−80 −170	−40 −62	−40 −76	−25 −40	−25 −47	−13 −28	−13 −35	−5 −14	−5 −20	0 −6	0 −9	0 −15	0 −22	0 −36	0 −58	0 −90	±4.5
10	14	−95 −205	−50 −77	−50 −93	−32 −50	−32 −59	−16 −34	−16 −43	−6 −17	−6 −24	0 −8	0 −11	0 −18	0 −27	0 −43	0 −70	0 −110	±5.5
14	18	−95 −205	−50 −77	−50 −93	−32 −50	−32 −59	−16 −34	−16 −43	−6 −17	−6 −24	0 −8	0 −11	0 −18	0 −27	0 −43	0 −70	0 −110	±5.5
18	24	−110 −240	−65 −98	−65 −117	−40 −61	−40 −73	−20 −41	−20 −53	−7 −20	−7 −28	0 −9	0 −13	0 −21	0 −33	0 −52	0 −84	0 −130	±6.5
24	30	−110 −240	−65 −98	−65 −117	−40 −61	−40 −73	−20 −41	−20 −53	−7 −20	−7 −28	0 −9	0 −13	0 −21	0 −33	0 −52	0 −84	0 −130	±6.5
30	40	−120 −280	−80 −119	−80 −142	−50 −75	−50 −89	−25 −50	−25 −64	−9 −25	−9 −34	0 −11	0 −16	0 −25	0 −39	0 −62	0 −100	0 −160	±8
40	50	−130 −290	−80 −119	−80 −142	−50 −75	−50 −89	−25 −50	−25 −64	−9 −25	−9 −34	0 −11	0 −16	0 −25	0 −39	0 −62	0 −100	0 −160	±8
50	65	−140 −330	−100 −146	−100 −174	−60 −90	−60 −106	−30 −60	−30 −76	−10 −29	−10 −40	0 −13	0 −19	0 −30	0 −46	0 −74	0 −120	0 −190	±9.5
65	80	−150 −340	−100 −146	−100 −174	−60 −90	−60 −106	−30 −60	−30 −76	−10 −29	−10 −40	0 −13	0 −19	0 −30	0 −46	0 −74	0 −120	0 −190	±9.5
80	100	−170 −390	−120 −174	−120 −207	−72 −107	−72 −126	−36 −71	−36 −90	−12 −34	−12 −47	0 −15	0 −22	0 −35	0 −54	0 −87	0 −140	0 −220	±11
100	120	−180 −400	−120 −174	−120 −207	−72 −107	−72 −126	−36 −71	−36 −90	−12 −34	−12 −47	0 −15	0 −22	0 −35	0 −54	0 −87	0 −140	0 −220	±11

续表

基本尺寸/mm 大于	至	c 11	d 8	d 9	e 7	e 8	f 7	f 8	g 6	g 7	h 5	h 6	h 7	h 8	h 9	h 10	h 11	js 6
120	140	−200 / −450	−145 / −208	−145 / −245	−85 / −125	−85 / −148	−43 / −83	−43 / −106	−14 / −39	−14 / −54	0 / −18	0 / −25	0 / −40	0 / −63	— / −100	0 / −160	0 / −250	±12.5
140	160	−210 / −460	−145 / −208	−145 / −245	−85 / −125	−85 / −148	−43 / −83	−43 / −106	−14 / −39	−14 / −54	0 / −18	0 / −25	0 / −40	0 / −63	— / −100	0 / −160	0 / −250	±12.5
160	180	−230 / −480	−145 / −208	−145 / −245	−85 / −125	−85 / −148	−43 / −83	−43 / −106	−14 / −39	−14 / −54	0 / −18	0 / −25	0 / −40	0 / −63	— / −100	0 / −160	0 / −250	±12.5
180	200	−240 / −530	−170 / −242	−170 / −285	−100 / −146	−100 / −172	−50 / −96	−50 / −122	−15 / −44	−15 / −61	0 / −20	0 / −29	0 / −46	0 / −72	0 / −115	0 / −185	0 / −290	±14.5
200	225	−260 / −550	−170 / −242	−170 / −285	−100 / −146	−100 / −172	−50 / −96	−50 / −122	−15 / −44	−15 / −61	0 / −20	0 / −29	0 / −46	0 / −72	0 / −115	0 / −185	0 / −290	±14.5
225	250	−280 / −570	−170 / −242	−170 / −285	−100 / −146	−100 / −172	−50 / −96	−50 / −122	−15 / −44	−15 / −61	0 / −20	0 / −29	0 / −46	0 / −72	0 / −115	0 / −185	0 / −290	±14.5
250	280	−300 / −620	−190 / −271	−190 / −320	−110 / −162	−110 / −191	−56 / −108	−56 / −137	−17 / −49	−17 / −69	0 / −23	0 / −32	0 / −52	0 / −81	0 / −130	0 / −210	0 / −320	±16
280	315	−330 / −650	−190 / −271	−190 / −320	−110 / −162	−110 / −191	−56 / −108	−56 / −137	−17 / −49	−17 / −69	0 / −23	0 / −32	0 / −52	0 / −81	0 / −130	0 / −210	0 / −320	±16
315	355	−360 / −720	−210 / −290	−210 / −350	−125 / −182	−125 / −214	−62 / −119	−62 / −151	−18 / −54	−18 / −75	0 / −25	0 / −36	0 / −57	0 / −89	0 / −140	0 / −230	0 / −360	±18
355	400	−400 / −760	−210 / −290	−210 / −350	−125 / −182	−125 / −214	−62 / −119	−62 / −151	−18 / −54	−18 / −75	0 / −25	0 / −36	0 / −57	0 / −89	0 / −140	0 / −230	0 / −360	±18
400	450	−440 / −840	−230 / −327	−230 / −385	−135 / −198	−135 / −232	−68 / −131	−68 / −165	−20 / −60	−20 / −83	0 / −27	0 / −40	0 / −63	0 / −97	0 / −155	0 / −250	0 / −400	±20
450	500	−480 / −880	−230 / −327	−230 / −385	−135 / −198	−135 / −232	−68 / −131	−68 / −165	−20 / −60	−20 / −83	0 / −27	0 / −40	0 / −63	0 / −97	0 / −155	0 / −250	0 / −400	±20

公 差 带

续表

基本尺寸/mm 大于	至	k6	k7	m6	m7	n5	n6	p6	p7	r6	r7	s5	s6	t6	t7	u6	v6	x6	y6	z6
—	3	+6/0	+10/0	+8/+2	+12/+2	+8/+4	+10/+4	+12/+6	+16/+6	+16/+10	+20/+10	+18/+14	+20/+14	—	—	+24/+18	—	+26/+20	—	+32/+26
3	6	+9/+1	+13/+1	+12/+4	+16/+4	+13/+8	+16/+8	+20/+12	+24/+12	+23/+15	+27/+15	+24/+19	+27/+19	—	—	+31/+23	—	+36/+28	—	+43/+35
6	10	+10/+1	+16/+1	+15/+6	+21/+6	+16/+10	+19/+10	+24/+15	+30/+15	+28/+19	+34/+19	+29/+23	+32/+23	—	—	+37/+28	—	+43/+34	—	+51/+42
10	14	+12/+1	+19/+1	+18/+7	+25/+7	+20/+12	+23/+12	+29/+18	+36/+18	+34/+23	+41/+23	+36/+28	+39/+28	—	—	+44/+33	—	+51/+40	—	+61/+50
14	18	+12/+1	+19/+1	+18/+7	+25/+7	+20/+12	+23/+12	+29/+18	+36/+18	+34/+23	+41/+23	+36/+28	+39/+28	—	—	+44/+33	+55/+39	+56/+45	—	+71/+60
18	24	+15/+2	+23/+2	+21/+8	+29/+8	+24/+15	+28/+15	+35/+22	+43/+22	+41/+28	+49/+28	+44/+35	+48/+35	—	—	+54/+41	+60/+47	+67/+54	+76/+63	+86/+73
24	30	+15/+2	+23/+2	+21/+8	+29/+8	+24/+15	+28/+15	+35/+22	+43/+22	+41/+28	+49/+28	+44/+35	+48/+35	+54/+41	+62/+41	+61/+48	+68/+55	+77/+64	+88/+75	+101/+88
30	40	+18/+2	+27/+2	+25/+9	+34/+9	+28/+17	+33/+17	+42/+26	+51/+26	+50/+34	+59/+34	+54/+43	+59/+43	+64/+48	+73/+48	+76/+60	+84/+68	+96/+80	+110/+94	+128/+112
40	50	+18/+2	+27/+2	+25/+9	+34/+9	+28/+17	+33/+17	+42/+26	+51/+26	+50/+34	+59/+34	+54/+43	+59/+43	+70/+54	+79/+54	+86/+70	+97/+81	+113/+97	+130/+114	+152/+136
50	65	+21/+2	+32/+2	+30/+11	+41/+11	+33/+20	+39/+20	+51/+32	+62/+32	+60/+41	+71/+41	+66/+53	+72/+53	+85/+66	+96/+66	+106/+87	+121/+102	+141/+122	+163/+144	+191/+172
65	80	+21/+2	+32/+2	+30/+11	+41/+11	+33/+20	+39/+20	+51/+32	+62/+32	+62/+43	+73/+43	+72/+59	+78/+59	+94/+75	+105/+75	+121/+102	+139/+120	+165/+146	+193/+174	+229/+210
80	100	+25/+3	+38/+3	+35/+13	+48/+13	+38/+23	+45/+23	+59/+37	+72/+37	+73/+51	+86/+51	+86/+71	+93/+71	+113/+91	+126/+91	+146/+124	+168/+146	+200/+178	+236/+214	+280/+258
100	120	+25/+3	+38/+3	+35/+13	+48/+13	+38/+23	+45/+23	+59/+37	+72/+37	+76/+54	+89/+54	+94/+79	+101/+79	+126/+104	+139/+104	+166/+144	+194/+172	+232/+210	+276/+254	+332/+310

公 差 带

续表

基本尺寸/mm		公差带																			
		k		m		n		p		r		s		t		u	v	x	y	z	
大于	至	6	7	6	7	5	6	6	7	6	7	5	6	6	7	6	6	6	6	6	
120	140	+28 +3	+43 +3	+40 +15	+55 +15	+45 +27	+52 +27	+68 +43	+83 +43	+88 +63	+103 +63	+110 +92	+117 +92	+147 +122	+162 +122	+195 +170	+227 +202	+273 +248	+325 +300	+390 +365	
140	160									+90 +65	+105 +65	+118 +100	+125 +100	+159 +134	+174 +134	+215 +190	+253 +228	+305 +280	+365 +340	+440 +415	
160	180									+93 +68	+108 +68	+126 +108	+133 +108	+171 +146	+186 +146	+235 +210	+277 +252	+335 +310	+405 +380	+490 +465	
180	200	+33 +4	+50 +4	+46 +17	+63 +17	+51 +31	+60 +31	+79 +50	+96 +50	+106 +77	+123 +77	+142 +122	+151 +122	+195 +166	+212 +166	+265 +236	+313 +284	+379 +350	+454 +425	+549 +520	
200	225									+109 +80	+126 +80	+150 +130	+159 +130	+209 +180	+226 +180	+287 +258	+339 +310	+414 +385	+499 +470	+604 +575	
225	250									+113 +84	+130 +84	+160 +140	+169 +140	+221 +196	+242 +196	+313 +284	+369 +340	+455 +425	+549 +520	+669 +640	
250	280	+36 +4	+56 +4	+52 +20	+72 +20	+57 +34	+66 +34	+88 +56	+108 +56	+126 +94	+146 +94	+181 +158	+190 +158	+250 +218	+270 +218	+347 +315	+417 +385	+507 +475	+612 +580	+742 +710	
280	315									+130 +98	+150 +98	+193 +170	+202 +170	+272 +240	+292 +240	+382 +350	+457 +425	+557 +525	+682 +650	+822 +790	
315	355	+40 +4	+61 +5	+57 +21	+78 +21	+62 +37	+73 +37	+98 +62	+119 +62	+144 +108	+165 +108	+215 +190	+226 +190	+304 +268	+325 +268	+426 +390	+511 +475	+626 +590	+766 +730	+936 +900	
355	400									+150 +114	+171 +114	+233 +208	+244 +208	+330 +294	+351 +294	+471 +435	+566 +530	+696 +660	+856 +820	+1036 +1000	
400	450	+45 +5	+68 +5	+63 +23	+86 +23	+67 +40	+80 +40	+108 +68	+131 +68	+166 +126	+189 +126	+259 +232	+272 +232	+370 +330	+393 +330	+530 +490	+635 +595	+780 +740	+960 +920	+1140 +1100	
450	500									+172 +132	+195 +132	+279 +252	+292 +252	+400 +360	+423 +360	+580 +540	+700 +660	+860 +820	+1040 +1000	+1290 +1250	

附表 F-3 基本尺寸至 500 mm 优先常用配合孔的极限偏差表

（单位：μm）

基本尺寸/mm 大于	至	C	D	D	E	E	F	F	G	G	H	H	H	H	H	H	H
		11	9	10	8	9	8	9	6	7	6	7	8	9	10	11	12
—	3	+120/+60	+45/+20	+60/+20	+28/+14	+39/+14	+20/+6	+31/+6	+8/+2	+12/+2	+6/0	+10/0	+14/0	+25/0	+40/0	+60/0	+100/0
3	6	+145/+70	+60/+30	+78/+30	+38/+20	+50/+20	+28/+10	+40/+10	+12/+4	+16/+4	+8/0	+12/0	+18/0	+30/0	+48/0	+75/0	+120/0
6	10	+170/+80	+76/+40	+98/+40	+47/+25	+61/+25	+35/+13	+49/+13	+14/+5	+20/+5	+9/0	+15/0	+22/0	+36/0	+58/0	+90/0	+150/0
10	14	+205/+95	+93/+50	+120/+50	+59/+32	+75/+32	+43/+16	+59/+16	+17/+6	+24/+6	+11/0	+18/0	+27/0	+43/0	+70/0	+110/0	+180/0
14	18	+205/+95	+93/+50	+120/+50	+59/+32	+75/+32	+43/+16	+59/+16	+17/+6	+24/+6	+11/0	+18/0	+27/0	+43/0	+70/0	+110/0	+180/0
18	24	+240/+110	+117/+65	+149/+65	+73/+40	+92/+40	+53/+20	+72/+20	+20/+7	+28/+7	+13/0	+21/0	+33/0	+52/0	+84/0	+130/0	+210/0
24	30	+240/+110	+117/+65	+149/+65	+73/+40	+92/+40	+53/+20	+72/+20	+20/+7	+28/+7	+13/0	+21/0	+33/0	+52/0	+84/0	+130/0	+210/0
30	40	+280/+120	+142/+80	+180/+80	+89/+50	+112/+50	+64/+25	+87/+25	+25/+9	+34/+9	+16/0	+25/0	+39/0	+62/0	+100/0	+160/0	+250/0
40	50	+290/+130	+142/+80	+180/+80	+89/+50	+112/+50	+64/+25	+87/+25	+25/+9	+34/+9	+16/0	+25/0	+39/0	+62/0	+100/0	+160/0	+250/0
50	65	+330/+140	+174/+100	+220/+100	+106/+60	+134/+60	+76/+30	+104/+30	+29/+10	+40/+10	+19/0	+30/0	+46/0	+74/0	+120/0	+190/0	+300/0
65	80	+340/+150	+174/+100	+220/+100	+106/+60	+134/+60	+76/+30	+104/+30	+29/+10	+40/+10	+19/0	+30/0	+46/0	+74/0	+120/0	+190/0	+300/0
80	100	+390/+170	+207/+120	+260/+120	+126/+72	+159/+72	+90/+36	+123/+36	+34/+12	+47/+12	+22/0	+35/0	+54/0	+87/0	+140/0	+220/0	+350/0
100	120	+400/+180	+207/+120	+260/+120	+126/+72	+159/+72	+90/+36	+123/+36	+34/+12	+47/+12	+22/0	+35/0	+54/0	+87/0	+140/0	+220/0	+350/0

公差带

续表

基本尺寸/mm 大于	至	C 11	D 9	D 10	E 8	E 9	F 8	F 9	G 6	G 7	H 6	H 7	H 8	H 9	H 10	H 11	H 12
120	140	+450 +200															
140	160	+460 +210	+245 +145	+305 +145	+148 +85	+185 +85	+106 +43	+143 +43	+39 +14	+54 +14	+25 0	+40 0	+63 0	+100 0	+160 0	+250 0	+400 0
160	180	+480 +230															
180	200	+530 +240															
200	225	+550 +260	+285 +170	+335 +170	+172 +100	+215 +100	+122 +50	+165 +50	+44 +15	+61 +15	+29 0	+46 0	+72 0	+115 0	+185 0	+290 0	+460 0
225	250	+570 +280															
250	280	+620 +300	+320 +190	+400 +190	+191 +110	+240 +110	+137 +56	+186 +56	+49 +17	+69 +17	+32 0	+52 0	+81 0	+130 0	+210 0	+320 0	+520 0
280	315	+650 +330															
315	355	+720 +360	+350 +210	+440 +210	+214 +125	+265 +125	+151 +62	+202 +62	+54 +18	+75 +18	+36 0	+57 0	+89 0	+140 0	+230 0	+360 0	+570 0
355	400	+760 +400															
400	450	+840 +440	+385 +230	+480 +230	+232 +135	+290 +135	+165 +68	+223 +68	+60 +20	+83 +20	+40 0	+63 0	+97 0	+155 0	+250 0	+400 0	+630 0
450	500	+880 +480															

公 差 带

续表

公 差 带

基本尺寸/mm 大于	至	Js 7	Js 8	K 6	K 7	M 7	M 8	N 6	N 7	P 6	P 7	R 6	R 7	S 6	S 7	T 6	T 7	U 6
—	3	±5	±7	0 / −6	0 / −10	−2 / −12	−2 / −16	−4 / −10	−4 / −14	−6 / −12	−6 / −16	−10 / −16	−10 / −20	−14 / −20	−14 / −24	—	—	−18 / −24
3	6	±6	±9	+2 / −6	+3 / −9	0 / −12	+2 / −16	−5 / −13	−4 / −16	−9 / −17	−8 / −20	−12 / −20	−11 / −23	−16 / −24	−15 / −27	—	—	−20 / −28
6	10	±7	±11	+2 / −7	+5 / −10	0 / −15	+1 / −21	−7 / −16	−4 / −19	−12 / −21	−9 / −24	−16 / −25	−13 / −28	−20 / −29	−17 / −32	—	—	−25 / −34
10	14	±9	±13	+2 / −9	+6 / −12	0 / −18	+2 / −25	−9 / −20	−9 / −23	−15 / −26	−11 / −29	−20 / −31	−16 / −34	−25 / −36	−21 / −39	—	—	−30 / −41
14	18	±9	±13	+2 / −9	+6 / −12	0 / −18	+2 / −25	−9 / −20	−9 / −23	−15 / −26	−11 / −29	−20 / −31	−16 / −34	−25 / −36	−21 / −39	—	—	−30 / −41
18	24	±10	±16	+2 / −11	+6 / −15	0 / −21	+4 / −29	−11 / −24	−7 / −28	−18 / −31	−14 / −35	−24 / −37	−20 / −41	−31 / −44	−27 / −48	—	—	−37 / −50
24	30	±10	±16	+2 / −11	+6 / −15	0 / −21	+4 / −29	−11 / −24	−7 / −28	−18 / −31	−14 / −35	−24 / −37	−20 / −41	−31 / −44	−27 / −48	−37 / −50	−33 / −54	−44 / −57
30	40	±12	±19	+3 / −13	+7 / −18	0 / −25	+5 / −34	−12 / −28	−8 / −33	−21 / −37	−17 / −42	−29 / −45	−25 / −50	−38 / −54	−34 / −59	−43 / −59	−39 / −64	−55 / −71
40	50	±12	±19	+3 / −13	+7 / −18	0 / −25	+5 / −34	−12 / −28	−8 / −33	−21 / −37	−17 / −42	−29 / −45	−25 / −50	−38 / −54	−34 / −59	−49 / −65	−45 / −70	−65 / −81
50	65	±15	±23	+4 / −15	+9 / −21	0 / −30	+5 / −41	−14 / −33	−9 / −39	−26 / −45	−21 / −51	−35 / −54	−30 / −60	−47 / −66	−42 / −72	−60 / −79	−55 / −85	−81 / −100
65	80	±15	±23	+4 / −15	+9 / −21	0 / −30	+5 / −41	−14 / −33	−9 / −39	−26 / −45	−21 / −51	−37 / −56	−32 / −62	−53 / −72	−48 / −72	−69 / −88	−64 / −94	−96 / −115
80	100	±17	±27	+4 / −18	+10 / −25	0 / −35	+6 / −48	−16 / −38	−10 / −45	−30 / −52	−24 / −59	−44 / −66	−38 / −73	−64 / −86	−58 / −93	−84 / −106	−78 / −113	−117 / −139
100	120	±17	±27	+4 / −18	+10 / −25	0 / −35	+6 / −48	−16 / −38	−10 / −45	−30 / −52	−24 / −59	−47 / −69	−41 / −76	−72 / −94	−66 / −101	−97 / −119	−91 / −126	−137 / −159

续表

基本尺寸/mm		公差带																
大于	至	Js 7	Js 8	K 6	K 7	M 7	M 8	N 6	N 7	P 6	P 7	R 6	R 7	S 6	S 7	T 6	T 7	U 6
120	140	±20	±31	+4 / −21	+12 / −28	0 / −40	+8 / −55	−20 / −45	−12 / −52	−36 / −61	−28 / −68	−56 / −81	−48 / −88	−85 / −110	−77 / −117	−115 / −140	−107 / −147	−163 / −188
140	160	±20	±31	+4 / −21	+12 / −28	0 / −40	+8 / −55	−20 / −45	−12 / −52	−36 / −61	−28 / −68	−58 / −83	−50 / −90	−93 / −118	−85 / −125	−127 / −152	−119 / −159	−183 / −208
160	180	±20	±31	+4 / −21	+12 / −28	0 / −40	+8 / −55	−20 / −45	−12 / −52	−36 / −61	−28 / −68	−61 / −86	−53 / −93	−101 / −126	−93 / −133	−139 / −164	−131 / −171	−203 / −228
180	200	±23	±36	+5 / −24	+13 / −33	0 / −46	+9 / −63	−22 / −51	−14 / −60	−41 / −70	−33 / −79	−68 / −97	−60 / −106	−113 / −142	−105 / −151	−157 / −186	−149 / −195	−227 / −256
200	225	±23	±36	+5 / −24	+13 / −33	0 / −46	+9 / −63	−22 / −51	−14 / −60	−41 / −70	−33 / −79	−71 / −100	−63 / −109	−121 / −150	−113 / −159	−171 / −200	−163 / −209	−249 / −278
225	250	±23	±36	+5 / −24	+13 / −33	0 / −46	+9 / −63	−22 / −51	−14 / −60	−41 / −70	−33 / −79	−75 / −104	−67 / −113	−131 / −160	−123 / −169	−187 / −216	−179 / −225	−275 / −304
250	280	±26	±40	+5 / −27	+16 / −36	0 / −52	+9 / −72	−25 / −57	−14 / −66	−47 / −79	−36 / −88	−85 / −117	−74 / −126	−149 / −181	−138 / −190	−209 / −241	−198 / −250	−306 / −338
280	315	±26	±40	+5 / −27	+16 / −36	0 / −52	+9 / −72	−25 / −57	−14 / −66	−47 / −79	−36 / −88	−89 / −121	−78 / −130	−161 / −193	−150 / −202	−231 / −263	−220 / −272	−341 / −373
315	355	±28	±44	+7 / −29	+17 / −40	0 / −57	+11 / −78	−26 / −62	−16 / −73	−51 / −87	−41 / −98	−97 / −133	−87 / −144	−179 / −215	−169 / −226	−257 / −293	−247 / −304	−379 / −415
355	400	±28	±44	+7 / −29	+17 / −40	0 / −57	+11 / −78	−26 / −62	−16 / −73	−51 / −87	−41 / −98	−103 / −139	−93 / −150	−197 / −233	−187 / −244	−283 / −319	−273 / −330	−424 / −460
400	450	±31	±48	+8 / −32	+18 / −45	0 / −63	+11 / −86	−27 / −67	−17 / −80	−55 / −95	−45 / −108	−113 / −153	−103 / −166	−219 / −259	−209 / −272	−317 / −357	−307 / −370	−477 / −517
450	500	±31	±48	+8 / −32	+18 / −45	0 / −63	+11 / −86	−27 / −67	−17 / −80	−55 / −95	−45 / −108	−119 / −159	−109 / −172	−239 / −279	−229 / −292	−347 / −387	−337 / −400	−527 / −567

附录 G 常用金属材料与热处理

附表 G-1 常用金属材料

标准、名称	牌号	应用举例	说明
GB/T 700—2006 碳素结构钢	Q215A Q214A-F	金属结构件,拉杆、套圈、铆钉、螺栓、短轴、心轴、凸轮(载荷不大的)、垫圈;渗碳零件及焊接件	"Q"为钢材屈服点,"屈"字汉语拼音首位字母,数字表示屈服强度(MPa),A、B、C、D为质量等级,F表示沸腾钢
	Q235	金属结构件,心部强度要求不高的渗碳或液体碳氮共渗零件;吊钩、拉杆、车钩、套圈、汽缸、齿轮、螺栓、螺母、连杆、轮轴、楔、盖及焊接件	
	Q275	转轴、心轴、销轴、链轮、刹车杆、螺栓、螺母、垫圈、连杆、吊钩、楔、齿轮、键以及其他强度要求较高的零件	
GB/T 699—2015 优质碳素结构钢	15	塑性、韧性、焊接性和冷冲性均良好,但强度较低。用于制造受力不大、韧性要求较高的零件,紧固件、冲模锻件及不需热处理的低负荷零件,如螺栓、螺钉拉条、法兰盘及化工贮器、蒸汽锅炉等	牌号的两位数字表示碳的平均质量分数,45钢即表示碳的平均质量分数为0.45%。 含锰量较高的钢,须加注化学元素符号"Mn"
	20	用于不受很大应力而要求很大韧性的各种机械零件,如杠杆、轴套、螺钉、拉杆、起重钩等。也用于制造压力小于 6 MPa、温度小于 450 ℃的非腐蚀介质中使用的零件,如管子、导管等	
	35	性能与20钢相似,用于制造曲轴、转轴、轴销、杠杆、连杆、横梁、飞轮、圆盘、套筒、钩环、垫圈、螺钉、螺母等。一般不作焊接用	
	45	用于强度要求较高的零件,如汽轮机的叶轮、压缩机、泵的零件等	
	60	这种钢的强度和弹性相当高,用于制造轧辊、轴、弹簧圈、弹簧、离合器、凸轮、钢绳等	
	75	用于板弹簧、螺旋弹簧以及受磨损的零件	
	15Mn	性能与15钢相似,但淬透性及强度和塑性比15钢都高。用于制造中心部分的机械性能要求较高,且需渗碳的零件。焊接性好	
	45Mn	用于受磨损的零件,如转轴、心轴、齿轮、叉等。焊接性差。还可做受较大载荷的离合器盘,花键轴、凸轮轴、曲轴等	
	65Mn	强度高、淬透性较大、脱碳倾向小,但有过热敏感性。易生淬火裂纹,并有回火脆性。适用于较大尺寸的各种扁、圆弹簧,以及其他经受摩擦的农机具零件	

续表

标准、名称	牌　号	应用举例	说　明
GB/T 11352—2009 一般工程用铸造碳钢件	ZG200-400	用于制造受力不大、韧性要求高的零件,如机座、变速箱体等	"ZG"表示铸钢,是"铸钢"两字汉语拼音首位字母。ZG后两组数字是屈服强度(MPa)和抗拉强度(MPa)的最低值
	ZG270-500	用于制造各种形状的零件,如飞轮、机架、水压机工作缸、横梁等	
	ZG310-570	用于制造重负荷零件,如联轴器、大齿轮、缸体、机架、轴等	
GB/T 9439—2010 灰铸铁件	HT100	低强度铸铁,用于制造把手、盖、罩、手轮、底板等要求不高的零件	"HT"是"灰铁"两字汉语拼音的首位字母。数字表示最低抗拉强度(MPa)
	HT150	中等强度铸铁,用于一般铸件,如机床床身、工作台、轴承座、齿轮、箱体、阀体、泵体等	
	HT200 HT250	较高强度铸铁,用于较重要铸件,如齿轮、齿轮箱体、机座、床身、阀体、汽缸、联轴器盘、凸轮、带轮等	
	HT300 HT350	高强度铸铁,制造床身、床身导轨、机座、主轴箱、曲轴、液压泵体、齿轮、凸轮、带轮等	
GB/T 1348—2009 球墨铸铁件	QT400-15 QT450-10 QT500-7	具有中等强度和韧性,用于制造油泵齿轮、轴瓦、壳体、阀体、汽缸、轮毂等	"QT"表示球墨铸铁,它后面的第一组数值表示抗拉强度值(MPa),"-"后面的数值为最小伸长率(%)
	QT600-3 QT700-2 QT800-2	具有较高的强度,用于制造曲轴、缸体、滚轮、凸轮、汽缸套、连杆、小齿轮等	
GB/T 9440—2010 可锻铸铁件	KTH300-06	具有较高的强度,用于制造受冲击、振动及扭转负荷的汽车、机床零件等	"KTH""KTZ""KTB"分别表示黑心、珠光体和白心可锻铸铁,第一组数字表示抗拉强度(MPa),"-"后面的值为最小伸长率(%)
	KTZ550-04 KTB350-04	具有较高强度、耐磨性好,韧性较差,用于制造轴承座、轮毂、箱体、履带、齿轮、连杆、轴、活塞环等	
GB/T 1176—2013 铸造黄铜	ZCuZn38	一般用于制造耐蚀零件,如阀座、手柄、螺钉、螺母、垫圈等	铸造黄铜,锌的质量分数为38%
GB/T 1176—2013 铸造锡青铜	ZCuSn5 Pb5Zn5	耐磨性和耐蚀性能好,用于制造在中等和高速滑动速度下工作的零件,如轴瓦、衬套、缸套、齿轮、蜗轮等	铸造锡青铜,锡、铅、锌的质量分数各为5%
	ZCuSn10 Pb1		铸造锡青铜,锡的质量分数为10%,铅的质量分数为1%
GB/T 1176—2013 铸造铝青铜	ZCuAl9 Mn2	强度高、耐蚀性能好,用于制造衬套、齿轮、蜗轮和气密性要求高的铸件	铸造铝青铜,铝的质量分数为9%,锰的质量分数为2%
GB/T 1173—2013 铸造铝合金	ZAlSi7Mg	适用于制造承受中等负荷、形状复杂的零件,如水泵体、汽缸体、抽水机和电器、仪表的壳体等	铸造铝合金,硅的质量分数为7%,镁的质量分数为0.35%
	ZAlSi5 CuIMg	用于风冷发动机的汽缸头、机闸、油泵体等在225 ℃以下工作的零件	
	ZAlCu4	用于中等载荷、形状较简单的在200 ℃以下工作的小零件	

附表 G-2　常用热处理方法及应用

名　　称	说　　明	目的与适用范围
退火（焖火）	将钢件加热到临界温度以上,保温一段时间,然后缓慢地冷却下来（例如在炉中冷却）	用来消除铸、锻、焊零件的内应力,降低其硬度,改善其加工性能,增加其塑性和韧性,细化金属晶粒,使其组织均匀。适用于碳的质量分数在 0.83% 以下的铸、锻、焊零件
正火（正常化）	将钢件加热到临界温度以上 30~50 ℃,保温一段时间,然后在空气中冷却下来,冷却速度比退火快	用来处理低碳和中碳结构钢及渗碳零件,使其晶粒细化,增加强度与韧性,改善切削加工性能
淬火	将钢件加热到临界温度以上,保温一定时间,然后在水、盐水或油中（个别材料在空气中）急速冷却下来,使其增加硬度、耐磨性	用来提高钢的硬度、强度及耐磨性。但淬火后会引起内应力及脆性,因此淬火后的钢铁必须回火
回火	将淬火后的钢件,加热到临界温度以下的某一温度,保温一段时间,然后在空气中或油中冷却下来	用来消除淬火时产生的脆性和内应力,以提高钢件的韧性和强度
调质	淬火后进行高温回火（450~650 ℃）	可以完全消除内应力,并获得较高的综合力学性能。一些重要零件淬火后都要经过调质处理,如轴、齿轮等
表面淬火	用火焰或高频电流将零件表面迅速加热至临界温度以上,急速冷却	使零件表层有较高的硬度和耐磨性,而内部保持一定的韧性,使零件既耐磨又能承受冲击,如重要的齿轮、曲轴、活塞销等
渗碳	将低、中碳（碳的质量分数小于 0.4%）钢件,在渗碳剂中加热到 900~950 ℃,保温一段时间,使零件表面渗碳层达 0.4~0.6 mm,然后淬火	增加零件表面硬度、耐磨性、抗拉强度及疲劳极限。适用于低碳、中碳结构钢的中小型零件及大型重负荷、受冲击、耐磨的零件
渗氮	使零件表面增氮,氮化层为 0.025~0.8 mm。氮化层硬度极高（达 1200 HV）	增加零件的表面硬度、耐磨性、疲劳极限及抗蚀能力。适用于含铝、铬、钼、锰等合金钢,如要求耐磨的主轴、量规、样板、水泵轴、排气门等零件
时效	天然时效:在空气中长期存放半年,甚至一年以上。 人工时效:加热到 200 ℃左右,保温 10~20 h 或更长时间	使铸件或淬火后的钢件慢慢消除其内应力,从而达到稳定其形状和尺寸的目的,如机床身等大型铸件
发蓝、发黑	用加热方法使零件工作表面形成一层氧化铁组成的保护性薄膜	防腐蚀、美观,用于一般紧固件